商丘市地图

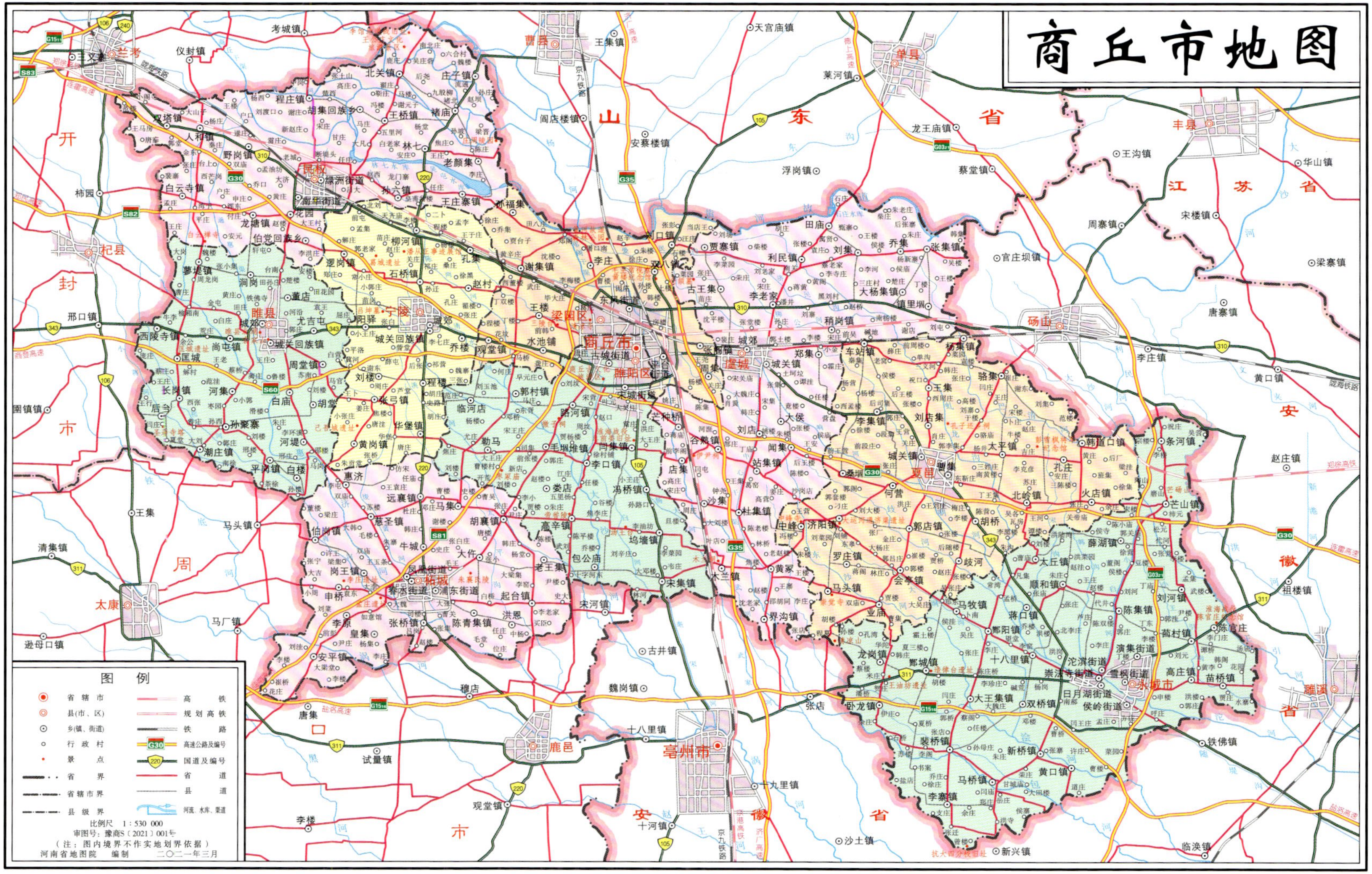
图 例
省辖市
县(市、区)
乡(镇、街道)
行政村
景点
省界
省辖市界
县级界
高铁
规划高铁
铁路
高速公路及编号
国道及编号
省道
县道
河流、水库、渠道
比例尺 1 : 530 000
审图号：豫商S〔2021〕001号
（注：图内境界不作实地划界依据）
河南省地图院 编制 二〇二一年三月
山东省
江苏省
安徽省
开封市
周口市
商丘市
梁园区
睢阳区
虞城
夏邑
永城市
柘城
宁陵
睢县
民权
亳州市
鹿邑
太康
杞县
兰考
曹县
单县
丰县
砀山
濉溪

商丘市气象局

商丘市气象局

商丘市气象局远眺

商丘市气象局夜景

商丘市气象局坐落在商丘市市中心，位于金世纪绿地广场北端、运河南岸，这里绿树茵茵，河水潺潺，环境宜人。商丘市气象局是“全国文明单位”，省级卫生先进单位；2018 年荣获“全国气象部门重大气象服务先进集体”，河南省“五一劳动奖状”，河南省气象文化建设示范点，河南省气象部门综合考评特别优秀单位。（本页图片由王庆亮摄影）

领导关怀

2019 年 5 月，河南省气象局党组书记、局长王鹏祥（前左一）到商丘市气象局检查工作

2019 年 8 月，商丘市委副书记陈向平（前中）到夏邑县气象局视察工作

2019 年 9 月，商丘市委宣传部部长王全周（前中）到商丘市气象局检查工作

2019 年 7 月，商丘市人民政府副市长曹月坤（左三）到商丘市气象局调研指导工作

（本页图片由商丘市气象局提供）

商丘市气象局党组召开会议研究业务发展工作

商丘市气象局行政管理党支部
组织党员重温入党誓词

商丘市气象局党组书记、局长张心令（左二）
到扶贫联系村慰问

商丘市气象局党组书记、局长张心令（左二）
与联系村党组织交流党建工作

商丘市气象局党组织与联系村党组织
开展“双报到”活动

商丘市气象局党建工作被商丘市委、河南省气象局树立为典型和标杆，商丘市直机关工委3次在商丘市气象局召开市直机关党建工作现场观摩会；商丘市气象局2次在河南省气象工作会议上作“党建融入业务发展”模式典型发言。（本页图片由商丘市气象局提供）

业务管理

商丘市气象局党组书记、局长张心令（右一）到睢县气象局检查为农服务工作

商丘市气象局副局长、党组成员黄玉超（右一）带领市气象局汛期检查组到各县检查汛前准备工作

商丘市气象局定期开展业务技能竞赛

商丘市气象台业务平台

（本页图片由商丘市气象局提供）

文明创建

商丘市气象局党组召开会议
研究文明创建工作

2019 年河南省气象部门职工羽毛球赛
在商丘市举行

商丘市气象局党组书记、局长张心令(后排中)
与参加全市气象部门道德讲堂的代表合影

商丘市气象局合唱团参加
2018 年市直机关歌咏比赛

商丘市气象局职工参加
市直机关“环湖健步走”活动

商丘市气象局体育代表团
参加“商丘市第四届运动会”

(本页图片由商丘市气象局提供)

文明创建

商丘市气象局志愿服务队

商丘市中小学生到气象科普馆参观

商丘市《京九晚报》小记者参观气象科普馆

商丘市气象局举办元宵节灯谜晚会

2020 年 7 月 27 日，《商丘气候志》编委会召开会议讨论稿件修改工作

（本页图片由商丘市气象局提供）

商丘气候志

主　　　编：曹月坤
常务副主编：王全国　张心令

气象出版社
China Meteorological Press

内容简介

基于商丘气象部门开展气象科技服务以及为农服务的需求，同时为开发、利用商丘丰富的气候资源提供科学依据，编写了《商丘气候志》一书。本书对商丘各县（市、区）1953—2019 年的气象观测资料（气温、湿度、风、降水、日照等主要气象要素）进行了整理、统计和分析，以期对商丘主要气候要素变化基本规律有一个清晰的认识。本书重点描述了商丘气候要素时空分布特征和作用；分析了商丘气象灾害成因、时空分布和发生规律；阐述了商丘气候属性、气候区划以及对主要农作物和有关行业的影响；整理了商丘远古气象发展史，搜集、查阅、统计了自公元前 714 年至公元 2019 年商丘地区 2000 多年出现的干旱、水涝、大风、冰雹、干热风、霜冻、雷击、雨凇、暴雨、暴雪、寒潮等灾害天气和重大气候事件。本书对于合理利用商丘气候资源、科学把握气候变化规律、有效降低气候灾害风险必将起到积极作用。

本书可供商丘地区涉农部门及城市规划、交通、电力等部门参考。

图书在版编目(CIP)数据

商丘气候志 / 曹月坤主编. — 北京 ：气象出版社，2021.7

ISBN 978-7-5029-7448-0

Ⅰ.①商… Ⅱ.①曹… Ⅲ.①气候变化-历史-商丘 Ⅳ.①P467

中国版本图书馆 CIP 数据核字(2021)第 101105 号

审图号：豫商 S〔2021〕001 号

商丘气候志

Shangqiu qihou Zhi

出版发行：气象出版社
地　　址：北京市海淀区中关村南大街 46 号　　**邮政编码**：100081
电　　话：010-68407112(总编室)　010-68408042(发行部)
网　　址：http://www.qxcbs.com　　**E-mail**：qxcbs@cma.gov.cn
责任编辑：陈　红　　**终　　审**：吴晓鹏
责任校对：张硕杰　　**责任技编**：赵相宁
封面设计：地大彩印设计中心
印　　刷：北京地大彩印有限公司
开　　本：787 mm×1092 mm　1/16　　**印　　张**：18
字　　数：461 千字
版　　次：2021 年 7 月第 1 版　　**印　　次**：2021 年 7 月第 1 次印刷
定　　价：150.00 元

《商丘气候志》编委会

序

气候是人类赖以生存和经济社会可持续发展的重要资源，面对当前和未来气候变化的挑战，认识气候、适应气候、保护气候、利用气候显得尤为重要。准确了解各地气候概况与特征，科学把握气候变化规律，采取主动的适应气候变化的行动，有效降低气候灾害风险，已成为国内外高度关注的重大热点。

随着气候领域的研究成果不断推陈出新，公众对气候变化的关注度越来越高。商丘市气象局为适应当前形势，及时组织有关技术人员在整理和分析多年气候资料的基础上，编纂出了《商丘气候志》一书，旨在使公众对当地气候资源有所认识，以便对适应气候、利用气候提供借鉴，走到了全省地市级气象部门的前头，是商丘气象发展史上的一件大事，可喜可贺。

河南属北亚热带向暖温带过渡的大陆性季风气候，天气复杂多变，各地气候差异很大。位于中原东部黄淮平原的商丘，自殷商时期起即成为适宜人类生存的地方，气候条件得天独厚，厚重历史和灿烂文化，使这座文化名城熠熠生辉。

多年来，商丘市气象部门主动对接地方需求，积极融入市委、市政府重大发展战略，特别是汛期气象服务、公共气象服务、为农气象服务、生态环境气象服务、专业气象服务等工作效益显著，被中国气象局、河南省气象局评为"重大气象服务先进集体"，多次受到商丘市委表扬并数次获得市政府通令嘉奖。

随着我国可持续发展战略实施，建立资源节约型、环境友好型社会和创新型国家以及社会经济发展加快，人们在农业生产、生态环境、交通运输、能源供应、日常出行等方面对气象服务的需求迅速扩展，特别是在全球气候变暖背景下，极端天气气候事件多发、频发，资源环境约束加剧，气候变化对自然生态系统影响日益明显，因此，应对气候变化、保障气候安全，稳增长、转方式、调结构、惠民生对防灾减灾和气象保障服务工作要求更高。农业是受气候影响最大的行业，气候变化历来是导致农业生产波动的主因，合理开发利用各种气候资源，积极应对气候变化，加强为农服务，满足人民群众多层次的气象需求，是摆在气象科技人员面前一项重大而紧迫的任务。

编写《商丘气候志》，是气象部门加强气象服务的重要举措。《商丘气候志》系统描述了当地气候要素的时空分布特征和作用，分析、总结了气候变化规律，资料翔实，内容丰富，对于利用境内气候资源，更好地趋利避害，保障粮食安全、水利资源、物流运输、生态环境、卫生健康、群众生活以及经济社会高质量发展具有重要的指导意义。

商丘市气象局领导班子对编纂《商丘气候志》一书非常重视，专门成立了编纂领导小组和编纂委员会，筹划拟定提纲、审稿和编辑工作。编委会参与编纂《商丘气候志》的各位同志不辞劳苦，克服困难，翻阅了大量文献和气象档案资料，并不断修改，反复锤炼，使该书得以顺利出版，体现了气象人员的智慧和辛劳。

希望全省各级气象部门立足实际，积极推动气象强省建设，充分利用本地气候资源，发挥气象防灾减灾第一道防线和全方位保障作用，为地方经济社会高质量发展贡献气象力量。

河南省气象局党组书记、局长

2020 年 8 月 18 日

前　言

气候是人类最重要的自然资源之一，地球上的动植物和人类生存都依赖于适宜的气候环境。气候变化不仅对民众衣食住行有影响，对国家经济建设和发展影响更大。当今时代，“气候变化”一词已成为全世界热门话题。近年来，由于气候变暖影响，各种自然灾害事件不断出现，世界各国及组织开始关注气候变化，并不断提出应对措施，联合国决定从 1995 年起每年在世界不同地区轮换举行世界气候变化大会，气候变化引起了世界各国的高度重视。

我国于 2007 年由温家宝总理主持国务院常务会议正式通过了《中国应对气候变化国家方案》。该方案把应对气候变化与可持续发展战略，加快建立资源节约型、环境友好型社会和创新型国家紧密结合起来。现在，“气候变化”这个议题在科学研究方面居国际前沿，在应用方面是社会亟需。对此不仅全世界科学家感兴趣，老百姓也津津乐道，决策者更高度重视。

商丘属于东亚季风气候区，天气气候多变，各种气象灾害频繁，给社会、经济和生态环境都造成了较大影响和损失。为全面了解商丘气候变化特点，掌握其分布规律，使民众增强自觉保护和应用气候的意识，主动采取应对措施，适应和减缓气候变化，趋利避害，同时为加快建设资源节约型、环境友好型社会和创新型社会做好气象服务，商丘市气象局抽调骨干力量，组织编写了《商丘气候志》一书。

该书搜集、查阅、统计了自公元前 714 年至公元 2019 年商丘 2000 多年出现的干旱、雨涝、冰雹、大风、霜冻和雷击等气候史料。其中，古代历史气象资料来源于《归德府志》、各县地方志、邻县《县志》以及参考《河南省西汉以来历代灾情史料》《河南省历代旱涝等水文气候史料》等。现代气象资料来源于商丘各级气象台站自 1953 年建站以来 60 余年的气象观测资料。

为了达到启迪后人、趋利避害的目的，本志书重点对商丘气象部门 1953—2019 年的气象观测资料进行了统计分析，捋清了主要天气气候灾害发生的特点，在此基础上阐述了商丘气候属性及与有关行业的关系，使主要气候要素变化规律清晰明了。

全书共分十章，第一章为商丘远古气象与灿烂文化，由王庆亮编写，本章简单介绍了商丘由来、远古气象、商代文化以及商丘名胜古迹，以便读者了解商丘、研究商丘历史和文化发展，为研究商丘气候和自然灾害提供佐证，同时，对于继承和发扬优秀传统文化，提高民族文化自信具有积极意义；第二章为商丘基本概况，由王庆亮编写，本章介绍了商丘地形、地貌、水系、气候、植被、社会等概况；第三章为商丘气候基本特征，由胡全义编写，本章主要分析了商丘气候成因和气候变化基本特征及规律；第四章为商丘主要气象灾害，由康邵钧编写，本章分析了商丘主要气象灾害划分标准、成因、时空分布及发生规律；第五章为商丘气候评价，由张云霞编写，本章运用气候学原理和方法，分析了商丘气候对本区主导农业的影响、评价依据及方法，同时对近 5 年(2015—2019 年)气候状况作了详细分析；第六章为商丘气候区划，由张云霞编写，本章采用中国气候区划有关指标，对商丘气候进行区域划分，为开发、利用商丘丰富的气候资源和有利气候条件提供科学依据；第七章为商丘气候与各行各业，由康邵钧编写，本章重点阐述了气候与各行业的关系及影响；第八章为古代商丘气象灾害史料和第九章为近代商丘气象灾害史料，由范志军编写，这两章收录了商丘自公元前714年至公元1949年的气候灾害史料，以供读者加深对商丘气候以及商丘历史的了解；第十章为新中国成立后商丘重要天气和重大气候事件，由李瑾编写，本章收录了商丘60年来的重要天气和重大气候事件，以便为有关部门研究商丘气候、利用商丘气候提供方便。

商丘市政府高度重视《商丘气候志》的编写工作，成立了由市政府主管副市长曹月坤任主编的编委会。为了加强该志书的编写工作，市气象局成立了以主要领导为组长、班子成员为副组长、各科室主要负责人为成员的编写工作小组，聘请退休老领导原安阳市气象局局长胡全义、商丘市气象局原副调研员王庆亮参与筹划、拟定提纲、编写和审稿工作，同时聘请河南省气象部门专家、市直有关部门领导、专业技术人员给予指导和帮助。从2018年12月开始筹备至2020年6月初稿完成，历时一年半。期间多次召开编委会议，讨论体例、大纲，请专家审读稿件，尽量使本书少出谬误。

2020年7月，又聘请《河南气象》(现《气象与环境科学》)老编辑、中国气象局《气象知识》杂志编委张海峰先生通读全书，提出了修改建议。

编写过程中，得到了中国气象局有关部门、河南省气象局大力支持。中国气象局人事司司长陈振林，省气象局党组书记、局长王鹏祥分别对编写工作提出了明确要求并对编写做了具体指导，王鹏祥局长还亲自为《商丘气候志》作序。编写当中，省气象局副局长孙景兰、林勇、纪检组长王世涛、副局长陈怀亮也分别对志书编写提出了指导意见，在此特表示衷心感谢！

在志书编写过程中，还得到了河南省气候中心、河南省气象科研所、河南省气象探测数据中心、商丘市财政局、商丘市水利局、商丘市农业农村局、商丘市自然资源和规划局等部门的通力支持和帮助，得到了河南省气象科研所总工程师、正高级工程师余卫东，河南省气候中心正高级工程师常军、河南省气象探测数据中心高级工程师王国安、河南省气象局高级工程师连续发和孔剑君等专家的技术指导和热情帮助。商丘市水利局科研所副所长武斌、商丘市农业农村局科教科尚扩军、商丘市自然资源和规划局林政监察科吕永刚提供了有关资料。商丘市财政局袁福根、夏国防、吕程军、刘超峰在志书修改过程中，提出了很好的建议。在此一并致谢！

由于编写水平有限、涉及的气候资料要素较多，且各种资料时限跨度较长，书中错漏和不妥之处在所难免，敬请读者批评指正。

商丘市气象局党组书记、局长

2020年8月2日

凡　例

(1)本志依据国务院《地方志工作条例》,遵循历史唯物主义和辩证唯物主义观点,力求思想性、科学性和资料性相统一,重点记述商丘境域内的气候变化,上溯殷商早期,下限截至2019年。追求准确性、知识性和资料性。

(2)采用第三人称写法,客观记述。在语言上,除引用典籍外,使用现代白话书面语。汉字使用国家语言文字委员会批准的简化汉字。计量单位使用公众已经习惯的公制,如"公斤""公里",不使用"千克""千米"。为照顾当地口语和历史使用习惯,某些数字使用市制,如"亩""斤"等。

(3)纪年法,民国以前用各朝代帝王年号和民国年号(民国年号使用阿拉伯数字)。

(4)凡公历年月日一律使用阿拉伯数字,农历年月日一律使用汉字,严禁阿拉伯数字与汉字混用。

(5)年份一律使用公元纪年,用阿拉伯全数记述,如"1984 年""2015 年"等;叙述中涉及世纪和年代,一律使用阿拉伯数字,如"20 世纪 70 年代"。不使用国家未认可的世纪年代表示法,如"1970 年代"等。

(6)含有月、日简称,表示事件、节日等的词组使用汉字。如二十四节气,不使用社会上流传的"24 节气"。

(7)表示概数和约数的词组用汉字。如二三米、三五天、一两个小时、五六万人、十四五岁等。可用汉字也可用阿拉伯数字时,按局部协调一致的原则统一。

(8)表示数值范围时,使用波浪线"～",如"气温 3～5℃""降水量 25～30 毫米"。时间跨度使用一字符"—",如张衡(78—139),不能写为(78～139)。

(9)书中"商丘"含各县(市、区);"商丘市城区"为商丘市政府所在地。

(10)商丘国家基准气候观测站用"商丘站"表示;所属 7 个县(市)气象局,即永城市气象局、夏邑县气象局、虞城县气象局、柘城县气象局、睢县气象局、宁陵县气象局、民权县气象局,用"永城站""夏邑站""虞城站""柘城站""睢县站""宁陵站""民权站"表示;所属 2 个区气象局,即睢阳区气象局、梁园区气象局仍使用全称表示;乡级四要素自动气象站用"乡镇名称＋区域站"表示;"永城、虞城、夏邑……"则表示为县域内。

(11)历史资料来源于各地档案馆或档案室的资料,其次是实地调查资料、有关志书和文献资料、民间普查资料等。本着"详今略古、详近略远"的原则,对新中国成立后的气象历史发展详尽记述。

目 录

第一章　商丘远古气象与灿烂文化

第一节　商丘及其来历

商丘市简称“商”，是河南省地级市，介于东经114°49′～116°39′，北纬33°43′～34°52′，东西横跨168公里，南北纵贯128公里。东望安徽淮北、江苏徐州，西接本省开封，南襟本省周口及安徽亳州，北邻山东菏泽、济宁，约占河南省总面积的6.4%，区域面积1.1万平方公里。气候适宜，资源丰富，适宜人类居住。

商丘古城是中国历史文化名城、中华文明的发祥地之一。中华始祖、三皇之首燧人氏在这里发明了钻木取火，开创了人类文明历史新纪元。据《商丘县志》记载（商丘县志编纂委员会，1989），帝喾（kù）之子契（xiè）辅佐禹治水有功，被封于商，为商族人的始祖。约公元前16世纪，契的14世孙成汤，灭掉夏朝建立了商朝，并将国都建在南亳（今商丘南）。商丘历来为名都大邑，燧人氏、炎帝、颛顼（zhuān xū）、帝喾等三皇五帝以及夏朝、商朝、周朝宋国、汉朝梁国、唐、宋、元、明、清等均在此建都、建城。

公元前2300年左右，黄帝曾孙、五帝之一帝喾高辛氏曾经是这一带的部落联盟酋长，他看到商地百姓没有火，吃生食，就让自己的儿子契，也就是阏伯（è bó），在这里担任保存火种的“火政”，同时负责观测“商”星，即“火星”。阏伯在管火的同时筑一高台（土丘）用于观星，这个台就叫“阏伯台”或称“火星台”。阏伯观测星辰，以此为依据测定一年的自然变化规律和年成的好坏，为中国古老的天文学和气象学做出了重要贡献。阏伯呕心沥血，教化民众，深受人民爱戴，故尊他为“火神”。阏伯死后被葬于阏伯台下，由于阏伯的封号为“商”，他的墓冢也被称为商丘，商丘地名即由此而来。

商丘即商朝的发源地。据史料记载，商朝（约公元前1600年至公元前1046年），是中国历史上第二个朝代，也是中国第一个有直接的同时期文字记载的王朝。商朝经历了“先商”“早商”“晚商”三个大的发展阶段，前后相传17世31王，延续500余年。范文澜在《中国通史》中说：“帝喾居西亳（今河南偃师），自西向东发展，他的一支后裔——契在商丘成立大部落。”据《史记·殷本纪》记载：契因辅佐大禹治水有功，被帝舜“封于商，赐姓子氏”。郭沫若在《中国史稿》中说：“商，在今河南省商丘县。商朝就是从这里发展起来的。”显而易见，契就是商族人的始祖；契被封在商丘，商丘就是商族的发祥地。甲骨文中有“商”“丘商”“大邑商”“天邑商”等地名，都是指的商丘这个地方。“商丘”二字的含义就是“居住在丘岗之上的子姓氏族的聚居地”。为何要居住在丘岗之上，因为那时水灾频繁，地势较高的地方才适合人们居住。商丘现存的商代遗址大多数带有岗、台、坡、堌堆（土丘）等文字，说明这些被发现的遗址原来都是高地，才幸免于被河水泛滥淹没或冲毁，遗址才能得以保存下来。

契时，商族还处在父系氏族公社阶段，离阶级分化和国家建立还有一段距离。因此，夏朝统治时期，商族只是夏朝在东方的一个附庸。从契以后，传 14 世至商王成汤，大约在公元前 1600 年，商王成汤正式兴兵伐夏，夏朝灭亡，商王成汤建立了商王朝。商朝传 17 世 31 王到纣时，大约公元前 1046 年被周武王消灭，建立了周朝，商朝灭亡。

据商丘市地方史志研究室(2018)编写的《商丘地区志》记载，约公元前 11 世纪，周成王封殷商后裔微子启于商丘，称宋国。秦时，本地分属砀郡与陈郡。西汉高祖五年(前 202 年)改为梁国，属豫州。三国魏文帝黄初元年(220 年)，将梁国改为梁郡。隋朝初梁郡废，十六年(596 年)置宋州。唐天宝元年(742 年)置睢阳郡，属河南道。北宋初复置宋州，景德三年(1006 年)升宋州为应天府。元朝为归德府，属河南布政使司。明朝太祖洪武元年(1368 年)降府为州，属开封府，嘉靖二十四年(1545 年)升州为府。清沿明制，仍为归德府，属河南省。

民国 2 年(1913 年)裁归德府，改为豫东道。民国 21 年(1932 年)改为第二行政督察专员公署。民国 37 年(1948 年)11 月商丘解放，为豫皖苏第一行政区。民国 38 年(1949 年)3 月改为河南省商丘专区。

1968 年改为商丘地区，1997 年 12 月撤地设市。

第二节　“殷商之源”通达商丘

商丘是“殷商之源”。“殷商文化起源于商丘，兴盛于安阳”。殷商的先世商族部落兴起于黄河中下游，“商”和“殷”都是地名。据《商丘地区志》记载，大约公元前 2070 年，商部落是夏朝的附属国。夏朝末年，社会矛盾尖锐，国王孔甲“好方鬼神，事淫乱”，夏朝开始走下坡路。到夏桀即位，他更加暴虐无道，荒淫无耻，“赋敛无度，万民甚苦”。大约公元前 1600 年，商汤由伊尹辅佐，兴兵伐夏。商汤灭夏以后，以“商”为国号，在亳(今商丘市睢阳区坞墙镇)建立商朝。“亳”位于黄河下游。黄河流域近 2000 多年来的气候，总的来说是越来越干旱寒冷，全年雨量减少，且 70%都是集中在夏秋，多暴雨，洪峰流量大大高于年平均流量，难免会冲坏河堤，此谓暴涨暴落。汉代人称“一日之间，昼减夜增”，故黄河一遇暴雨往往造成下游漫堤或者决溃，致使河水泛滥，洪水肆虐，灾民无数。为躲避洪涝等自然灾害或因战争、社会矛盾等因素，从商部落到商朝期间，部落、国都频繁迁移。商汤的第 9 代孙、商朝的第 20 个王盘庚认为，“殷”这个地方西依太行山，地势西高东低，而且前面是一大片土地肥沃的平原，洹水自西北向东南穿过，取用水方便，有利于农业生产，在此开垦荒地，不愁国力不富。另外，殷正处于簸箕口处，地势险要。这对有效管理全国，以及出兵打仗，都比较方便。盘庚迁殷后，国都稳定下来，在殷建都达 273 年，因此商朝又被后世称为“殷”或“殷商”。

所谓“殷商”时期，是指商朝的整个历史时期。“殷商”由地名演化而来，“殷商”成为商朝的代称。以《史记》为首的多部典籍对商地均有记载。《史记·殷本纪》说“契长而佐禹治水有功，封于商，赐姓子氏”。“自契至汤八迁，汤始居亳，从先王居”。诸如《诗·商颂》《国语》《竹书纪年》等均有帝喾及契、相土、汤等殷商先祖在商丘发迹的记载。陈梦家《殷墟卜辞综述》“甲骨文中的商、丘商，是在今商丘附近”。《辞海》中“商，古地名。在今河南商丘。商始祖契所居”。这些历史文献对“商”地的具体地点，都做了明确记载。更有说服力的是宋国故城的考古发现，即“周成王封微子于宋”“奉其先祀”“以嗣殷后”等文献更加明确了商丘是商族的起源地。“商”根植在商丘，商丘乃殷商文化的发源地。

商丘又是“三商之源”。“三商”，即“商人”“商品”“商业”。商丘是商朝前期所在地，也是商业贸易的发源地，因此有“三商之源”的美称。商朝的建立是“商”部落经济快速发展、国力不断壮大强盛的标志。据商丘市地方史志研究室(2010)编著的《商丘市情概览》一书介绍，“商”部落的快速发展离不开两个关键人物，即“相土”和“王亥”。“相土”是“契”(即：阏伯)的孙子，继“契”封于商，是商国的第三代先祖。王亥，子姓，“契”的六世孙，商国的第七任君主。历史上有“相土作乘马，亥作服牛”之说，意思是，相土发明了当时最先进的交通工具“马车”，王亥驯服了牛，发明了“牛车”。这说明“商”的祖先已经开始“立皂牢，服牛马，以为民利”。“皂”是喂牛马的槽，“牢”是养牛羊用的圈，说明他们很早就过渡到定居放牧的生活，服牛乘马，以为专利了。这样就形成了农牧结合的经济，使这个部落很快兴旺起来，农业的发展促进了农业和畜牧业的分工，以及农业和手工业的分工。农业和畜牧业的发展，使商部落很快强大起来，他们生产的东西有了过剩，于是王亥带领商部落的人，驾着最先进的马车和牛车，拉着货物，赶着牛羊到外部落去交易，开创了华夏商业贸易之先河(图 1.1)。久而久之人们就把从事贸易活动的商部落人称为“商人”，把用于交换的物品叫“商品”，把商人从事的职业叫“商业”。王亥就成为经商做买卖的“商人”的始祖，数千年来一直被商人奉若神明，尊称王亥为“华商始祖”“中斌财神”。所以，商丘是商人、商品、商业的发源地，被称为“三商之源”。

图 1.1　王亥带领商队到各诸侯国交易(图片由王庆亮摄影)

“商”文化是博大精深的炎黄文化的重要组成部分，是商族人对中国社会发展做出的重大贡献。商文化发祥地在商丘，起源于以现在的商丘市为中心的黄淮平原地区。大量历史文献、地面上留存古迹以及考古发掘证明，商族所居住的黄淮平原是中华有史以来开发最早、对中华文化发展影响最大的地区之一，5000 多年的文明史为我们留下了丰厚的文化遗产。

商丘市是一个历史悠久、文化灿烂、区位优越、交通便利、产业完备、商贸发达、资源丰富、生态良好的活力区域，现正以高质量发展的态势，谱写着豫东大地的绚丽华章。

第三节　远古气象

一、阏伯与他创立的观星台

阏伯，子姓，名契，商丘人，帝喾之子、帝尧的异母弟，生母为帝喾次妃简狄。阏伯是中国最早的天文学家和气象学家，也是商族部落的始祖、商朝开国君主商王成汤的先祖。

史载，阏伯与其弟实沈不和，常动干戈。帝喾无奈，只好将两兄弟分开。阏伯被分到了商丘，让他管理东方的晨星，晨星也叫大火星，又叫商星；实沈被分到了大夏，让他管理西方的参星。兄弟俩用参、商星来定时节，此出彼落，从不相见。阏伯死后被称为商星，实沈死后被称为参星。在星宿中二星一个落下的时候，另一个才升起。

《左传·昭公元年》也有记载。阏伯是帝喾的儿子，名“契”，被封为火正。火正是管理火的职务，这个“火”就是指天上的“大火星”，并不是人们常见的人间之火。

图 1.2　阏伯观星台

（图片由王庆亮摄影）

“大火星”简称为火星、大火等。在原始社会“刀耕火种”时期，耕种前放火将田地的杂物焚烧以作肥料是种田的首要步骤，但什么时候焚田，必须准确把握时间。烧早了，田里的种子发芽后如果没有雨水滋润就会枯死，这就会影响收成。为顺应天时，合理安排农事，阏伯修筑了观星台（图 1.2）。阏伯利用天象运行规律，确定农时，指导农业生产。代观测日、月、金、木、水、火、土等恒星的运行，是把天区分成大小不等的二十八个小区，称二十八宿，作为观测时的标志，用来说明日、月和五星运行所到达的位置。其中东方苍龙七宿有一个星宿对着商丘，它就是心宿，又叫火星，即“商”星。经过长期对火星的观察和不断总结经验，人们发现这颗星每年都有运行不变的规律，它何时东出、何时南中、何时西落，每年再现的时间都非常准确。在大火星见于东方的时候烧荒播种最为合适，于是，就把大火星定为授时的标志。当时，阏伯就用这种最简单的办法，肉眼观天来定农时、分季节，告诉人们什么时候开始收割，什么时候开始耕种，用以指导农业生产。据说这种以大火星的变化来指导农时的观测一直延续到公元前 11 世纪。

阏伯台顶部两侧的殿堂内，分别供奉着昭明和相土。昭明是阏伯（契）的儿子，相土是阏伯（契）的孙子。史料记载，阏伯（契）去世之后，由他的儿子昭明继承火正（官名）和商部落首领之位。昭明死后，由昭明的儿子相土继承先祖主持火祀。

图 1.3　中国最古阏伯观星台纪念碑

（图片由王庆亮摄影）

1994 年 5 月，全国著名的天文、文物考古专家 30 余位相聚火星台，通过研讨论证，一致认为“帝尧时阏伯在商丘阏伯台（火星台）观星授时，根据火星运行规律，区分春、夏、秋、冬四季，指导当时农业生产。火星台（火神台、阏伯台）是全国现存最古观星台遗址，距今已有 4200 余年，定名为阏伯观星台”（图 1.3）。

中国与以游牧为主的国家不同，中国是以先进的农业创建了文明古国。远古时期农业发展的每一个进步，都离不开科技的进步。黄河流域是中华民族的摇篮，在距今四五千年的时候，农业比较发达，与农业相关的技术也随之而生。阏伯在观测大火星的经验积累中，在天文历法方面取得了突出成绩。阏伯观星授时，指导农业生产，也类似于现在的气象服务。所以说，阏伯是中国最早的天文学家，也是中国最早运用气象手段服务农事活动的气象学鼻祖。

二、甲骨文中的天气预报

甲骨文，是中国的一种古老文字，又称“契文”(qì wén)“甲骨卜辞”“殷墟文字”或“龟甲兽骨文”，是中国商朝晚期王室用于占卜记事而在龟甲或兽骨上镌刻的文字，早在3600多年前，殷代甲骨文就记载了关于天气现象的文字资料。

甲骨文记录和反映了商朝的政治、经济、交通、农业、畜牧业、天文、气象、医疗等情况，是中国商朝后期(公元前14世纪至前11世纪)王室用于占卜吉凶记事而在龟甲或兽骨上镌刻的文字，内容一般是占卜所问之事或者是所得结果。

殷商时期的农业生产依赖自然，靠天吃饭，所以人们很注意天气变化，尤其是雨水的变化。据《尚书・尧典》记载，尧曾命羲和与羲仲专门掌管天象和时令，以安排生产。而且那时已认识到一年四季寒来暑往的节律以及东西南北不同地理位置的星象、气象和生物的状态。安阳殷墟出土的甲骨文中对天气现象的记载十分完整、细致，包括降水、天空状况、风、云雾、雷电现象等方面的许多项目，降水现象有雨、雪、雹、霜等分类，对雨还有具体分析，形成了气象雏形。其中记录天空状况的有晴、昙(天空密布云气称昙)、阴；记录天气现象的有霾、雾、雨、雪、雹、雷、电、霜、晕、虹等。风和云还有方向，并注意了天气现象程度的表示，如按降水量的大小，将雨分成猛雨、疾雨、足雨、大雨、多雨、毛毛雨；按风力的大小和风向将风分成大风、疾风等。有的对天气现象出现的时间记得也很具体，如“癸卯卜，今日雨。其自西来雨，其自东来雨，其自北来雨，其自南来雨”“东云自南，雨”“中日(中午)其雨”并有“令雨足年，帝令雨弗其足年”等求雨的卜辞，请求上帝或祖先赐予风调雨顺的好年成。此外，有一片甲骨上还刻有连续记载天气状况的内容，据推定是殷王文丁六年三月刻的卜辞，记录了当时的卜旬，也就是在当月二十日预测未来10天的天气预报，并加以验证，把这10天的天气实况刻在甲骨上。译成今文的意思就是：“二十日卜旬，问未来10天的天气，第2天开始下夜雨，连下3夜。第4天早晨下雨。第5天傍晚有风雨。第6天清晨转晴。第9天有大风自北吹来。”这种连续10天的天气记录在古代世界史上是很罕见的。还发现有占卜商王外出打猎会否遇上大雨的骨片，骨片记载：“弜(jiàng)田其遘(gòu)大雨，中日至昃不雨，食日至中日不雨，自旦至食日不雨。”其中“弜田其遘大雨”意思是商王外出打猎会否遇上大雨？“中日至昃不雨，食日至中日不雨，自旦至食日不雨”是占辞，即天气预报内容，按顺序把占辞翻译成现代说法就是：正午到下午没有雨，吃早饭时到正午没有雨，从太阳出来到吃早饭时没有雨，即全天没有雨。这片甲骨文说到了一天中的几个时段会不会下雨，因此，我们可以理解为这是中国最早的天气预报，堪称“远古天气预报”。

由甲骨文可知，商代一直在探索大自然的气象奥秘，寻求与大自然的和谐共处，华夏文明能够得以延续发展，是华夏民族适应气候变化、追求与大自然和谐相处的结果。

甲骨文中的气象记录，反映我们的祖先在从事渔猎、学会牧业和农业的漫长岁月中，饱经寒风、烈日、雨雪、霜电之苦，对自然界的风云变幻十分关注，已经逐渐积累起有关天气、气候变化的知识，同时也积累了“播种”和“收获”的大致日期。

三、二十四节气的诞生

从商朝到周朝，人们通过对天象的观测和经验积累，逐步懂得了日南至、日北至的概念。将每年日影最长定为“日至”（又称日长至、长至、冬至），日影最短为“日短至”（又称短至、夏至），在春、秋两季各有一天的昼夜时间长短相等，便定为“春分”和“秋分”，这就是商朝时形成的四个节气。到周朝时发展到八个，战国后期成书的《吕氏春秋》“十二月纪”中，就有了立春、春分、立夏、夏至、立秋、秋分、立冬、冬至等八个节气名称。这八个节气是二十四节气中最重要的节气，把冷暖季节的转换清楚地划分出一年四季。到秦汉年间，二十四节气已完全确立。西汉时期的《淮南子》一书就有了和现代完全一样的二十四节气的名称。公元前 104 年，由邓平等制定的《太初历》，正式把二十四节气定于历法，明确了二十四节气的天文位置。

从二十四节气的命名可以看出，节气的划分充分考虑了季节、气候、物候等自然现象的变化。其中，立春、立夏、立秋、立冬、春分、秋分、夏至、冬至是用来反映季节的。春分、秋分、夏至、冬至是从天文角度来划分的，反映了太阳高度变化的转折点。而立春、立夏、立秋、立冬则反映了四季的开始。小暑、大暑、处暑、小寒、大寒五个节气反映了气温的变化。雨水、谷雨、小雪、大雪四个节气反映了降水现象，表明降雨、降雪的时间和强度。白露、寒露、霜降三个节气表面上反映的是水汽凝结、凝华现象，但实质上反映出了气温逐渐下降的过程和程度，气温下降到一定程度，水汽出现凝露现象。气温继续下降，不仅凝露增多，而且越来越凉。当气温降至零摄氏度以下，水汽凝华为霜。小满、芒种则反映有关作物的成熟和收成情况；惊蛰、清明反映的是自然物候现象，尤其是惊蛰，它用天上初雷和地下蛰虫的复苏，来预示春天的回归。

二十四节气是我国劳动人民长期对天文、气象、物候进行观测、探索、总结的结果，是我国劳动人民独有的伟大科技成果，对我国广大农村开展农事活动有着广泛的应用价值。二十四节气源于商朝，因此，更适用于黄河流域一带的农事活动。

第二章　商丘基本概况

第一节　社会概况

一、行政区划

商丘是河南省最东部的一个市，1997 年 6 月撤地设市，辖夏邑县、虞城县、柘城县、宁陵县、睢县、民权县、梁园区、睢阳区、省直管县级市永城市和城乡一体化示范区。截至 2019 年底，全市共有 197 个乡(镇、街道)，4881 个村(社区)委会，总人口 926.17 万人。

二、人口状况

2019 年末商丘总人口 926.17 万，其中男性 465.22 万人、女性 460.95 万人。人口分布状况为，梁园区总人口 62.58 万，睢阳区总人口 86.43 万，示范区总人口 31.29 万，民权县总人口 93.25 万，睢县总人口 89.12 万，宁陵县总人口 66.66 万，柘城县总人口 104.4 万，虞城县总人口 112.36 万，夏邑县总人口 122.48 万，永城市总人口 157.6 万。

三、民族状况

商丘主要有汉、回两个民族，但也有其他少数民族在此定居。这些民族是蒙古族、藏族、维吾尔族、苗族、彝族、壮族、布依族、朝鲜族、满族、侗族、瑶族、白族、傣族、黎族、土家族、土族、撒拉族、裕固族等。2019 年，共有少数民族 43 个，少数民族总人口 16.9 万，占商丘总人口的 1.85%，主要有回、蒙古、满族等。回族人口 16 万，其中回族人口总数居河南省第二位。属于民族大市，少数民族千人以上的乡(镇)街道 39 个，其中民族乡(镇)4 个，少数民族聚居村 93 个。具有大分散小聚居的显著特征，是典型的民族散杂居地区。

四、交通状况

商丘市是全国重要的物资集散地和商贸中心，是国家“一带一路”“两纵两横经济带”节点城市之一。郑徐高铁、京港高铁、陇海与京九铁路及国道 310 线和 105 线、连霍高速、济广高速公路都在商丘交会，区域内公路四通八达。2019 年底，商合杭高铁和京港高铁的丰雄商段已经试运行。

截至 2019 年底，商丘新建农村公路 2731 公里。中心城区实施庄周大道等 4 条环城路、神火大道南段等 8 条主干道以及 140 条次干道建设，路网结构进一步完善。商合杭高铁全面铺轨，商丘高铁东站站房已经建成，沱浍河航运工程进展顺利，综合交通枢纽地位持续强化。

第二节　地貌概况

一、地貌类型

商丘属黄河冲积平原区，地势基本平坦，由西北向东南微有倾斜，西北部海拔 70 米，到东南部海拔降到 30 米，地面平均坡降 1/5000。土层深厚，适宜农耕，自古就是重要的人类活动区。但由于黄河多次泛滥、决口和改道，加之长期的雨水、风力作用及人们生产活动的影响，使区域内形成了滩地、湖洼地、槽形地和蝶形洼地等，相互交替分布，构成较复杂的平原地貌。永城市境内有极少量剥蚀残丘和湖洼地，剥蚀残丘区为商丘市独特的地貌类型。

从商丘地貌类型分析，基本分为高滩地、背河洼地、缓坡平原三种地貌类型。

境内北部属于黄河故道高滩地，一般高出古黄河大堤南侧背河洼地 6～8 米，属东西走向，南北最宽处达 30 公里，最窄处约 2 公里，呈西高东低趋势，地面海拔为 70～52 米，平均降坡 1/7500。此区域内分为两个小区，一是沙丘沙垄区，沿河道两侧分布，土质以粉沙和轻亚沙为主，构成一条起伏的沙荒带，面积为 193.4 公顷(1 公顷＝15 亩，下同)。二是河漫滩地区，沿大堤北侧分布，为黄河淤积而成，土壤以沙土轻沙为主，间有重壤土，土壤肥沃，是沿故道一带 89 万居民的主要粮食生产基地，面积约 673 公顷。

黄河故道南侧至陇海铁路之间，呈东西条状分布，跨越民权县、宁陵县、虞城县，南北宽约 3 公里，自西向东海拔高度为 64～46 米，平均降坡 1/7500。此区域以盐渍化土壤为主，土地贫瘠，1985 年之前是商丘的主要盐碱区，面积约 500 公顷。永城市南部有一小片湖洼地，面积约 0.42 公顷，由古沼泽地垦殖而成，土壤以黑黏土和红淤土为主，是境内地势最低的地方，极易积水成涝。

陇海铁路以南区域属缓坡平原，是由黄河冲决的泥沙沉积和河流的分割形成，地势平坦，由西北向东南倾斜，海拔为 60～30 米，平均降坡 1/5000。包括睢县、柘城、睢阳区、夏邑县的全部地区，民权县、宁陵县、梁园区三县区境内 310 国道以南、梁园区至虞城县陇海铁路以南的广大地区。缓坡平原占全市面积的 70％以上。土壤有沙土、轻沙土、两合土、淤土和花碱土等。

二、土壤状况

(一)土壤成因

境内的现代土壤主要是由于黄河历代泛滥沉积构成，依照“紧沙、慢淤、清水碱”的规律，经多次水流分选、沉积，形成了土层深厚、次第分明、沉积物比较复杂的各类土壤。分为冲积沉积物、风积物、古河湖相沉积物、残积坡积物、异元母质等土壤母质类型。

冲积沉积物是形成潮土母质的主要来源，并含有丰富的碳酸钙，商丘冲积物面积占辖区总面积的 95.7％；古河湖相沉积物其成土母质属第四系更新统，沉积物为黑色黏土，主要分布在永城市的南部和古湖迹处；风积物是黄沙经风力搬运堆积而形成的，质地为松沙土、紧沙土，主要分布在民权、虞城和梁园区二县一区的北部；残积坡积物分布在永城市北部的芒山一带，鱼山、僖山、徐山为花岗岩，其余各山均为奥陶系灰岩、白云质灰岩，山麓中、上部为石质土类，山下及麓脚为残坡积褐土性土；异元母质系在古河湖相沉积物上又覆盖近代黄泛冲积物及河流冲积物，而形成黑底潮土和灰质黑老土，分布在永城市隋堤以南。

根据以上土壤成因，境内的土壤共分为6个土类，分别为潮土、砂姜黑土、碱土、风沙土、褐土、石质土。

(二)土壤分布

商丘土壤分布受地形地貌和水文地质条件的影响，土壤微域分布的规律性较为明显，加之人为的耕作活动，在一定程度上改变了土壤性状，使土壤分布比较复杂。潮土分布在商丘186个乡(镇)，面积约79.2万公顷，占土壤总面积的94.2%；砂姜黑土分布于河流下游之间的河间平原，主要在永城市南部的裴桥、李寨、双桥、新桥、马桥、黄口等乡镇，面积3.58万公顷，占商丘土壤总面积的4.26%；碱土分布于背河洼地及缓坡四周的高低起伏微地貌的二坡地上，主要在民权县、宁陵县、睢阳区、虞城县等县区，面积5730公顷，占商丘土壤总面积的0.69%；风沙土主要分布于民权县尹店乡中部、野鸡岗西南部、程庄乡南部和梁园区李庄、刘口乡一带，面积6400公顷，占商丘土壤总面积的0.76%；褐土分布于永城市北部芒山、条河一带的剥蚀残丘间，为石灰岩风化物，面积3333公顷，占商丘土壤总面积的0.4%；石质土为山峰上基岩裸露的地表，分布在永城市芒山、条河一带的剥蚀残丘上部，面积400公顷，占商丘土壤总面积的0.05%。

潮土、砂姜黑土占商丘耕地总面积的98.46%，故下述分析内容主要指潮土和砂姜黑土。

潮土分为典型潮土、碱化潮土、湿潮土、盐化潮土和灌淤潮土5个亚类，其中典型潮土约63.0万公顷，占潮土总面积的94.41%；碱化潮土约3.1万公顷，占潮土总面积的4.68%；湿潮土2242.2公顷，占潮土总面积的0.34%；盐化潮土3500.7公顷，占潮土总面积的0.52%；灌淤潮土365.6公顷，占潮土总面积的0.05%。

砂姜黑土仅石灰性砂姜黑土1个亚类，分布在永城市和柘城县。其中永城市约3.3万公顷，占砂姜黑土总面积的99.89%；柘城县35.3公顷，占砂姜黑土总面积的0.11%。

20世纪80年代以来，商丘逐步实现农田林网化，森林面积迅猛增加，风沙相对减弱，同时实行土地改良，盐碱地逐渐萎缩，地表层土壤发生很大变化。20世纪80年代后期，商丘沙化和盐碱化土地逐步得到治理。黄河故道南岸生态防护林基本实现全线贯通。昔日的荒沙地、盐碱地已经成为当地农民种植粮经作物的肥沃土壤。

三、水系概况

(一)河流

商丘属淮河流域，分属洪泽湖、涡河、南四湖三大水系。洪泽湖水系在境内流域面积为4912平方公里，涡河水系境内流域面积为4341.5平方公里，南四湖水系境内流域面积为866.4平方公里。其中，涡河、惠济河、大沙河属于淮河流域涡河水系；沱河、浍河、王引河属于淮河流域洪泽湖水系；黄河故道子河属于南四湖水系，南四湖属于淮河流域泗河水系。

境内流域面积在1000平方公里以上的骨干河流有7条，其支流及自然沟渠和人工沟渠100余条穿布其间，并与7条骨干河流相汇通。河流大多呈西北东南流向，大致平行相间分布，均为季节性、雨源型河道，汛期遇大、暴雨，河水猛涨，洪峰显著，水位、流量变化很大。1958年以来，先后在黄河故道建设中型水库7座，在主要河流建设拦洪闸10余座，可拦蓄地表径流及蓄水灌溉5亿多立方米。

境内流域面积在1000平方公里以上的6条骨干河流是：

涡河。涡河是淮河中游北岸的第二大支流，发源于河南省尉氏县，向东南流经开封、通许、扶沟、太康、柘城、鹿邑和安徽省亳州、涡阳、蒙城，于蚌埠市怀远县城附近注入淮河。商丘境内长度为15公里，从柘城县小丁庄进入境内，于柘城县鸭李庄出境，流域面积4048平方公里。

惠济河。惠济河是涡河的最大支流，发源于开封市市郊，流经开封、杞县、睢县、柘城、鹿邑，进入安徽亳州市境内汇入涡河。商丘境内长度为80公里，从民权县茅草河口进入境内，于柘城县永安沟口出境，流域面积3700平方公里。

大沙河。大沙河是涡河的一条支流，发源于民权县断堤头村，流经民权、宁陵、柘城、睢阳区进入鹿邑县境内汇入涡河。商丘境内长度为98.2公里，流域面积1246平方公里。

沱河。沱河发源于梁园区刘口乡刘堤西南，流经虞城县、夏邑县、永城市，由永城市的王庄进入安徽省境内，穿过安徽省濉溪、宿州、灵璧、泗县，至江苏省泗洪县注入洪泽湖。商丘境内河道全长126公里，流域面积2358平方公里。

浍河。浍河发源于河南省夏邑县蔡油坊村，流经夏邑县、永城市，在永城市李口集出境，再经安徽省濉溪、宿州、灵璧、固镇、五河等市县，在五河县通过洪新河流入洪泽湖。商丘境内长度为57.4公里，流域面积1314平方公里。

王引河。王引河为沱河支流，自安徽省砀山县南部的固口水闸始，以下称王引河，以上连接巴清河、大沙河、利民河的来水。王引河流经夏邑县、永城市，进入安徽省萧县，再经淮北市烈山区流入沱河。商丘境内河道全长60.01公里，流域面积1020平方公里。

(二)水库

黄河故道。黄河故道横贯商丘境内的北部，自民权县野岗乡坝窝水闸进入商丘境内，流经民权县、梁园区、虞城县进入安徽省砀山县，最后汇入南四湖。商丘境内总长144公里，基本是东西走向，流域面积为1408平方公里。1958年1月至1959年9月，商丘沿黄河故道自西向东建设了7座中型水库，即任庄水库、林七水库、吴屯水库、郑阁水库、马楼水库、石庄水库、王安庄水库，总蓄水能力达3亿立方米。其中：

任庄水库。任庄水库位于民权县任庄村北的黄河故道上(图2.1)，地理位置在东经115°10′～115°14′，北纬34°40′～34°44′，是黄河故道上7座串联梯级水库中上游第1座，下接林七水库。该水库是一座以城市供水为主，兼有防洪、灌溉和养殖等多种功能的中型水库。水库于1958年8月建成蓄水，控制流域面积353平方公里，任庄水库以上区域多年平均径流量1942万立方米，库区面积24.4平方公里，涉及民权县城关、胡集、王桥等乡镇，设计灌溉面积1万公顷，设计灌溉保证率50%。目前水库的主要作用是引黄调蓄，以保证商丘市城市供水、农田灌溉和养殖用水。

林七水库。林七水库位于民权县林七乡林七村南约1公里的黄河故道子河上，地理位置在东经115°03′～115°19′，北纬34°38′～34°45′，是黄河故道上7座串联梯级水库中的第2座，该水库是一座以城市供水为主，兼有防洪、灌溉和养殖等多种功能的中型水库(图2.2)。水库于1959年建成蓄水，控制流域面积387平方公里，多年平均径流量2710万立方米，库区面积23.5平方公里，涉及民权县城关、胡集、王桥、孙六和林七5个乡镇，设计灌溉面积1.3万公顷。目前水库的主要作用是引黄调蓄，以保证商丘城市生活及工业用水，被誉为商丘经济发展的生命工程。

吴屯水库。吴屯水库位于民权县王庄寨乡西北部，是黄河故道上7座串联梯级中型水库

图 2.1　任庄水库泄洪闸
（图片由商丘市水利局提供）

图 2.2　林七水库泄洪闸
（图片由商丘市水利局提供）

的第 3 座，上接林七水库，下通郑阁水库。水库于 1958 年建成蓄水，控制流域总面积 458 平方公里（其中林七水库以下区间面积 71 平方公里），设计灌溉面积 1 万公顷。1961 年大水时，大坝被迫扒口放水，水库同时停止运用。随着农业的发展，农业灌溉需求增加，1974 年大坝缺口堵复，水库恢复运用至今（图 2.3）。

郑阁水库。郑阁水库位于商丘市梁园区李庄乡郑阁村西的黄河故道上，地理位置在东经 115°27′～115°32′，北纬 34°34′～34°38′，是黄河故道上 7 座串联梯级水库中上游第 4 座，上连吴屯水库，下接马楼水库（图 2.4）。该水库是一座以城市供水为主，兼有防洪、灌溉和养殖等

图 2.3　吴屯水库泄洪闸
（图片由商丘市水利局提供）

多种功能的中型水库。水库于 1959 年建成蓄水，控制流域面积 585 平方公里，郑阁水库以上区域多年平均径流量 3317 万立方米，郑阁水库区间多年平均径流量 762 万立方米，库区面积 15.3 平方公里，涉及梁园区李庄、双八、刘口等乡镇，设计灌溉面积 7000 公顷。目前水库的主要作用是引黄调蓄，以保证商丘市城市供水、农田灌溉和养殖用水。

图 2.4　郑阁水库泄洪闸
（图片由商丘市水利局提供）

马楼水库。马楼水库位于河南省商丘市虞城县贾寨镇东北部约 6 公里的黄河故道上，地理位置在东经 115°45′～115°49′，北纬 34°33′～34°35′，是黄河故道上 7 座串联梯级水库中上游第 5 座，上连郑阁水库，下接石庄水库。该水库是一座以灌溉、防洪、养殖等综合利用的中型水库。水库于 1958 年元月建成蓄水，控制流域面积 1155 平方公里，马楼水库以上多年平均径流量 7307 万立方米，马楼水库区间多年平均径流量 3990 万立方米，库区面积 12 平方公里，涉及河南省虞城县和山东省单县，设计灌溉面积 5500 公顷。目前水库的主要作用是引黄调蓄，以保证虞城县农田灌溉和养殖用水（图 2.5）。

图 2.5　马楼水库泄洪闸
（图片由商丘市水利局提供）

石庄水库。石庄水库位于河南省商丘市虞城县田庙乡石庄村西的黄河故道上，地理位置在东经 115°32′～115°59′，北纬 34°34′～34°35′，是黄河故道上 7 座串联梯级水库中上游第 6 座，上连郑阁水库，下接王安庄水库。该水库是一座以灌溉为主，兼有防洪和养殖等多种功能的中型水库。水库于 1959 年建成蓄水，控制流域面积 1410 平方公里，多年平均径流量 9165 万立方米，库区面积 34.5 平方公里，涉及虞城县利民镇、田庙、乔集、刘集、张集等乡镇，设计灌溉面积 1.5 万公顷。目前水库的主要作用是引黄调蓄，以保证虞城县灌溉和养殖用水。

王安庄水库。王安庄水库位于河南省虞城县张集镇东北约 2 公里的黄河故道上，地理位置在东经 115°59′～116°09′，北纬 34°33′～34°35′，是黄河故道上 7 座串联梯级水库中最下游的一座，上联石庄水库。该水库是一座以灌溉为主，兼有防洪和养殖等多种功能的中型水库。水库于 1958 年建成蓄水，控制流域面积 1520 平方公里，多年平均径流量约 1.3 亿立方米，库区面积 26.3 平方公里，涉及虞城县张集、镇里堌等乡镇，设计灌溉面积 9000 公顷，设计灌溉保证率 75%。目前水库的主要作用是引黄调蓄，以保证虞城县灌溉和养殖用水。

（三）水资源状况

商丘多年平均天然水资源总量 22.84 亿立方米，天然水资源多年平均每平方公里 21.34 万立方米，亩均水资源 240 立方米，约为全省亩均水资源量的 48%，为全国亩均水资源量的 13.4%；人均水资源 303.6 立方米，约为全省人均水资源量的 57.4%，为全国人均水资源量的 13.8%。

第三节　气候概况

商丘属暖温带半湿润大陆性季风气候。由于地处中纬度地区，太阳高度角随时间变化而变化，致使日照时数、太阳辐射强度在年内也随时间而变化。加上季风环流的交替、自然环境及下垫面等因素的影响，使四季长短不同，即春季短，夏季长，秋季短，冬季长，且具有春暖、夏热、秋凉、冬寒的特点，四季分明，雨热同期，旱涝不均，气象灾害频繁。

年平均气温，常年值为 14.1～14.6 ℃。多年极端最低气温为－23.4 ℃，于 1969 年 2 月 5 日出现在东部永城站；极端最高气温为 43.6 ℃，于 1966 年 7 月 19 日出现在民权站。

平均年降水量，常年值为 700.7～794.9 毫米。降水时空分布不均，变率大，自西北向东南逐渐增加，四季降水量差异明显，一半以上的降水集中在夏季，占年降水量的 54%，秋季和春季降水量接近，分别占年降水量的 21%和 19%，冬季降水量最小占年降水量的 6%。

年平均日照时数，常年值为 1941.4～2217.4 小时，日照充足，太阳辐射量大，光能、热能等气象资源丰富。

商丘年平均无霜期日数 210 天，各站无霜期日数在 205～215 天。平均初霜日为 10 月 30 日，各站初霜日在 10 月 28 日至 11 月 2 日。平均终霜日为 4 月 2 日，各站终霜日在 3 月 29 日至 4 月 5 日。

第四节　植被概况

一、植被种类

商丘属暖温带落叶阔叶林植被类型，是豫东平原栽培作物植被区，属典型的农业地区。由于气候适宜，多种植物生长旺盛。除少数河滩、荒地等区域有自然植被外，其余为人工植被。自然植被以盐生和沙生植被为主，草甸植被次之。种子植物约有 98 科 472 种，草本植物共 59 科 125 属 252 种。人工植被主要有经济林树种、绿化树种，以及小麦、玉米、大豆、绿豆、芝麻和各种蔬菜等作物。

农作物的夏粮结构以小麦为主，秋粮结构在新中国成立初期主要是大豆、谷子、高粱等，20 世纪 70 年代后逐渐改为玉米、大豆等，进入 21 世纪以来，秋粮主要以玉米为主。

在植树造林方面，由于果树、观赏树和用材树等多种树种的增加，更加丰富了城乡的植物种类。1990 年以来，商丘充分利用气候资源，坚持开展生态文明建设和创建国家森林城市，实现了林地面积、森林覆盖率持续增长。植被覆盖率的变化，直接影响原有下垫面的属性，如地面反射率、地面粗糙程度、土壤湿度等。截至 2019 年，商丘现有森林面积 36.624 平方公里，活立木蓄积量 2.4 亿立方米，森林覆盖率达到了 31.37%，实现了乡村“农田林网化”、城市“森林进城、森林围城、绿满全城”的森林生态系统。生态文明已经融入商丘发展的主旋律，绿色成为商丘最炫底色和主元素。

二、植被品种

商丘林材及园林绿化树种主要有泡桐、杨树、榆树、柳树、国槐、刺槐、黄金槐、楝树、桑树、椿树、楸树、青桐、悬铃木、柏树、银杏、落叶松、红枫、枫杨、五角枫、白蜡、紫薇、榆叶梅、合欢、紫荆、无花果、蔷薇、碧桃、紫叶李、月季、黄杨、南天竹、迎春、连翘、广玉兰、石楠、海桐、棕榈树、香樟、木槿、丁香、桂花等。

经济林树种主要有梨、苹果、桃、枣、柿、杏、核桃、葡萄、山楂等。

观赏类草本植物有菊花、兰花、鸡冠花、茉莉、芍药、瓜叶菊、万寿菊、荷花、睡莲、君子兰、石竹、鸢尾、美人蕉、麦冬、兰草、金鱼草、酢浆草、三叶草等。

粮食作物主要有小麦、玉米，其次还有红薯、绿豆、黄豆、谷子、黑豆、豇豆、扁豆、青豆、豌豆、蚕豆等。

经济作物有棉花、油菜、花生、芝麻、西瓜、烟叶、向日葵等。

蔬菜类有白菜、茄子、白萝卜、黄瓜、辣椒、胡萝卜、葱、姜、蒜、西葫芦、韭菜、菠菜、黄花菜、洋葱、芹菜、西红柿、芫荽、荆芥、冬瓜、南瓜、莴笋、苋菜、茼蒿、丝瓜、苦瓜、佛手瓜等。

野草类植物主要有节节草、茅茅草、艾、蒿、蒺藜、牛筋草、荠菜、灰菜、马齿苋、苍耳、葎草、泽漆（猫儿眼）、蓖麻、苘麻、苜蓿草、面根藤（狗儿秧）等。

水生植物主要有芦苇、蒲草、水葫芦、菱、藕、荸荠等。

中药材类的植物主要有红花、生地、菊花、金银花、白芷、白术、牛膝、大青根、杞果、丹参、花粉、桔梗、香附、白茅根、罗布麻、薄荷、蒲公英、车前子、白芍、茵陈蒿、急性子、绞股蓝、白蒺藜等。

第五节　经济概况

一、资源状况

商丘地处黄淮平原，自然条件得天独厚，气候温和，物产丰富，盛产小麦、玉米、大豆、花生、棉花、芝麻、油菜、烟叶、苹果、梨、葡萄等；是全国著名的“泡桐之乡”，桐木蓄积量 8000 万立方米，为全国平原绿化先进市；是全国重要的山羊板皮生产基地和瘦肉型猪生产基地。商丘拥有丰富的煤炭资源，储量达 100 亿吨的永夏煤田为全国六大无烟煤基地之一。商丘劳动力资源丰富，每年可向社会输送大量剩余劳动力。商丘有普通高等学校 6 所，在校学生 9.77 万人；中等职业教育学校 37 所，在校学生 4.4 万人。

二、发展状况

（一）社会发展增速显著

中华人民共和国成立后，商丘经济发展迅速，特别是改革开放以来，工业化水平大幅提升。据《2019 年商丘年鉴》（商丘市地方史志研究室，2020）公布，截至 2018 年底，全市生产总值完成 2911.2 亿元，年增长 7.4%，居全省第 4 位；规模以上工业增加值增长 8.8%，居全省第 1 位；固定资产投资增长 10.9%，居全省第 5 位；一般公共预算收入增长 11.7%，居全省第 3 位；社会消费品零售总额增长 11.2%，居全省第 2 位；城乡居民人均可支配收入增长 9.7%，居全省第 1 位；第三产业增加值增长 10.9%，居全省第 2 位，成为拉动经济增长的主要动力；主要经济指标增速有 8 项居全省第 1 位，7 项居全省前 3 位，3 次产业结构比优化为 16.0∶41.3∶42.7，发展协调性不断增强，产业结构更趋合理。

截至 2018 年底，商丘市产业集聚区主营业务收入突破 3500 亿元、税收突破 70 亿元，永城、梁园、虞城产业集聚区主营业务收入超过 500 亿元，民权、夏邑产业集聚区超过 300 亿元，10 个百亿级产业集群主营业务收入全部突破 100 亿元，食品加工、装备制造产业集群突破 1000 亿元。电信业务量完成 269.6 亿元，增长 190.2%，被评为“宽带中国”优秀城市。快递业务量完成 1.2 亿件，业务收入 8 亿元，均居全省第 3 位。全市旅游总收入 35.7 亿元，增长 19.2%。

(二)产业平台初具规模

截至 2018 年底，6 个产业集聚区晋升为二星级，永城产业集聚区晋升为三星级；服务业“两区”全部晋星，全省 10 个三星级服务业“两区”商丘占 3 席。新增睢县、宁陵县 2 个国家火炬特色产业基地。先进装备制造产业园发展迅速。商丘保税物流中心交易额突破 10 亿元。

国家级高新技术特色产业基地达到 5 家，居全省第 1 位；国家级科技企业孵化器 5 家，居全省第 3 位；省级可持续发展实验区 5 家，居全省第 1 位；高新技术企业 111 家，居全省第 5 位，创新发展步伐进一步加快。全国首个制冷产业指数在民权发布，成为行业发展的风向标。

(三)工贸经济欣欣向荣

改革开放以来，商丘以国家产业政策和市场为导向，结合本地实际，建立现代企业制度，推进企业技术进步，搞好企业结构战略性调整，优先发展优势项目，积极发展高科技项目，全市工业企业迅速发展壮大，工业经济质量和效益不断提高，结构调整和优化升级取得明显成效。食品、装备制造、纺织服装 3 个千亿级产业集群和制冷装备、工量具、农资化工、体育健康、金刚石及制品超硬材料、电子信息 6 个百亿级集群齐头并进，得到长足发展。

在商丘经济发展中，民营经济也扮演了非常重要的角色，显示出蓬勃向上的无限生机。随着改革开放的不断推进和发展环境的逐步优化，民营经济在商丘“忽如一夜春风来，千树万树梨花开”。经过市场经济大潮的洗礼，如今民营经济支撑起了商丘经济的“半壁江山”。截至 2018 年底，商丘中小微企业有 29497 家，民营经济已经成为商丘经济发展的重要支撑。科迪集团、淮海铸造集团、盛荣集团、金瓷股份、万新肠衣公司等一批大中型民营企业成为商丘出口创汇的主力军。科迪集团进入全国私营企业 500 强行列。

截至 2019 年底，商丘已有进出口自营权的外贸企业 530 多家，三资企业 310 多家，形成了外贸企业、三资企业、民营企业几路大军直接走向国际大市场、参与国际竞争的良好格局。

(四)农村经济稳步前进

商丘现有耕地 6239 千公顷，农产品资源丰富，是全国商品粮基地、优质棉基地、瘦肉型猪生产基地、优质种子基地、优质红富士苹果基地、无籽西瓜基地等，是全国平原绿化先进市。伴随经济社会的发展，商丘农业发展进入了新的历史阶段，农村经济持续发展。每年小麦种植面积稳定在 750 万亩以上，占总耕地面积的 74.7%；商丘现有国家粮食储备库 12 个、省级粮食储备库 56 个，总库容 37.8 亿斤。

以增加农民收入为主线，积极推进农业结构战略性调整。农业产品结构逐步优化，形成粮、棉、油、瓜、菜和果六大优势产业。农产品结构不断调整，品种单一的情况已得到改变。商丘粮食与经济作物比例达到 51.8∶48.2。截至 2018 年，粮食产量连续 4 年稳定保持在 140 亿斤以上。生态农业、绿色农业、市场农业、现代农业得到发展。围绕“农旅结合、以旅兴农、以农带旅”，商丘已经建成生态农业示范园区 15 个，获国家级乡村旅游景点 4 个，获省级乡村旅游特色村17个。文明村镇、卫生村镇得到落实。商丘4570个行政村按照2‰的比例配备保洁人员2.6万个，垃圾处理实现了“户分类、村回收、乡(镇)运、县处理”的农村生活垃圾治理体系。2018年商丘农村居民人均可支配收入约1.2万元，同比增长9.4%，增速高于全省0.7个百分点。

商丘在大力抓好各类农产品生产基地的同时，正进一步优化农产品结构，走出传统模式，向生态农业、市场农业、现代农业转变。各类形式的农产品加工和农产品流通体系已初具规模。商丘已有国家级农业产业化重点龙头企业3家，省级10家，市级60多家。各类农产品加工龙头企业500多家，涵盖粮、棉、油、菜、果、肉、乳、食用菌、皮毛皮革和木材加工等主导产业。

(五)市场体系初具规模

商丘是中华商品、商人和商文化的发祥地。今天的商丘人秉承祖先善于经商的灵气，更挟地域和交通之利，使商丘市成为我国中、东部地区的区域性物流中心。按照市场需求，在进行城市规划和建设时，坚持把市场规划作为提高城市功能的一个重要方面，启动商贸带动战略，完善市场体系，初步形成了城乡结合、大中小结合、功能齐全的市场网络，努力把商丘这个华夏之邦最早的“自由市场”做大、做活。目前，全市拥有商业网点2.3万多个，新开辟的规模宏大、功能齐全、布局合理、颇具现代特色的大型贸易中心和综合性市场20多家，大型超市、各类连锁经营店遍布商丘城乡。

改革开放以来，商丘启动商贸带动战略，进一步完善了市场体系，初步形成了城乡结合、大中小结合、功能齐全的市场网络。现正倾力打造旗舰市场、展贸市场，努力把商丘建设成为在全国有重要影响的物流基地。一批有代表性的商贸基地发挥了较好作用。由德美奥翔集团投资兴建的光彩大市场，总投资12亿元人民币，占地1570亩，为豫、鲁、苏、皖四省交界处最大的一站式、多功能、产权式、综合型批发大市场。商丘农产品中心批发市场是豫、鲁、苏、皖四省周边地区最大的农产品批发市场，是农业农村部指定地全国“菜篮子工程”鲜活农产品中心批发市场，建筑面积36万平方米，年交易额超过30亿元。亿丰国际商业博览城、中原佳海国际商贸城和白云世贸商城等一批大型商贸市场，为商丘形成豫、鲁、苏、皖地区商贸物流中心注入了活力。

伴随着经济实力的增强，科技、教育、文化、卫生、体育等社会事业蓬勃发展，人民群众生活水平不断提高。

第三章　商丘气候基本特征

第一节　商丘气候形成的因子

就全世界来说，形成气候的主要因子是基本相同的，即均是由太阳辐射、大气环流、地理环境及人类活动等因素长期相互作用之下形成。但是，由于各地所处地理纬度不同，地形地貌不同及人类生产和生活方式不同等，对当地气候形成的影响也是不同的。因此，世界各地的气候是千差万别的。

一、太阳辐射对商丘气候形成的影响

罗汉民等(1986)编著的《气候学》指出，太阳是距地球最近的一颗恒星。它和自然界中的一切物体一样，时刻不停地以电磁波形式向外传递能量，这种传递能量方式称为辐射。而通过辐射所释放出的能量称为辐射能，简称辐射。太阳辐射能是地球上一切热量的主要来源。它既是陆地、海洋和大气增温的主要能源，又是大气中一切物理过程和物理现象形成的基本动力。

一地接受太阳辐射能量的多少，取决于该地的地理纬度、太阳高度、昼长时数和云雾量。地理纬度越低，太阳高度角越大，地表获得的太阳辐射能量越多，温度就越高。反之，地理纬度越高，太阳高度角越小，地表获得的太阳辐射能量越少。因此，大地从低纬度到高纬度形成了热带、温带和寒带不同的气候带。

商丘市属于黄淮平原，地势平坦，位于北纬 33°43′～34°52′，东经 114°49′～116°39′，全市各县(市、区)纬度差异较小。因此，各县(市、区)太阳辐射量差异也不大，全市历年平均太阳辐射能量为 111.38 千卡/平方厘米。

(一)太阳辐射量区域分布

表 3.1 为商丘太阳辐射总量。从表中可以看出，商丘年太阳辐射总量为 107.70(宁陵站)～115.84(商丘站)千卡/平方厘米，各县相差甚微。这是因为商丘区域范围小，地理纬度、太阳高度和昼长时数差别较小之故。

表 3.1　商丘太阳总辐射量(千卡/平方厘米)

月份	1	2	3	4	5	6	7	8	9	10	11	12	合计
民权站	5.92	5.91	8.89	11.03	12.74	12.71	12.14	11.39	9.49	8.75	6.11	6.21	111.29
睢县站	5.64	5.97	9.24	10.40	12.91	12.79	11.75	11.54	9.15	8.91	6.18	6.05	110.53
宁陵站	5.33	6.12	9.20	10.56	12.58	12.34	11.57	10.66	8.86	8.46	5.96	6.06	107.70
柘城站	5.53	5.96	9.02	10.96	12.61	12.82	12.06	11.93	9.46	8.74	7.14	6.02	112.24
商丘站	6.24	6.09	9.70	11.51	13.08	13.12	12.34	11.78	9.86	9.04	6.50	6.58	115.84

续表

月份	1	2	3	4	5	6	7	8	9	10	11	12	合计
虞城站	6.02	6.34	9.51	11.40	12.62	12.42	11.56	11.19	9.40	8.74	6.08	6.32	111.60
夏邑站	5.64	6.17	8.96	10.94	12.45	11.96	11.21	11.13	9.34	8.69	7.14	6.21	109.84
永城站	5.64	6.14	8.82	11.10	12.42	12.33	11.56	11.56	10.81	9.04	6.18	6.43	112.03

(二)太阳辐射量日变化和年变化

商丘太阳辐射量日变化特征是:夜间太阳辐射量为零,日出后逐渐增加,正午时出现最大值,午后又逐渐减少。晴天情况下,上述规律具有普遍性。如果一日中云量多变,则上述日变化规律常常被破坏。

一年之中,商丘太阳高度和昼长时数有显著变化,即太阳高度角冬至日最低,从冬至日到夏至日,太阳高度角逐日增大,日照时间逐渐增长,太阳辐射能量逐渐增强。夏季(6—8 月),商丘平均太阳辐射能量最大,为 35.7 千卡/平方厘米。反之,从夏至日到冬至日,太阳高度角逐日降低,日照时间逐渐减少,太阳辐射能量也逐渐变小,冬季(上年 12 月至本年 2 月),商丘平均太阳辐射能量最小,为 18.08 千卡/平方厘米。就太阳高度角年变化而言,商丘太阳辐射量最大值应出现在太阳高度角最大的 6 月,最小值应出现在太阳高度角最小的 12 月。但是,由于各时期大气含水量和透明度有所不同,因而影响了太阳辐射量的年变化。从表 3.1 可以看出,商丘太阳辐射总量 1 月最小,为 5.75 千卡/平方厘米,5 月商丘太阳辐射总量最大,达 12.68 千卡/平方厘米。这是因为商丘 1 月总云量和低云量比 12 月增多。一般 6 月中下旬全市进入汛期,是云量和阴雨天数比 5 月多的主要原因。商丘太阳辐射量年内变化特点是:1—5 月太阳辐射量是每月递增的,而 6—12 月太阳辐射量是递减的。商丘以 5 月太阳辐射量最大,1 月最小。

二、大气环流对商丘气候形成的影响

大气环流是指地球表面上的大范围且较稳定的大气运动状况。

大气环流的基本状态是,盛行以极地为中心而旋转着沿纬圈方向的气流。大气环流对商丘气候形成的影响非常显著,对本地气候形成的影响作用通过大气活动中心表现出来。如夏季海上太平洋副热带高压势力大大增强,高压脊西伸到我国东南沿海一带。这时,大陆热低压东部的西南季风和太平洋副热带高压脊前的东南季风同时进袭商丘地区,多吹偏南风。夏季风把热带海洋上的暖湿空气带到大陆,与北方冷空气相遇时,往往产生大范围降水,有时形成雷暴和大暴雨天气。

商丘正处于其影响范围之内,这就是当地夏季降水较其他季节偏多、空气暖而湿的主要成因。冬季,产生和维持商丘冬季风的大气活动中心是大陆上的蒙古高压和海上的阿留申低压。冬季风的强弱和进退,主要取决于这两个气压系统的相对位置、发展强度以及高空的环流形势。在对流层中层,与蒙古高压和阿留申低压相配合的是东亚大槽与乌拉尔山脉以东的弱脊,商丘正处在槽后脊前的西北气流控制下,这支西北气流,常导致极地干燥寒冷大陆气团南下。有时在地面高压前沿冷锋过境后,高压控制商丘地区,使商丘天气变得晴朗且寒冷。随着冷空气低层变性增暖,气温逐渐回升,但过一段时间,新的冷空气再次爆发南下,所以,形成商丘冬季天气特点是,暴寒、回暖,再暴寒、再回暖的变化着。

另外，副热带高压非常强盛的年份，商丘常被其控制，在副热带高压控制之下，天气常出现炎热少雨。商丘伏旱天气常出现在这一时期。

春、秋两季是冬季环流与夏季环流相互转换的过渡季节，这时期蒙古高压和太平洋副热带高压强弱的变化，互有进退时期，商丘气候表现为风向多变，冷暖交替出现。不过有时蒙古高压与太平洋副热带高压势力相当，南北对峙稳定，若商丘处于两者交汇处，易出现低温阴雨天气。

就商丘而言，大气环流既是热量输送者，又是水分输送者，它使高低纬度和海陆之间的热量和水分得到交换和调节，对商丘天气变化和气候形成起着重要作用。

三、地形环境对商丘气候形成的影响

一地气候的形成总是与当地特定的地理环境密切相关的。商丘位于黄淮平原，总面积10704平方公里，地势由西北向东南微倾，自然坡降1/5000～1/7000，海拔30～70米，只有永城与安徽接壤处有10余座弧山残丘，另有黄河故道自民权至虞城横贯北部，商丘范围内没有高山大川，为一眼望不到边际的大平原。所以，就地理因素对商丘气候形成影响来讲，除了地理纬度的影响作用之外，地形对于全市气候形成的影响是很小的。

四、人类活动对商丘气候形成的影响

人类活动对气候的影响存在于各个方面，且这一影响随着人口数量的增加和社会经济的高速发展，将越来越显著。人类活动影响气候，有些是无意识的，如盲目开荒、过度放牧、砍伐森林、人为污染等，影响生态平衡，引起局地气候恶化。有些是有意识的，如大兴水利、扩大灌溉面积、种植防护林带等，调节了水分热量的供应条件，改善了局地气候环境。就当前状况来说，对于大范围的气候变化，这种影响尚未超过自然因子的作用，但从长远的发展来看，人类活动对气候形成的影响具有潜在的重要性，应当引起人们高度的重视。

(一)人类活动改变下垫面性质对气候的影响

人类活动，如兴修水利、灌溉、垦荒、植树造林、城市建设等，可改变下垫面性质，即改变了下垫面的反射率、粗糙度和水热平衡过程，从而影响当地气候。大面积植树造林和耕作制的改变，可降低气候的大陆性，起着“绿色海洋”效应，显著地调节了气候，美化了环境，改善了空气质量。商丘民权至虞城黄河古道以南，陇海铁路两侧，过去是“微风三尺土，大风沙连天”，旱天“盐碱白似雪”，庄稼十年九不收。新中国成立后。大力实施植树造林，兴修水利，实现了森林化，农田及路旁是林网化，森林覆盖率全市现在达31.37%，据统计，1959—1968年全市年平均大风日数为11.4天，而2009—2018年全市年平均大风日数减少为不足8天。现在大风日数较40年前明显减少。过去的沙荒盐碱地变成了良田绿洲。

(二)人类活动改变大气成分对气候影响

假设太阳能对于地球表面的供应是不变的，则全球气候变化将由大气的主要成分和其他成分(二氧化碳、灰尘等)之比例的改变所引起的。工业生产和人们生活使用大量石化燃料的燃烧等，使得其产生大量的二氧化碳、粉尘等排放入大气中，严重地影响大气成分的改变，从而引起气候变化。

有研究认为，大气中二氧化碳含量的变化，能在地一气系统热量平衡中产生重大影响。二

氧化碳不能阻挡来自太阳的短波辐射，但对于从地面射出的长波或红外辐射，则有强烈的吸收作用，使得地表辐射量截留在大气内，因而对地表有保温作用，通常称为“温室效应”。这一状况，就商丘汽车及燃油增加量也可佐证。20 世纪 70 年代之前，商丘市汽车拥有量不足 1000 辆，一年燃油不足 1 万吨。2018 年全市机动车拥有量达近百万辆，一年燃油达 100 万吨之多，每年有这么多石化燃料燃烧后放入大气中，再加上天然气和煤炭多种成分的燃烧废气放入大气，显著地改变着大气成分。所以，若人类不能有效控制这些气体的排放，温室效应将使全球继续变暖，其增温效应非常显著。据观测，商丘年平均气温 1989—2018 年 30 年平均比 1959—1988 年 30 年平均气温升高 0.7 ℃。

人类活动也能导致气温降低。如，工业交通以及民生炉灶燃烧石化燃料，将大量烟尘和废气排放入大气中，使空气变得浑浊。它对太阳辐射有很强的吸收和反射能力，这就削弱了到达地面的太阳辐射，因而使地面降温。但是，吸收作用也可使近地面气温上升。据有关统计，如 1990 年由于海湾战争造成科威特约 500 眼油井燃烧，排放大量的二氧化碳、二氧化硫及烟尘，使科威特市内气温下降 10 ℃。

（三）人类活动释放热量对大气的影响

人类活动向大气中释放热量的事例很多。城市扩大，人口增加，工业增多。在工业生产和居民的生活中，由于大量消耗石化燃料，加之电能转化均释放了大量的人为热量排放入大气中，对城市气温有较大影响。例如，1949 年我国有城市 69 座，城市人口约 5700 多万人，而发展到 2017 年，全国县级以上城市（包括县级市）3229 座，城市人口约 8.4 亿人，分别增加了 47 倍和 15 倍。城市数量和城市人口的增加，实际上就是给大气增加热量。据观测，市区内的年平均气温比郊区高 1.0～2.0 ℃。2018 年，位于商丘市西郊的商丘国家基准气候站实测年平均气温为 14.9 ℃，市内金世纪广场为 16.3 ℃，兴华中学为 16.1 ℃，市内比郊外分别高 1.4 ℃和 1.2 ℃，这就是城市“热岛效应”，主要是城市内污染物质的保温作用，以及市区内大量人为热量释放所致。所以说，增加一座城市就等于给地球大气增加一个加热站。人类活动对气候形成的影响是非常显著的。

第二节　季　节

一、季节的形成

关于季节的形成，罗汉民等（1986）所著的《气候学》明确阐述，由于地轴倾斜，地球赤道面与黄道面存在 23°27′的交角，从而引起了太阳高度和昼夜长短的周年变化。这种变化决定地球表面获得太阳辐射能量的多少。一年中，太阳辐射能量随时间发生的周期性变化，形成了寒来暑往，非常分明的春、夏、秋、冬四季。这种现象在中纬度地区尤为典型，高、低纬度虽有季节变化，但四季不明显。

二、季节的划分

一年中，春、夏、秋、冬四季轮回，周而复始。季节的划分有：天文季节、气候季节、物候季节、气象学季节等。

季节的形成是由于地球为球形，投射到地面的太阳辐射有纬向变化，更重要的是一年中黄道和赤道交角在正负 23°27′之间变化，相应地出现了昼夜长短、太阳高度、接收太阳辐射多少的变化，这就是四季交替的根本原因。

（一）天文季节

天文季节是以地球在黄道上的位置决定的。即以立春至立夏为春，立夏至立秋为夏，立秋至立冬为秋，立冬至立春为冬。春、夏、秋、冬分别为 91 天、94 天、92 天、88 天。中国民间习惯采用阴历，以 1 月、2 月、3 月为春季；4 月、5 月、6 月为夏季；7 月、8 月、9 月为秋季；10 月、11 月、12 月为冬季。闰月的年份为例外，基本与前者相似。

天文季节反映了一年太阳高度的季节变化。由于到达地面的太阳辐射受地面和海陆的影响，其热效应比太阳辐射效应落后一个月左右，所以常把阳历 3 月、4 月、5 月作为春季；6 月、7 月、8 月作为夏季；9 月、10 月、11 月作为秋季；12 月、1 月、2 月作为冬季。天文季节的日期固定，便于记忆，但不能反映地区特点及差异。

（二）气候季节

气候季节是一种以候平均气温划分的季节，划分四季标准为：候平均气温 10 ℃为冬季；候平均气温≥22 ℃为夏季；候平均气温在 10～22 ℃为春、秋季。这种划分比较符合人们对四季的理解和冷暖感觉。以此标准，商丘四季为：春季平均开始于 3 月第 5 候，终止于 5 月第 4 候，历时 60 天左右；夏季平均开始于 5 月第 5 候，终止于 9 月第 1 候，历时 107 天；秋季平均开始于 9 月第 2 候，终止于 11 月第 3 候，历时 69 天；冬季平均开始于 11 月第 4 候，终止于翌年 3 月第 4 候，历时 128 天。依据此标准划分，商丘冬夏较长，春秋较短，四季分明。

（三）物候季节

物候季节主要指动植物的生长、发育、活动规律与非生物的变化对节候的反应。例如，植物的冬芽萌动、抽叶、开花、结果、落叶；动物的蛰眠、复苏、始鸣、交配、繁育、换毛、迁徙等，均与节候有密切关系。非生物现象，例如始霜、始雪、结冻、解冻等，也称物候现象。与之相适应的树木器官的动态时期称为生物气候学时期，简称为物候期。物候学主要是研究自然界的植物（包括农作物）、动物和环境条件（气候、水文、土壤条件）的周期变化之间相互关系的科学。它的目的是认识自然季节现象变化的规律，以服务于农业生产和科学研究。

物候也就是谈一年中月、露、风、云、花、鸟推移变迁的过程。物候是天气多年的积累，两者有从属关系。物候季节是以二十四节气中的四立（立春、立夏、立秋、立冬）作为四季的始点，以二分（春分、秋分）和二至（夏至、冬至）作为中点。如：立春为始点，太阳黄经为 315°，春分为中点，立夏为终点，太阳黄经变为 45°，太阳在黄道上运行了 90°。这是一种传统的、常见的方法。

（四）气象学划分

气象学为了便于应用和比较，通常以公历 3 月、4 月、5 月为春季，6 月、7 月、8 月为夏季，9 月、10 月、11 月为秋季，12 月、1 月、2 月为冬季。有时采用 1 月、4 月、7 月、10 月分别代表冬、春、夏、秋四季。这样划分四季，季节日期固定，而且与实际气候结合的较为紧密（下面的章节所指四季均以此为标准）。

三、商丘市四季基本气候特征

（一）春季

春季随着太阳直射点的北移，昼长时间逐渐增加，太阳辐射逐步增强，气温回升迅速，昼暖夜寒，气温日较差大，天气晴朗少雨。

春季气温：春季是冬季风向夏季风过渡的季节，干冷的大陆性冷高压是控制商丘的主要系统，但其势力较冬季已明显减弱北退，南支气流开始增强北上，冷暖气流交替频繁，造成天气变化不定，乍寒乍暖。由于升温较快，冷空气活动频繁，特别是初春常有寒潮大风天气出现，可造成晚霜冻害。商丘 3 月平均气温为 7.9～8.5 ℃，4 月平均气温为 14.6～15.3 ℃，5 月平均气温为 20.4～20.8 ℃。春季各月气温平均日较差为 11.6～12.6 ℃，是全年中气温日较差最大的季节。

春季降水：春季历年平均降水量为 135.7 毫米，约占全年降水量的 18.5%。随着夏季风的来临，春季降水量抵偿不了蒸发的水分消耗，土壤上层变干，大风日数多，气候干燥，常出现春旱。在农村普遍流行着“春雨贵如油”的说法。

春季日照时数：春季日照时数合计为 380.0～432.8 小时。

(二)夏季

太平洋副热带高压开始逐渐增强，印度低压开始活跃。商丘位于西太平洋副高西北部，受暖湿海洋气流控制。气候特点是：天气炎热，雨水较多，易成涝灾，间有雷雨、冰雹、大风等灾害性天气。

夏季气温：夏季各月平均气温都在 25 ℃以上，7 月为全年最热月。商丘季平均气温为 26.1～26.7 ℃，7 月常出现高温天气。

夏季降水：6 月中旬到 7 月初，副高脊线多位于北纬 25°左右，使原来处于长江流域的雨带随之北移，此时，商丘处于雨带中，汛雨季节开始。所以，夏季是商丘的多雨季节，季平均降水量为 377.2～447.0 毫米，占全年降水量的 53%～57%。盛夏时，因受冷锋和空中冷涡影响，或局部近地层气温急剧增高，极易出现强对流天气，多有阵雨、雷阵雨、暴雨、大暴雨，或伴有大风、冰雹等灾害性天气。

夏季日照时数：夏季日照时数为 578.3～628.7 小时。

(三)秋季

秋季是由夏季到冬季的过渡季节，此时蒙古高压迅速建立，印度低压和太平洋副高南移减弱，冬季风迅速南下，商丘逐步受冬季风控制，太阳辐射强度逐渐减弱。日照逐渐减少，气温逐月下降快。

秋季气温：9 月平均气温下降到 21.1 ℃，到 11 月已是 8 ℃左右。9 月中旬至 10 月中旬，商丘在不太强的单纯极地大陆气团控制下，多是“风和日丽，秋高气爽”的天气。10 月下旬开始，个别年份已有强寒流袭击，易出现早霜冻，影响秋作物生长和收获。

秋季降水：秋季降水量为 149.8 毫米左右，占全年降水量的 20%。但由于秋季冷暖气流交替频繁，冷暖势力各有强弱，气压场比较复杂，所以，造成秋季降水时间分布极不均匀，极易发生秋旱和秋涝天气。

秋季日照时数：秋季日照时数为 485.8～525.5 小时。

(四)冬季

商丘冬季气候主要特点是干冷少雨雪，多偏北大风。冬季，蒙古冷高压和阿留申低压是控制商丘地区的主导天气系统，在高空与其对应的是东亚大槽和乌拉尔山脉以东的弱脊，本区处槽前脊后西北气流控制下，常导致极地干冷气团南下影响到本区，使本区天气变得晴朗且寒

冷。低层冷空气变性增暖，气温略有回升，但下一次新的冷空气南下，又造成气温迅速下降。商丘的冬季就是这样暴寒、回暖、再暴寒、再回暖地变化着。

冬季气温：1 月，是商丘最冷月，月平均气温为－1.0～－0.5 ℃。年最低气温出现在 1 月或 2 月初。

冬季降水：冬季平均降水量为 32.4～51.3 毫米，仅占全年降水量的 5%～9%。个别年份还有一冬无雨雪的现象，造成冬季干旱。

冬季日照时数：本季日照时数为 395.7～434.0 小时。

第三节　气象要素特征

一、日照时数

日照时数：表示受到太阳光直接照射时间的长短。日照时数的单位是小时。一地日照时数多少与该地白天的长短、地理纬度和云雾量等有密切关系。

可照时数：太阳中心从出现在一地的东方地平线到进入西方地平线，其直射光在无地物、云雾等任何遮蔽条件下，照射地面所经历的时间，称为可照时数。

(一)日照时数区域分布

商丘全年可照时数平均为 4430.7 小时。但是，由于云雾和雨日等因素的影响，商丘实际日照时数显著减少，商丘累年平均日照时数为 2123.9 小时，只占全年可照时数的 48%。商丘日照时数区域分布规律是：累年平均日照时数在 2053.5(夏邑站)～2234.8(虞城站)小时，北及西北部较多，南及东南部偏少(表 3.2)。

表 3.2　商丘累年平均日照时数(小时)及日照百分率(%)

月份	民权	睢县	宁陵	柘城	商丘	虞城	夏邑	永城	平均	百分率
1	142.0	137.3	132.4	135.2	140.1	146.3	134.2	138.3	138.2	44
2	146.7	143.6	1318.9	137.8	143.6	152.3	138.0	141.8	142.8	45
3	181.4	177.6	171.6	170.5	176.4	185.4	169.0	169.3	175.1	46
4	202.2	203.7	199.5	198.9	199.8	210.6	195.0	196.2	200.7	51
5	225.7	227.2	222.6	217.0	223.8	234.4	213.9	217.0	222.7	51
6	224.4	218.4	216.6	207.0	221.0	223.8	205.2	203.7	215.0	49
7	195.9	194.1	191.6	194.4	191.9	202.1	182.6	187.2	192.5	43
8	194.4	198.1	191.6	195.6	191.3	205.2	192.5	199	196.0	46
9	172.2	174.6	167.1	167.1	174.0	182.7	167.7	175.5	172.6	46
10	176.1	176.4	173.3	171.4	176.7	184.1	173.6	177.0	176.1	50
11	152.1	150.9	148.8	145.8	152.7	157.2	147.6	150.9	150.8	48
12	144.8	142.3	136.7	139.8	143.2	150.7	140.1	144.8	142.8	45
合计	2157.9	2144.2	2090.5	2080.5	2134.5	2234.8	2053.4	2095.1	2123.9	
年日照百分率	49	47	46	45	48	49	45	46	47	

(二)日照时数年际变化

商丘日照时数一年之中变化非常显著。其变化特征是:从 1—6 月日照时数是递增的,从 7—12 月日照时数是递减的。一年之中,1 月日照时数最少,平均为 135.1 小时,日照时数最多月出现在 5 月,平均为 217.0 小时。日照时数最多月与最少月相差 81.9 小时。

商丘日照时数年际变化更大,60 年来,日照时数最多的是 1962 年,为 2648.9 小时,最少的是 2003 年,为 1611.2 小时,二者相差 1037.7 小时。

从图 3.1 中可以看出,商丘日照时数从 1960—2019 年呈递减之势,特别是 2010—2019 年较 1960—1969 年显著减少。商丘 1960—1969 年 10 年平均日照时数为 2382.0 小时,而 2010—2019 年 10 年平均日照时数仅有 1888.0 小时,二者相差 494.0 小时。这种情况的出现可能与大气污染及雾和霾天气增多有一定关系。

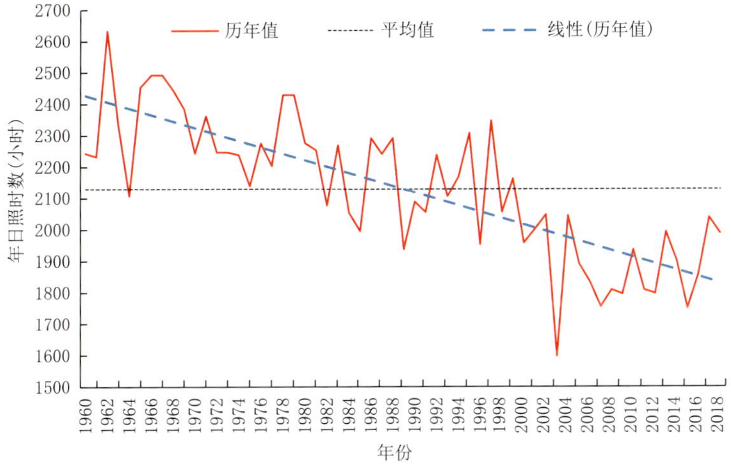

图 3.1　1960—2019 年商丘平均日照时数变化

商丘一年之中四季日照时数分布是:冬季(上年 12 月至本年 2 月)为 408.3 小时,四季中日照时数最少;春季(3—5 月)为 583.4 小时,四季中日照时数最多;夏季(6—8 月)为 583.0 小时,与春季日照时数基本相当;秋季(9—11 月)为 483.0 小时。

(三)日照百分率

日照百分率是指实际观测的日照时数与同期可照时数的百分比。从表 3.2 中可以看出,商丘平均日照百分率为 45%～49%,民权、虞城两站年平均日照百分率最高为 49%,柘城、夏邑两县最少为 45%,区域之间有一定差别。

商丘一年之中,各月日照百分率差别较大,在 43%～51%,日照百分率最多月与最少月相差 8%,全年以 4—5 月日照百分率最大,为 51%。以 7 月日照百分率最小为 43%。事实表明,4—5 月为春光明媚之季,该季特点是,晴天少雨,光照充足,所以,日照百分率较高。而 7 月是商丘每年的汛期,多阴雨寡照,所以,日照百分率较小。

二、气温

气温是大气温度的简称。它随地点、时间和高度而变化。这里气温是指百叶箱内干球温度表位置距离地面 1.5 米高度处的大气温度。气温是表示一地天气气候特征的主要因素。

(一)平均气温

日平均气温:从理论上讲,真正的日平均气温应是全日各瞬间温度的平均值,实际上,要得到这样的平均值是困难的。这里采用的是一日中 08 时、14 时、20 时和 02 时 4 次观测值所计算的日平均气温。

月平均气温:是全月各日平均气温的算术平均数。

季平均气温:采用公历 3 月、4 月、5 月为春季,6 月、7 月、8 月为夏季,9 月、10 月、11 月为秋季,12 月、1 月、2 月为冬季。有时采用 1 月、4 月、7 月、10 月代表春、夏、秋、冬四季的平均温度。

年平均气温:是全年的日平均气温的算术平均数。

从表 3.3 可知,商丘年平均气温区域分布为 14.2～14.6 ℃,东南部永城站略偏高,西北部民权站略偏低。60 年来(1960—2019 年)商丘年平均气温最高为 15.7 ℃,出现在 2017 年;年平均气温最低为 13.3 ℃,出现在 1969 年。

表 3.3 商丘年月平均气温及年较差(℃)

月份	民权	睢县	宁陵	柘城	商丘	虞城	夏邑	永城	平均
1	−0.1	−0.2	−0.1	0.3	−0.1	−0.2	0.1	0.3	0.0
2	2.7	2.6	2.6	3.0	2.7	2.5	2.8	2.9	2.7
3	8.3	8.2	8.3	8.5	8.3	8.0	8.4	8.3	8.3
4	15.0	14.8	15.0	15.1	14.9	14.7	15.1	15.0	15.0
5	20.8	20.5	20.7	20.7	20.6	20.4	20.7	20.7	20.6
6	25.7	25.6	25.7	25.9	25.5	25.5	25.5	25.8	25.7
7	27.2	27.0	27.1	27.4	27.2	27.1	27.3	27.6	27.2
8	26.0	25.8	26.0	26.3	26.0	26.0	26.3	26.6	26.1
9	21.1	20.9	21.1	21.4	21.1	20.9	21.4	21.8	21.3
10	15.4	15.2	15.4	15.7	15.4	15.2	15.6	16.1	15.5
11	8.0	7.9	8.0	8.4	8.1	7.9	8.3	8.7	8.2
12	1.7	1.7	1.9	2.3	1.9	1.7	2.1	2.4	2.0
平均	14.3	14.2	14.3	14.5	14.3	14.1	14.5	14.6	
年较差	27.5	27.2	27.2	27.7	27.3	27.3	27.4	27.9	

从商丘历年平均气温年际变化特征从图 3.2 可以看出,商丘年平均气温 60 年(1960—2019 年)变化呈 V 型,即 1960—1969 年 10 年平均气温为 14.5 ℃,随之逐年下降,1979—1989 年平均气温为 13.6 ℃,进入 20 世纪 90 年代呈明显的上升趋势,平均气温每 10 年升高 0.7 ℃。2000—2019 年平均气温为 15.1 ℃,最低与最高相差 1.5 ℃。

(二)平均气温季节分布

冬季(上年 12 月至本年 2 月):冬季是商丘一年四季中最寒冷的季节。该季 3 个月中平均气温差别不明显,12 月平均气温为 2.0 ℃,1 月平均气温为 0.0 ℃,2 月平均气温为 2.7 ℃。冬季累年平均气温为 1.6 ℃。柘城站最高为 1.9 ℃,虞城站最低为 1.3 ℃。

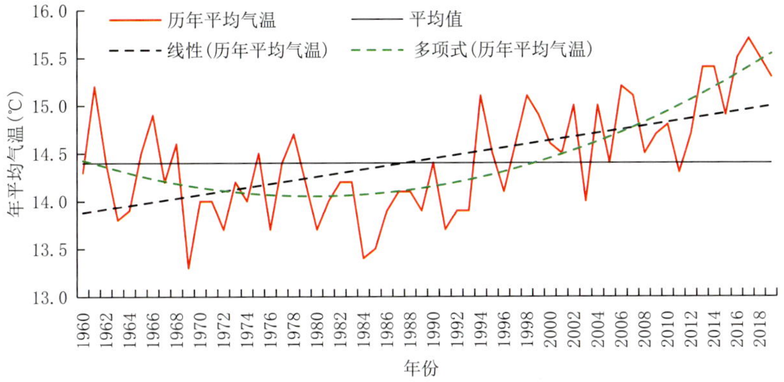

图 3.2　1960—2019 年商丘年平均气温历年变化

商丘历年冬季平均气温最高为 3.9 ℃，出现在 2016 年；最低为－1.0 ℃，出现在 1967 年。冬季平均气温年际变化特征是：1960—2019 年商丘冬季气温持续升高，平均气温每 10 年上升 0.34 ℃。为本市四季中升温趋势最明显。

春季(3—5 月)：商丘春季平均气温为 14.6 ℃，柘城站最高为 14.8 ℃，宁陵站最低为 14.5 ℃。60 年来(1959—2019 年)，商丘春季平均气温最低为 12.3 ℃，出现在 1991 年，最高为 16.8 ℃，出现在 2014 年。春季是气温快速升温的季节，各月气温差别显著。3 月平均气温为 8.3 ℃，4 月平均气温上升为 15.0 ℃，5 月平均气温达到了 20.6 ℃。

夏季(6—8 月)：商丘夏季平均气温为 26.3 ℃，永城站最高为 26.7 ℃，睢县站最低为 26.1 ℃。60 年来，商丘夏季平均气温最高为 28.4 ℃，出现在 1966 年，季平均气温最低为 24.9 ℃，出现在 1989 年。夏季是商丘一年四季中最炎热的季节，也是气温最高的季节。6 月平均气温为 25.7 ℃，7 月平均气温最高为 27.2 ℃，也是商丘天气最热月，8 月平均气温为 26.1 ℃。

秋季(9—11 月)：商丘秋季平均气温为 15.0 ℃，永城站最高为 15.5 ℃，睢县和虞城两站最低均为 14.7 ℃。秋季是由炎热的夏季到寒冷的冬季转换的季节，也是一年中气温由高到低的过渡季节。商丘秋季气温下降较快，各月气温差别显著。9 月平均气温为 21.3 ℃，10 月下降到 15.5 ℃，11 月就快速下降到了 8.2 ℃，本季气温最高月 9 月与最低月 11 月相差 13.1 ℃。

由上述可知，商丘季平均气温冬夏差别非常之大，冬季平均气温为 1.6 ℃，夏季平均气温达到 26.3 ℃，相差 24.7 ℃。春、秋两季为由冬到夏和由夏到冬的过渡季节，这两季的平均气温差别不大，春季平均气温为 14.6 ℃，秋季平均气温为 15.0 ℃。商丘气温年变化特征为：冬季气温低，天气寒冷；夏季气温高，天气炎热，春、秋两季天气温暖(图 3.3)。

(三)气温变化

商丘气温变化，具有周期性的日变化和年变化的特点。

气温日变化：商丘气温日变化的规律为，白天气温升高，夜晚气温降低，一日之中有一个最高值和一个最低值。夏季日最高气温出现在 14—15 时，而冬季日最高气温出现在 13—14 时，日最低气温一般出现在 05—06 时(图 3.4)。

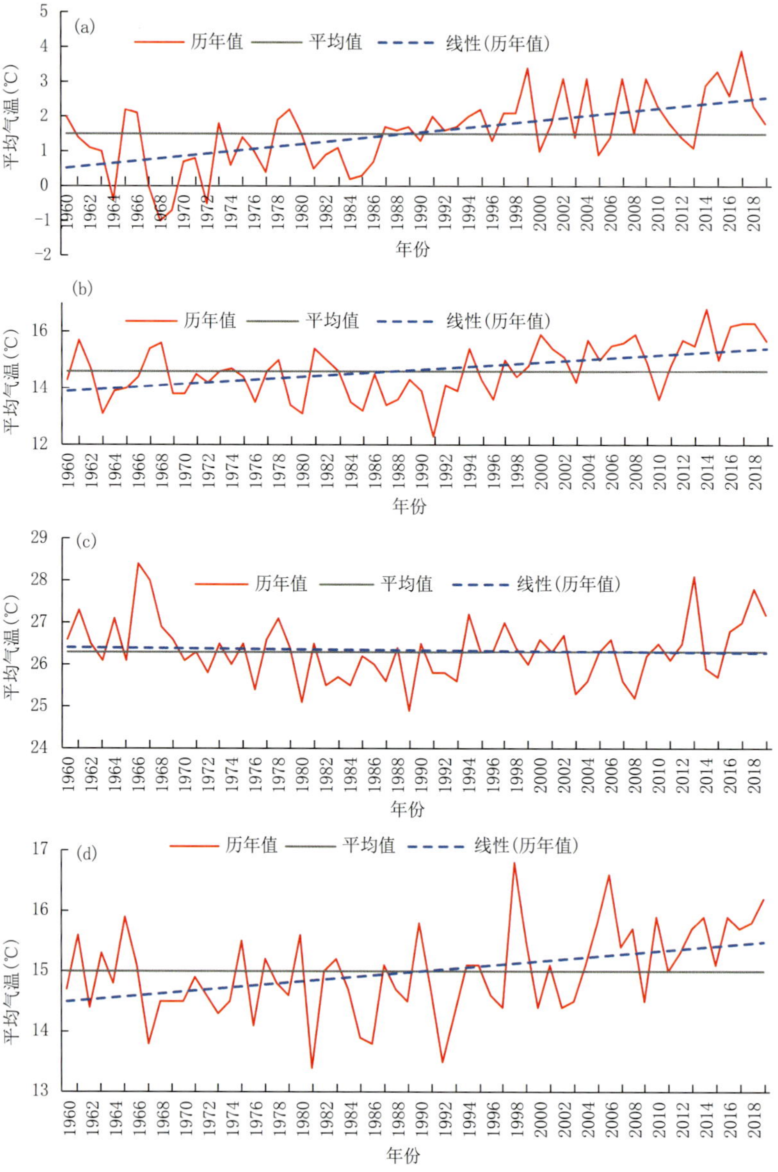

图 3.3　1960—2019 年商丘冬季(a)、春季(b)、夏季(c)和秋季(d)平均气温历年变化

气温日较差：一日之内气温最高值与气温最值低之差，称为日较差，它可表明该地一日中气温波动的幅度。表 3.4 为商丘气温日较差。商丘各站之间年际气温日较差没有明显差异，但一年之中各月气温日较差有较大变化。夏季 7 月气温日较差最小，为 8.7 ℃，春季 5 月气温日较差最大，为 12.1 ℃，秋季 10 月和冬季 1 月气温日较差居中，分别是 11.4 ℃和 9.4 ℃。气温日较差与地理纬度、太阳高度、昼夜长短和自然地理环境等关系密切。历年 7 月是商丘汛期，阴雨日数多，大地潮湿，昼长夜短，降温缓慢而降温时间短，所以，气温日变化幅度小，日较差较小。而春季商丘天气多晴天少雨，白天有利于太阳直接辐射，夜晚有利于地面有效辐射加强，所以气温变化大。

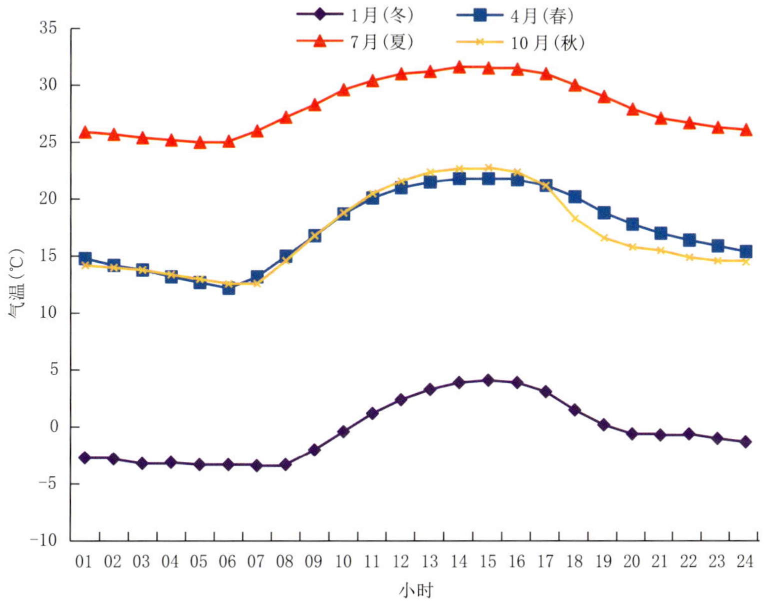

图 3.4　商丘四季气温日变化曲线

表 3.4　商丘各月气温日较差(℃)

月份	民权	睢县	宁陵	柘城	商丘	虞城	夏邑	永城	平均
1	9.3	9.5	9.3	9.6	9.2	9.7	9.4	9.9	9.5
2	10.0	10.2	9.9	10.2	9.9	10.3	10.0	10.5	10.1
3	11.1	11.3	11.1	11.0	10.9	11.6	11.2	11.4	11.2
4	12.1	12.0	11.8	11.7	11.7	12.4	11.9	12.1	12.0
5	12.2	12.1	12.1	11.8	11.8	12.4	11.9	12.2	12.1
6	12.0	11.9	11.9	11.6	11.6	12.0	11.4	11.7	11.8
7	8.8	8.7	8.8	8.7	8.7	8.8	8.6	8.6	8.7
8	8.6	8.6	8.8	8.5	8.5	8.8	8.6	8.5	8.6
9	10.1	10.6	10.5	10.0	10.1	10.4	10.0	9.9	10.2
10	11.2	11.6	11.5	11.1	11.3	11.7	11.3	11.2	11.4
11	10.4	10.7	10.7	10.5	10.3	11.0	10.6	10.7	10.6
12	9.4	9.6	9.5	9.6	9.3	9.9	9.7	10.1	9.6

气温年变化:商丘气温年变化规律是一致的。以月平均气温表示,其规律是(图 3.5):月平均气温从冬季经春到夏季,气温逐渐升高,夏季(7 月)气温达到峰值。从夏季经秋到冬季气温逐渐下降,冬季(1 月)气温降到谷值。一年之中有一个最高值(最热月 7 月)和一个最低值(最冷月 1 月)。

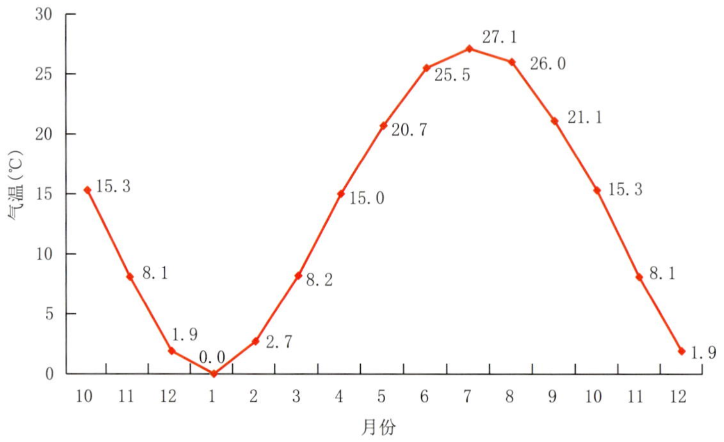

图 3.5　商丘累年月平均气温变化曲线

气温年较差:一年中,最热月气温与最冷月气温之差,称为气温年较差。商丘气温年较差值较大,平均达近 27.2 ℃。

气温年较差值与纬度关系密切,纬度增加,年较差增大(表 3.5)。广州的气温年较差是 14.9 ℃,商丘的气温年较差是 27.2 ℃,北京的气温年较差是 30.0 ℃。由此可知,气温年较差大小随纬度不同,变化很大。

表 3.5　低纬度地区气温年较差对比(℃)

站点	广州	北京	商丘
气温年较差	14.9	30.7	27.2

(四)极端气温

极端气温通常是指历年中所出现的最高或最低气温。为表明商丘在 60 年时段内气温变化的范围和极限。这里主要统计分析了极端最高和极端最低气温出现的概率和时空变化。

1. 极端最高气温

(1)极端最高气温区域分布

商丘极端最高气温平均为 42.6 ℃。西部的民权站最高为 43.6 ℃,出现在 1966 年 7 月 19 日。极端最高气温值较低的是永城站,为 41.5 ℃,出现在 1966 年 7 月 18 日。

若以最高气温≥35 ℃为炎热天气,≥40 ℃为酷热天气的标准,商丘平均每年≥35 ℃的炎热天气有 15 天左右,最长平均可达 42.6 天。永城站最长为 48 天,出现在 1967 年。最短平均为 1.6 天,出现在 2008 年。全市≥40 ℃的酷热天气出现较少。60 年来平均每年出现 0.3 天,即 3～5 年出现一次酷热天气(表 3.6)。商丘≥40 ℃的酷热天气 60 年来才出现 14.5 天,而仅 1966 年一年全市平均就出现了 4.5 天,当年宁陵站出现 6 天。同年商丘、柘城和虞城 3 个站均连续出现了 5 天酷热天气,永城站连续 2 年,即 1988 年和 1989 年都出现 5 天酷热天气。由此可知,商丘≥40 ℃的酷热天气平均 7～8 年出现一次,但遇到异常年份,一年内也可出现几天酷热天气。

表 3.6　商丘极端气温(℃)及持续日数(天)

项目		民权	睢县	宁陵	柘城	商丘	虞城	夏邑	永城	平均
极端最高气温	气温	43.6	42.3	43.5	42.8	43.0	42.1	42.1	41.5	42.6
	日期	1966-07-19	1966-07-19	1966-07-19	1966-07-19	1966-07-19	1966-07-19	1966-07-19	1966-07-18	
极端最低气温	气温	−18.5	−17.6	−17.0	−18.9	−16.7	−19.2	−20.8	−23.4	−19.0
	日期	1990-02-01	1990-01-31	1964-02-17	1969-02-05	1964-02-18	1964-02-18	1964-02-18	1969-02-05	
≥35 ℃日数	平均	15	13	15	16	14	15	15	18	15
	最长	44	34	47	40	43	44	41	48	43
	最短	3	2	1	2	1	1	1	2	
≥40 ℃	平均	0.2	0.2	0.2	0.3	0.2	0.2	0.2	0.5	0.3
	连续最长	4/1966	3/1966	6/1966	5/1966	5/1966	5/1966	3/1966	5/1959	
≤−5 ℃日数	平均	25	26	25	22	24	28	25	28	25
	最长	57	54	59	55	63	60	56	62	58
	最短	4	7	7	2	6	11	5	1	5
≤−10 ℃日数	平均	3	3	3	2	2	3	3	4	3
	最长	14	12	13	11	14	14	16	19	14
	最短	——	——	——	——	——	——	——	——	——

(2)极端最高气温时间分布

商丘≥35 ℃的高温天气多出现在夏季(6—8 月),历年平均共 15 天,而夏季 3 个月出现 14 天,占 93%。其中,7 月出现天数最多,平均每年 6 天;其次是 6 月,平均每年出现 5.5 天;8 月平均每年出现 2.5 天,5 月和 9 月≥35 ℃的高温天气出现较少,概率只有 6%,平均每年不足 1 天。

商丘≥35 ℃的高温天气最早在 5 月上旬出现。1960 年 5 月 2 日,民权、商丘、虞城、夏邑、永城 5 个站均出现了≥35 ℃的高温天气,永城站 35.7 ℃为最高。最晚在 9 月中旬末出现,1987 年 9 月 20 日,商丘、虞城、永城 3 站均出现≥35 ℃的高温天气,永城站最高为 35.4 ℃。夏邑站 1987 年 9 月 21 日出现了 35.1 ℃高温天气,此为商丘≥35 ℃的炎热天气出现最晚的一次。

2. 极端最低气温

(1)极端最低气温区域分布

商丘极端最低气温平均为−19 ℃。永城站于 1969 年 2 月 5 日出现−23.4 ℃的极端最低气温(表 3.6)。若以日最低气温≤−5 ℃为寒冷期,≤−10 ℃为严寒期标准,商丘寒冷期平均每年为 25.2 天,虞城和永城两站出现寒冷天气最多,约为每年 28 天,柘城站最少约为每年 22 天。全市寒冷天气最多年份,平均为 58.3 天,商丘站最长为 63 天,出现在 1969 年。全市出现≤−5 ℃的寒冷天气最少年份,平均为 5.4 天,永城站 2007 年只出现 1 天。

1960—2019 年,商丘出现≤−10 ℃的严寒天气日数,平均每年为 2.9 天。其中,永城站出

现天数最多，为 4.1 天，柘城站出现天数最少，为 2.1 天。商丘站出现≤－10 ℃的严寒天气最多年份的日数平均为 14.1 天，永城站 1967 年出现≤－10 ℃的严寒天气日数为 19 天。

（2）极端最低气温时间分布

商丘≤－5 ℃的寒冷天气多出现在上年 12 月至本年 2 月，为 95%。其中 1 月出现最多，为 51%，其次 2 月为 25%，12 月出现为 19%。11 月和 3 月出现寒冷天气较少，分别为 3%和 2%。

商丘≤－10 ℃的严寒天气均出现在上年 12 月至本年 2 月，平均每年 2.9 天。

（五）界限温度出现的初终日期、持续期和积温

1. 界限温度划分

界限温度的选择一般以 5 ℃为间隔，根据商丘人们生活及农业生产需要，我们选取 0 ℃、3 ℃、5 ℃、10 ℃、15 ℃和 20 ℃共 6 个界限温度指标。这 6 个界限温度指标对商丘农业生产有着重要指导意义，亦可称商丘农业指标温度。即一般日平均气温稳定通过 0 ℃称农耕期；稳定通过 3 ℃称越冬作物生长期；稳定通过 10 ℃称喜温作物开始播种期；稳定通过 15 ℃、20 ℃为喜温作物生长旺盛期。

界限温度的初、终日期及持续期，即为：当界限温度为正值时（在 0 ℃以上时），在一年中春季第一次通过此界限温度的转换日期，称该界限温度的初日；秋季最后一次通过此界限温度的转换日期，称终日。同样，当界限温度为负值时（在 0 ℃以下时），秋季出现起始日期；春季出现终止日期。开始日期到终止日期之间的日数，称为该界限温度的持续期。

商丘每年日平均气温稳定通过 0 ℃的初日平均为 2 月 11 日，最早为 1 月 19 日，最晚为 3 月 11 日。日平均气温稳定通过 0 ℃的终日平均为每年的 12 月 17 日，最早出现在 11 月 23 日，最晚出现在 1 月 9 日。日平均气温从 0 ℃开始日到终止日之间的间隔日数（即持续日），全市平均为 310 天，最长为 337 天，最短为 269 天。

2. 积温

日平均气温高于（或低于）某一界限温度的初、终期之间（包括初、终日）各日平均气温之和，称为累积温度，简称积温。积温的单位用℃·日表示。它是农业生产方面的一个重要温度指标。

积温又分为活动积温和有效积温。活动积温是指在植物某一或全生育过程中，≥0 ℃的温度总和。有效积温是活动温度与生物学最低温度之差值的累积，也就是说，有效积温是从作物生长期内每日平均气温中减去对该作物生长无效的下限温度的累积。商丘平均活动积温为 5257.6 ℃·日，最多达 5372.0 ℃·日，最少为 5183.4 ℃·日。商丘日平均气温稳定通过 3 ℃、5 ℃、10 ℃、15 ℃和 20 ℃的初终日期、间隔日数、活动积温见表 3.7。

表 3.7　商丘界限温度初终日期、间隔日数（天）和积温（℃·日）

界限温度		≥0 ℃	≥3 ℃	≥5 ℃	≥10 ℃	≥15 ℃	≥20 ℃
初日	平均	2 月 11 日	2 月 28 日	3 月 9 日	4 月 2 日	4 月 25 日	5 月 20 日
	最早	2 月 8 日	2 月 26 日	3 月 8 日	4 月 1 日	4 月 24 日	5 月 18 日
	最晚	2 月 12 日	3 月 1 日	3 月 11 日	4 月 3 日	4 月 26 日	5 月 21 日
终日	平均	12 月 17 日	12 月 2 日	11 月 23 日	11 月 5 日	10 月 14 日	9 月 17 日
	最早	12 月 15 日	11 月 30 日	11 月 21 日	11 月 5 日	10 月 12 日	9 月 16 日
	最晚	12 月 21 日	12 月 4 日	11 月 25 日	11 月 7 日	10 月 17 日	9 月 20 日

续表

界限温度		≥0 ℃	≥3 ℃	≥5 ℃	≥10 ℃	≥15 ℃	≥20 ℃
间隔日数	平均	310	278	260	219	173	121
	最长	316	282	262	220	176	126
	最短	307	275	259	217	170	126
活动积温	平均	5257.6	5160.0	5061.0	4694.0	4056.0	3085.0
	最多	5372.0	5271.0	5161.2	4786.0	4170.0	3228.0
	最少	5183.4	5082.8	4986.0	4626.9	3972.0	3004.8

商丘非常适宜农业发展和人们生活。商丘年平均气温在 14 ℃左右，一年中日平均气温≥0 ℃的日期为 310 天，≥3 ℃的日期 278 天，作物生长期较长。≤−5 ℃的日期只有 25 天，冬季寒冷期较短。≥35 ℃的炎热天气只有 15 天，夏季炎热期不长，春季平均气温 14 ℃左右，秋季平均气温 14.7 ℃。春天温暖，秋天凉爽，四季分明。

三、降水

降水是指从云中降落到地面的液态或固态水，常见的有雨、雪和冰雹等。

(一)降水的形成及种类

1. 降水的形成

降水来自云层，但有云不一定能产生降水。这是因为构成云的云滴通常都很小，一般半径<20 微米，重量很轻，常被空气浮力和上升气流托住，悬浮于中空。因此，在云中云滴转化成雨滴的过程，实际上是云滴经过凝结增长或冲并增长成雨滴或冰晶，重力大于浮力并使其下降速度超过上升气流速度，而且在下降过程中，不因蒸发而将水滴耗尽。这样，才能使水滴或冰晶降落到地面成为降水。

2. 降水的种类

按降水性质，可分为连续性降水、阵性降水和毛毛状降水。

连续性降水是从层状云中降落下来的雨或雪。降水特征是：持续时间长，降水强度稳定，降水范围较大。

阵性降水通常是从积雨云中降落的雨、雪、冰雹等形式的降水。其降水特点是：降水范围一般比连续性降水范围小，但降水开始和结束都很突然，持续时间不长，降水强度大。

毛毛状降水是层云或层积云中降落下来的尺度较小的雨、雪、冰针等形态的降水，降水时间可较长，但降水量较小。

按降水形态，可将降水分为雨、雪、霰、冰雹等。

雨是从云中降落地面的液态降水。

雪是从云中降落到地面的各种类型冰晶的集合物。当云层温度很低时，云中有冰晶和过冷却水滴同时存在，水汽从水滴表面向冰晶表面移动，在冰晶的角上凝华，形成各种类型的六角形雪花。云底以下气温低于 0 ℃时，雪花落到地面仍保持其形态就是降雪。如果云底以下温度高于 0 ℃，在到达地面以前，雪花可在下降途中融化成雨滴，降到地面就是降雨。

霰是白色不透明而疏散的小冰球，是由下降的雪花与云中冰晶、过冷水滴碰撞迅速冻结而成的。

冰雹是在对流作用很强烈的积雨云中形成的，当云顶的霰下降到云的中部和底部时，过冷却水滴和水滴黏附在其周围，使它变得又湿又大，再次上升时，外围的水分被冻结形成一层透明层，如此反复升降冻结，直至云中上升气流托不住它时，降落到地面即为冰雹。

3. 降水量的表示方法

从云中降落的液态和固态水，未经蒸发、渗透和流失，在水平面上所积聚的水层深度，称为降水量。雪、霰、雹等固态降水量为其融化后的水层深度。降水量的单位为毫米。

(二)年降水量区域分布及年际变化

商丘平均年降水量为 732.3 毫米。东南部的永城站为最多，即为 816.0 毫米，西北部的民权站最少，为 674.1 毫米，各县稍有差异。但商丘降水量年际变化较大。由图 3.6 可知，商丘年降水量最多的年份为 2003 年的 1205.8 毫米，较历年平均多 64%。而最少的 1966 年年平均降水量仅为 371.9 毫米，较历年平均少 49%。年降水量最多与最少相差 833.9 毫米，相差非常悬殊。若定义年降水量距平百分率在 25%以上为多雨年，年降水量距平百分率在 −25%以下为少雨年，则商丘的多雨年有 1963 年、1964 年、1979 年、1985 年、2000 年、2003 年和 2004 年，共 7 年；少雨年有 1966 年、1968 年、1981 年、1986 年和 1988 年，共 5 年(图 3.6)。

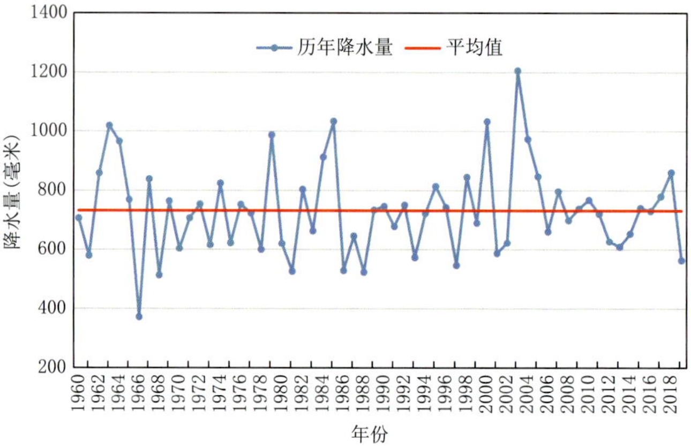

图 3.6　1960—2019 年商丘年降水量变化曲线

为衡量商丘降水逐年变化大小，本节计算了商丘年降水量的相对变率。相对变率大，说明年降水量悬殊大，降水稳定性差，出现旱涝不均的概率大。反之，相对变率小，表明降水量变化比较稳定(表 3.8)。可以看出，商丘年降水变率在 17%～20%，西部较大为 20%，东南部偏小为 17%。而商丘年降水变率较我国东南部沿海地区偏大，上海 14%，广州 15%，与河南省北部安阳市、新乡市相比偏小(安阳 26%和新乡 24%)。这表明，商丘降水量的稳定性比沿海各地差，而较西北内陆地区要稳定。

表 3.8　商丘市累年平均降水量(毫米)和相对变率(%)

项目	民权	宁陵	睢县	柘城	商丘	虞城	夏邑	永城	平均
平均年降水量	674.1	700.9	720.0	745.6	713.3	733.6	771.4	816.0	734.4
相对变率	20	19	20	20	19	18	17	18	18.9

(三)降水量季节分布

商丘属于暖温带季风气候,有炎风暑雨之说。夏季盛行暖湿的东南气流,雨水丰沛;冬季盛行干冷的偏北气流,天寒少雨。所以各季降水量差异较大(表 3.9)。

表 3.9 商丘季降水量(毫米)和降水百分率(%)

项目	民权	宁陵	睢县	柘城	商丘	虞城	夏季	永城	平均值
春季降水	123.8	129.5	130.7	140.3	131.0	133.7	139.7	158.9	136.0
百分率	18	18	18	19	18	18	18	19	18.3
夏季降水	377.2	386.9	406.2	404.4	393.3	410.9	432.2	447.1	407.3
百分率	56	55	56	54	55	56	56	55	55.4
秋季降水	140.8	146.6	148.2	156.4	147.6	147.8	152.5	158.8	149.8
百分率	21	21	21	21	21	20	20	20	20.6
冬季降水	32.2	37.9	34.9	44.6	41.5	41.2	47.1	51.3	41.3
百分率	5	6	5	6	6	6	6	6	6

1. 冬季

冬季是寒冷少雨季节,冬季平均降水量为 41.3 毫米,占全年降水量的 5.6%。本季降水量最大值 110.2 毫米,出现在 1988 年(图 3.7(a));季降水量最小值 1.3 毫米,出现在 1976 年。冬季 3 个月,月平均降水量差别不大,12 月为 12.8 毫米,1 月为 13.5 毫米,2 月为 17.3 毫米。

冬季降水量在 32.4(民权站)~51.3(永城站)毫米,由东南到西北呈递减之势。

2. 春季

豫东地区有"春雨贵似油"之说。春季是商丘小麦拔节、抽穗、灌浆到成熟的季节,也是许多作物播种的关键季节。商丘地处豫东地区,季平均降水量为 135.7 毫米,只占全年降水量的 18.5%,远远不能满足春季农作物生长之需要,易发生阶段性干旱。本季降水量最大值为 374.8 毫米,出现在 1963 年;季降水量最小值为 13.1 毫米,出现在 2001 年(图 3.7(b))。春季 3 个月,各月降水量以 5 月最多为 69.0 毫米,3 月和 4 月降水量基本相当,为 30.8 毫米和 33.4 毫米。

商丘春季平均降水量在 123.8(民权站)~158.9(永城站)毫米,由东南向西北减少。

3. 夏季

夏季是降水量最丰沛的季节,量大且集中,易发生局部雨涝灾害。季降水量平均为 407.2 毫米,占全年降水量的 55.4%。本季降水量年际差别较大,季最大值为 739.0 毫米,出现在 2003 年(图 3.7(c));季降水量最小值为 177.2 毫米,出现在 1966 年。夏季 3 个月各月平均降水量差别较大,7 月降水量最多,为 193.1 毫米,8 月为 149.0 毫米,6 月最少为 75.2 毫米。

夏季平均降水量区域分布为 377.2(民权站)~447.0(永城站)毫米,由西北向东南逐渐增多。

4. 秋季

秋季平均降水量为 149.8 毫米,占全年降水量的 20.4%。季降水量年际变化较大,季降水量最大值为 291.9 毫米,出现在 2014 年;季降水量最小值为 14.5 毫米,出现在 1998 年(图 3.7(d))。秋季降水量逐月递减,9 月降水量最多为 75.2 毫米,10 月次之为 39.8 毫米,11 月最少为 24.6 毫米。秋季降水量区域分布是 140.8(民权站)~158.8(永城站)毫米,各站差别不大,由西北向东南稍有增多。

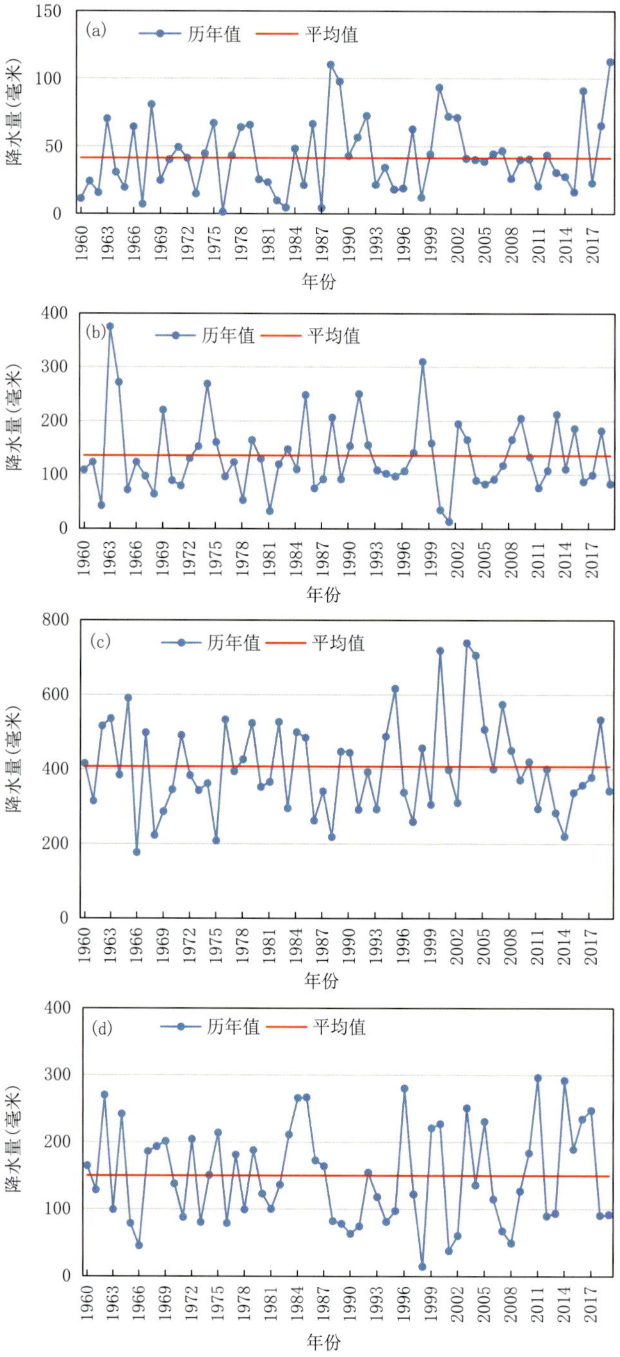

图 3.7 商丘 1960—2019 年冬季(a)、春季(b)、夏季(c)和秋季(d)平均降水量

由上可知，商丘四季降水量区域分布无明显差异。但四季之间降水量相差极大，夏季降水量为冬季降水量的 10 倍之多，春、秋两季降水量相当。

夏季是商丘各种农作物种植及旺盛生长季节。此时，光照充沛，气温较高，加之夏季丰沛的降水，雨热同季，形成了商丘十分优越的气候资源，是发展优质农业的有利条件。

(四)降水日数

降水日数是指相应时期内日降水量≥0.1 毫米的降水天数。商丘年平均≥0.1 毫米降水日数为 83～94 天，东南部永城站最多，为 94 天，西部民权站最少，为 83 天(表 3.10)。各站之间年降水日数差异较小。

商丘降水日数年际之间差别显著。年降水日数最少只有 55 天，出现在 1988 年的商丘站；年降水日数最多为 127 天，出现在 1964 年的宁陵站。商丘降水日数季节分布与降水量季节分布基本一致。夏季降水量大，该季降水日数也相应较多；冬季降水量小，降水日数也最少；春、秋两季介于夏冬之间。

表 3.10　商丘累年平均降水日数

站名	民权	宁陵	睢县	柘城	商丘	虞城	夏邑	永城	平均
降水日数(天)	83	85	83	87	84	86	89	94	86.4

商丘各量级月平均降水日数见表 3.11。日降水量≥5 毫米的降水日数为 32.1 天；日降水量≥10 毫米的降水日数为 19.7 天；日降水量≥25 毫米的降水日数为 7.5 天，且多出现在 4—10 月；日降水量≥50 毫米的降水日数(暴雨)为 2～3 天，且多出现在 6—9 月；日降水量≥100 毫米以上降水日数(大暴雨)2～3 年一遇，且多出现在 6—8 月。

表 3.11　商丘各量级月平均降水日数(天)

月份	1	2	3	4	5	6	7	8	9	10	11	12	合计
≥0.1 毫米	3.7	4.8	6.0	6.7	7.3	7.8	12.2	10.2	8.7	6.5	5.7	4.2	83.8
≥5 毫米	0.9	1.1	1.8	2.4	2.9	3.3	5.8	5.1	3.7	2.4	1.7	1.0	32.1
≥10 毫米	0.4	0.5	0.9	1.3	1.6	2.3	4.3	3.7	2.4	1.3	0.7	0.3	19.7
≥25 毫米			0.2	0.4	0.6	0.9	2.1	1.8	1.1	0.3	0.1		7.5
≥50 毫米			0.2	0.1	0.1	0.3	0.8	0.7	0.3				2.5
≥100 毫米						0.1	0.2	0.1					0.4

(五)最长连续降水日数

最长连续降水日数是指降水量≥0.1 毫米的最长连续日数。商丘最长连续降水日数见表 3.12。从表中可以看出：商丘最长连续降水日数平均为 12.4 天。连续降水日数时间最长的为永城市 14 天，出现在 1965 年 7 月 5—18 日，过程降水量为 443.4 毫米。其次是民权，为 13 天，出现在 1964 年 8 月 28 日至 9 月 9 日，总降水量为 166.2 毫米。另外，从表中还可看出，最长连续降水日数多出现在每年的 7 月上中旬及 8 月下旬，或至 9 月上旬，这正是商丘每年的主汛期开始和结束时间。

表 3.12　商丘最长连续降水日数及起止日期

项目	民权	睢县	宁陵	柘城	商丘	虞城	夏邑	永城
最长连续降水日数(天)	13	12	12	12	12	12	12	14
降水量(毫米)	166.2	117.6	84.6	222.0	126.4	91.0	143.6	443.4
降水起止日期	1964-08-28 至 1964-09-09	1979-09-12 至 1979-09-21	1964-04-12 至 1964-04-23	2003-08-24 至 2003-09-04	1964-07-24 至 1964-08-04	1972-06-25 至 1972-07-06	1973-07-08 至 1973-07-19	1965-07-05 至 1965-07-18

(六)降水强度

1. 降水量级标准

降水强度是指单位时间内的降水量,常用毫米/日或毫米/小时表示。

年平均降水强度是指以年总降水日数除以相应时期内总降水量所得的商。

河南省降水量级标准:日降水量 0.1~9.9 毫米为小雨、10.0~24.9 毫米为中雨、25.0~49.9 毫米为大雨、50.0~99.9 毫米为暴雨、100.0~249.9 毫米为大暴雨、≥250.0 毫米为特大暴雨。

2. 降水强度分布

商丘年平均降水强度见表 3.13。各站历年平均降水强度为 8.5 毫米/日,睢县站降水强度最大为 8.8 毫米/日,最小值为民权站 8.1 毫米/日,各站差异不明显。但各站最大日降水强度相差悬殊大。商丘各站 60 年来日最大平均降水量为 296.8 毫米。商丘站于 2018 年 8 月 18 日出现日降水强度最大值,即一天之内降水量为 363.6 毫米,为特大暴雨。永城站日最大降水强度为全市最小值,出现在 1997 年 7 月 17 日,日降水量为 239.7 毫米,也达到了大暴雨上限。商丘各站日最大降水量大多出现在 7—8 月,此时正值商丘汛雨期,所以,防汛防涝工作应在此时倍加注意。

表 3.13　商丘年平均降水强度、日最大降水量和出现日期(毫米/日)

项目	民权	睢县	宁陵	柘城	商丘	虞城	夏邑	永城	平均
降水强度	8.1	8.8	8.2	8.6	8.5	8.5	8.7	8.7	8.5
日最大降水量(毫米)	253.7	302.5	332.1	238.4	363.6	288.9	355.2	239.7	296.8
出现日期(年-月-日)	1963-05-19	2018-08-18	2018-08-18	2018-08-18	2018-08-18	2018-08-18	2018-08-18	1997-07-17	

(七)降水保证率

降水保证率是指高于(或低于)某一界限降水量出现的可靠程度。一般降水保证率能达到 80%及其以上,降水量可靠程度就非常大了。

商丘各界限降水保证率见表 3.14。从表中可以看出商丘各站年降水量在 500 毫米以上时,且保证率最低在 85%以上,民权站保证率最低为 85%,永城站可达 100%;年降水量在 600 毫米以上时,商丘各站平均保证率可达 78%,永城和夏邑两站保证率可达 90%以上,民权站最低,只能达 60%;年降水量在 700 毫米以上时,各站平均保证率只能达到 53%,永城站最高也只能达到 70%,民权站的保证率只能达 33%;年降水量在 800 毫米以上,其保证率全市平均只能达到 32%;年降水量在 1000 毫米以上,其保证率全市平均只能达到 8%。

表 3.14　商丘年降水保证率及频率(%)

降水量级(毫米)		1300~201	1200~101	1100~001	1000~901	900~801	800~701	700~601	600~501	500~401	400~301
民权	频数			3	3	10	4	16	15	8	1
	保证率			5	10	27	33	60	85	98	100
睢县	频率	1	3		3	9	16	10	11	5	1
	保证率	1	7		12	27	54	71	90	98	100

续表

降水量级（毫米）		1300～201	1200～101	1100～001	1000～901	900～801	800～701	700～601	600～501	500～401	400～301
宁陵	频率		1	2	6	5	12	15	8	6	1
	保证率		2	5	16	25	46	73	88	98	100
柘城	频率	1		5	6	10	9	18	9	1	1
	保证率	2		10	20	37	52	82	97	98	100
商丘	频率	1	1	1	4	10	13	16	8	5	1
	保证率	2	3	5	12	28	50	77	90	98	100
虞城	频率	1		4	4	9	15	13	10	2	1
	保证率	2		8	15	31	56	78	95	98	100
夏邑	频率	2	2	3	4	8	17	18	5		1
	保证率	3	7	12	18	32	60	90	98		100
永城	频率	3	1	7	5	12	14	13	5		
	保证率	5	7	18	27	47	70	92	100		
全市平均		3	5	8	16	32	53	78	93	98	100

四、风

(一)风的概念

围绕地球的大气处于不停的运动状态中。大气的运动可分为水平运动和垂直运动两部分，通常把空气的水平运动称为风。风是矢量，包括风向和风速。风向是指风的来向，常用 8 个或 16 个方位表示。风速是指单位时间内空气水平移动的距离，通常以秒/米表示。

风对地球上的热量和水分输送起着重要作用，它直接影响天气的变化。风直接或间接地影响着植物生长发育和农业生产及人们的生活。风是一种自然力，它既可以为人类造福又可给人类造成灾害。

(二)风的级别划分

气象上一般划为 5 个级别，即：风速为 0.0～3.3 米/秒相当于 0～2 级；风速在 3.4～7.9 米/秒相当于 3～4 级；风速在 8.0～13.8 米/秒相当于 5～6 级；风速在 13.9～17.1 米/秒相当于 7 级风；风速在 17.2～20.7 米/秒相当于 8 级风，也称“大风”；风速在 20.8～24.4 米/秒，风力是 9 级风，称烈风；风速在 24.5～28.4 米/秒，风力是 10 级风，称狂风。

(三)风向

1. 风向频率

风向观测一般用 16 个方位。这里按照有关规则将风向换算成 8 个方位统计。

商丘是典型的季风气候，风向随季节不同而有明显的变化，采用风向频率表示。风向频率是指某一风向出现次数占总观测次数的百分数，表 3.15 为商丘各季风向频率。从表中可以看出，一是商丘各站风向变化比较一致。大部站均以偏北风风向频率为最大，民权、睢县和宁陵 3 个站偏北风向频率均达 9%，其次均以偏南风风向频率为多，大部分站点为 7%～8%。商丘以偏西风向频率为最小，大部分站为 2%。

表 3.15　商丘各站风向频率(%)

风向	民权	睢县	宁陵	柘城	商丘	虞城	夏邑	永城	平均
N	9	9	9	7	8	8	6	8	8
NE	5	5	6	7	6	5	4	5	5
E	5	5	6	5	6	6	7	6	6
SE	7	7	7	6	7	7	7	7	7
S	8	8	10	7	9	7	6	7	8
SW	5	5	5	4	5	4	4	4	5
W	3	3	2	2	2	2	2	3	2
NW	3	3	3	3	4	3	3	4	3
C	15	15	13	14	12	11	16	13	

2. 最多风向

最多风向是指在所有风向的方位中频率最大的风向。

(1)最多风向区域分布

商丘各月最多风向及频率见表 3.16。由表可知：商丘中西部 5 个站，即商丘、民权、宁陵、睢县、柘城每年自 8 月到第 2 年 2 月，平均以偏北风风向最多，每年自 3 月至 7 月以偏南风风向最多。虞城、夏邑和永城 3 站全年各月风向变化与其他各县略有不同，虞城、夏邑和永城 3 站每年 3—7 月以南到东南风向较多，自 8 月至来年 2 月以北到东北风向最多。

表 3.16　商丘各月最多风向及频率(%)

月份		民权	睢县	宁陵	柘城	商丘	虞城	夏邑	永城
1	风向	NNE	N	N	NNE	N	N	N	NE
	频率	11	10	12	11	11	11	9	9
2	风向	NNE	NE	N	NNE	N	NNE	ESE	SE
	频率	11	9	11	10	9	9	8	10
3	风向	NNE	S	S	NNE	SE	SSE	SE	SE
	频率	10	11	10	10	9	10	9	11
4	风向	S	S	S	SSW	S	SSE	S	SE
	频率	11	13	14	11	12	11	8	12
5	风向	S	S	S	S	S	S	SE	SE
	频率	10	12	12	9	11	9	8	13
6	风向	S	S	S	S	S	SE	SE	SE
	频率	10	10	12	10	11	10	12	15
7	风向	S	S	S	S	S	S	ESE	SE
	频率	10	13	13	11	12	10	10	12
8	风向	N	NE	N	NE	NE	NNE	E	E
	频率	11	10	10	9	9	9	9	11
9	风向	N	NE	N	NE	N	NNE	N	NE
	频率	10	9	10	10	9	10	8	12
10	风向	N	N	N	NE	N	N	E	SE
	频率	8	8	9	8	8	10	7	9
11	风向	N	N	N	N	N	N	N	N
	频率	10	9	12	9	11	10	8	9
12	风向	NNE	N	N	NNE	N	N	N	N
	频率	11	10	11	10	11	10	8	9

(2)最多风向季节变化

商丘风向随季节变化情况,以商丘站为例。

春季(3—5月),以南风最多,其频率为11%,若将东南及南南西方向的风都称为偏南风,其频率可达37%。北风次之,风向频率为7%,西风最少,风向频率为2%。

夏季(6—8月),商丘以南风最多,风向频率为10%。若将东南和南南西方向的风统称为偏南风,其频率可达34%。其次为东风和北风风向较多,西风最少。

秋季(9—11月)和冬季(12月至翌年2月),商丘均以北风最多,南风次之,以西风为最少。

商丘风向变化是大气环流变化影响所致。冬半年主要是蒙古高压影响,处于蒙古高压东南部,盛行偏北风;夏季主要受到副热带高压和大陆低压影响,处于副热带高压偏西部,盛行偏南风。

(四)风速

1. 平均风速

商丘累年各风向平均风速均以偏北风和西南风的风速较大,其他各风向的风速大小基本一致(表3.17)。

表3.17 商丘各站累年各方向平均风速(米/秒)

风向	民权	睢县	宁陵	柘城	商丘	虞城	夏邑	永城	平均
N	3.6	3.5	3.1	3.1	3.3	2.9	2.9	2.3	3.2
NE	2.8	3.0	2.5	2.4	2.4	2.2	2.3	2.8	2.6
E	2.3	2.4	2.1	2.0	2.5	2.4	2.4	2.9	2.4
SE	2.3	2.4	2.4	2.1	2.6	2.3	2.3	2.7	2.4
S	2.7	2.6	2.5	2.4	2.8	2.7	2.4	2.9	2.6
SW	2.9	3.1	2.6	2.5	3.2	3.0	2.6	3.3	2.9
W	2.7	2.8	2.4	2.4	2.9	2.6	2.2	2.7	2.6
NW	2.7	2.8	2.3	2.6	2.7	2.5	2.5	3.2	

商丘累年各月平均风速见表3.18。从区域分布看,永城站平均风速最大,柘城站平均风速最小,其他站差异不明显。从时间分布看,商丘累年各月平均风速以4月风速最大,为3.0米/秒,其次是3月和5月平均风速较大。而每年9月商丘平均风速最小,为1.9米/秒。其次是每年8月和10月平均风速较小,均为2.0米/秒。也就是说,商丘一年之中,春季平均风速最大,秋季平均风速最小,冬季和夏季年平均风速居中。

表3.18 商丘累年各月平均风速(米/秒)

月份	民权	睢县	宁陵	柘城	商丘	虞城	夏邑	永城	平均
1	2.4	2.5	2.3	2.2	2.4	2.4	2.3	2.5	2.4
2	2.7	2.8	2.6	2.4	2.6	2.7	2.5	2.8	2.6
3	3.0	3.1	2.9	2.6	3.0	3.0	2.8	3.1	2.9
4	3.1	3.2	3.0	2.8	3.1	3.1	2.8	3.1	3.0
5	2.7	2.8	2.5	2.4	2.8	2.7	2.5	2.8	2.7
6	2.7	2.7	2.4	2.4	2.6	2.7	2.5	3.0	2.6
7	2.3	2.3	2.1	2.1	2.3	2.3	2.2	2.7	2.3
8	2.0	2.0	1.8	1.9	2.0	1.9	1.9	2.3	2.0

续表

月份	民权	睢县	宁陵	柘城	商丘	虞城	夏邑	永城	平均
9	2.0	2.0	1.8	1.8	2.0	1.9	1.8	2.2	1.9
10	2.1	2.1	1.9	1.9	2.0	2.0	1.9	2.2	2.0
11	2.4	2.4	2.2	2.1	2.3	2.3	2.2	2.4	2.3
12	2.4	2.5	2.3	2.1	2.4	2.3	2.2	2.5	2.3
平均	2.5	2.4	2.3	2.2	2.5	2.4	2.3	2.6	2.4

2. 大风日数

最大风速是指在给定时段内 10 分钟平均风速的最大值。极大风速是指给定时段内瞬时风速的最大值。当天出现最大风速≥17.2 米/秒,风力≥8 级,称为大风日。

商丘一年之中,以春、夏两季(3—8 月)大风日数最多,总日数为 108 天(次),占商丘大风总日(次)数的 86%,平均每年出现 1.8 天(次)。其中以 3 月大风日数最多,近 60 年来出现 35 天(次),占商丘大风总日(次)数的 28%,平均每年 0.6 天(次),即 3 年两遇。以秋、冬两季大风出现日数最少,共出现 18 天(次),占商丘总日数的 14%,平均每年 0.3 天(次),即 3—4 年出现 1 次。从每年的上年 10 月至当年 2 月这一阶段的统计结果看,60 年来商丘共出现 9 天(次)大风,占全区大风天(次)的 10%,即 6~7 年可出现 1 次。

大风的区域分布:全年商丘站大风天(次)数最多,总数为 28 天(次),占商丘全年总天(次)数的 22%。民权站大风天(次)数次之,占总天(次)数的 15%。柘城站大风天(次)数最少,近 60 年共出现 4 次大风,占商丘大风天(次)数的 3%。

从统计结果可以看出(表 3.19),商丘大风天(次)数区域分布是,中西部出现最多,东部县(市)出现较少。其季节分布是,主要出现在夏半年,冬半年出现极少。

表 3.19 商丘累年各月≥17.2 米/秒大风日数(天)

月份	1	2	3	4	5	6	7	8	9	10	11	12	合计
民权		1	6	4		2		2	1	1	2		19
睢县			7	4		4	1	1					17
宁陵			6	2		2	1		1				12
柘城			3			1							4
商丘			3	4	3	5	3	5	4		1		28
虞城			4	1		1	6	2			1		15
夏邑	1	1	1	1		3	4	2			1	1	15
永城			5		2	4	3				1	1	16
合计	1	2	35	16	5	22	18	12	6	1	6	2	126

另外,我们统计了商丘累年各月最大风速及风向:商丘最大风速的风向,北风占 32%,西北风占 33%,东北风占 25%。即各站最大风速的风向,西北至东北风占 90%。可以说,商丘出现大风的风向绝大多数都是偏北方向的,其他方向的很少。

商丘出现的大风多是由于北方冷空气南下造成的。所以,其风向多为西北至东北方向。夏季出现的大风多半是雷雨天气所致,所以,风向多变。

3. 极大风速

极大风速，这里指的是商丘各县(市)自建立气象观测站以来，所观测到的该区域出现的最大风速。

商丘累年各月极大风速及风向见表 3.20。商丘以永城站观测到的极大风速值最大，为 29.1 米/秒，出现在 2009 年 6 月 4 日，依据风力划分标准，达到了 11 级暴风，仅次于 12 级台风标准 32.6 米/秒。夏邑站出现的极大风速为 28.9 米/秒，宁陵站为 28.6 米/秒，仅次于永城站，也达到 11 级暴风。柘城站观测到的极大风速为 22.1 米/秒，但也达到了 9 级烈风标准(20.8～24.4 米/秒为 9 级烈风)。其他站出现的极大风速都达到了 9～10 级狂风的标准。

表 3.20　商丘累年各月极大风速(米/秒)及风向和出现时间

项目	民权	睢县	宁陵	柘城	商丘	虞城	夏邑	永城
风向	NNE	N	NW	NNW	NNE	SSW	NNW	NW
风速	22.3	27.0	28.6	22.1	23.3	28.2	28.9	29.1
时间	2006-03-07	2009-06-04	2009-06-04	2009-06-04	1993-04-30	2013-07-02	2013-07-31	2009-06-04

从商丘出现的极大风速及风向分析，全市 8 个站中有 7 个站极大风速均出现在西北—北—东北方位，占 88%，只有虞城观测站的极大风速风向为南南西方位。

另外，从表 3.20 中还可以看出：在商丘 8 个气象观测站中，观测到极大风速的有 4 个站，即睢县、宁陵、柘城、永城 4 个站均出现在同一天。而且上述 4 个站所在的县有 3 个县相邻，应为同一个天气系统影响所致。

大风是一种灾害性天气，特别是 8 级以上的大风，其出现时，常常狂风骤起，飞沙走石，大风可折断树木，摧毁人们的生产和生活设施，因此，应加强防备。

五、地温

地温即土壤温度。它是表示土壤热状况的要素。土壤温度和冻结情况对农作物的生长发育影响很大，地下建筑设计和地下管道铺设都离不开地温状况分析。本节对商丘各站地下 5 厘米、10 厘米、20 厘米、40 厘米、80 厘米、160 厘米和 320 厘米各深度层土壤温度进行了统计分析。

(一)平均地温区域分布和时间变化

商丘各深度层累计平均地温见表 3.21。从表中可以看出：商丘各站地温区域分布特点和变化规律与气温变化是一致的。各站地温以永城站略偏高，睢县略偏低。全市地温和气温一样，一年之中四季变化非常显著，即：冬季(上年 12 月至本年 2 月)地温最低，平均为 8.6 ℃；夏季(6—8 月)地温最高，平均为 26.4 ℃；春、秋两季居中，秋季(9—11 月)地温为 20.1 ℃，春季(3—5 月)地温为 16.9 ℃。从表中还可以看出，各站地温一年中最高值出现在 8 月，较气温最高值滞后 1 个月。

表 3.21　商丘各层累计平均地温(℃)

月份	1	2	3	4	5	6	7	8	9	10	11	12
宁陵	7.2	8.4	12.1	16.9	21.4	25.0	26.7	27.1	24.4	20.4	15.0	9.7
柘城	7.7	8.9	12.4	17.1	21.5	24.9	26.8	27.5	24.7	20.7	15.2	10.1

续表

月份	1	2	3	4	5	6	7	8	9	10	11	12
商丘	7.3	8.4	12.1	17.0	21.5	25.2	26.8	27.3	24.6	20.6	15.0	9.8
虞城	7.1	8.3	12.0	16.8	21.5	25.0	26.8	27.4	24.6	20.5	15.0	9.7
夏邑	7.2	8.4	12.1	17.0	21.5	24.8	26.5	27.1	24.4	20.4	15.0	9.7
永城	8.2	9.2	12.5	17.3	21.9	25.5	27.3	28.2	25.6	21.6	16.0	10.7
民权	7.3	8.7	12.5	17.4	22.1	25.8	27.3	27.5	24.7	20.6	15.0	9.8
睢县	6.7	7.9	11.4	16.4	21.0	24.7	26.5	26.8	24.1	20.1	14.6	9.3
平均	7.3	8.5	12.1	17.0	21.6	25.1	26.8	27.4	24.6	20.6	15.1	9.9
季平均	8.6		16.9			26.4			20.1			

(二)地温随深度的变化

商丘地温随深度的变化是非常显著的(表3.22)。从表中可以看出,冬半年(上年10月至本年2月),地温随深度的增加而递增,平均增加11.0 ℃。每年12月增幅最大,0～320厘米增幅达15.6 ℃。夏季则相反,夏半年(4—8月),地温随深度的增加而递减,平均减少11.6 ℃,6月减少幅度最大,0～320厘米减少14.3 ℃。3月份是地温随深度由递增转递减的过渡月,地温随深度变化很小,0～160厘米变化幅度仅有0.4 ℃。9月是地温随深度由递减到递增的过渡月,地温随深度变化也很小,0～160厘米变幅仅有1.3 ℃。

从表3.22还可以看出,各深度层地温年变化中,以浅层变化幅度较大,深层变化较小。0厘米层地温年度变化最大,地温最低月与最高月相差29.0 ℃。各深度层地温年度变化幅度随深度而递减,320厘米深度层地温年变化幅度最小,最高与最低相差仅2.1 ℃。由此表明,深层地温年度变化较浅层稳定。

表3.22　商丘各深度层地温变化(厘米)

月份	0	10	20	40	80	160	320	平均
1	0.4	1.5	2.4	4.2	6.6	11.1	15.8	6.0
2	3.5	3.8	4.3	5.3	6.6	9.7	14.3	6.8
3	9.8	8.9	8.9	9.3	9.2	10.2	13.3	9.9
4	17.7	15.7	15.3	14.3	13.2	12.2	13.2	14.5
5	24.3	21.7	21.0	19.5	17.7	15.1	13.9	19.0
6	29.3	26.3	25.6	23.3	21.2	17.9	15.0	22.7
7	30.5	28.4	27.9	26.4	24.2	20.6	16.4	24.9
8	29.4	28.0	27.8	26.9	25.6	22.6	17.9	25.5
9	23.7	23.1	23.4	23.4	23.5	22.4	19.0	22.6
10	16.7	16.9	17.7	18.9	20.0	20.7	19.3	18.6
11	8.4	9.6	10.7	12.8	15.0	17.9	18.8	13.3
12	2.0	3.5	4.7	7.0	9.8	14.2	17.6	8.4
1月与8月之差	29.0	26.5	25.4	22.7	19.0	11.5	2.1	

(三)土壤冻结和解冻日期

土壤冻结日期是指稳定冻结的开始日期,解冻日期是指稳定冻结后开始化冻的日期。本文只统计了商丘 10 厘米和 20 厘米处的冻结和解冻的平均日期、最早和最晚日期,以及最大冻土深度。

冻结日期:由表 3.23 可以看出,商丘 10 厘米深度土壤冻结日期平均为 12 月 10 日,最早为 12 月 8 日,最晚为 12 月 24 日。20 厘米深度土壤冻结日期平均为 12 月 22 日,最早为 12 月 5 日,最晚为 1 月 5 日。

表 3.23　商丘土壤冻结和解冻日期

项目	冻结日期		解冻日期	
	10 厘米	20 厘米	10 厘米	20 厘米
平均日期	12 月 10 日	12 月 22 日	2 月 21 日	2 月 2 日
最早日期	12 月 8 日	12 月 5 日	2 月 10 日	1 月 18 日
最晚日期	12 月 24 日	1 月 5 日	2 月 25 日	2 月 6 日

解冻日期:商丘 10 厘米深度土壤解冻日期平均为 2 月 21 日,最早为 2 月 10 日,最晚为 2 月 25 日。20 厘米深度土壤解冻日期平均为 2 月 2 日,最早为 1 月 18 日,最晚为 2 月 6 日。

最大冻土深度:商丘近 60 年(1960—2019 年)来最大冻土深度平均为 20.1 厘米。全市以商丘站冻土深度值最大,为 32 厘米,出现在 1967 年 1 月 18 日。柘城站最大冻土深度值最小,为 11 厘米(表 3.24)。

表 3.24　商丘最大冻土深度(厘米)

项目	民权	睢县	宁陵	柘城	商丘	虞城	夏邑	永城
最大深度	18	20	25	11	32	19	15	21
日期(月/日)	1/17	1/21	1/17	1/6	1/18	2/1	1/18	1/7
年份	1961	1961	1967	1962	1967	1963	1961	1977

土壤冻结深度与积雪覆盖、植被状况、天气条件、土壤湿度有关。积雪覆盖和植被可使土壤冻结较浅,湿度大的土壤,冻结浅而晚,沙土较黏土冻结深,疏松土壤较紧实土壤冻结深,高地较低地块冻结深。在农业生产及施工时应倍加关注。

六、蒸发

蒸发是指常温情况下(即温度低于沸点时),水分子从液态或固态水的自由表面逸出而变成气态的过程或现象。在气象观测中,是以某一段时间内(日、月、年)因蒸发而消耗掉的水层厚度(毫米)来表示蒸发量。

(一)蒸发量的区域变化

统计分析商丘 60 年(1959—2019 年)平均蒸发量得知,各站历年平均蒸发量差别不大,平均日蒸发量为 4.3 毫米。民权站日蒸发量最大为 4.7 毫米,宁陵站最小为 4.0 毫米,各站差异平均 1 毫米以内(表 3.25)。

表 3.25 商丘累年各月平均蒸发量(毫米)

月份	民权	睢县	宁陵	柘城	商丘	虞城	夏邑	永城	平均
1	1.6	1.4	1.3	1.5	1.4	1.3	1.4	1.5	1.4
2	2.4	2.3	2.1	2.3	2.2	2.1	2.1	2.4	2.2
3	4.2	3.8	3.6	3.6	3.8	3.6	3.8	3.8	3.8
4	6.1	5.4	5.2	5.2	5.5	5.4	5.5	5.5	5.5
5	7.5	6.6	6.3	6.3	6.9	6.8	6.8	7.0	6.8
6	9.2	8.4	7.9	8.1	8.8	8.3	8.2	8.8	8.5
7	6.5	5.9	5.7	6.3	6.5	5.9	6.1	6.5	6.2
8	5.6	5.0	4.9	5.4	5.3	5.0	5.5	5.6	5.3
9	4.7	4.3	4.1	4.4	4.4	4.1	4.5	4.8	4.4
10	3.9	3.5	3.3	3.7	3.6	3.4	3.6	3.9	3.6
11	2.5	2.4	2.2	2.3	2.3	2.3	2.4	2.4	2.3
12	1.6	1.5	1.4	1.5	1.5	1.4	1.5	1.6	1.5
平均	4.7	4.2	4.0	4.2	4.4	4.1	4.3	4.5	4.3
日最大蒸发量	29.5	26.4	24.6	24.1	25.8	28.1	29.7	26.4	
出现时间	1968-06-10	1966-06-07	1966-06-06	1966-06-07	1966-06-07	1966-06-07	1968-06-11	1966-06-07	

从表 3.25 中可以看出,商丘日最大蒸发量有明显差异。以夏邑、民权两站日最大蒸发量值为最大,分别为 29.7 毫米/日和 29.5 毫米/日,出现在 1968 年 6 月 10 日和 11 日。

(二)蒸发量的时间变化

商丘日蒸发量月季变化量很大。日平均蒸发量 1 月最小,为 1.4 毫米/日,6 月蒸发量最大,为 8.5 毫米/日。一年之中蒸发量变化有一个最大值和一个最小值。其规律是从 1—6 月蒸发量逐月增大,6 月为最大;自 7—12 月蒸发量逐月减小,12 月蒸发量最小。就四季来说,商丘日蒸发量冬季(上年 12 月至本年 2 月)最小,夏季(6—8 月)蒸发量最大,春季蒸发量大于秋季。

蒸发量大小,取决于各地的太阳辐射、气温、空气湿度、风等因子,其中太阳辐射是支配因素。商丘由于夏季太阳辐射强度大、温度高,所以各站蒸发量也最大。反之,冬季各站太阳辐射强度弱、温度低,因此蒸发量也就小。

七、空气湿度

空气湿度是空气中水汽含量多少或潮湿程度的指标。表示空气湿度的方法有很多种,常用的有绝对湿度、水汽压、相对湿度、饱和差和露点温度等。本志采用相对湿度指标。相对湿度是空气中实际水汽压与同温度下饱和水汽压的百分比,表示空气的潮湿度。

(一)相对湿度变化

商丘各站相对湿度区域分布没有明显差别,这里主要分析了相对湿度的日变化和年变化。

相对湿度日变化:以每年 7 月份为例,由图 3.8 可知,一日之中相对湿度最大值出现在 06

时左右，即日出前后，也是商丘气温最低的时候。相对湿度最小值出现在15时左右，是商丘气温最高的时候。由此表明，商丘相对湿度日变化与气温日变化是相反的，温度是白天高夜间低，而相对湿度是夜间高白天低。其成因是白天气温高，蒸发升腾，使空气中的水汽减少，所以相对湿度变小，而夜晚气温降低，空气中的水汽凝结增多，因而相对湿度增大。

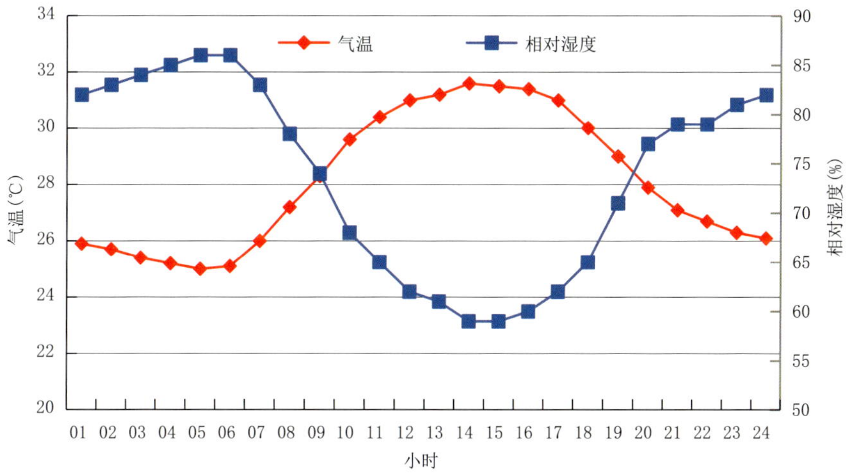

图3.8　商丘7月相对湿度和气温日变化

相对湿度年变化：商丘各站累年各月平均相对湿度见表3.26。商丘相对湿度年度变化特征是：夏季和秋季相对湿度偏大，冬季和春季相对湿度偏小。按月份来说，7—8月相对湿度最大，2—3月相对湿度最小。其成因是商丘是典型的季风区，夏季盛行偏东南气流，带来海洋上的潮湿空气，冬季盛行偏北气流，空气干燥。所以，形成本区相对湿度夏季偏大、冬季偏小。

表3.26　商丘累年月平均相对湿度(%)

月份	民权	睢县	宁陵	柘城	商丘	虞城	夏邑	永城	平均
1	64	67	67	67	66	68	68	66	67
2	63	66	66	66	65	66	66	65	65
3	62	65	66	66	64	65	64	65	65
4	64	68	68	69	67	68	66	68	67
5	65	69	69	69	67	68	66	67	67
6	64	66	66	66	66	66	67	65	66
7	79	81	81	80	80	80	80	79	80
8	82	83	84	82	83	82	82	81	82
9	77	78	79	78	78	79	78	76	80
10	71	73	74	73	73	74	73	70	73
11	70	72	73	72	71	73	72	70	72
12	66	68	69	68	68	70	69	67	68

（二）高湿和干燥日数

以每日 14 时相对湿度≥80％为高湿日数，≤30％为干燥日数。依此标准，统计了商丘各站累年每日≥80％和≤30％的日数（表 3.27）。可以看出各站平均每年高湿日数为 48 天，永城站高湿日最多为 50 天，民权站高湿日数最少，仅有 44 天。商丘各站平均每年干燥日数为 64 天。民权站干燥日数最多，平均每年为 75 天，睢县和柘城两站干燥日偏少，分别为 58 天和 59 天。由此可知，商丘西北部空气偏干燥，南及东南部空气较湿润。

表 3.27　商丘各站 14 时相对湿度≥80％和≤30％日数（天）

项目	民权	睢县	宁陵	柘城	商丘	虞城	夏邑	永城	平均
≥80％日数	44	50	50	49	47	46	49	50	48
≤30％日数	75	58	62	59	62	67	61	70	64

第四章　商丘主要气象灾害

第一节　干　旱

一、干旱的概念及标准

河南省气象局(2012)编写的《河南省基层气象台站简史》一书中详细介绍了干旱的概念及标准,即干旱通常指长期无雨或少雨,水分不足以满足人的生存和经济发展的气候现象。干旱可分为土壤干旱、大气干旱。土壤干旱是土壤水分不能满足植物需要的一种干旱现象。久晴不雨,长期大气干旱,是土壤干旱的主要原因。土壤蓄水性能差,滥伐林木而破坏生态平衡,地下水位太低,耕作措施不当,都会加剧土壤干旱。大气干旱是大气温度高,相对湿度低,久晴不雨。此时,土壤中不一定缺乏水分。但长期的大气干旱会引起土壤干旱。土壤干旱的主要原因是降水不足,大气干旱的主要表现也是降水不足。因此降水不足是干旱的根本原因。

干旱指标有多重表达方式,但最常用的有降水多少和土壤湿度两种指标,并随季节不同有一定差异,连旱时间越长,降水量越少,土壤湿度越小,则干旱越严重。比较常见的有春旱、夏旱和秋旱,河南省气象局(2012)规定如下:

春旱(3—5 月),连续≥50 天的总降水量≤80 毫米且 30 厘米以上耕作层土壤湿度百分率≤13%。

夏旱(包括初夏旱和伏旱),连续≥20 天的总降水量≤30 毫米且 30 厘米以上耕作层土壤湿度百分率≤13%。

秋旱(9—10 月),连续≥40 天的总降水量≤30 毫米且 30 厘米以上耕作层土壤湿度百分率≤13%。

利用综合气象干旱指数 CI,其定义为近 30 天(相当于月尺度)和近 90 天(相当于季尺度)降水量标准化降水指数,以及近 30 天相对湿润指数进行综合而得。该指标反映了短时间尺度(月)和长时间尺度(季)的降水量异常情况,因此该指标适合实时气象干旱监测和历史同期气象干旱评估。CI 值划分的干旱等级见表 4.1。

表 4.1　综合气象干旱指数 CI 的等级划分

等级	类型	CI 值
1	无旱	−0.6<CI
2	轻旱	−1.2<CI≤−0.6
3	中旱	−1.8<CI≤−1.2
4	重旱	−2.4<CI≤−1.8
5	特旱	CI≤−2.4

二、干旱的时空分布及频率

干旱是商丘发生最频繁、影响最大的主要气象灾害。从60年(1959—2019年)的资料分析来看,商丘干旱灾害具有明显的季节性、区域性和年际变化特点,这主要是商丘自身的气候特点所决定的,即降水量的季节分配不均、空间分布差异及年际间波动。干旱灾害频率在60%～65%,以夏季干旱为主,春旱也较为明显。春旱频率为40%～60%,北部高于南部,初夏旱频率为30%～50%,伏旱频率在25%,秋旱频率为20%～35%,冬季频率为50%左右。在所有的干旱中以春旱发生频率最多,而且极易形成春夏连旱,对农业造成的影响也最严重。2000—2001年商丘乃至北方大部分地区都曾连续出现历史上最严重的春旱。2000年春季和2001年春季降水量分别只有25.6毫米和9.0毫米,是常年的19.4%和6.8%。

干旱灾害发生的年际变化也存在着明显的阶段性,但阶段的长短和强度有所不同,干旱灾害的年际变化与降水量的年际变化相一致(图4.1)。

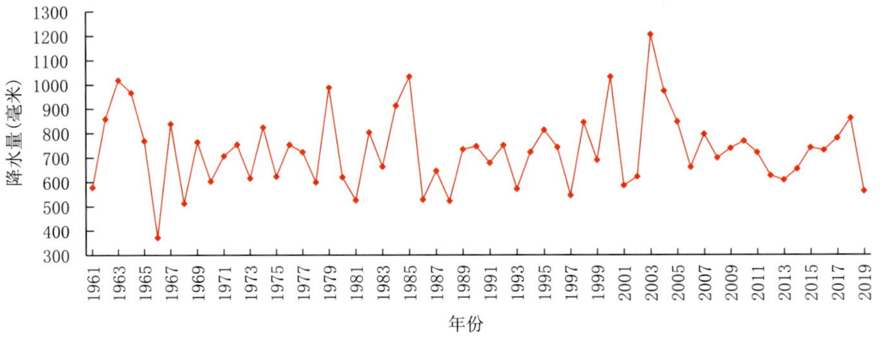

图4.1　1961—2019年商丘平均年降水量年际变化趋势

从年代际变化分析,干旱灾害年份具有持续出现的特点,表现为明显的阶段性。1959—1962年、1965—1966年、1978—1982年、1985—1988年、1991—1997年和1999—2002年皆为干旱灾害严重发生的阶段,其中以1985—1988年干旱灾害影响最重,成灾面积最大;1991—1997年干旱阶段持续时间最长。以年代而论,干旱灾害20世纪80年代和90年代最重,60年代次之,50年代最轻。总体上看,干旱灾害有日益严重的趋势。出现重旱的年份有:1953年、1955年、1959年、1961年、1962年、1965年、1966年、1972年、1978年、1982年、1986年、1988年、1989年、1990年、1991年、1992年、1993年、1994年、1995年、1997年、1998年、1999年、2000年、2001年和2016年。

从季节分析来看,每年四季均有不同程度的干旱发生,有春旱、初夏旱、伏旱、秋旱、冬旱和秋冬连旱。春旱发生的频率最高,出现次数最多,春季降水有明显的周期性,春季旱年多于涝年,20世纪80年代以后春旱发生的频率逐渐增加、干旱程度加重,极端春旱的年份有1962年、1965年、1968年、1970年、1971年、1978年、1981年、1986年、1987年、1989年、2000年、2001年、2005年和2011年,尤以2001年降水最少,一半以上的县、市降水量不足10毫米,民权仅6.7毫米。

夏季由于降水时空分布不均,旱涝交替出现,既易出现暴雨,也易发生干旱。降水最少的年份是1966年为177毫米,较历年同期偏少59%。极端干旱的年份有1966年、1968年、1969

年、1975 年、1983 年、1986 年、1988 年、1991 年、1993 年、1997 年、1999 年、2002 年、2008 年和 2011 年，1966—1975 年为少雨时段，这个时段的平均降水量为 332 毫米，10 年中有 8 年降水为负距平，并出现了 4 个大旱年，分别为 1966 年、1968 年、1969 年和 1975 年，尤以 1966 年降水最少，大部分站降水量不足 200 毫米，虞城站降水量仅为 107 毫米，商丘出现了历史上的特大干旱；1986—1993 年是另一个少雨时段，这个时段的平均降水量为 336 毫米，与第一个少雨时段的降水量基本相当，8 年中有 6 年降水量为负距平，并出现了 3 个旱年，分别为 1988 年、1991 年和 1993 年，其中 1988 年降水最少，较历年同期偏少 44%，成为历史上第 3 个高温干旱年。

秋季降水有明显的周期性，最为明显的有 2～3 年，极端秋旱的年份有 1965 年、1966 年、1971 年、1973 年、1976 年、1988 年、1989 年、1990 年、1991 年、1994 年、1998 年、2001 年、2002 年、2007 年和 2008 年。秋季降水极端偏少的年份出现在 1998 年，1998 年成为有气象记录以来秋季降水极小值，商丘站平均降水量为 14.6 毫米，睢县站仅 5.6 毫米。

冬季雨雪偏少的年份有 1961 年、1962 年、1965 年、1967 年、1969 年、1973 年、1976 年、1980 年、1981 年、1982 年、1983 年、1985 年、1987 年、1993 年、1995 年、1996 年、1998 年、2008 年和 2011 年。1976 年冬季降水最少，除永城站外，其他站降水量在 2 毫米以下。60 年(1959—2019 年)的资料表明干冬多于湿冬。

商丘冬春连旱，2015 年 12 月 1 日至 2016 年 5 月 10 日，商丘各站平均总降水量 48.4 毫米，较常年偏少 6 成，突破历史同期最少值(1984 年 50.2 毫米)。睢县站 39.2 毫米(1981 年 41.5 毫米)、柘城站 52.3 毫米(1984 年 54.8 毫米)，睢县站和柘城站均突破本站历史同期最少值。柘城、民权、商丘、虞城、夏邑、宁陵 6 个站也是历史同期最少值。冬小麦拔节后，土壤出现不同程度干旱，加之春季气温偏高，旱情持续，对未灌溉地块冬小麦产量造成一定影响。

三、干旱成因

干旱灾害形成的原因极其复杂，有来自自然的、社会的等多方面的因素，诸多因素中大气降水少是形成干旱灾害的直接因素。降水量的多少与影响商丘降水的大气环流变化密切相关。

(一)春季降水量影响因子

太平洋海温与商丘春季降水量。海洋是地球大气的潜在热源，海温的变化影响大气环流，进而对全球各地的天气或气候造成不同的影响。海温作为短期气候预测因子，具有变化平缓且较为稳定的优点，特别是太平洋海温与商丘春季降水具有较好的相关性。分析太平洋海温与商丘春季降水的相关性可以看出：上年 2 月西太平洋副热带海温与来年春季降水量呈反相关，相关系数为 0.3；上年 3 月和 4 月太平洋西风漂流区暖流与商丘春季降水量相关显著，相关系数分别为 0.312 和 0.35。NINO 3 区(150°～90°W，5°S～5°N)海温与商丘春季降水量具有较好的相关性。从 NINO 3 区 1 月海温指数与当年商丘春季降水量可以看出：当年 1 月海温指数明显偏低时，易出现春旱；当年 1 月海温指数明显偏高时，春季降水量正常或偏多的概率较大，在厄尔尼诺发生年的次年更是如此。

春季干旱的 500 百帕高度场分布。由 3—5 月的 500 百帕高度距平场可以看出：干旱年份，我国新疆、内蒙古东北部以及黑龙江一线及其以北地区到 60°N 左右为正距平区，以南为一致的负距平区。正距平区有两个中心，一个位于新疆以北地区，中心值为 20～25 十位势米；另一个位于鄂霍次克海，中心值为 25～30 十位势米。负距平区位于我国东海，中心值为－15～－20 十位势米。这样的高度距平场分布表明，在春季干旱年份，中高纬度少冷空气活动，河南省处于脊前槽后的西北气流里，暖湿气流不能北上，所以降水偏少。

春季干旱的 850 百帕风场。由 850 百帕距平风矢量合成场可以看出：春季旱年时，在我国东北、华北至日本海存在一气旋式距平环流，环流中心位于 45°N、130°E 附近，我国东南部为弱的偏北气流，这股气流在南海分成两支，一支向西到达印度北部，另一支向东，风场也很弱，这样的环流形势不利于水汽到达商丘，因而容易形成干旱。为预防春旱，多采用抽水浇灌的方式，以减轻干旱造成的损失(图 4.2)。

图 4.2　商丘市郊区农民抗旱浇麦
（图片由商丘市气象局提供）

(二)初夏旱环流特征

从初夏旱年的环流距平场可以看出，商丘初夏旱年，500 百帕高度距平场上极涡偏弱，欧亚中高纬度为“＋ － ＋”的距平分布，距平中心分别在欧洲大陆西部、乌拉尔山东部、鄂霍次克海北部，我国大陆 40°N 以北呈现西低东高的分布，在 40°N 以南，中国大陆为一致的负距平，负距平中心在中国东部沿海，这样表明副热带高压(简称副高)偏弱。这种环流型说明，高纬度冷空气活动少，中高纬度西低东高的分布不利于冷空气到达河南，同时副高偏弱也导致了低纬度水汽不易到达河南，因此商丘初夏降水偏少。

(三)伏旱环流特征

商丘伏旱年与初夏旱年 500 百帕高度距平场在欧亚高纬度较相似，极涡偏弱，欧亚中高纬度为“＋ － ＋”的距平分布，但前两个距平中心偏小、偏东，分别在伏尔加河流域、西伯利亚平原，在咸海附近有另一个负距平中心。与初夏旱年相似，我国大陆绝大部分地区呈现负距平，在东北为正距平中心，东南部为负距平，说明副热带高压偏弱。这种分布同样说明冷空气活动偏少，高纬度冷空气及低纬度水汽均不易到达河南，导致了商丘盛夏降水偏少。

(四)副高、厄尔尼诺、拉尼娜与商丘夏季降水的关系

7 月副高异常偏西，商丘盛夏一般降水偏多，没有伏旱发生。从降水距平百分率上来看，拉尼娜次年初夏干旱的概率较大。厄尔尼诺当年和次年干旱发生的概率均不大。

第二节　暴　雨

一、暴雨的标准及成因

河南省气象局规定，24 小时降水量为 50.0 毫米及以上称为暴雨。按其降水强度大小又分为三个等级，即 24 小时降水量为 50.0～99.9 毫米称为暴雨；100.0～249.9 毫米称为大暴雨；250.0 毫米及以上称为特大暴雨。若以 12 小时降水量为标准，即 12 小时降水量为 30.0～69.9 毫米称为暴雨；70.0～139.9 毫米称为大暴雨；140.0 毫米及以上称为特大暴雨。

暴雨灾害形成的天气气候原因主要是控制商丘天气气候的大气环流系统的活动异常，导致了降水异常偏多。典型的夏季特涝年环流形势分析结果表明，西太平洋副热带高压西伸偏强，商丘处于西太平洋副热带高压西北端不断北上的暖湿气流与西风带弱冷空气的交汇处，因此高空切变线稳定维持，西南低涡的北上极易影响商丘，造成持续性暴雨从而发生洪涝灾害。另外，西太平洋副热带高压位置偏东时，登陆后的台风低压（倒槽）则有利于商丘降水，这是商丘暴雨形成的常见天气气候背景。

产生暴雨的主要物理条件是充足的源源不断的水汽、强盛而持久的气流上升运动和较长的持续时间。大、中、小各种尺度的天气系统和下垫面特别是地形的有利组合可产生较大的暴雨。暴雨一般发生在中小尺度天气系统中，其时间尺度从几十分钟到十几小时，空间尺度从几公里到几百公里，而形成暴雨的中小尺度系统又是处于天气尺度系统内，两者通常有着密切的关系。

商丘出现暴雨的主要影响系统有切变线、低涡、西风槽、台风倒槽等。

二、暴雨的时空分布

商丘各站气象观测资料显示，商丘以夏季暴雨为主，日降水量≥50.0 毫米的日数平均每年出现 2.8 天，且多集中于 6—9 月，其中 7 月出现最多。日降水量≥100.0 毫米以上的大暴雨，各站 23 年一遇，且多出现在 6—8 月。

从区域分布看，商丘暴雨由西向东呈逐渐增多之势，永城暴雨日数最多，平均每年 3.3 天，民权暴雨日数最少，平均每年 2.3 天。中部各县暴雨日数居中，为 2.8 天。

（一）暴雨日数年际变化规律

降水量≥50.0 毫米的年暴雨日数和≥100.0 毫米的年大暴雨日数线性变化趋势均不显著。1960—2019 年，商丘共出现暴雨 1207 站次，其中，暴雨日 1008 站次，占暴雨总数的 83.5%；大暴雨日 193 站次，占暴雨总数的 16.0%；特大暴雨日 6 站次，占暴雨总数的 0.5%。商丘平均年暴雨日数气候变化为－0.02 天/10 年（图 4.3(a)），变化趋势不明显。商丘平均年暴雨日数为 2.1 天，2003 年暴雨日数最多为 5.3 天，1966 年最少为 0.6 天，年暴雨日数距平在－1.5～3.2 天，这说明年暴雨日数的年际变化较大。若定义年暴雨日数距平在 50%以上为多暴雨天气年份，在－50%以下为少暴雨天气年份，则多暴雨天气年份为 1963 年、1982 年、1985 年、1999 年、2000 年、2003 年、2004 年和 2010 年，共 8 年；少暴雨天气年份为 1966 年、1968 年、1993 年、1997 年、2014 年和 2015 年，共 6 年。

商丘年暴雨日数变化存在明显的 8 个阶段（商丘年暴雨日数距平变化，图 4.3(b)），其中，暴雨日数距平在 1965 年前以正值为主（正距平 5 年，负距平 1 年）为多暴雨日年份；1966—

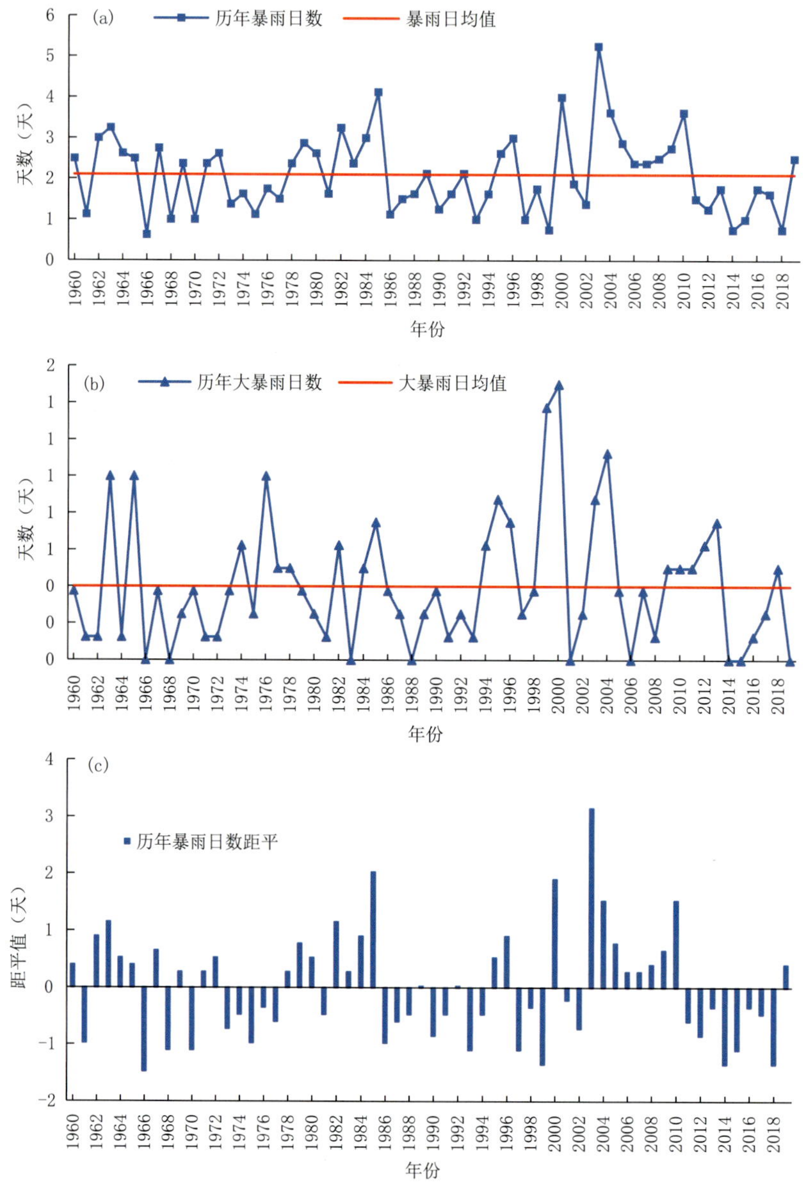

图 4.3　1960—2019 年商丘年平均暴雨日数(a)、大暴雨日数(b)和年平均暴雨日数距平(c)历年变化

1972 年为过渡期，距平值在零线值上下振荡（正距平 4 年，负距平 3 年），距平平均值为 0.3 年；1973—1977 年 5 年负距平为少暴雨日年份；1978—1985 年距平值以正值为主（正距平 7 年，负距平 1 年）为多暴雨日年份；1986—1994 年距平值以负值为主（正距平 2 年，负距平 7 年）为少暴雨日年份；1995—2002 年为过渡期，距平值在零线值上下振荡（正距平 3 年，负距平 4 年），距平平均值为 0.1 天；2003—2010 年 8 年正距平为多暴雨日年份；2011—2019 年距平值以负值为主（负距平 8 年，正距平 1 年）为少暴雨日年份。由此可看出，暴雨日在 1977 年前，具有 5—7 年的变化周期，其后具有 7—9 年的变化周期。

商丘平均年大暴雨日数以 0.02 天/10 年在增加，见图 4.3(a)，未通过信度 0.05 的显著性检验，变化趋势不显著。平均年大暴雨日数为 0.4 天，2000 年大暴雨日数最多为 1.5 天，未出现大暴雨天气年份 9 年(1966 年、1968 年、1983 年、1988 年、2001 年、2006 年、2014 年、2015 年和 2019 年)，大暴雨天气≥1 天的年份有 6 年(1963 年、1965 年、1976 年、1999 年、2000 年和 2004 年)，为多大暴雨日年份。大暴雨日数的年际变化较大，多大暴雨年份易形成局部农田积水和城市内涝。

1960—2019 年商丘仅 2 天出现特大暴雨天气，分别为 1963 年 5 月 19 日(民权站降水量 253.7 毫米)和 2018 年 8 月 18 日(睢县、商丘、虞城、宁陵和夏邑 5 个站，降水量分别为 302.5 毫米、363.6 毫米、288.9 毫米、332.1 毫米和 355.2 毫米)。

(二)暴雨日数的年代际变化

商丘平均年暴雨日数年代变化起伏较明显(表 4.2 和图 4.4)。20 世纪 60 年代、70 年代和 80 年代平均暴雨日数变化较平稳在 1.9～2.3 天/年，距平值在－0.2～0.2 天/年，2000—2009 年为暴雨多发年代，暴雨日数最多 2.9 天/年，70 年代次少为 1.9 天/年，20 世纪 90 年代和 2010—2019 年最少为 1.7 天/年，二者相差 1.2 天/年，与平均值相差为 56%。平均年大暴雨日数年代变化为 20 世纪 90 年代和 2000—2009 年大暴雨日数最多为 0.5 天/年，20 世纪 80 年代最少为 0.3 天/年，二者相差 0.2 天/年，与平均值相差为 50%。

表 4.2　1960—2019 年商丘各年代平均年暴雨日数、大暴雨日数及距平

年代	暴雨日数(天)	暴雨日数距平(天/年)	大暴雨日数(天)	大暴雨日数距平
20 世纪 60 年代	2.2	0.1	0.4	0.0
20 世纪 70 年代	1.9	－0.2	0.4	0.0
20 世纪 80 年代	2.3	0.2	0.3	－0.1
20 世纪 90 年代	1.7	－0.4	0.5	0.1
2000—2009 年	2.9	0.8	0.5	0.1
2010—2019 年	1.7	－0.5	0.4	0.0
年平均	2.1		0.4	

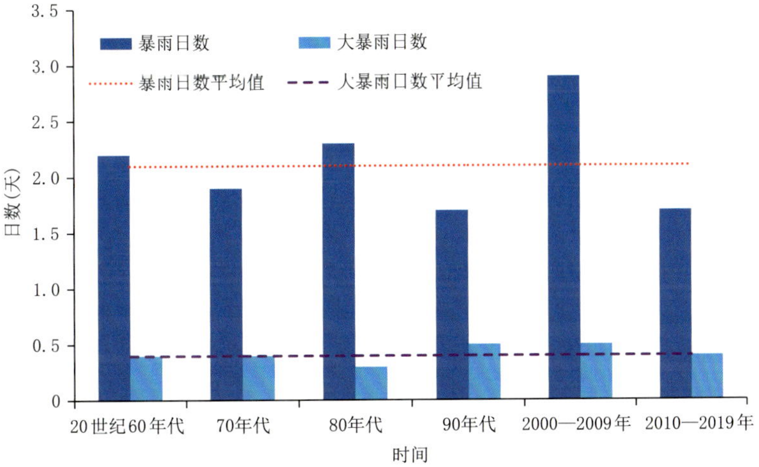

图 4.4　1960—2019 年商丘平均年暴雨日数及大暴雨日数年代变化

(三)暴雨日数的空间分布

年平均暴雨日数的空间分布见表 4.3,永城站最多为 2.9 天/年,民权站最少为 1.6 天/年,由东南向西北逐渐减少,与商丘年降水量的空间分布相一致。8 个站点年暴雨日数气候变化永城、商丘、夏邑站为负值,其余站点为正值,只有永城站呈显著减少趋势(气候倾向率−0.29天/10 年),其余站点无论是增加或是减少趋势均不明显,且东部减少幅度大,西部增加幅度较小。由此可见,商丘年暴雨日数东西间差异呈减小趋势。

8 个站点年平均大暴雨日数为 0.3～0.5 天,空间分布较均匀,永城、夏邑、民权 3 个站偏多为 0.5 天/年,宁陵站偏少为 0.3 天/年,其余为 0.4 天/年。8 个站点年平均大暴雨日数气候倾向率民权站、永城站为负值,其余站点为正值,但增加或减少趋势均不显著。

表 4.3　1960—2019 年商丘暴雨日数和大暴雨日数变化特征统计

站点	暴雨日数			大暴雨日数		
	年平均日数(天)	气候倾向率(天/10 年)	相关系数	年平均日数(天)	气候倾向率(天/10 年)	相关系数
睢县	2.0	0.165	0.1637	0.4	0.011	0.0316
民权	1.6	0.066	0.0883	0.5	−0.036	0.0927
商丘	2.1	−0.034	0.0387	0.4	0.076	0.2296
虞城	2.0	0.013	0.0141	0.4	0.001	0
柘城	2.2	0.045	0.0539	0.4	0.037	0.1095
宁陵	1.8	0.016	0.0173	0.3	0.024	0.0748
夏邑	2.3	−0.05	0.052	0.5	0.094	0.202
永城	2.9	−0.293	0.2818*	0.5	−0.001	0
平均	2.1	0.012	0.02	0.4	0.026	0.04

备注:* 表示通过 0.05 的相关检验。

(四)暴雨日数的季、月变化

商丘暴雨日出现在春、夏、秋三季(表 4.4),夏季最多为 1.6 天/年,占年总数的 75.2%,春秋季相差不大,分别为 0.2 天/年和 0.3 天/年,占年总数的 11.4%和 13.4%。大暴雨日出现在春、夏、秋三季,夏季最多为 0.4 天/年(169 站次),占年总数的 84.9%,春秋季较少分别 0.0 天/年(13 站次)和 0.0 天/年(17 站次),占年总数的 6.5%和 8.5%。暴雨天气的季节分布与变化,是商丘形成局部农田积水和城市内涝的主要因素。

表 4.4　1960—2019 年商丘各月、季暴雨日和大暴雨日出现总站次及平均天数

项目	时间	3月	4月	5月	6月	7月	8月	9月	10月	11月	春季	夏季	秋季	年
暴雨日	出现总站次(站次)	5	34	78	123	362	274	94	31	7	117	759	132	1008
	平均天数(天)	0.0	0.1	0.2	0.3	0.8	0.6	0.2	0.1	0.0	0.2	1.6	0.3	2.1
	占年百分率(%)	0.4	3.1	7.9	11.9	36.2	27.0	9.5	3.1	0.7	11.4	75.2	13.4	
大暴雨日	出现总站次(站次)			13	18	89	62	16	1		13	169	17	199
	平均天数(天)			0.0	0.0	0.2	0.1	0.0	0.0		0.0	0.4	0.0	0.4
	占年百分率(%)			6.5	9.0	44.7	31.2	8.0	0.5		6.5	84.9	8.5	

暴雨日发生在3—11月，1月、2月和12月均没有出现。暴雨日主要出现在5—9月，占年总数的92.7%，7月最多为0.8天/年，占年总数的36.2%。大暴雨日发生在5—10月，1—4月和11月、12月没有出现。10月仅占年总数的0.5%，7月最多为0.2天/年，占年总数的44.7%。月平均暴雨日数和大暴雨日数均呈单峰型，月暴雨日数的分布与月降水量变化的趋势基本一致。

三、暴雨的影响范围

以发生和影响范围为划分原则，将商丘暴雨分为单站暴雨过程、区域性暴雨过程和连续性暴雨过程：(1)单站暴雨过程是指某站点24小时累积降水量≥50.0毫米，且只维持1天；(2)区域性暴雨过程是指2站点或以上出现暴雨，且只维持1天；(3)连续性暴雨过程分为单站连续性暴雨过程和区域性连续性暴雨过程，单站连续性暴雨过程为某站点持续连续暴雨日≥2天，区域性连续性暴雨过程为区域性暴雨持续连续≥2天。

1960—2019年商丘共出现531个暴雨日（表4.5），单站出现272次，占总暴雨日的51.2%，说明单站暴雨较多，占一半以上；区域性暴雨259次，占总暴雨日的48.8%，其中，出现2～3站的157次，占总暴雨日的29.6%，占区域性总暴雨日数的63.6%，8站点全部出现的11次，仅占总暴雨日数的2.1%，占区域性总暴雨日数的4%。这说明区域性暴雨以出现2～3站为主，出现8站点较少。

表4.5　1960—2019年商丘暴雨出现空间范围年代变化

暴雨空间范围	单站暴雨	区域性暴雨								合计暴雨日（天）	占总暴雨日百分率（%）
出现站点数（个）	1	2	3	4	5	6	7	8	2～8		
20世纪60年代（次）	49	20	11	4	6	3	1	1	46	95	18.2
20世纪70年代（次）	41	13	7	6	3	2	4	2	37	78	14.9
20世纪80年代（次）	43	14	14	5	3	7	1	2	46	89	17.0
20世纪90年代（次）	48	14	12	6	1	2	2	1	38	86	16.4
2000—2009年（次）	59	15	15	10	7	2	4	3	56	115	22.0
2010—2019年（次）	32	14	8	4	3	4	1	2	36	68	11.5
合计（次）	272	90	67	35	23	20	13	11	259	531	
占总暴雨日百分率（%）	51.2	17	12.6	6.7	4.2	3.6	2.5	2.1	48.8		

暴雨年代分布，2000—2009年最多（115次），2010—2019年最少（68次）；单站暴雨2000—2009年最多（59次），2010—2019年最少（32次）；区域性暴雨2000—2009年最多（56次），2010—2019年最少（36次），其中，2—3站点的区域性暴雨20世纪60年代最多（31次），20世纪70年代最少（20次）；4—5站点的区域性暴雨2000—2009年最多（17次），20世纪90年代和2010—2019年最少（7次）；6—7站点的区域性暴雨20世纪80年代最多（8次），20世纪60年代最少（4次）；8站点全部出现的区域性暴雨2000—2009年最多（3次），20世纪60年代、90年代最少（分别1次）。

1960—2019年暴雨过程481次（表4.6），435次暴雨过程不超过1天，占总过程的90.9%；区域性连续暴雨过程20次，占总过程的4.0%，过程最长4天（2012年7月4—8日）；单站连续暴雨过程26次，占总过程的5.1%，过程最长3天（出现2次，1994年8月12—13日睢县和1991年7月27—29日商丘）。

表 4.6　1960—2019 年商丘暴雨持续时间范围年代变化(次)

年代	单日暴雨过程	单站连续暴雨过程		区域性连续暴雨过程		
	1 天	2 天	3 天	2 天	3 天	4 天
20 世纪 60 年代	89	3		3		
20 世纪 70 年代	74	2		2		
20 世纪 80 年代	80	4	1	3		
20 世纪 90 年代	76	7	1	1		
2000—2009 年	104	4		5	1	
2010—2019 年	56	4		4		1
合计	435	26		20		
占暴雨总次数(%)	90.9	5.1		4.0		

年代变化，区域性连续暴雨过程 2000—2009 年最多为 6 次，占总次数的 31.6%，2010—2019 年次多为 5 次，20 世纪 90 年代最少为 1 次，占总次数的 5%；单站连续暴雨过程 90 年代最多为 8 次，占总次数的 30.8%，70 年代最少为 1 次，占总次数的 4%。

单站连续暴雨过程空间分布，单站连续暴雨过程永城站最多 8 次，占总次数的 30.8%，民权站没有出现(表 4.7)。

表 4.7　1960—2019 年商丘连续暴雨过程统计

站点	睢县	商丘	虞城	柘城	宁陵	夏邑	永城	民权	合计
出现次数(次)	4	3	3	2	3	3	8	0	26
占全市总次数百分率(%)	15.0	11.5	11.5	7.7	11.5	11.5	30.8	0	

四、暴雨开始和结束时间变化

1960—2019 年商丘暴雨开始时间变化呈显著的提前趋势，平均每 10 年提前 4.55 天(图 4.5(a))，结束时间变化趋势不显著，平均每 10 年提前 1.06 天(图 4.5(b))。

暴雨平均开始日期为 5 月 20 日，开始日期最早为 2007 年 3 月 3 日(民权站和虞城站)，最晚为 1997 年 7 月 17 日(柘城站、宁陵站、夏邑站和永城站)，二者相差 136 天；暴雨平均结束日期为 9 月 8 日，结束日期最早为 1988 年 7 月 24 日(虞城站、柘城站、夏邑站和永城站)，最晚为 1962 年 11 月 19 日(睢县站、商丘站、虞城站和夏邑站)，二者相差 116 天。

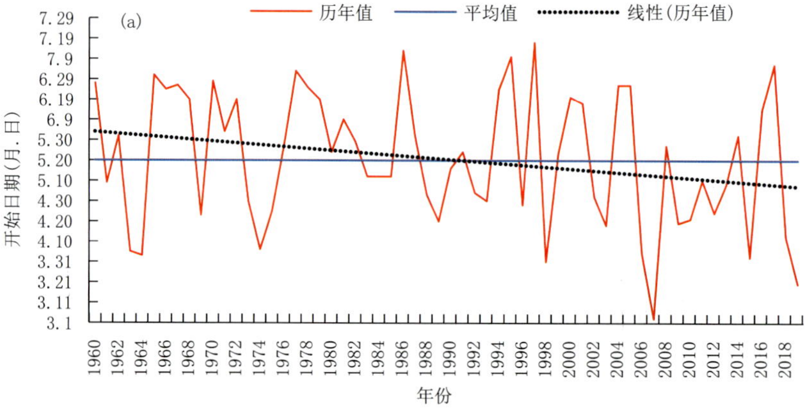

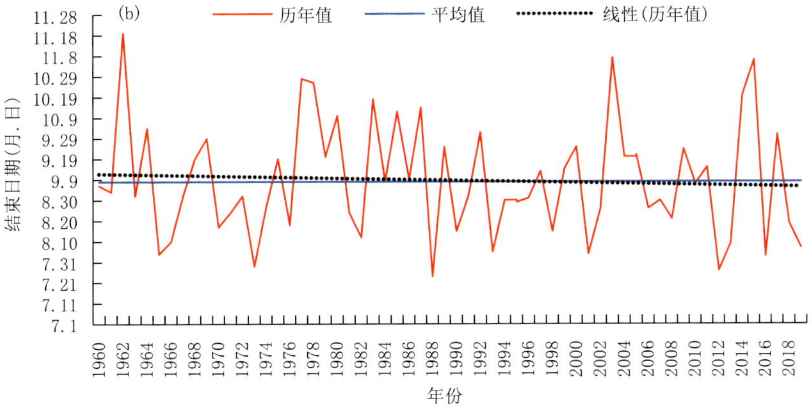

图 4.5　1960—2019 年商丘暴雨开始时间(a)和结束时间(b)历年变化

商丘暴雨开始和结束日期年代变化见表 4.8。暴雨开始日期 2010—2019 年最早，平均日期为 5 月 10 日，20 世纪 70 年代最晚，为 5 月 30 日；暴雨结束日期 90 年代最早，平均日期为 9 月 6 日，80 年代最晚，为 9 月 15 日。

表 4.8　1960—2019 年商丘暴雨开始和结束时间年代变化

年代	开始日期(月/日)			结束日期(月/日)		
	平均	最早	最晚	平均	最早	最晚
20 世纪 60 年代	5/27	4/3	7/1	9/11	8/4	11/19
20 世纪 70 年代	5/30	4/16	7/3	9/8	7/29	10/28
20 世纪 80 年代	5/21	4/20	7/13	9/15	7/24	10/18
20 世纪 90 年代	5/26	3/31	7/17	9/6	8/6	10/31
2000—2009 年	5/14	3/3	6/26	9/12	8/4	11/7
2010—2019 年	5/10	3/20	7/6	9/9	7/27	11/7
1960—2019 年	5/20	3/3	7/17	9/8	7/24	11/19

五、暴雨强度

商丘平均年暴雨强度(年暴雨降水量之和/年暴雨日数)变化倾向率为 2.47 毫米/10 年(图 4.6)，变化趋势较明显。平均年暴雨强度为 78.5 毫米/天，2018 年平均年暴雨强度最大，为 182.1 毫米/天，1983 年平均年暴雨强度最小，为 61.3 毫米/天，二者相差 120.8 毫米/天。一日最大降水量为 363.6 毫米，出现在商丘站的 2018 年 8 月 18 日。

平均年暴雨强度变化可分为 6 个阶段，1960—1973 年(正距平 1 年，负距平 13 年)、1980—1994 年(正距平 2 年，负距平 13 年)、2001—2008 年(正距平 1 年，负距平 7 年)距平以负值为主为暴雨强度偏小时期；1974—1979 年(正距平 4 年，负距平 2 年)、1995—2000 年(正距平 5 年，负距平 1 年)距平以正值为主为暴雨强度偏大时期；2009—2019 年(正距平 6 年，负距平 5 年)为震荡期。

商丘年暴雨强度年代变化见表 4.9，2010—2019 年平均年暴雨强度最大为 88.9 毫米/天，

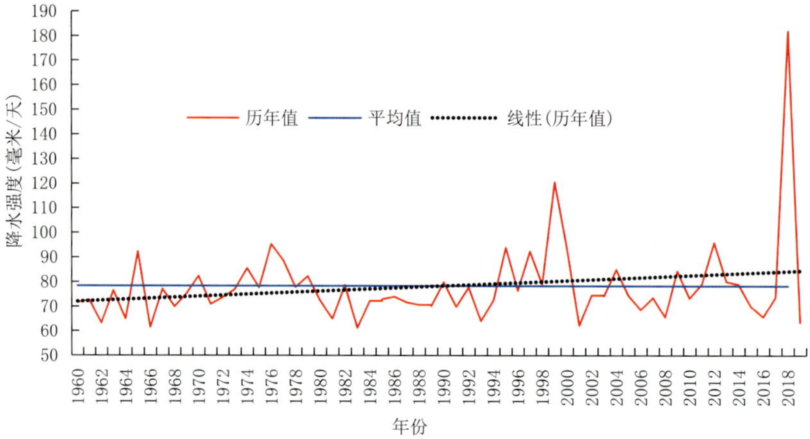

图 4.6　1960—2019 年平均暴雨强度历年变化

20 世纪 80 年代最少为 71.0 毫米/天，年代暴雨强度最大与最小相差 17.9 毫米，距均值相差为 28%。

表 4.9　1960—2019 年商丘年暴雨强度年代变化特征统计(毫米/天)

年代	20 世纪 60 年	20 世纪 70 年代	20 世纪 80 年代	20 世纪 90 年代	2000—2009 年	2010—2019 年
暴雨强度平均值	72.6	81.3	71.0	82.7	75.7	88.9
暴雨强度距平值	−6.1	2.6	−7.7	4.0	−3.0	10.2

商丘自有气象记录以来到 2019 年，夏邑站出现大暴雨和特大暴雨次数最多，宁陵站最少，柘城站和永城站无特大暴雨。大暴雨最早出现在 4 月，1957 年 4 月 9 日民权站 104.9 毫米，最晚出现在 10 月，1992 年 10 月 2 日柘城站 207.5 毫米；主要出现在夏季 6 月、7 月和 8 月。特大暴雨共出现 2 次，分别是 1963 年 5 月 19 日民权站 253.7 毫米，2018 年 8 月 18 日睢县站 302.5 毫米、商丘站 363.6 毫米、虞城站 288.9 毫米、宁陵站 332.1 毫米、夏邑站 355.2 毫米。商丘站最大日降水量 363.6 毫米，出现于 2018 年 8 月 18 日。

2018 年 8 月 18—19 日，第 18 号台风"温比亚"影响商丘地区并造成大暴雨和特大暴雨，降雨强度大、落区集中、极端性强。商丘平均降水量 287 毫米，商丘市主城区降水量 384 毫米，最大降水量出现在柘城县远襄集为 553.1 毫米，最大小时雨强出现在虞城县沙集乡达 112 毫米(18 日 09—10 时)，极大风速出现在民权县林七乡(18 日 13:10)为 20.4 米/秒(8 级)，商丘≥500 毫米的站点 3 个，≥400 毫米的站点 18 个，≥300 毫米的站点 79 个，≥250 毫米的站点 129 个。商丘国家基准站 18 日降水量刷新了 1957 年特大暴雨(日降水量 193.3 毫米)的历史极值纪录，夏邑、宁陵、睢县和虞城 4 站 8 月 18 日降水量也突破 1953 年建站以来日降水量历史极值。其中夏邑站 355.2 毫米超过历史极值的两倍，商丘站 363.6 毫米接近汛期总降水量常年平均值。与历史强降水过程相比，此次过程破极值站数为历次过程中最多，而且小时雨强最大，累计雨量最多。有 3 个区域自动站降水超过 500 毫米，分别为：柘城县远襄乡 553.1 毫米、睢县长岗乡 543 毫米、睢阳区勒马乡 533.8 毫米，具体雨量分布如图 4.7 所示。

据 60 年(1960—2019 年)来的降水资料统计，商丘大暴雨和特大暴雨情况如下：睢县站出现大暴雨和特大暴雨 26 次，其中大暴雨 25 次，特大暴雨 1 次，最大日降水量 302.5 毫米，出现

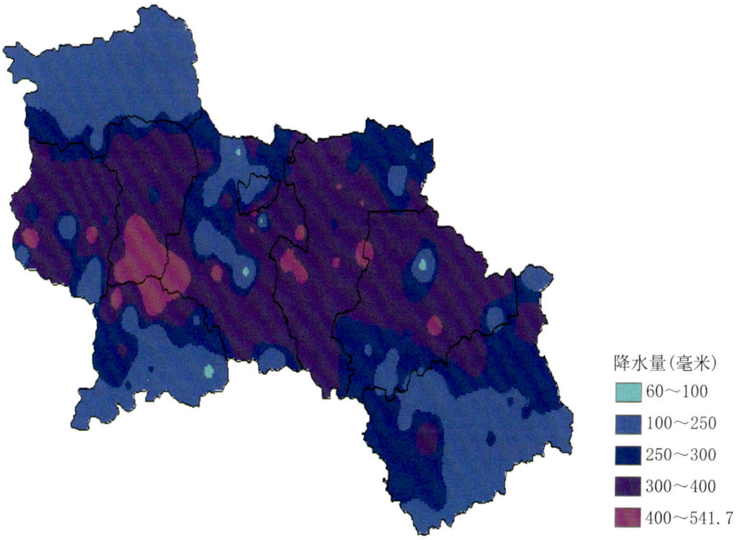

图 4.7　2018 年 8 月 17 日 20 时至 19 日 20 时商丘降水量分布

在 2018 年 8 月 18 日。民权站出现大暴雨和特大暴雨 32 次，其中大暴雨 31 次，特大暴雨 1 次，最大日降水量 253.7 毫米，出现在 1963 年 5 月 19 日。商丘站出现大暴雨和特大暴雨 24 次，其中大暴雨 23 次，特大暴雨 1 次，最大日降水量 363.6 毫米，出现在 2018 年 8 月 18 日。虞城站出现大暴雨和特大暴雨 22 次，其中大暴雨 21 次，特大暴雨 1 次，最大日降水量 288.9 毫米，出现在 2018 年 8 月 18 日。柘城站出现大暴雨 27 次，无特大暴雨，最大日降水量 238.4 毫米，出现在 2018 年 8 月 18 日。宁陵站出现大暴雨和特大暴雨 19 次，其中大暴雨 18 次，特大暴雨 1 次，最大日降水量 332.1 毫米，出现在 2018 年 8 月 18 日。夏邑站出现大暴雨和特大暴雨 34 次，其中大暴雨 33 次，特大暴雨 1 次，最大日降水量 355.2 毫米，出现在 2018 年 8 月 18 日。永城站出现大暴雨 29 次，无特大暴雨，最大日降水量 239.7 毫米，出现在 1997 年 7 月 17 日。

六、暴雨的利与害

暴雨的利处：干旱季节，一场暴雨能缓解旱情或解除旱情，能有效补充土壤水分，有利于农作物生长发育，有利于水库蓄水，能够减少空气中的灰尘，净化空气，提高空气质量，可以补充地下水，可以补充河流水量，减少水污染。

暴雨的主要危害：暴雨是商丘的主要气象灾害之一，其危害主要包括农田渍涝和城市内涝。暴雨天气出现时，多伴随雷电和大风，常导致内涝渍水，毁坏庄稼、建筑、物资，人畜伤亡、作物歉收或绝收，交通与通信受阻等。暴雨可直接致灾，也易诱发次生灾害。暴雨洪涝灾害涉及工农业生产、交通、通信、建筑设施、城市运行、民众日常生活、生态环境等各方面。

例如 2018 年 8 月 18—19 日，第 18 号台风“温比亚”影响商丘地区并造成大暴雨和特大暴雨。此次台风暴雨灾害共造成全市 161 个乡镇、办事处不同程度受灾，商丘市城区及所属 6 县 1 市 2 区全部发生内涝(图 4.8)，公路桥梁损坏、火车停运延时、电网线路中断、车辆泡水等灾害发生普遍，商丘受灾人口 75 万人，因灾死亡 2 人，玉米、大豆、辣椒、蔬菜、果树、水产养殖等不同程度受灾，经济损失 11.2 亿元，农业经济损失 6.6 亿元。

图 4.8 "温比亚"暴雨造成商丘城市积水
（图片由商丘市气象局提供）

第三节 寒 潮

一、寒潮的标准

寒潮天气过程是一种大规模的强冷空气活动过程，其主要特点是剧烈降温和大风，如果水汽条件适宜时，会伴随雨、雪、冻雨等天气。每年都会有多次冷空气影响我国，只有当强冷空气的影响造成一定幅度的降温时，才称为寒潮，否则称为一次冷空气活动。根据河南省天气气候特征和《气象标准汇编》，河南省寒潮标准定为：

(1)24 小时日平均气温下降 8 ℃及以上，且最低气温≤4 ℃；

(2)48 小时日平均气温下降 10 ℃及以上，且最低气温≤4 ℃；

(3)24 小时内日最低气温降温幅度为 8 ℃及以上，且最低气温≤4 ℃；

(4)48 小时内日最低气温降温幅度为 10 ℃及以上，且最低气温≤4 ℃。

满足上述 4 条中任一条定义为一次寒潮天气过程。

二、寒潮的时空分布

(一)地域分布特征

据商丘 8 个气象观测站(商丘站、虞城站、夏邑站、永城站、民权站、睢县站、宁陵站、柘城站)1960—2019 年观测资料分析，60 年来商丘 24 小时寒潮日数为 16～19 天，出现寒潮最少的站为永城站和虞城站(16 天)，次少站为睢县站(17 天)，最多的站为民权站和柘城站(19 天)，次多站为商丘站和夏邑站(18 天)。48 小时寒潮日数最少站为睢县站(30 天)，出现最多站为柘城站(38 天)，次多站为永城站(35 天)。从寒潮日数的分布区域来看，24 小时和 48 小时均有一致性特征，寒潮日数相差较小，24 小时为 3 天，48 小时为 8 天。由地理分布可知，对于一次较强的寒潮过程而言，商丘大部分区域均会达到寒潮标准。

寒潮的地域分布特征与商丘的地理位置和地形有关，商丘地处豫东平原，冬季影响商丘的冷空气不管其路径如何，在入侵商丘后均可长驱直入，而后南下，因而同一次冷空气活动在本地造成的降温程度基本相同，达到寒潮标准的次数差别不大。

（二）时间分布特征

商丘的寒潮天气出现于每年的 10 月到次年的 4 月，以秋季和冬末春初为多发期，最早出现于 10 月下旬（1974 年 10 月 21—22 日，商丘有 6 个站出现寒潮），最晚出现于 4 月下旬（1993 年 4 月 23—25 日，全市均出现寒潮）。

从寒潮出现的月分布特征来看（图 4.9），3 月和 11 月是一年中最易出现寒潮的月份，出现次多的月份为 2 月、4 月和 12 月，10 月及隆冬季节（1 月）也可出现寒潮天气，但出现频率远远小于初春和秋季。

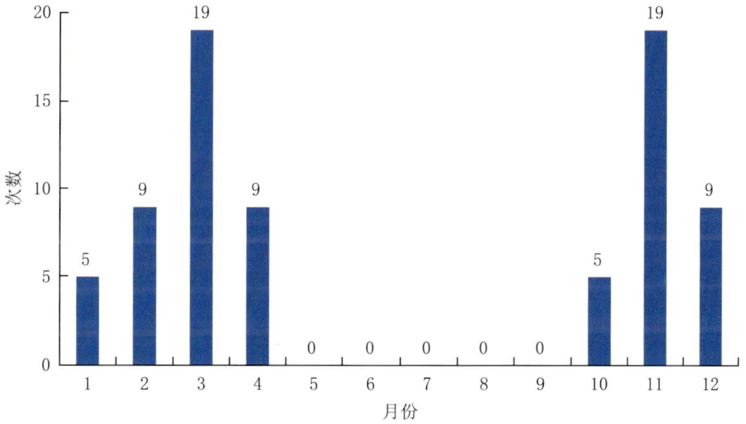

图 4.9　1961—2019 年商丘逐月寒潮过程次数月分布

就寒潮出现的季节而言，春季出现最多，占全年总次数的 39%，冬季次之（尤其是冬末）占 38%，秋季则有 23%。

商丘寒潮活动的季节性特点与季风气候及相应的天气系统的活动有关。10 月正值中秋，是夏季风向冬季风的过渡季节，冷空气活动虽然时有发生，但出现次数较少，达到寒潮标准的机会不多，因而是寒潮活动次数最少的月份；进入 11 月以后，冬季风已占据优势，冷空气活动频繁，加之前期气温相对较高，冷空气入侵后降温幅度较大，达到寒潮标准的次数也逐渐增多；12 月和 1 月平均气温已较低，虽然冷空气活动频繁，但达到寒潮标准的并不是最多；3 月是冬季风向夏季风的过渡季节，夏季风开始变强，气温明显回升，但冷空气此时仍不时南下入侵商丘，导致大幅度降温，故 3 月是寒潮活动最频繁的月份。4 月夏季风已占据主导地位，因而寒潮活动的次数大大减少。

从寒潮的年分布来看，平均每年为 3.2 次，但各年寒潮出现的次数有较大差异，出现寒潮最多的年份为 1978 年、1979 年和 1987 年，从年代际变化来看，20 世纪 70 年代末和 80 年代末为寒潮多发期，20 世纪 70 年代中期和 80 年代初期则为寒潮少发期，进入 20 世纪 90 年代以来，寒潮天气出现频率趋于平稳，在多年平均频率以下振荡。

三、影响商丘的寒潮冷空气源地及路径

朱乾根等(2007)编写的《天气学原理和方法》一书,明确阐述了影响我国寒潮的冷空气源地有3个:(1)新地岛以东洋面(60°～100°E、70°N以北区域)。来自这个源地并影响我国的冷空气次数最少,但气温较低,能够达到寒潮强度的占该源地冷空气总数的比例最大。(2)新地岛以西洋面(约为60°E以西、70°N以北的区域)。来自这个源地并影响我国的冷空气次数最多,达到寒潮强度的次数也最多。(3)冰岛以南的洋面。来自这个源地的冷空气次数介于上述二者之间,但由于它的气温较其他源地的冷空气气温高,能够达到寒潮强度的比例较小,但在东移过程中与其他源地冷空气汇合后可达到寒潮强度。

来自高纬度的3个源地的冷空气在入侵我国前有95%的冷空气要在西伯利亚中部(70°～90°E、43°～65°N)地区累积加强,该区域称为寒潮的关键区(图4.10斜线区),冷空气从源地进入寒潮关键区有3条路径:Ⅰ.西北路径、Ⅱ.超极地路径、Ⅲ.西路路径;冷空气经过关键区后取4条路径影响河南:西路、中路、东路、东路加西路。西路是指强冷空气经新疆沿河西走廊向东南方向移动侵入商丘,其特点是商丘有西北大风,中部地区风力较大,一般情况下无降水,降温持续时间短;中路指强冷空气从河套地区(105°～115°E)向东南移动影响商丘。商丘出现北—东北大风,降温明显,若高原有南支槽活动,则可产生雨雪天气;东路指强冷空气从蒙古国移到我国华北、东北地区南部,主力东移,一部分冷空气从115°E以东向偏南方向移动影响商丘。商丘出现东北大风,气温低,多降水天气,降温持续时间长;东路加西路指东路冷空气从华北南下,西路冷空气从河西东移,形成两路夹攻形势,常在黄河至长江之间汇合。这路冷空气入侵商丘前常在河套形成锢囚锋,导致商丘出现较大强度的雨雪天气或冻雨,并伴有大风和明显降温。

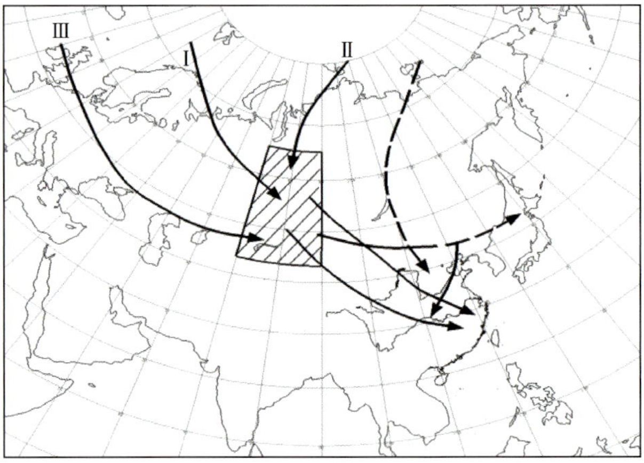

图4.10　冷空气源地(Ⅰ西北路径、Ⅱ超极地路径、Ⅲ西路路径)与寒潮关键区(斜线区)和路径(箭头),虚线为次要路径(引自河南省气象局,2010)

四、寒潮的天气特征

寒潮天气系统指能够指示寒潮发生的天气系统。主要有极涡、极地高压、寒潮地面高压与寒潮冷锋等。

（一）寒潮天气分类

朱乾根等（2007）《天气学原理和方法》一书中将寒潮天气的中期过程分为三大类，即倒“Ω”流型、极涡偏心型、大型槽脊东移型。其中最主要的一类是倒“Ω”流型，该流型演变特点可分为3个阶段，即初始阶段、酝酿阶段、爆发阶段。初始阶段常常是太平洋东部阿拉斯加暖高压脊与大西洋暖高压脊向极地发展（有时打通），挟持一个极涡形成大倒“Ω”流型（图4.11）；当大倒“Ω”流型向亚洲地区收缩，形成东亚地区倒“Ω”流型时，极涡底部有一支强西风伴随一支强锋区，锋区上常有长波槽发展或横槽缓慢南压，酝酿强冷空气（酝酿阶段），当低槽发展或横槽南压（转竖）引导强冷空气侵入我国时，即产生寒潮（爆发阶段）。全国性寒潮中有70%～80%属于倒“Ω”流型。

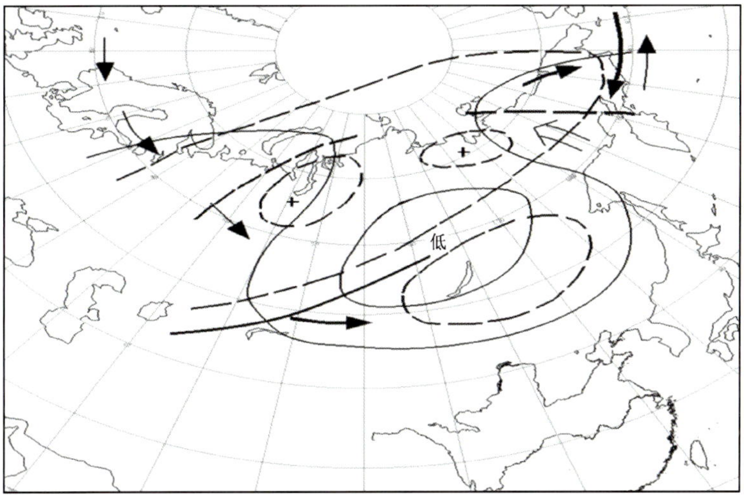

图4.11 倒“Ω”流型寒潮中期天气过程示意图

（实线为等高线，虚线为等变高线，＋、－为正、负变高中心，粗矢线和空心矢线分别为冷、暖平流，细矢线为脊线移动方向）

朱乾根等（2007）《天气学原理与方法》中将寒潮的短期过程分为3种类型：小槽东移发展型、低槽东移型、横槽转竖型。在实际业务工作中，各类寒潮天气过程并非完全按照3种类型各阶段发展，往往是一次寒潮天气过程，会同时出现两种上述类型的发展演变特征，有的寒潮过程则很难将其明确归属于3类中的任何一类，因此，不能生搬硬套，应根据实际情况作具体分析。根据近10年寒潮个例分析，并参《河南省天气预报技术手册》（河南省气象局，2010），以500百帕高度场和温度场为主要参考依据将商丘寒潮短期过程划分为3种类型：横槽型、槽脊移动型、平直环流型。

（二）寒潮的划分标准

1. 横槽型

500百帕图上，东亚环流呈倒“Ω”流型，亚欧环流多呈两槽一脊型，有时也可呈一槽一脊型，横槽位于贝加尔湖到西西伯利亚地区或略偏东，呈东西向，槽前后为偏北风或东北东风风向方位角（340°～20°）与偏西风（300°～250°）的切变，与横槽相伴的低涡中有－44 ℃（或中心温度更低）的冷中心，乌拉尔山或以东及贝加尔湖地区为东北—西南向的长波脊，常有一个阻塞高压，中纬度环流较平直。冷空气常取超极地路径，先在贝加尔湖地区聚积，而后向南爆发。

根据冷空气向南爆发的形式不同又将该类型分为 3 个副型：横槽转竖型、横槽旋转南下型和横槽断裂型。

横槽转竖型特点：过程开始前 500 百帕上，贝加尔湖到西西伯利亚一带有东西向横槽，横槽西北方有一长波脊（有时伴有阻高），极涡南掉至东亚地区北部，极涡有 −44 ℃冷中心配合，横槽前后温度平流不明显，冷空气在贝加尔湖附近积聚（图 4.12(a)）。当 500 百帕乌拉尔山附近的长波脊或阻高发生崩溃或不连续后退时，东西向横槽转为南北向竖槽，引导冷空气快速南下，寒潮爆发。该竖槽东移形成新的东亚大槽，亚洲地区上空环流呈经向型（图 4.12(b)）。

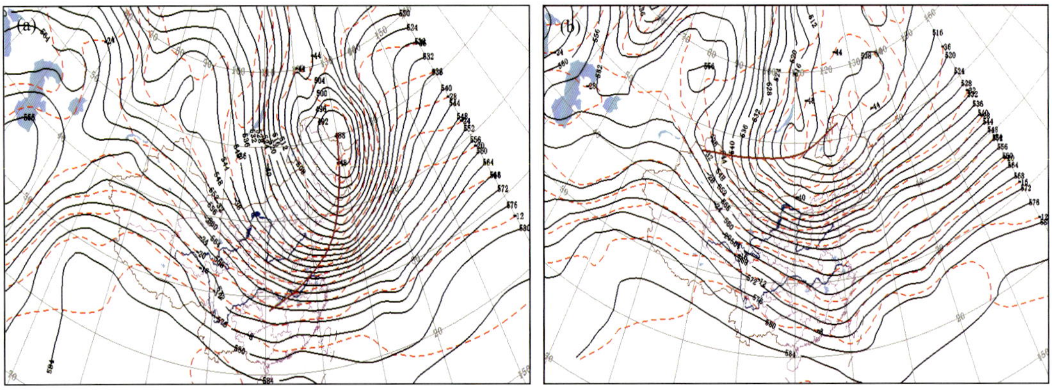

图 4.12 (a)横槽转竖型初始场（2009 年 1 月 22 日 08 时 500 百帕高度（实线）和温度（虚线））；
(b)横槽转竖型寒潮爆发时流场（2009 年 1 月 22 日 08 时 500 百帕高度（实线）和温度（虚线））
（引自河南省气象局，2010）

横槽旋转南下型特点：该型初始场与横槽转竖型类似，500 百帕东欧或乌拉尔山地区有一长波脊（或阻高），亚洲北部到贝加尔湖为一东西向低压带，低压后部有一东西向横槽，亚洲中高纬度环流为纬向型（图 4.13(a)），在演变过程中，长波脊或阻高维持，随着低压中心的移动，横槽也随着旋转南下，导致锋区缓慢南压，过程结束时，东西向的低压带常旋转为南北向的低压带，低槽也由东西向横槽旋转为东北—西南向或南北向低槽（图 4.13(b)），这种类型的寒潮常常初期冷空气或高空锋区很强，但由于南压缓慢，常达不到寒潮降温标准，但若有南支小槽与旋转下来的低槽同位相叠加，也会造成大范围强降温天气。该类寒潮爆发时，低涡位置较偏南，亚洲中纬度环流仍呈纬向型。

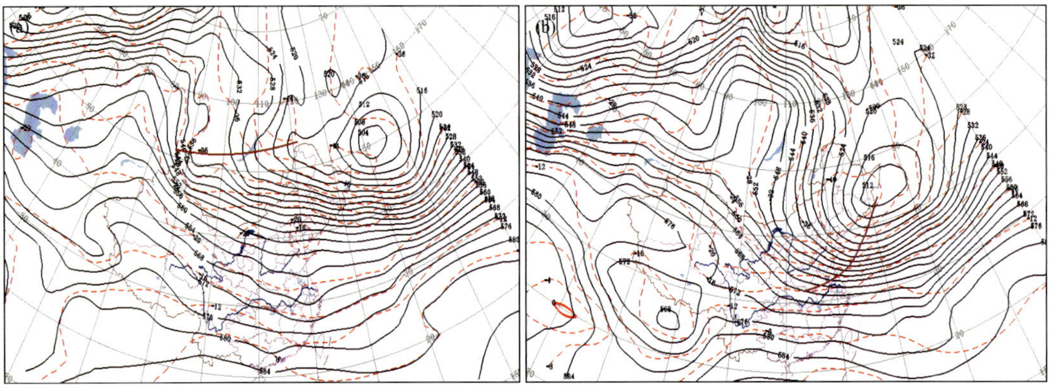

图 4.13 (a)初始场（2005 年 3 月 9 日 08 时 500 百帕高度和温度场）；
(b)爆发场（2005 年 3 月 12 日 08 时 500 百帕高度和温度场）（引自河南省气象局，2010）

横槽断裂型特点：该型初始阶段500百帕上，亚洲北部到贝加尔湖为一东西向低压带，低压后部有一东西向横槽，低压带中常有东、西两个冷中心(图4.14(a))，中心温度低于−44 ℃，由于长波脊或阻高维持，横槽西段仍维持，东段随低涡移动旋转南下，引导冷空气南压，爆发寒潮(图4.14(b))。该型过程之始终，亚洲上空环流形势变化不大，一般维持稳定纬向型环流。

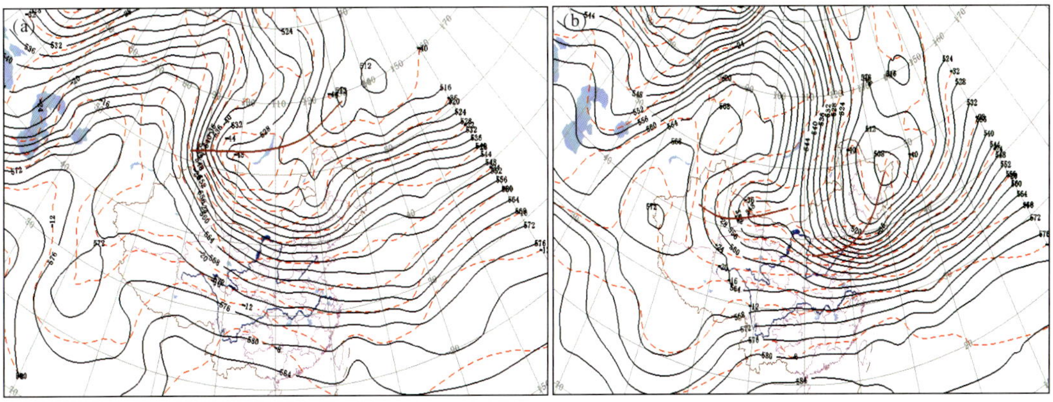

图4.14　(a)初始场(2006年3月10日08时500百帕高度和温度场)；
(b)爆发场(2006年3月12日08时500百帕高度和温度场)(引自河南省气象局，2010)

2. 槽脊移动型

该型欧亚上空无阻塞系统，环流呈两槽一脊或一槽一脊，亚洲地区上空环流经向度较大，槽和脊相伴东移，低槽多为竖槽，当低槽移到新疆北部时明显发展，引导冷空气东移南下影响商丘，东移的低槽最后成为东亚大槽，该型寒潮冷空气多取西路影响商丘。该型又可细分为两种副型：小槽东移发展型和低槽东移型。

小槽东移发展型特点：不稳定小槽先在新地岛或西欧一带生成(图4.15(a))，60°N以北，81°E附近的小槽)，由于温度槽落后于高度槽且槽呈疏散，因此该小槽在东移过程中获得发展(图4.15(b))，巴尔喀什湖北部的低槽)，同时亚洲西部的长波脊得以发展或建立，最后小槽发展为东亚大槽，引导冷空气南下爆发寒潮。该型乌山高脊发展后，东移的低槽在移至贝加尔湖或以东时有时会形成横槽。

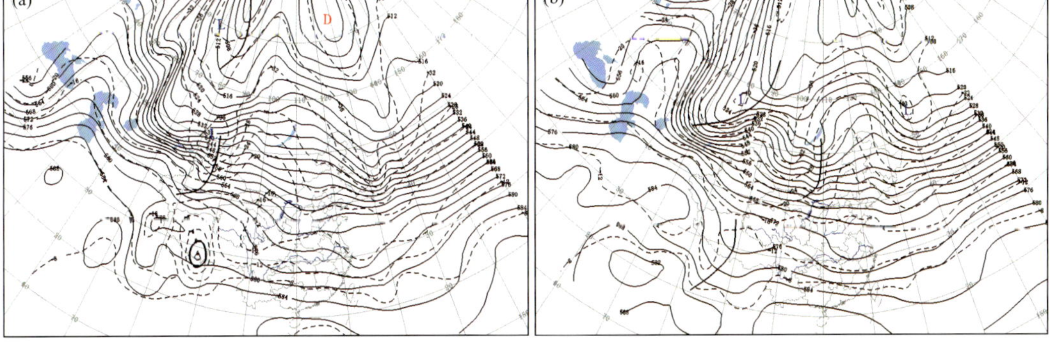

图4.15　(a)2001年4月5日20时500百帕高度和温度场；
(b)2001年4月6日20时500百帕高度和温度场(引自河南省气象局，2010)

低槽东移型特点：欧亚大陆上空无阻塞系统，无横槽，低槽多为竖槽，槽脊相伴东移(图4.16(a))，低槽在东移过程中强度变化不大，乌拉尔山高脊在东移过程中减弱，其后部的低槽移至新疆时会有明显发展，随着低槽的发展，乌拉尔山至贝加尔湖高脊重建，使得已东移至贝加尔湖东部的低槽明显加深(图4.16(b))，引导冷空气南下影响商丘。

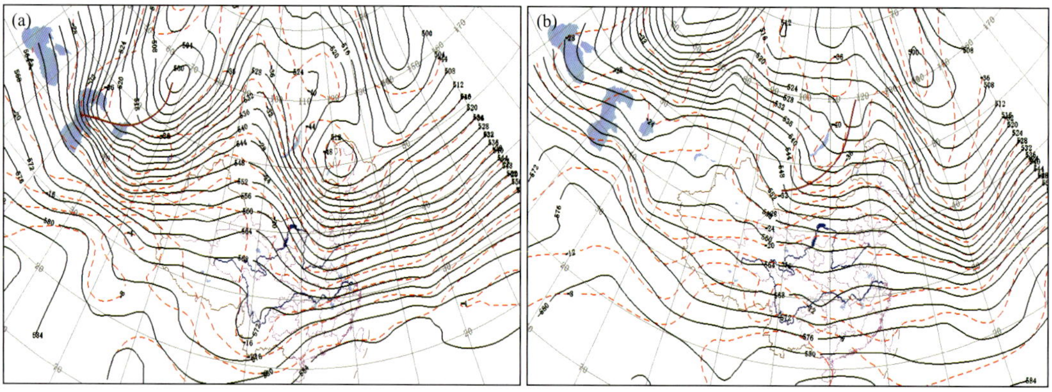

图4.16 (a)2008年2月22日08时500百帕高度和温度场；
(b)2008年2月24日20时500百帕高度和温度场
(引自河南省气象局，2010)

3. 平直环流型

亚欧500百帕上空为稳定的纬向环流型，特别是中纬度地区，环流平直，高空锋区呈东西向，在平直环流形势下，有一个个小槽东移，其槽后携带的冷空气使得锋区缓慢南压。该型由于锋区南压缓慢，降温属缓降，一般难以达到寒潮强度，但如果有北支槽与高原槽叠加，则会使冷空气加速向南爆发，形成寒潮。

4. 各型寒潮的异同点

寒潮天气过程的实质是强冷空气向南侵袭商丘的过程，无论是哪型寒潮，其共同特点是首先要有冷空气的积聚，冷空气在高空图上表现为一个冷中心或冷舌。根据商丘近10年寒潮个例分析总结，影响商丘的寒潮天气强冷空气中心在隆冬季节(上年12月至本年2月)，500百帕上冷中心一般≤−44 ℃，700百帕上一般≤−32 ℃，850百帕上一般≤−24 ℃，10—11月和3—5月冷中心强度可较隆冬季节略高(高出的幅度在4 ℃左右)，相应地地面上有冷高压活动，一般隆冬季节地面冷高压中心强度可达1060百帕及以上，而3—5月和10—11月地面冷高压中心强度也可达1045百帕及以上；地面冷高压前有寒潮冷锋，当冷锋南下影响商丘时，会给商丘市带来气压骤升、大幅降温和大风等天气，如果条件适宜，也可出现降水。

各型寒潮天气过程的不同点在于：(1)冷空气的源地不同，有的来自欧亚大陆北面的寒冷洋面，有的来自欧亚大陆，影响商丘的寒潮冷空气源地多来自新地岛以西的寒冷洋面；(2)冷空气经关键区继续南下影响商丘的路径不同，一般有西路、中路、东路、东路加西路4条路径，以中路冷空气路径最多，东路次之，西路冷空气影响达寒潮次数相对较少；(3)冷空气南下影响商丘的方式不同，分为冷高压主体南下、分裂南下、补充或扩散南下等几种方式，其中主体南下的次数较其他几种形式要少；(4)引导寒潮爆发的流场不同；(5)寒潮强度和影响范围不同。

五、寒潮灾害

就商丘而言，寒潮主要伴随的天气现象有强降温、大风、雨、雪、霜冻、冻雨等。剧烈降温由地面强大冷高压和高空强冷平流共同作用形成；大风由强大冷高压前较强的气压梯度（或气压差加大）与高空风的动量下传作用形成，并时常带来沙尘。当冷空气影响时有暖湿气流和上升运动配合就会出现雨雪天气；霜冻由强冷空气影响后地面气温降至 0 ℃以下产生；而当中层（700 百帕附近）存在一定厚度的暖层（即气温高于 0 ℃），暖层以下有气温低于 0 ℃的冷层时，有可能出现冻雨天气。

寒潮伴随的强降雪或强降温天气常给人、畜、农作物、蔬菜等造成冻害，甚至牲畜冻死，作物、蔬菜减产绝收等，在秋末春末还会造成早霜冻和晚霜冻，危害农作物；其伴随的强降雪会导致路面积雪、积冰（图 4.17），对海、陆、空交通造成重大影响；大风天气可刮倒树木或庄稼，吹落城市广告牌等高空悬挂物，对人身安全造成威胁；春秋季节，大风还常引起浮尘、扬沙、沙尘暴等灾害天气；冻雨可造成电线结冰致使电力和通信中断。

图 4.17　寒潮伴随的强降雪天气
（图片由商丘市气象局提供）

第四节　雷暴（大风）

一、雷暴的概念及形成原理

（一）雷暴的概念

雷暴是伴有雷击和闪电的局地对流性天气。它产生在强烈发展的积雨云中，伴有强烈的雷雨大风或暴雨，有时伴有冰雹和龙卷。

雷暴常出现于春夏之交或炎热的夏天，大气中的层结处于不稳定时容易产生强烈的对流，云与云、云与地面之间电位差达到一定程度后就要发生放电，有时雷声隆隆、耀眼的闪电划破天空，常伴有大风、阵性降雨或冰雹，雷暴天气总是与发展强盛的积雨云联系在一起。在天气预报中，人们常说的雷雨大风等强对流天气，就是指伴有大风或冰雹的这种雷暴天气。

由于雷暴的发生发展与积雨云联系在一起，从雷暴云的出现到消失，它有很强的局地性和突发性，水平范围只有几公里或十几公里，在时间尺度上也仅有 2～3 小时，因此，这种中小尺度天气系统在预报上有一定的难度。

雷暴的生命周期有 3 个阶段，分别是积云阶段、成熟阶段及消亡阶段。

积云阶段：云较四周的空气暖和，因此云内部的空气加速向上升，并很快升到温度远低于凝点的高度。所以四周大量的小水点、冰晶或雪片向云内汇聚，这时只有不断增强的上升气流而没有下降气流。

成熟阶段:积雨云变得越来越大,甚至会进入平流层。不过水滴及冰晶会因为过重,使上升气流并不能承托其重量而开始落下,其表面所产生的摩擦会带动四周的空气向下沉,并逐步增强下坠力从而产生下降气流,乱流中的水滴、冰晶互相摩擦,产生电压,放电时会产生闪电和雷声。这时便出现滂沱大雨并且伴有雷电或上升下降乱流,而若下降气流极强则可能会降雪或冰雹。而由高空下降的冷气流在达到地面时会水平展开,这时会产生猛烈阵风。

消亡阶段:上升气流逐渐消失,这是雷暴主要受到已变弱的下降气流影响,云里大部分的水点被释出,已无力再降雨,而雷暴亦逐渐消失。

雷暴共分为3种,分别为单体雷暴、多单体雷暴及超级单体雷暴。

单体雷暴:是在大气不稳定,但只有少量甚至没有风切变时发生。这些雷暴通常较为短暂,不会持续超过1个小时。在平日亦有很多机会看到这种雷暴,因此亦被称为阵雷。

多单体雷暴:由多个单体雷暴所组成,是单体雷暴进一步发展而成的。这时会因为气流的流动而形成阵风带,这个阵风带可以延绵数里,如果风速加快、大气压力加大及温度下降,这个阵风带会越来越大,并且吹袭更大的区域。

超级单体雷暴:是在风切变极大时发生的,并由各种不同程度的雷暴组成。这种雷暴的破坏力最大,并且有30%可能性会产生龙卷风。

根据雷暴形成时不同的大气条件和地形条件,一般将雷暴分为热雷暴、锋雷暴和地形雷暴三大类。此外,也有人把冬季发生的雷暴划为一类,称为冬季雷暴。

(二)雷暴的形成原理

雷暴形成的3个要素:不稳定层结、水汽条件和抬升触发。大气中需要有大量的不稳定能量存储,而阻挡层的破坏需要地面加热和有组织的垂直运动。雷暴的发展要求低层有足够的水汽供应。雷暴常形成于低层有湿舌或强水汽辐合的地区。雷暴多数由中尺度系统的上升运动触发:边界层辐合线、中尺度地形、重力波等。抬升条件有热力条件:自由对流或热力对流;动力条件:地形抬升和锋面抬升。系统性的上升运动:槽线、切变线、低压、低涡。

形成雷暴的积雨云发展旺盛,云的上部常有冰晶。冰晶的凇附、水滴的破碎以及空气对流等过程,使云中产生电荷。云中电荷的分布很复杂,但总的说来,云的上部以正电荷为主,云的中、下部以负电荷为主,云的下部前方的强烈上升气流中还有一范围小的正电区。因此,云的上、下之间形成一个电位差,当电位差大到一定程度后,就产生放电,这就是平常所见的闪电现象。放电过程中,闪道中的温度骤增,使空气体积急剧膨胀,从而产生冲击波,导致强烈的雷鸣。当云层很低时,有时可形成云地间放电,这就是雷击。因此,雷暴是大气不稳定状况的产物,是积雨云及其伴生的各种强烈天气的总称。雷暴的持续时间一般较短,单个雷暴的生命史一般不超过2个小时,多出现在夏季和秋季,冬季偶有出现。雷暴出现的时间多在下午。

二、雷暴的天气特征

雷暴天气是夏季常见的天气现象。它是由对流旺盛的积雨云所产生,由于积雨云的强烈发展,常伴有闪电、雷鸣、暴雨、大风,有时还会出现冰雹、龙卷风和下击暴流等灾害性天气。

通常在天气预报和对外服务工作中,人们习惯把只伴有雷声、闪电或(和)阵雨的雷暴称为“一般雷暴”或“弱雷暴”,而把伴有暴雨、大风、冰雹、龙卷风等严重的自然灾害性天气现象的雷暴称为“强雷暴”。

一般雷暴强度低，维持时间较短，多为几分钟到1个小时，但出现次数较多；强雷暴强度高，维持时间长，一般为几十分钟到几小时，个别可间歇维持数小时到几天（如冷涡雷暴）。一般雷暴和强雷暴都是对流旺盛的天气系统，它们所产生的天气现象统称为对流性天气。

三、雷暴的时空分布

根据商丘站观测资料统计表明：商丘雷暴初期平均出现在4月，终期在9月。初期最早的是2000年，初雷出现在1月，终期最晚的是1992年和2003年，均出现在11月。

通过资料分析：商丘各站50年间雷暴发生101～300次，雷暴大都盛行在夏季的6—8月，但雷暴日数在不同的年份里差别很大。1964年和1995年为两个高峰期，1989年为发生最少年份。

商丘雷暴初期一般在3月，各月出现的雷暴日数相差很大。盛行期在夏季6—8月，尤以7月发生最为频繁，8月为次多月份，6月为第三多月份，其他月份雷暴发生较少，11月和12月几乎无雷暴发生。

雷暴活动有很强的季节性，主要集中在夏季。一年中，夏季最多，冬季最少。雷暴出现的开始月份一般从南往北、由东往西逐渐推迟，而终止月份大多在9月和10月，与我国冬夏季风进退的季节性变化基本一致。

四、雷暴对人们生产生活的影响

雷暴是大气中的放电现象，一般伴有阵雨、暴雨、大风或冰雹等强对流天气。强雷暴是一种灾害性天气，雷电会引起雷击火险（图4.18），伴随的大风刮倒房屋，拔起大树。冰雹可砸坏果木、蔬菜等农作物，甚至造成秸秆无叶无花无果颗粒无收。局地暴雨还会引起山洪、泥石流等地质灾害，有时洪水很可能冲毁桥梁、道路等。每年夏季雷暴频繁，气象部门提醒市民要多关注气象台站发布的最新天气预报和雷电预警信息，及时做好雷雨、大风、冰雹等强对流天气的防御工作，尽量减少气象灾害造成的损失。

图4.18　划破城市上空的雷电

（图片由商丘市气象局提供）

第五节　连阴雨

一、连阴雨的标准及成因

姚学祥(2011)编写的《天气预报技术与方法》一书对连阴雨标准及成因作了系统的描述，即连阴雨是指连续≥5 天下雨(允许其中 1 天阴天无雨)且过程雨量≥30 毫米。连阴雨过程一般范围比较大，因而不是单对某一站而言的，而是从区域性考虑的。在气候诊断与分析中，由于连阴雨常伴随低温，在连阴雨标准中也考虑了日平均气温，如果连续≥3 天日平均气温≤12 ℃，称为低温连阴雨。

商丘的春季连阴雨发生在从冬季向夏季的过渡时段，而秋季连阴雨则发生在从夏季向冬季的过渡时段，其共同之处都是处于季节过渡时段，环流形势相对稳定，而副热带高压的强度适当，使得雨带稳定维持在黄淮地区。

这种形势主要分两大类：

阻塞型：中高纬度主要有乌拉尔山阻塞型、贝加尔湖阻塞型或双阻型，而东亚中低纬度往往环流平直，锋区稳定，导致雨带长期稳定。

环流平直型：欧亚中高纬度虽然无明显阻塞系统，但沿海低槽减弱偏北，南支锋区强而稳定，暖湿气流活跃，并不断有短波槽东移影响黄淮地区，造成长时间连阴雨。

上述两种环流形势下，低空常有江淮切变线，地面也有静止锋相配合。当环流形势破坏，切变线和静止锋就会南压或减弱，阴雨天气也将随之结束。

二、连阴雨出现区域和时间分布

就商丘而言，各县市都出现过连阴雨天气，总体上南多北少，秋季连阴雨多于春季连阴雨。

春季连阴雨(3—5 月)。春季连阴雨以清明前后发生频率最高，≥5 天连阴雨的频率平均 2 年一遇，≥7 天连阴雨的频率平均 5 年一遇，较长时间的连阴雨比较少，持续 10 天以上的频率大约 10 年一遇，12 天以上的连阴雨极为少见。在 1964 年 4 月 12—23 日出现过持续 12 天的连阴雨天气。

秋季连阴雨(9—10 月)。秋季连阴雨发生的频率多于春季连阴雨，≥7 天连阴雨的频率两三年一遇。但与春季连阴雨相比较，秋季连阴雨频率则多 1 倍以上，商丘大部分站都可以出现 12 天以上的秋季长连阴雨。1985 年 10 月 9—20 日的连阴雨维持 12 天。

最长连续降水日数。自商丘各站有气象记录以来统计到 2018 年(表 4.10)，永城站最长连续降水日数为 14 天，出现 2 次，一次为 1964 年 9 月 7—20 日，降水量为 153.5 毫米，另一次为 1965 年 7 月 5—18 日，降水量为 443.4 毫米。其次为民权站最长连续降水日数最多为 13 天，出现 1 次，时间为 1964 年 8 月 28 日至 9 月 9 日，降水量为 166.2 毫米。其他各县最长连续降水日数均为 12 天，睢县站出现 2 次，商丘站 1 次，虞城站 3 次，柘城站 4 次，宁站陵 2 次，夏邑站 3 次。

表 4.10 商丘各站降水最长连续日数

站点	实际起年	实际止年	最长连续日数(天)	开始日期	终止日期	总量值(毫米)	平均值(毫米)
睢县	1959	2018	12	1979-09-12	1979-09-23	117.6	9.8
			12	1985-10-09	1985-10-20	54.9	4.6
民权	1955	2018	13	1964-08-28	1964-09-09	166.2	12.8
商丘	1953	2018	12	1964-07-24	1964-08-04	126.4	10.5
虞城	1959	2018	12	1964-04-11	1964-04-22	102.2	8.5
			12	1972-06-25	1972-07-06	91.0	7.6
			12	1985-10-09	1985-10-20	65.5	5.5
柘城	1956	2018	12	1985-10-09	1985-10-20	88.7	7.4
			12	2003-07-11	2003-07-22	131.1	10.9
			12	2003-08-24	2003-09-04	222.9	18.6
			12	2011-09-04	2011-09-15	92.7	7.7
			12	2014-09-07	2014-09-18	145.7	12.1
宁陵	1963	2018	12	1964-04-12	1964-04-23	84.6	7.0
			12	1985-10-09	1985-10-20	49.9	4.2
夏邑	1958	2018	12	1963-07-29	1963-08-09	294.6	24.6
			12	1973-07-08	1973-07-19	143.6	12.0
			12	1985-10-09	1985-10-20	105.6	8.8
永城	1956	2018	14	1964-09-07	1964-09-20	153.5	11.0
			14	1965-07-05	1965-07-18	443.4	31.7

三、连阴雨的危害

连阴雨天气对人们的生产生活会造成很大危害。连阴雨影响居民出行，下雨时气压较低，空气潮湿，到处湿淋淋，使人不舒服。雨天道路泥泞不堪，经常弄脏衣服。阴雨天影响出游或外出办事，许多露天作业都无法进行，耽误工程进度。

阴雨闷热潮湿环境下食物易发霉变质，吃后可直接间接引起中毒，出现上吐下泻等症状。食用被黄曲霉毒素污染的食物还可致肝癌、胃癌等。连阴雨还可引起粮食、饲料、食品、衣服、药材、书籍、纸张等物品的霉变，造成较大的经济损失。

持续的连阴雨可以造成农田积水(图 4.19)，初春季节容易造成低温冷害，对农业生产造成不良影响。由于出现连阴雨，作物长时间缺少光照，植株体光合作用削弱，加之土壤和空气长期潮湿，造成作物生理机能失调、感染病害，导致生长发育不良；作物结实阶段的连阴雨会导致籽实发芽、霉变，使农作物产量和质量遭受严重影响。连阴雨灾害发生程度的年际间差异较大，常导致洪涝、寡照、低温、湿、渍等灾害。同时，连阴雨易诱发喜温、喜湿的作物病虫害发生发展。

例如，2017 年 9 月 24—28 日、9 月 30 日至 10 月 5 日和 10 月 10—12 日，全市出现 3 次连阴雨天气。9 月 24 日至 10 月 12 日，累计降水日数 14 天，各站总降水量在 96.8(民权站)～

图 4.19 连阴雨致道路积水、农田受淹
（图片由商丘市气象局提供）

145.6（睢县站）毫米，较常年同期偏多 233.8%～350.8%，总日照时数为 16.6（柘城站）～43.0（夏邑站）小时，较常年同期偏少 61.5～91.9 小时。降水持续时间长、水量大，日照时间明显不足，影响已收作物晾晒，部分已收农作物出现霉变发芽，降低籽粒品质及商品价值。

第六节 冰雹

一、冰雹的成因

冰雹天气的形成必须具备 3 个基本条件：(1)大气层结不稳定；(2)低层有充足的水汽；(3)有一定的触发条件。这 3 个条件使不稳定能量释放而产生强烈的对流运动。热力作用及锋面的上升气流、地形抬升作用较强等，对流发展，低层水汽被抬升，水汽凝结释放的潜热又给上升运动增添了能量，容易形成旺盛的积雨云（雹云），这是产生冰雹天气出现的根本原因。

冰雹的形成都与天气系统的影响有关。诸如锋面、低压、冷涡、高空槽、切变线、台风等天气系统，都有利于出现冰雹天气。商丘一般在“华北冷涡”的作用下易出现冰雹天气。有时冰雹是在一次西风低槽引起的降水天气过程之后天气骤晴，商丘仍处于高空槽后强冷平流的控制下，而近地层则迅速回暖，即形成上冷下暖很不稳定的状况，易于产生强烈的对流运动而发生冰雹天气。

二、冰雹的时空分布

商丘各地均可出现冰雹。冰雹的产生、源地和移动路径与天气形势和地形有密切的关系。一般而言，山脉的南坡、迎风坡及地表复杂的辐合地形多出现冰雹。俗话说“雹打一条线”，即冰雹的移动与天气系统、山脉与河流走向有很好的一致性。商丘常见的冰雹移动路径有两个：(1)由新乡—开封—民权—睢县—宁陵—柘城方向；(2)由安阳—濮阳—商丘—虞城—夏邑—永城方向。

冰雹集中于 4—9 月，最早及最晚日期却与之相距甚远。商丘降雹最早在 2 月下旬；最晚终日在 11 月(出现在永城站)。

降冰雹具有明显的日变化，13—18 时降冰雹占 70%，19—22 时降冰雹占 19%，23 时至次日 12 时降冰雹占 8%。

降冰雹持续时间一般多在 5～15 分钟，降冰雹在 5 分钟以内的次数占 21%，5～10 分钟的占 23%，半小时之内的占 93%，少数个例在 1 小时以上，2 小时以上的个例极少见。

一般冰雹个体都较小，其直径 0.5～3.0 厘米，即黄豆至核桃般大小(图 4.20)。但也有罕见记录，1988 年 5 月 2 日 16 时 24 分至 3 日 01 时 15 分，3 次降雹，累计时间达 30 分钟左右，商丘站记录冰雹的最大直径 3.2 厘米，重量 165 克(1 克 = 1/500 斤，下同)，最大如鸡蛋。

图 4.20　冰　雹
(图片由商丘市气象局提供)

三、冰雹灾害

冰雹是一种严重的气象灾害。冰雹虽然出现的范围小，持续时间短，但往往伴随狂风、暴雨、雷电一起出现，致使出现果树、蔬菜、庄稼被损毁，汽车、房屋被砸坏，通信中断，线路倒塌等一系列危害，给农业、电力、通信以及人民财产都会带来严重损失(图 4.21)。就一次降雹过程而言，其危害范围多为宽数百米、长数十以至数百公里的带状区域。

1988 年 5 月 2 日 16 时 24 分至 3 日 01 时 15 分，商丘各县市先后遭到冰雹、大风、暴雨和雷暴袭击。此间，3 次降雹，累计时间达 30 分钟左右，阵风 8 级以上。商丘站记录，冰雹的最大直径 3.2 厘米，重量 165 克，最大如鸡蛋。据当时商丘行署记载，宁陵县上报的资料显示，冰雹最大直径 8 厘米，重 400 克，大如馒头。此次降雹时间之长、范围之大、强度之甚、受灾之重实属历史罕见。

2004 年 7 月 5 日 20 时 30 分至 6 日 02 时，民权县、虞城县、夏邑县、永城市共 24 个乡(镇)又分别遭受龙卷风、冰雹袭击。此次灾害以夏邑县最重，于 6 日 00 时 30 分至 01 时 20 分，夏邑县孔庄乡、火店乡等 12 个乡(镇)遭受龙卷风、冰雹袭击，最大风力约 10 级，最大冰雹直径约 3 厘米，持续 5 分钟。

图 4.21　冰雹造成果木严重受灾
(图片由商丘市气象局提供)

2011 年 6 月 28 日 13 时 50 分至 14 时 20 分，虞城县沙集乡、刘店乡、谷熟镇、店集乡、李老家乡等乡镇的 24 个村遭受风雹袭击，最大风力 7 级，冰雹持续时间约 5 分钟。

第七节　干热风

一、干热风的标准及成因

干热风是指小麦生育后期出现的一种高温、低湿并伴有一定风力的气象灾害。根据河南省干热风天气对小麦的危害程度与气象资料进行平行分析，得出判定指标（表4.11）。

表 4.11　河南省干热风气象标准

干热风	类型	标　　准
干热风日	重型	14 时：气温≥32 ℃，相对湿度≤25％，风速≥3 米/秒
	轻型	14 时：气温≥30 ℃，相对湿度≤30％，风速≥3 米/秒
干热风天气过程	重型	连续出现 2 天以上重干热风或 3 天以上轻干热风
	轻型	连续出现 2 天以上干热风或轻、重干热风各 1 天
干热风年	重型	一年中出现 1 次重干热风过程或轻、重干热风过程各 1 次，或 2 次以上轻干热风过程
	轻型	一年中出现 1～2 次轻干热风过程

干热风形成的主要原因是以该区域的大气干旱为基础。春末夏初，正是北半球太阳直射角最大的季节，同时又是商丘雨季来临前天气晴朗、少雨的时期。在干燥气团的控制下，天晴、干燥、风多，地面增温快（平均最高气温可达 25～30 ℃），凝云致雨的机会少，容易形成干热风。

二、干热风时空分布

干热风出现时段集中在 5 月下旬至 6 月上旬，这时小麦正处于灌浆的中后期，干热风致使灌浆期缩短，千粒重降低，造成减产、品质降低。河南农谚“麦怕四月风，风过一场空”“小满（5 月 21/22 日）不满，麦有一险”都是针对干热风而言的。在这个时候干热风发生频率为 60％～80％，干热风过程一般持续 2～3 天，也有较长时间的，局部地区甚至有长达 9 天的记录。但是随着生产力的发展和生态环境的改善，特别是农田防护林建设规模不断扩大和种植方式改变等，出现干热风的次数及其危害程度等都大大降低。

第八节　飑线和龙卷风

一、飑线、龙卷风的概念

飑线是由许多雷暴单体（其中包括若干超级单体）侧向排列而形成的强对流云带，其水平尺度长、宽几十至上百公里，持续时间几小时至十几小时。飑线在雷达图上特征明显，常显示为一条强回波带，在这一长条区域中，往往伴随有雷暴、大风（或龙卷风）、冰雹等，能量大，破坏力强。

飑线的主要特征是，移动迅速，发生时导致天气要素的急剧变化，风向突然转变、风速突然加大，能达到十几米/秒，瞬时风速甚至可达 40 米/秒，堪比台风的破坏力。同时，气温会急剧下降，有时能下降 10 ℃。

龙卷风是一种强烈的、小范围的空气涡旋，它的尺度很小，一般在 100 米左右，往往是在极不稳定的天气状况下由空气强烈对流运动而产生，其风力可达 12 级以上，最强龙卷的地面风速介于 110～200 米/秒。当龙卷产生时，总有一条直径从几十米到几百米的漏斗状云柱从对流云云底盘旋而下。有的能伸达地面，在地面引起灾害性的风被称为龙卷（图 4.22）；有的未及地面或未在地面产生灾害性风的被称为空中漏斗；有的伸达水面，被称为水龙卷。尘卷风和火龙卷是与龙卷风相近的旋风，但不属于龙卷风范畴。

图 4.22　龙卷风
（图片由商丘市气象局提供）

龙卷风一般伴有雷雨，有时也伴有冰雹，它与一般大风的区别就是路径要小一些。龙卷风的水平范围很小，直径从几米到几百米，最大为 1 公里左右，持续时间一般也仅有几分钟，最长不过几十分钟。大多数龙卷风在北半球是逆时针旋转，在南半球是顺时针。

龙卷风这种自然现象是云层中雷暴的产物，具体地说，龙卷风就是雷暴巨大能量中的一小部分在很小的区域内集中释放的一种形式。

龙卷风的形成可以分为 4 个阶段：

（1）大气的不稳定性产生强烈的上升气流，由于急流中的最大过境气流的影响，它被进一步加强。

（2）由于与在垂直方向上速度和方向均有切变风相互作用，上升气流在对流层的中部开始旋转，形成中尺度气旋。

（3）随着中尺度气旋向地面发展和向上伸展，它本身变细并增强。同时，一个小面积的增强辅合，即初生的龙卷在气旋内部形成，产生气旋的同样过程，形成龙卷核心。

（4）龙卷核心中的旋转与气旋中的不同，它的强度足以使龙卷一直伸展到地面。当发展的涡旋到达地面高度时，地面气压急剧下降，地面风速急剧上升，形成龙卷风。

二、飑线的时间分布

飑线多发生在春、夏季节，秋初时节也时有发生，冬季无飑线事件发生。在积雨云最容易形成的炎热夏季里，最容易产生飑线天气，且在一年中，飑线最早发生月份是 3 月，最迟发生在 10 月，且发生次数最多的在 6 月、7 月和 8 月 3 个月。其中 7 月是年内发生最多的月份，占全年的 29%；6 月为年内次多月份；8 月居年内第三，占全年的 15%。

三、飑线造成的危害

虽然飑线维持的时间不长，但过境时其伴有的雷雨大风等强对流天气，会对人们的生产生活和生命财产造成一定的破坏。

2009年6月3日16时至4日05时，商丘等地遭遇飑线袭击(称为"6.3"飑线)，出现了雷电、短时大风、局地冰雹和短时强降水等强对流天气。据统计，河南省有40多个县市出现雷暴，19个县市出现了17米/秒(7级)以上的短时偏北大风，其中商丘的永城市最大风速达29米/秒(11级)，为1957年有气象记录以来的历史极值。

飑线经过之处，常会发生成排树木被刮倒或拔起大树、掀翻车辆、摧毁建筑物等现象，它往往使成片庄稼、成万株果木瞬间被毁(图4.23)，令交通中断、房屋倒塌、人畜生命和经济遭受损失。

图4.23　6.3飑线摧毁成排树木
(图片由商丘市气象局提供)

第九节　霜　冻

一、霜冻的概念及种类

当近地面的温度降到0℃以下时，空气中的水汽在地面物体上所凝华成的白色冰晶称做霜，亦称为白霜。霜冻则是地面或叶面的温度突然降到农作物生长温度以下时，农作物遭受冻害的现象。温度降到0℃以下，作物细胞之间的水分开始结冰。当冰粒增大时，细胞受到压缩，其内部的水分会被迫向外渗透出来。细胞失掉过多的水分，其内部原来的胶状物将逐渐凝固起来。特别是在严寒霜冻以后，气温又突然回升，细胞渗出来的水分很快变成水汽散失掉而无法复原，导致作物死亡。各种农作物遭受的冻害温度指标是不同的，但大多数农作物当地面或叶面的最低温度降到0℃以下时，就要遭受冻害，所以中央气象台就把地面最低温度降到0℃以下(包括0℃)作为出现霜冻的标准。

每年秋季第一次出现的霜冻，称为初霜冻；每年春季最后一次出现的霜冻，称为终霜冻。特别是初霜冻危害较大，总是在悄无声息中使作物受害，所以有农作物"秋季杀手"的称号。

霜结构松散，一般在冷季夜间到清晨的一段时间内形成，形成时多为静风。在我国四季分明的中纬度地区，深秋和第二年早春季节，正是冬季开始前和结束后的时间，夜间的气温一般能降到0℃以下。在晴朗的夜间，地面热量散发很快，前半夜由于地面白天储存热量较多，气温一般不易降到0℃以下，但是到了后半夜和黎明前，地面散发的热量已很多，而大气辐射补偿的热量很少，气温下降很快，当气温下降到0℃以下时，近地面空气中的水汽附着在地面的土块、石头、树叶、草木等物体或植物上，凝华成白霜。

当出现霜冻时，往往伴有白霜，也可不伴有白霜，不伴有白霜的霜冻被称为"黑霜"或"杀霜"。晴朗无风的夜晚，因辐射冷却形成的霜冻称为"辐射霜冻"。冷空气入侵形成的霜冻称为"平流霜冻"。两种过程综合作用下形成的霜冻称为"平流辐射霜冻"。无论何种霜冻出现，都会给作物带来或多或少的伤害。

二、霜冻的时空分布

秋季的早霜和春末的晚霜对作物有致命的威胁，早霜冻多发生在 10 月，商丘历史上最早的早霜冻出现在宁陵站，时间为 1971 年 10 月 12 日，其他各站为 1962 年 10 月 15 日或 1966 年 10 月 15 日；晚霜冻多出现在 4 月，商丘历史上最晚的晚霜冻出现在民权站，时间为 1968 年 4 月 26 日，宁陵站为 1980 年 4 月 26 日和 1991 年 4 月 26 日，其他各站为 1991 年 4 月 26 日（表 4.12）。商丘的春霜比秋霜危害更大，入春以后，小麦越冬之后进入生长季节，机体的含糖量降低，抗寒性减弱，一遇霜冻，便会受害，引起减产。其他一些不耐冻的作物，如甘薯、黄瓜、西瓜、棉花苗等组织内结冰后，叶片全部死亡（图 4.24）。

表 4.12　商丘各站初终霜冻统计表日期

代表站	初日	终日
睢县	1962-10-15	1991-04-26 1966-10-15
民权	1962-10-15 1966-10-15	1968-04-26
商丘	1962-10-15 1966-10-15	1991-04-26
虞城	1962-10-15	1991-04-26
柘城	1966-10-15	1991-04-26
宁陵	1971-10-12	1980-04-26 1991-04-26
夏邑	1962-10-15	1991-04-26
永城	1962-10-15	1991-04-26

图 4.24　霜冻造成蔬菜严重受损
（图片由商丘市气象局提供）

晚霜冻具有发生次数多、危害范围大、出现时间晚、降温幅度大、持续时间长等特点，因此是主要的灾害性天气之一。

在商丘，能够造成危害的初霜冻和晚霜冻偏少，大部分县（市）为3年一遇，个别县较多，达2年一遇。一般北部多于南部，西北部霜冻较多，东南部霜冻较少，永城市最少。商丘严重晚霜冻的年份为1953年、1954年、1962年、1964年、1968年、1970年、1980年、1991年和1995年等。

4月出现霜冻的次数占出现总次数的70%，晚霜冻出现时降温幅度大，一般霜冻发生前1～3天因冷空气入侵降温幅度大（达5～10 ℃，最大在15 ℃左右），对正在拔节的小麦危害严重。同等强度的霜冻持续时间越长作物受害越重。一般霜冻持续5～7小时，但各地区差异很大，商丘以持续5～7小时的次数为多。1953年4月12日的一次晚霜冻，全省就有97个县、市的246.67万公顷小麦受害，减产10.5亿公斤以上，这是河南晚霜冻致灾最重的一例。商丘小麦77%受灾，严重减产，宁陵县小麦受灾1.73万公顷，虞城县小麦减产，夏邑县小麦受灾面积占总面积的98.6%。1995年4月3日由于受强冷空气影响，商丘出现了大范围的晚霜冻。民权站、宁陵站、睢县站、虞城站出现了历史上同期温度极低值，使商丘旺长小麦遭受严重冻害，仅柘城县受害面积就有1.66万公顷，是当年小麦减产的主要灾害。

三、霜冻的防御

霜冻的防御措施很多，一般按性质分为两种，一是选育抗霜冻能力强的优良品种、用农业技术措施提高作物抗寒能力。二是在霜冻出现前，采用保温、增温措施，如熏烟、灌水及覆盖（加热）等方法。

第十节　雾和霾

一、雾和霾的概念及种类

雾或轻雾是指大量悬浮在近地面空气中的微小水滴或冰晶使能见度降低的一种天气现象。雾或轻雾是由近地面空气中的水汽凝结（或凝华）形成的，往往与特定天气条件相联系。就物理本质而言，雾和云都是空气中水汽凝结（凝华）的产物，所以雾升高离开地面就成为云，而云降低到地面或云移动到高山时就称其为雾。一般雾的厚度比较小，常见的辐射雾的厚度大约从几十米到100～200米，一般日变化比较明显。雾和云一样，与晴空区之间有明显的边界，雾滴浓度分布不均匀，因而在雾中能见度有比较大的起伏；而且雾滴的尺寸比较大，从几微米到100微米，雾滴的直径多在4～30微米，肉眼可以看到空中飘浮的雾滴。由于液态水或冰晶组成的雾散射的光与波长关系不大，因而雾看起来呈乳白色。

霾是指空气中极细微的干尘粒（包括灰尘、硫酸与硝酸盐、硝酸与硝酸盐、有机碳氢化合物等）使大气浑浊、视野模糊的现象。霾主要反映污染物对空气质量的影响情况。霾的厚度比较厚，可达1000～3000米，一般霾的日变化不明显。霾与雾、云不一样，与晴空区之间没有明显的边界。霾粒子分布比较均匀，因而在霾中能见度比较均匀；而且灰霾粒子尺度比较小，从0.001～10微米，平均直径在1～2微米，肉眼看不到空中飘浮的颗粒物（表4.13）。由于灰尘、硫酸、硝酸等粒子组成的霾，其散射波长较长的光比较多，因而霾看起来呈黄色或橙色。

表 4.13 雾和霾的特征对照表 （引自河南省气象局，2010）

天气现象	雾	霾
成分	水滴、冰晶	灰尘、硫酸与硝酸盐、硝酸与硝酸盐、有机碳氢化合物等
大气湿度	饱和	不饱和
粒子尺寸	1～100 微米，肉眼可见	0.001～10 微米，肉眼看不见
厚度	几十至几百米	1～3 公里
颜色	乳白色、青白色	黄色、橙灰色
边界	清晰，雾层中能见度起伏明显	不清晰，霾层中能见度非常均匀
日变化	明显	一般不明显

除了构成成分不同外，霾和雾的主要区别在于发生霾时的相对湿度不大，而雾中的相对湿度是饱和的（如有大量凝结核存在时，相对湿度不一定达到 100%就可能出现饱和）。当相对湿度增加时，霾粒子可吸湿成为雾滴，而相对湿度降低时，雾滴脱水后霾粒子又再悬浮在大气中，雾和霾是可以互相转化的。表 4.14 给出了雾和霾的一些主要区分要点。

表 4.14 河南省人工判别雾和霾的标准 （引自河南省气象局，2010）

能见度（千米）	相对湿度（%）	现象
$V<1$	$U\geqslant 80$ $U<80$	雾 霾
$1\leqslant V<10$	$U\geqslant 80$ $65\leqslant U<80$ $U<65$	轻雾 轻雾或霾 霾
$V\geqslant 10$	无	无
注：上述视程障碍现象是在风速≤10 米/秒时的判别标准		

根据河南省气象局（2010 年）规定，雾的分级标准：

（1）水平能见度距离在 1～10 公里的称为轻雾。

（2）水平能见度距离低于 1 公里的称为雾。

（3）水平能见度距离 200～500 米的称为大雾。

（4）水平能见度距离 50～200 米的称为浓雾。

（5）水平能见度不足 50 米的称为强浓雾。

霾的分级标准：

（1）轻度霾：水平能见度≥3 公里且<5 公里。

（2）中度霾：能见度≥2 公里且<3 公里。

（3）重度霾：能见度<2 公里。

雾的种类：雾可以通过空气温度的降低和空气中水汽的增加两种途径形成。按雾的形成方式可以分为辐射雾、蒸发雾、平流雾和上（山）雾。商丘经常出现的雾为辐射雾和平流雾。

二、雾和霾形成的气象条件

雾形成的气象条件：一是微风，二是水汽充足，即大气中水汽含量达到 90%～100%，并且

伴有冷凝，产生雾滴，三是近地层空气形成下冷上暖的稳定层，或称逆温层，空气流动性差。雾一般是出现在晴朗、微风、近地面水汽比较充沛且比较稳定的夜间和清晨，即具备形成雾的气象条件。有各种气象条件形成的雾，有辐射冷却形成的辐射雾；还有是暖而湿的空气作水平运动，经过寒冷的地面或水面，逐渐冷却而形成的平流雾；有时兼有两种原因形成的雾叫混合雾等。还有锋面雾、坡面雾等。

霾主要是空气中悬浮的大量微粒和气象条件共同作用的结果，其成因有三：

一是在水平方向静风现象增多。城市里大楼越建越高，阻挡和摩擦作用使风流经城区时明显减弱。静风现象增多，不利于大气中悬浮微粒的扩散稀释，容易在城区和近郊区周边积累。

二是垂直方向上出现逆温（逆温是指这种高空的气温比低空气温更高的现象，导致空气“脚重头轻”，气象上称这种现象叫“逆温”）。发生逆温的大气层叫“逆温层”，厚度可从几十米到几百米。逆温层形成后近地层大气稳定不容易上下翻滚而形成对流，这样就会使低层特别是近地面层空气中的污染物和粉尘在低层堆积，增加大气低层和近地面层污染程度。（通俗讲：“逆温层”就像一层厚厚的被子盖在地面上空，使得大气层低空的空气垂直运动受到限制，污染物不能向上扩散，“无路可走”又向下蔓延，即空气中悬浮微粒难以向高空飘散而被阻滞在低空和近地面层，从而形成了“霾”。）

三是空气中悬浮颗粒物的增加。随着城市人口的增长和工业发展、机动车辆猛增，污染物排放和悬浮物大量增加。

三、雾的时空分布

（一）空间分布

商丘年平均雾日分布差异较大，雾日为 17～42 天，分布特点是：西部睢县至宁陵县一带为多雾区，南部柘城县至夏邑县一带为少雾区。宁陵县出现大雾最多，为 42 天，睢县次之，为 31 天，宁陵县、睢县雾多可能与观测站周围的环境和当地的下垫面状况有关系。宁陵县的沙质土壤较多，而沙质土壤的热容量较小，夜间降温幅度大，近地层相对湿度增大，易形成逆温层，造成大雾日数较多。睢县观测站离城湖约 2500 米，地面湿度条件较好，而近地面层充沛的水汽是大雾形成和维持的必要条件之一，因此造成了大雾的日数较多。柘城雾日最少，为 17 天，较宁陵县偏少 25 天，夏邑县为 19 天，较宁陵县偏少 23 天，柘城县、夏邑县雾少可能与当地周围环境、地形、土质等有关。

（二）年际变化

商丘历年平均大雾日数变化总体呈上升趋势，从 20 世纪 80 年代初期以后雾明显增多。大概可分为两段，第一段（1961—1981 年）的数值大都在平均值（26 天）以下，最低值（5 天）出现在 1967 年；第二段（1982—2004 年）的数值大都在平均值以上，90 年代初期为峰值区，最高值（47 天）出现在 1992 年。这种变化可能与大气污染有关，随着城市现代化建设和工业的快速发展，机动车辆在近些年也迅猛增加，造成的大气污染日趋严重，大气中的灰尘含量逐年增多，造成了自 80 年代初期以来大雾日数处在一个较高的水平。

（三）季度月际变化

由图 4.25 可看出，平均大雾日数逐月变化曲线呈两头高、中间低型，为“V”型特征，即 1—

6 月呈下降趋势，6 月最低为 29 天，而 6—12 月呈上升趋势，12 月最多为 170 天。从分季来看，秋冬(上年 9 月至本年 2 月)季节大雾多，而春、夏(3—8 月)两季少，其中秋、冬两季大雾日数占总日数的 66%，春夏大雾日数共占总日数的 34%。分析这种分布大概有几种原因：一是秋冬季节冷空气活动频繁，冷空气过后气温下降，地面为大陆冷高压控制，天空晴好，夜间辐射降温幅度较大，易使近地层相对湿度增大，也易形成逆温层；二是在大陆高压控制下，地面上的风也较弱，而风速<3 米/秒，也是形成大雾的一个有利条件；三是有些冷空气能够带来降水，为大雾的形成提供水汽条件；四是秋冬季节太阳高度角低，辐射不强，对地表水分的蒸发能力减弱，有利于保持下垫面的水分；五是天气变冷，居民的烧煤量增加，使得空气中的烟尘增加，也造成了秋冬季节大雾日增多；六是夏季正相反，冷空气活动较少，气温高，水汽少，最不利于形成雾，所以雾最少。

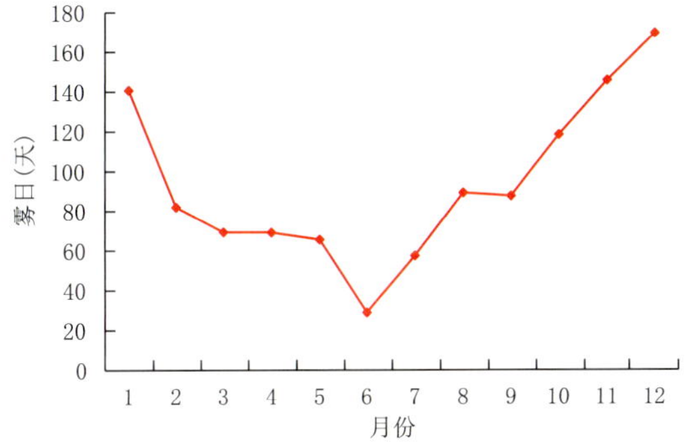

图 4.25　商丘大雾日数月变化

四、雾生消与风、日射、气温等的关系

从图 4.26 可以看出，雾日变化规律明显。雾的生成时间一般在下半夜到早晨，此时一般风速较小，是一天中温度最低时段，早晨温度达最低。因此 05—06 时最易生成大雾，频率最高，占总雾日的 1/4，11—20 时生成的概率最小。雾消时间一般在 06—12 时，日出后 07—08 时雾最容易消散，频率为 17.6%。日出后，受太阳辐射影响，气温逐渐升高，中午温度最高，风速加大，雾随之消散。

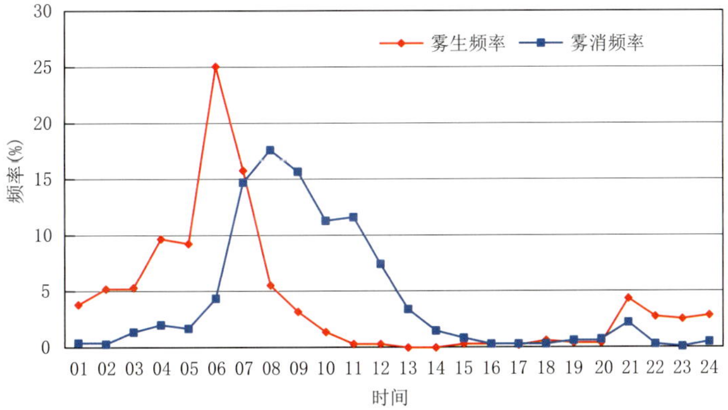

图 4.26　商丘站大雾出现时间和结束时间日变化频率分布

五、雾和霾对人们生产生活的影响

(一)大雾引发的灾害

大雾对海(水)、陆、空交通运输有明显影响。大雾易诱发交通事故,造成人员滞留、拥挤,持续的大雾将严重影响交通运输(图 4.27)。

图 4.27　大雾引起交通受阻
(图片由商丘市气象局提供)

大雾对环境有一定影响。大雾会使空气质量变差,一些污染物浓度增加,可能引发环境污染事故,直接影响人们的身体健康,甚至引起某些疾病的发病率和死亡率升高。

大雾对供电也会产生影响。大雾可能使输电线路因"雾闪"而跳闸,发生停电事故。

大雾对安全生产也有威胁。大雾天气下,户外施工、作业都可能因能见度低而影响正常工作,增加事故发生概率。

大雾对农业也会产生影响。雾悬浮于空中,吸收、反射了太阳辐射达到地面的热量,使绿色植物失去了所需要的光照,使光合作用减少从而影响其生长发育。持续的阴雾天气,会造成日照不足,容易诱发作物各种病虫害。

对于高速公路而言,雾无疑是"隐形杀手"。据统计,因雾等恶劣天气造成的交通事故,大约占总事故的 1/4 以上。雾大时,车辆就像蒙着眼睛在混沌中行走,开足雾灯也无济于事,一旦发现前方有障碍物时,因为相距太近来不及避开,就容易发生轧人、追尾、撞车、翻车等事故。

(二)霾的主要危害

一是影响身体健康。霾的组成成分非常复杂,包括数百种化学颗粒,其中有害健康的包括矿物颗粒、海盐、硫酸盐、硝酸盐、有机气溶胶粒子、燃料和汽车废气等,它能直接进入并黏附在人体呼吸道和肺叶中。引起鼻炎、支气管炎等病症,长期处于这种环境还会诱发肺癌。霾天气还可导致近地层紫外线的减弱,易使空气中的传染性病菌的活性增强,传染病增多。

二是影响心理健康。阴沉的霾天气容易让人产生悲观情绪,使人精神郁闷,遇到不顺心的事情甚至导致情绪失控。

三是影响交通安全。出现霾天气时,视野能见度低,空气质量差,容易引起交通阻塞,发生交通事故。

例如,2007 年商丘全年大雾日数 16～39 天,最小能见度仅 20 米。11 月 24 日,大雾从 03 时 21 分开始到 19 时 09 分结束,最小能见度为 20 米。由于大雾持续时间长,能见度差,给人们的交通、生活带来极大的不便。当日,商丘有 43 起交通事故发生。其中 12 时 05 分在商鹿公路李口镇南 200 米处有一农用四轮车与行人相撞,一人身亡。

2018 年商丘多次出现大范围雾、霾天气,对交通运输和空气质量造成一定不利影响。1 月、2 月、11 月和 12 月各县(市、区)大雾日数 12～34 天,霾日数 24～34 天。其中商丘站 1 月 16—22 日连续 7 日出现大雾天气,最小能见度 20 米。雾、霾天气能见度低,市内高速公路临时封闭,不利交通运输和人们的出行。另外,雾、霾天气时,空气中往往含有大量对人体有害的细菌和病毒,造成空气质量下降,影响生态环境、人体健康。

第十一节　暴　雪

一、暴雪的标准及成因

暴雪是商丘地区的一种灾害性天气,尽管它出现的概率小,但它的出现和商丘农业生产、交通运输、水利、电力等部门及人们的生活密切相关小,是商丘冬季特别关注的灾害性天气之一。河南省气象局(2010)规定,暴雪标准是指日降雪量(融化成水)≥10 毫米。

暴雪的成因:雪是固态降水,发生在对流层低层气温<0 ℃(地面气温≤5 ℃)的情况下。其形成与降雨一样,需要具备 3 个条件:水汽条件、垂直运动、云滴增长条件。前两个为宏观过程,取决于天气学条件;后一个为微观过程,决定于云物理条件。能否降雪,除了上述条件外,最关键的是考虑温度场的变化。暴雪与暴雨形成的条件类似,需要充分的水汽供应、强烈的上升运动和较长的持续时间。同样,暴雪的形成和强度还与层结稳定度、云的微物理过程和地形密切相关。

姚学祥(2011)详细介绍了暴雪的几种天气形势:

(1)横槽型

过程开始前的 24—48 小时,500 百帕高纬地区在东欧经乌拉尔山北侧到泰米尔半岛为 NE－SW 向的高压脊,乌拉尔山以东到俄罗斯远东地区为宽广的槽区,低压位于 50°N 以北,从高纬移来的冷空气先在这里聚集。在 40°～50°N 有东西向的横槽,其南侧有一支较稳定的平直西风急流,黄河中下游受平直西风气流控制。中纬度地区在印度半岛、孟加拉湾附近有南支低槽东移并加深。

暴雪前 12—24 小时环流呈反位相调整,乌拉尔山地区转为高压脊控制,沿海地区动力加压,高压脊发展,南支槽加深东移到高原东部,西南气流加强。东亚沿海地区环流经向度加大,大到暴雪过程是在纬向环流转为经向环流的过程中发生的。随着南支槽移出河南省,暴雪过程结束。

(2)两槽一脊型

过程开始前的 24—48 小时,500 百帕欧亚地区为“两槽一脊”。在欧洲至乌拉尔山地区为低压槽区,贝加尔湖到俄罗斯远东地区也为低槽区。横槽位于贝加尔湖到巴尔喀什湖地区。乌拉尔山以东到新西伯利亚为宽脊,脊线位于 85°～90°E 附近。中纬度地区环流平直,黄淮流域受平直西风气流控制。

随着北欧低槽东移，槽前暖平流加强，乌拉尔山地区动力加压，乌拉尔山高脊发展，脊前东北一西南向的低压带转为近南一北向的低压带，当低槽转竖并东移时，槽后强冷空气从蒙古国东部，东北地区一带经华北大举南下侵入黄淮流域。同时，青藏高原上的低槽，由于低槽转竖过程中槽底有冷空气扩散南下，并侵入到南支槽后部使南支槽加深东移，槽前强盛的西南气流为黄淮流域的暴雪提供了充沛的水汽来源。

(3)不稳定小槽发展型

过程开始前的24—48小时，500百帕在东欧经乌拉尔山西部为南北向的高压脊，极涡位于新地岛东南，从极涡中不断有小槽分裂沿中纬度东移并略有加深。此时，黄淮流域仍受偏西气流控制。当小槽后有明显的冷舌相配合，并且槽后偏北风加强(风速≥16米/秒)时，小槽在东移中加深，与孟加拉湾东移到高原东部的南支槽相配合形成暴雪。

以2003年2月9—10日为例，分析不稳定小槽发展型暴雪过程的环流形势特点。

暴雪过程开始前24—48小时，中纬地区为纬向环流，在东欧经乌拉尔山为南北向的高压脊，极涡位于贝加尔湖附近，极涡中心强度为5040位势米，温度达－50 ℃，极涡中不断有小槽分裂沿中纬度西风环流东移并加深。黄淮流域一直受偏西气流控制，随着槽后冷平流的加强和偏北风的加强(风速≥16米/秒)，小槽进一步加深东移，同时南支槽东移过程中在河南省西部与小槽加深合并，为暴雪的产生提供了充分的水汽条件。10日20时，随着东亚大槽的建立，降雪过程结束。从2003年2月9日地面形势场来看，此次纬向型锋区过程对应的地面形势属于华北高压底部型。9日02时，地面冷锋位于沈阳、天津、太原一线，我国北方由西到东为冷高压控制，中心强度达1052百帕；08时冷锋前沿到达河南省北部，降水刚出现时为小雨；20时冷锋到达长江流域，河南省处于华北高压底部的东北大风控制之下，风速较大，随着气温的不断下降，开始出现雨转雪。伴随着地面积雪，全省气温降至0 ℃以下，10日全省最高气温仅为－3 ℃。

二、暴雪的时空分布

据1960—2019年资料，商丘出现的暴雪年均概率为70%。暴雪日出现最多年份为1989年，为7次。暴雪日一般情况是独立出现，但个别情况也会连续出现。

区域性暴雪日出现在上年11月到当年的3月，最早暴雪日出现在11月中旬，最晚暴雪日出现在当年的3月上旬。暴雪日出现最多的月份为1月和2月。上年11月到当年3月暴雪出现的频率分别为9%、24%、29%、33%、5%。

暴雪分布有明显的地域性。暴雪出现的日数由北向南、由西向东逐渐增加。永城市、柘城县最多，其次是商丘市、虞城县，民权县、睢县、宁陵县3个县最少。

三、暴雪的利与害

暴雪的利处：暴雪可增加降水量，有利于改善土壤墒情，为冬小麦来年丰收打下良好基础，即所谓“瑞雪兆丰年”；还可以净化空气，提高空气质量，减少疾病的发生。

暴雪的危害：暴雪发生后会带来一定的危害。其主要危害是：妨碍交通、通信、输电线路安全；冻坏农作物，导致农业歉收或严重减产，影响蔬菜的生产和供应，给人们生活带来很多不便(图4.28)；暴风雪发生以后经常会伴随低温冻害，这样就会致使体弱的老人及牲畜冻伤或冻死，暴雪还会造成道路结冰，由此会引发一些交通事故及行人跌倒或摔伤。例如2009年11月

11 日 16 时至 11 月 12 日 17 时，商丘自西向东普降暴雪，中西部地区降雪量较大，其中睢县、民权县、柘城县、宁陵县、睢阳区和梁园区降雪量将近 35 毫米，积雪深度达 18 厘米，暴雪造成以上 6 个县(市)区部分乡镇受灾。

图 4.28　暴雪造成道路积冰使人出行困难
(图片由商丘市气象局提供)

第五章　商丘气候评价

第一节　气候评价的意义、内容和主要技术方法

气候影响评价是运用现代气候学的原理和方法，对某一时期的气象条件及其变化给自然、社会和经济等各方面所带来的影响，进行科学客观地分析评定。通过积累和综合，逐步深入完整地认识当地气候对社会、经济和人类活动可能造成的影响，从而更好地趋利避害。

一、气候评价的意义

气候是全球自然资源和自然环境的一个重要组成部分，做好气候评价有着非常重要的意义。气候影响评价可提供气象灾害的评价、防灾减灾对策及准确的灾害演变信息，因此，是国家对防灾减灾的需要；气候评价还可评价气候与资源、环境生态之间的相互关系，评估重大战略、重大工程对气候环境的影响，是国家可持续发展的需要；开展气候影响评价也是国家安全、环境外交、IPCC 评估报告的需要。

二、气候评价的内容

气候综合评价内容通常包括：

基本气候概况与特点：对某一时段平均气温、降水量、日照时数及其与常年同期对比结果的具体描述。

主要天气气候事件及影响：对评价时段出现的主要气候事件如干旱、洪涝、台风、高温、低温冷害、雪灾、沙尘暴、冰雹、大风、雷雨等强对流天气、连阴雨等及其影响进行评价。

气候对行业影响进行评估：针对评价时段的气候对农业、水资源、植被、人体舒适度、交通运输、大气环境开展定性或定量影响评价。

今后一段时间的气候预评估（或气候趋势展望）。

三、气候评价的主要技术方法

彭广等（2016）编写的《气候影响评价》，对气象要素和气候事件评价作了如下介绍。

（一）气象要素评价

气象要素指气温、降水、日照、风等，在这些要素的时空变化评述时，重点评价这些要素与常年值的偏离程度，与上年或典型年同期比较，与历史记录同期比较。用文字及相关要素及其距平的空间分布图和历年演变图表示。这些要素的极值评述应包括极值出现的时间、地点、概率及其强度等。

评价气温的方法通常采用气温的异常度（$C=\Delta T/\sigma$），距平（ΔT）和标准差（σ）来表示，其中

常年值为最近 3 个年代同期的平均值，标准差也是基于近 3 个年代同期值计算而得。月、季、年气温评价中，具体评价等级及标准为：

$\Delta T \geqslant 2.0\sigma$	异常偏高
$1.5\sigma \leqslant \Delta T < 2.0\sigma$	显著偏高
$1.0\sigma < \Delta T < 1.5\sigma$	偏高
$-1.0\sigma \leqslant \Delta T \leqslant 1.0\sigma$	正常
$-1.5\sigma < \Delta T < -1.0\sigma$	偏低
$-2.0\sigma < \Delta T \leqslant -1.5\sigma$	显著偏低
$\Delta T \leqslant -2.0\sigma$	异常偏低

降水评价通常包括月、季、年的降水量。其中对空间范围的降水量评价时，常对评价时段降水量进行描述，并根据降水量距平百分率（ΔR）的大小来评价，也常将月、季、年全国或某一区域平均降水量进行历史排位，来评价其极端性。月、季、年的降水量评价等级标准为：

$\Delta R \geqslant 80\%$	异常偏多
$50\% \leqslant \Delta R < 80\%$	明显偏多
$20\% \leqslant \Delta R < 50\%$	偏多
$-20\% < \Delta R < 20\%$	正常
$-50\% < \Delta R \leqslant -20\%$	偏少
$-80\% < \Delta R \leqslant -50\%$	明显偏少
$\Delta R \leqslant -80\%$	异常偏少

日照时数评价应包括月、季、年的日照时数空间分布以及距平的空间分布特征评价，并配图加以说明。将实时区域平均的日照时数与常年值对比，对当月、季、年日照时数进行历史排位。计算区域平均的日照时数值与气候距平值，对日照时数的空间分布特征进行评价，当距平值超过 2 个标准差时，认为是异常。

（二）气候事件评价

主要气候事件（气象灾害）及其影响评价，即对于所评价的区域和时段内出现的异常气候事件（距平值超过 2σ）和极端气候事件（百分率$<10\%$或$>90\%$），以及出现的影响较大的气候灾害（干旱、暴雨洪涝、高温、低温冷害、大风、沙尘暴、冰雹、连阴雨、雪灾等）评价其发生范围、强度、持续时间，以及影响的对象和经济损失等。

例如：极端气候事件评价指标。极端气候事件评价指标采用极值、绝对阈值、极端阈值、重现期等。极值即某指标历史序列的极大（或极小）值。绝对阈值即选择某一气象要素的绝对值大于等于或者小于某一特定值的方法，如：高温（日最高气温$\geqslant$35 ℃）、暴雨（日降水量$\geqslant$50 毫米）。极端阈值即采用排位法计算，对某指标历史序列从小到大进行排位，定义序列第 95 百分位值为极端多（大）事件阈值，第 5 百分位值为极端少（小）事件阈值。重现期即大于等于或小于等于某一水平的随机事件在较长时期内重复出现的平均时间间隔，常以多少年一遇表征。

第二节 气候对农业的影响评价

商丘地处暖温带半湿润区，气候温和，日照充足，降水丰富，水热同季，适宜于多种农作物生长，是全国的粮食生产核心基地之一，种植制度以一年两熟（冬小麦—夏玉米、冬小麦—花生、冬小麦—大豆等)为主,也拥有许多名优农特产品。

一、气候与冬小麦

商丘冬小麦上年 10 月上、中旬播种,本年 5 月底至 6 月初成熟,历时 220～240 天,全生育期日照时数 1385～1544 小时,≥0 ℃积温 1900～2400 ℃・日,总降水量 286～385 毫米,光能资源充足,温度适宜,降水分布基本合理,能够满足小麦生长的需求,是商丘发展冬小麦生长的气候优势。但是由于气候复杂多变,小麦生育期间的干旱、连阴雨、低温霜冻、干热风天气等,是影响小麦高产稳产优质的主要气象因素。

(一)小麦冬前农业气候评述

小麦适时播种是充分利用自然资源、培育壮苗、提高每亩成穗率的关键措施。小麦越冬前能否形成壮苗,冬前积温的多少是主要决定因素。冬前壮苗所需积温:春性品种为 500～600 ℃・日,半冬性品种为 550～650 ℃・日,冬性品种为 600～700 ℃・日。要想达到上述积温指标,商丘小麦常年适播期应为 10 月 5—15 日。不同品种小麦,不同土壤,播期也不同,即冬性品种及盐碱薄地为 10 月 4—11 日,半冬性品种及沙壤土地为 10 月 7—14 日,春性品种及沙土地为 10 月 10—17 日。据试验,10 月底以后播种的小麦,由于积温不足而显著减产。据统计,商丘秋冷年发生概率为 10%～24%,秋暖年为 20%～30%,正常年为 52%～69%。秋暖年份小麦适播期较正常年推迟 3～5 天,秋冷年份应提前 3～5 天,冬前积温可保持在 500～650 ℃・日。

秋季降水的多少,也是培育冬前壮苗、促进小麦分蘖、提高亩成穗率的重要条件之一。“麦收八、十、三场雨”(“八、十、三场雨”是指农历八月的底墒雨、农历十月的越冬雨和农历三月的拔节雨。对于小麦生长来说,如果下了“八、十、三场雨”,小麦丰收基本定局),充分说明小麦播种、分蘖、拔节孕穗期的降水与小麦分蘖成穗和穗大粒多的关系。据统计:商丘秋季平均降水量为 128.6～167.0 毫米,与小麦冬前需水量 150 毫米相比,能够满足需求,对小麦分蘖成穗非常有利。但秋季降水年际变化大,常有秋季旱、涝灾害发生,影响小麦适时播种。秋季多雨的年份,底墒充足,土壤中游离态养分多,有利于作物吸收利用。“麦收隔年墒”充分说明底墒水在小麦生产中的重要作用。商丘小麦从播种到越冬,气温迅速降低,日照时数逐渐缩短,大部分年份降水比较适中。

(二)返青—抽穗期农业气候评述

小麦拔节—抽穗期适宜温度为 11～19 ℃。商丘小麦 2 月中旬开始返青,气温回升较快,到抽穗期升高到 18.7 ℃,均在小麦适宜温度范围内稍偏低,光照充足,易形成穗大粒多。降水量为 82.0～109.4 毫米,可以满足小麦穗分化的需要。拔节抽穗期虽是需水临界期,但降水量超过 100 毫米时,会因连阴雨天数多,光照不足,气温偏低,造成小花退化、不孕小穗数多而影响产量。拔节期如有 40 毫米以上的降水,一般年份不需要灌溉。但降水分布不均,气温冷暖多变,常有干旱、霜冻等气象灾害发生,干旱发生时,小穗小花数目减少,对小麦产量有一定影响。晚霜冻出现概率小,但危害大,轻者叶片受害,重者地上部及分蘖节处失去生命能力。如 2013 年 4 月商丘出现晚霜冻危害,使小麦减产 10%以上。因此,晚霜冻是商丘小麦生产中不可忽视的气象灾害。

返青抽穗期,商丘光照充足,平均日照时数在 8 小时以上,使植株生长健壮,干物质积累多。温度适宜,降水分布合理,使幼穗分化时间长,穗大粒多。但干旱发生频繁,尤其是冬春连旱危害更重，是商丘小麦生长的一个障碍因子。

（三）开花—成熟期农业气候评述

开花—成熟期是籽粒增重的重要时期，此期平均气温的高低、日较差的大小及干热风的出现情况，是影响籽粒增重的重要气象因子。

小麦灌浆的适宜温度为18～22 ℃，前期为18～20 ℃，后期为22～23 ℃。据实验：小麦灌浆期日平均气温在适宜温度范围内稍偏低、灌浆持续时间长，千粒重高。小麦灌浆中、后期气温日较差越大，籽粒增重越快，当日较差>12 ℃时，籽粒增重有明显的提高。商丘小麦在5月上旬进入灌浆初期，日平均气温在17.2～19.7 ℃，5月中、下旬是灌浆增重的旺盛时期，日平均气温在19.2～19.7 ℃，日较差在12.2～15.2 ℃，对籽粒增重非常有利。

据实验，当气温高于23 ℃时，灌浆强度增大，气温在25 ℃以上、最高气温高于32 ℃灌浆受阻，高于35 ℃灌浆停止。干热风危害小麦生长发育的主要因子是高温、低湿的组合和温度跃变。据统计，商丘5月中、下旬有80%的年份出现干热风危害，致使小麦青枯逼熟，灌浆时间短，千粒重低，减产5%～20%。5月中、下旬降水量为42.1～67.1毫米，且分布不均，年际变化大，降水量偏多或偏少均对灌浆有较大影响。各地如浇好小麦灌浆水，既可补充此期降水不足，又可减轻干热风危害，是夺取小麦高产稳产的主要技术措施。

二、气候与玉米

玉米是喜温、短日照作物，耗水量较大。商丘多采用早、中熟品种。以种植夏玉米为主，少量春玉米和麦垄点播玉米。春玉米一般4月上旬播种，5月下旬拔节，6月下旬抽雄，8月上旬成熟，生育期110～120天。夏玉米一般6月上中旬播种，7月中旬拔节，8月上旬抽雄，9月中旬成熟，生育期90～100天。麦垄点播玉米一般5月下旬播种，6月下旬拔节，7月中旬抽雄，8月下旬成熟，生育期95～105天。现将商丘不同播期玉米生育期的农业气象条件评述如下：

（一）温度分析

≥10 ℃的活动积温。玉米早熟品种全生育期需要≥10 ℃的活动积温2100～2200 ℃·日，中早熟品种全生育期需要2300～2500 ℃·日。商丘≥10 ℃的活动积温年平均4616.3～4727.3 ℃·日，积温均能满足各种属性春玉米的生长需求。商丘6—9月平均积温3052.8～3122.9 ℃·日，一般年份能满足夏玉米对积温的要求，但秋季降温早的年份，对灌浆成熟有一定影响，迟播玉米减产严重。麦垄点播玉米生育期较夏播玉米提前10天左右，能较充分地利用其气候资源，获得较高产量。

苗期适宜温度。玉米在日平均气温稳定通过10～12 ℃以后播种，苗期适宜温度18～20 ℃。商丘玉米苗期常年旬平均气温：春玉米17～20 ℃，夏玉米26～27 ℃，麦垄点播玉米23～27 ℃。春玉米播种时温度低，出苗慢，苗期温度低，积温不足，苗期长，但温度低，易控长，利蹲苗。夏玉米苗期温度高，幼苗生长快，不宜蹲苗。

拔节抽雄期适宜温度。玉米拔节抽雄期适宜温度20～25 ℃。商丘此期各旬平均气温春玉米23～27 ℃，夏玉米26～28 ℃，麦垄点播玉米26～27 ℃，温度基本适宜。夏玉米温度高、生长快，茎秆节间长，易倒伏。

开花授粉期适宜温度。玉米开花授粉期适宜温度25～28 ℃，空气相对湿度70%～90%，气温高于32 ℃，相对湿度<30%，对开花授粉不利，易引起突尖缺粒。商丘此期间平均气温

26～28 ℃，平均相对湿度 60%～80%，对开花授粉十分有利。但每年都有一些高温天气出现，对开花授粉有不同程度的影响。

灌浆成熟期适宜温度。玉米灌浆成熟期适宜温度 20～25 ℃，低于 16 ℃或高于 25 ℃不利灌浆，结实不饱满，降低千粒重。商丘此期平均气温春玉米 27～28 ℃，夏玉米 21～28 ℃，麦垄点播玉米 25～28 ℃。春玉米温度高对灌浆成熟有一定影响，夏玉米温度适中，气温日较差大，有利灌浆成熟，但秋季降温快，灌浆适宜期短，秋冷年对后期灌浆成熟有较大影响。麦垄点播玉米因生育期较夏玉米提前，整个生育期中对温度的要求与温度变化规律比较吻合。

（二）水分分析

玉米对水分的要求是：少—多—少。即苗期需水量较少，比较耐旱，生长盛期需水量最多，后期植株衰老，需水量逐渐减少。玉米全生育期需水量 350～400 毫米，且分配均匀才能满足需求。商丘春玉米生长期（4 月中旬至 8 月上旬）降水量 320.1～422.6 毫米，夏玉米生长期（6 月中旬至 9 月中旬）降水量 410.1～535.6 毫米，麦垄点播玉米生长期（5 月下旬至 8 月下旬）降水量 379.1～512.9 毫米（表 5.1）。总降水量大多数年份可以满足玉米生长要求。但是，由于降水分配不均，年际变化大，造成个别年份或时段降水不足或过剩，对玉米生长不利。

表 5.1 玉米各生育阶段需水量与商丘实际降水量对照表（毫米）

生育阶段		播种—拔节	拔节—抽雄	抽雄—乳熟	乳熟—成熟	全生育期
需水量		70～80	140～150	90～100	60～70	350～400
实际降水量	春玉米	68.5～98.9	60.2～92.0	100.9～156.6	74.96～125.5	320.1～397.3
	夏玉米	109.8～156.6	135.8～212.5	64.9～92.9	50.6～74.0	410.1～535.6
	麦垄点播玉米	81.5～118.9	122.7～182.5	78.9～129.3	64.9～92.9	379.1～512.9

1. 播种至拔节期

在春玉米生长期降水适宜，但有 10%～30%年份发生春旱，影响适播，并对生长发育有不同程度的影响。夏玉米生长期降水偏多，但由于商丘汛期出现的早晚不同，有 40%～50%的年份呈现不同程度的初夏旱，影响适播。此期温度偏高，在多雨年份，又不利蹲苗控长。

2. 拔节抽雄期

是玉米需水较多时期，抽雄前后是需水的临界期，此期缺水，会影响生殖生长，造成“卡脖旱”，严重影响授粉。商丘此期降水量：春玉米生长期，降水明显不足，有些年份春末夏初，天气干燥，水分供应差距很大，初夏旱对穗分化十分不利。夏玉米和麦垄点播玉米的生长期，降水量与生长需求基本一致。

3. 抽雄至乳熟期

此期多数年份降水量表明，春玉米和麦垄点播玉米生长期降水适宜，夏玉米生长期降水量稍显不足。商丘有 20%～40%的年份发生不同程度的伏旱，造成夏玉米“卡脖旱”，对灌浆有较大影响。

4. 乳熟至成熟期

此期春玉米正处于汛雨集中期，降水明显偏多，夏玉米和麦垄点播玉米降水适宜。

总之，春玉米全生育期总降水量适宜，但时段分配与玉米生育期需求不太适应，特别是拔节抽穗期雨水不足，对产量影响很大。夏玉米全生育期总降水量充足，时段分配也基本合理，但苗期雨水过多，影响蹲苗控长，不利于培育壮苗，给中、后期生长发育埋下了不利的生长因素。麦垄点播玉米，全生育期降水充足，且时段分配合理，供需协调，既避免了春玉米“卡脖旱”和后期雨水过多，又错开了夏玉米苗期雨水过多的不利条件。

(三)光照分析

玉米是喜光作物。全生育期需要日照总时数700小时左右。适宜日照时间每天7～9小时以上(表5.2)，少于7小时，对生长发育不利。商丘4—8月实际日照总时数936.7～1053.0小时，5—8月890.3～1031.6小时，6—9月855.0～961.9小时。可满足各种不同播期玉米生育期对光照条件的要求。

表5.2　玉米各生育阶段适宜日照与商丘实际日照时数对照表(小时/日)

生育阶段		苗期	拔节抽穗期	盛花期	灌浆成熟期
适宜日照		7	8	9	7
实际日照时数	春玉米	7～8	8～9	7～8	6～8
	夏玉米	7～8	7～8	7～9	6～7
	麦垄点播玉米	8～10	6～7	7～8	7～8

春玉米拔节抽雄期日照时数较长，光照充足，有利于雄穗分化和有机物质积累，灌浆前期日照稍差，后期较好，基本上有利于灌浆成熟。夏玉米盛花期日照时数较长，有利于开花授粉，灌浆成熟期日照时数较差，干物质积累缓慢。麦垄点播玉米苗期日照长，光照充足对根系和营养生长非常有利，7月上中旬是拔节时期，受雨日影响，日照时数较短，开花一成熟阶段日照条件适宜，有利灌浆，干物质积累快。从麦垄点播玉米的长势看，株低，穗大，籽粒饱满，产量高，与其光照条件充足有直接关系。

(四)综述

从春玉米、夏玉米、麦垄点播玉米3种不同播期玉米生长期的光、温、水资源分析，以5月下旬播种玉米最适合商丘的气候特点，在当前生产水平和生产条件下，结合实际，若把玉米的播种期调整到5月下旬，利用麦垄点播或适当扩大油菜茬、大麦茬面积，就能够充分利用商丘的农业气候资源，提高产量，降低成本，是一项较为经济而又行之有效的增产措施。如因生产条件或耕作制度的限制，必须在春季播种玉米时，播期应适当推迟到4月中下旬，使抽穗前后需水最多的时段躲过初夏旱的不利天气。夏玉米播期应尽量提前，最迟也不能晚于6月15日以后播种，这样可使汛期到来之前有蹲苗、控长促下的机会，又可提前灌浆成熟，避免后期低温危害。

三、气候与大豆

商丘大豆在6月上中旬播种，9月中旬成熟，历时90～100天，全生育期光照充足，温度适宜，热量丰富，降水量可以满足大豆需水要求，但分布不均，年际变化大，常有旱、涝灾害发生，影响大豆产量。

(一)光照

大豆是短日照作物，对日照长短和昼夜交替要求极为敏感。在短日照条件下，开花和成熟提早，生育期缩短，当日照时数少于6小时时，营养生长期和生殖生长期均受到抑制。在长日照条件下，开花成熟延迟，生育期延长。

商丘种植的大豆属于中、早熟品种，短日照性比较强。6月上中旬播种出苗后，到7月中旬是大豆幼苗生长期。此阶段日照稍长，土壤偏旱，有利于蹲苗，使根系下扎，植株生长健壮，为中、后期的生长发育奠定基础。此期商丘昼长夜短，可照时数为全年最大值，对幼苗生长有利。但由于阴雨日数多，实际历年平均日照时数在5.7～8.5小时，使营养生长受到抑制，花芽分化早，营养生长和生殖生长并进时间长，可以充分利用光照资源，但给栽培管理造成困难，对产量有一定影响。据实验：夏播大豆，播期越早产量越高，说明充分利用“夏至”前后的长日照，延长大豆营养生长期，是提高单产的重要环节。

花荚期平均日照时数在9.2～6.6小时，对开花结荚有利。花荚期以后日照时数逐渐减少，对灌浆成熟影响不大。

（二）温度

大豆是喜温作物，全生育期日平均气温在19～28 ℃，≥10 ℃活动积温为2500～3000 ℃·日，对大豆生长发育有利。商丘大豆生长季节活动积温在2600～3050 ℃·日，温度为大豆生育创造了较为理想的外界条件，播种期温度适宜偏高，播后4～5天出苗，土壤水分适宜，可达到苗齐、苗旺的要求。开花结荚期对温度要求较高，商丘此期平均气温为26～28 ℃，非常符合大豆全生育期对气温的要求，对大豆开花结荚非常有利。鼓粒成熟期温度适宜，有利于籽粒灌浆成熟。各生育时期温度供需对照见表5.3。

表5.3　大豆各生育阶段温度供需对照

发育期	时段（旬/月）	适宜温度（℃）	实际温度（℃）
播种	上/6—中/6	20～22	24.1～25.6
苗期	中/6—中/7	20～23	25.6～26.9
花荚期	下/7—中/8	25～28	27.3～25.7
鼓粒成熟期	下/8—中/9	19～22	24.5～21.2
全生育期积温（℃·日）	中/6—中/9	2500～3000	2600～3050

（三）降水

大豆全生育期需水量500～600毫米。大豆对水分的要求有一定的规律性，农谚有“干花湿荚，亩产石八”“湿花干荚，有杆无瓜”之说，这说明大豆苗期和开花期需水量少，结荚期需水量较多。播种至成熟土壤含水量占田间持水量的60%～80%，对大豆生长发育较为有利。商丘大豆生长期降水量410.1～535.6毫米，能够满足大豆全生育期需水要求，但分布不均是大豆产量低而不稳的主要障碍因子。

1. 播种期

商丘大豆播种期间降水量21.2～75.2毫米，一般年份能够满足种子萌发出土对水分的要求。

2. 苗期

苗期降水量138.0～217.2毫米，在苗期适宜水分范围内，使地上部生长健壮，根深叶茂，为中、后期生长发育奠定了雄厚的物质基础。

3. 开花期

开花期降水量多，即在49.0～78.0毫米，再加上苗期土壤水分充足，个别地块易出现渍害，使花蕾大量脱落。

4. 结荚期

结荚期降水量在96.4～108.3毫米，由于前期降水量偏多，对大豆结荚稍有影响。但伏旱发生的年份，大豆形成干花焦荚、秕荚秕粒多，品质差，千粒重低。大豆花荚期虽是需水临界期，但降水量不宜过多。据统计：在适宜的水分范围内，大豆产量与花荚期降水量呈正相关关系。当降水量超过300毫米时，降水量越多，产量越低。

5. 鼓粒成熟期

在鼓粒成熟期，商丘降水适宜，对籽粒灌浆增重较为有利。

(四)综述

大豆全生育期温度适中，日照充足，水热同季，配合适宜，是发展商丘市大豆生产的气候优势。

日照分布规律，使大豆营养生长期短，生殖生长和营养生长并进时间长。结荚鼓粒期，日照充足，对产量的提高较为有利。

总降水量可以满足大豆生长需要，但分布不均，年际变化大，苗期降水适中，温度偏高，花蕾脱落较多。花荚期降水量与需水量相比稍偏少，伏旱发生频繁(出现频率50%左右)，水分供应不足，植株中、下部叶片光合功能减退。

适时播种，提高保苗率。大豆播种期的早晚与产量、品质有很大关系，适时播种，保苗率高，幼苗整齐健壮，开花结荚多，产量高、品质好。商丘5月下旬平均气温23 ℃，6月上旬平均气温25 ℃，与大豆播种期适温范围相接近，此期播种可延长大豆营养生长期，是提高单产的重要措施。

四、气候与棉花

棉花是一种喜温、好光、耗水量大但又耐旱的作物，对气候的适应性较强。商丘光、热、水气候资源丰富，水热同季分配合理，适宜棉花生长发育，是我国最佳棉花产地之一。商丘棉花一般4月中旬播种，9月上旬裂铃吐絮。出苗至吐絮130天左右，裂铃至初霜日60天左右，全生育期190天左右，棉花安全生长期(日平均气温≥15 ℃)约170天，现将棉花对光、热、水的需求量与商丘市气候适宜程度分析如下。

(一)温度

棉花是喜温作物。早、中熟品种，全生育期需要≥10 ℃活动积温2700～4000 ℃·日。商丘棉花生育期间≥10 ℃活动积温4311.9～4418.4 ℃·日。整个生育期均处在可能生长期(日平均气温≥10 ℃)，蕾、铃期均处在安全生长期。温度适宜，热量充足，能满足棉花生育需要。

1. 播种期

根据棉花生理指标和多年生产实践，棉花早发壮苗，以5厘米地温稳定通过14 ℃为最适宜播种期。商丘5厘米地温稳定通过14 ℃的日期平均出现在4月11—14日，80%保证率的时间在4月16—20日。因此，4月中旬为商丘常年适宜播种期。由于春季温度变化不稳定，应根据当年的天气特点，掌握在冷尾暖头播种最为适宜。

2. 苗期

棉花苗期适宜温度16～18 ℃。商丘此期平均气温17～23 ℃，平均最高气温19～26 ℃，最低气温 15～18 ℃，均能满足苗期温度要求。但是，苗期温度多变，有 10%～30% 的年份出现低温阴雨天气，影响棉花生长发育，可多锄、浅锄，提高地温，促早发，形成壮苗。

3. 蕾期

棉花蕾期适宜温度 25～30 ℃，低于 20 ℃不易生成花蕾。商丘此期平均气温25～27 ℃，低于 20 ℃气温并不多见，温度是适宜的。

4. 开花结铃期

棉花花铃期适宜温度 25～30 ℃，最低气温≤15 ℃，不利开花，最高气温≥35 ℃，花粉粒可能干缩，影响授粉，≥40 ℃会引起蕾铃大量脱落。商丘此期平均气温 23～28 ℃，无≤15 ℃低温，对开花结铃十分有利。最高气温≥35 ℃平均每年出现 9～12 天，≥40 ℃平均 0.1～0.4 天。≥35 ℃的日数西部出现较少，永城市出现最多。高温、高湿是导致蕾铃脱落的主要气候因素之一。

5. 裂铃吐絮期

棉花裂铃吐絮需要适宜的温度和充足的光照，初霜出现的早晚，对棉花产量和质量都有较大的影响。商丘此期温度变化的范围很大，前期为 20 ℃左右，后期降至13 ℃左右。初霜期平均出现在 10 月 26—31 日，最早在 10 月上旬末，最晚在 11 月中、下旬，对棉花裂铃吐絮棉纤维的淀积有一定影响。

(二)光照

棉花是好光作物，光合率较高。全生育期要求日照总时数 1600 小时左右，适宜光照时间为每日 8～12 小时。对光强的要求也较高。光照不足，就会影响其生长发育，苗期易形成弱苗，蕾铃期导致蕾铃脱落，后期造成“水裹桃”，减少产量，降低质量。商丘棉花全生育期平均日照总时数 1337.9～1495.0 小时，平均每日 6.9～7.5 小时，苗期 7.2～8.7 小时，蕾期 7.8～10.6 小时，开花结铃期 6.5～7.7 小时，裂铃吐絮期 6.1～7.9 小时。全生育期光合有效辐射 33.78～36.24 千卡/平方厘米，占年光合有效辐射量的 60%左右。蕾期光照条件最好，裂铃吐絮期稍差。但各生育阶段多数日期实际日照时数在 8～12 小时，再辅之以散射光，一般年份都能满足棉花对光照的要求。

(三)水分

棉花生长期长，叶面积大，耗水量较多，但又有耐旱怕水淹的生理特点。全生育期需水量 450～650 毫米，商丘棉花生育期间降水量 548.0～719.9 毫米，占年降水量的 79%～87%。大部地区降水适宜。棉花生长的中、后期需要充足的光照，少雨有利，多雨有害。多年生产实践证明，棉花产量与全生育期降水量成负相关关系，即雨水偏少且分布均匀，光照充足的年份是棉花丰收的年份。个别年份降水年际变化大，在时间上分布不均匀，常有旱、涝影响棉花生产。

1. 播种期

商丘棉花播种期降水量 27.8～37.9 毫米，80% 的年份有 10 毫米以上的降水。因此，只要注意雨后保墒或播种前有 10 毫米以上的降水，一般可以适时播种，但还有约 20% 的年份雨水偏多。

2. 苗期

棉花苗期需水量 50～80 毫米。商丘此期降水量 62.3～93.2 毫米。有 25% 的年份雨水偏少，只要播种时底墒较足，对棉苗无大影响，稍旱有利蹲苗。18% 的年份雨水过多，往往伴有低温寡照造成病苗、弱苗，对中、后期生长有较大影响。在有积水的年份应挖沟排水，并注意雨后中耕，增强土壤透气性。

3. 蕾期

棉花蕾期生长开始发旺，营养生长和生殖生长并茂，耗水量增加，实际需水量90～140 毫米。商丘此期实际降水量 59.1～94.6 毫米，有 50%的年份雨水偏少，7%的年份雨水偏多。雨水偏少，但光照充足，光合生产率高。

4. 开花结铃期

棉花开花结铃期是生长的旺盛期，也是需水的高峰期，实际需水量 240～340 毫米。商丘此期实际降水量 330.8～435.5 毫米，11%的年份雨水偏少，重旱会造成蕾铃脱落。28%的年份雨水过多。连阴雨、大暴雨可使花粉粒破裂，蕾铃大量脱落。高温天气对开花授粉极为不利。此期多雨，配合高温，是蕾铃大量脱落的主要原因。

5. 裂铃吐絮期

棉花裂铃吐絮期要求天气晴朗，需水量明显减少，实际需水量为 50～70 毫米。如果出现 5 天以上的连阴雨天气会使棉絮变质，10 天以上的连阴雨天气会使棉桃霉烂。商丘此期实际降水量 80.2～96.6 毫米，20%的年份降水偏少，对吐絮有利，40%的年份雨水过多。5 天以上的连阴雨天气过程出现的概率在 40%～60%，此期多雨是影响产量、降低质量的主要气候因素。

商丘棉花生长期，各县(市)的农业气候规律比较一致。温度差异甚小，其变化规律是低—高—低，与棉花的生理要求趋势一致。温度适宜，热量充足。

棉花生育前期温度多变、低温造成棉花迟发。中期高温，使花粉粒活力降低，阻碍受精，不孕籽增多，影响棉花质量。后期低温使棉花纤维的淀积滞缓，次生胞壁加厚不足，成熟度低，纤维变细，强力变弱。后期温度过低，棉纤维和种子停止发育，棉铃不能成熟。

降水的变化规律是：少—多—少，与棉花的生理需要趋势也基本一致。但是，由于降水的时、空分布不均，各县(市、区)降水差异较为明显。播期降水不适的年份占 35%。干旱影响适播，雨涝常伴有低温，造成烂籽、烂芽、出苗不齐。苗期降水不适年份占 40%，大部地区旱多于涝。此期偏旱，有利蹲苗，控上促下，根多苗壮，雨涝会使茎叶徒长。蕾期降水不适年份占 57%，商丘以旱为主，此期偏旱光照充足，有利稳长保蕾，但重旱会使花蕾脱落。花铃期降水不适年份占 38%，大部地区涝多于旱，此期干旱影响纤维伸长，旱、涝均易造成蕾铃脱落。裂铃吐絮期降水不适年份占 65%，商丘涝多于旱，旱年有利，雨涝常伴随低温寡照，造成吐絮不畅，形成“厚皮桃”“水裹桃”，甚至棉絮霉烂，对棉花质量有很大影响。

总之，商丘的光照充足，温度适宜，热量丰富，雨水充沛，有利棉花生长发育。但蕾期低温、花铃期高温多雨、吐絮期多雨低温寡照等不利的气候条件，对棉花的稳产、高产、优质有较多的影响。

五、气候与特色农业

商丘气候适合多种特色农业生产，现以宁陵县的酥梨为例进行分析。

宁陵县是中国酥梨之乡、全国优质酥梨生产基地，种植面积常年稳定在近 2 万公顷，栽培酥梨已有 600 多年的历史。宁陵酥梨是国家级无公害农产品和国家地理标志保护产品。

宁陵县属黄河冲积平原，以沙土和两合土为主。年平均气温 14.2 ℃，年均降水量 700 毫米。宁陵发展酥梨的自然条件优越，气候温和，四季分明，地势平坦，土壤肥沃，雨量丰沛，日照适度，无霜期 208 天，生长季日均气温在 20 ℃左右，非常适合酥梨生产。在酥梨生育的关键期若遇有晚霜冻、雨涝与湿害、干旱、冰雹和大风等气象灾害，对产量和品质造成一定影响。

梨是落叶乔木，树体高大，干性、直立性，适应性强。宁陵酥梨是白梨和沙梨的自然杂交品种。常年 2 月中旬芽萌动，3 月底至 4 月上旬开花，6 月下旬至 8 月底为果实膨大期，9 月上中旬为果实成熟采摘期。气候条件对酥梨生长和梨果品质影响较大，适宜的气候条件有利优质果品形成。即基于一地多年栽培的果树果实品质是由当地多年气候平均条件形成的理论，根据宁陵酥梨农业气候指标评价气候条件对酥梨品质影响的利弊程度。

（一）宁陵县酥梨生育期间的温度条件

梨树是喜温树种，在年平均气温 8.5～14.0 ℃适宜栽培，且具有较强的耐低温能力，可忍耐－25.0～－23.0 ℃的低温。宁陵县年平均气温在 13.3～15.7 ℃（图 5.1），年极端最低气温－17.0 ℃，与梨树生长所需的温度相比较，热量条件适宜。

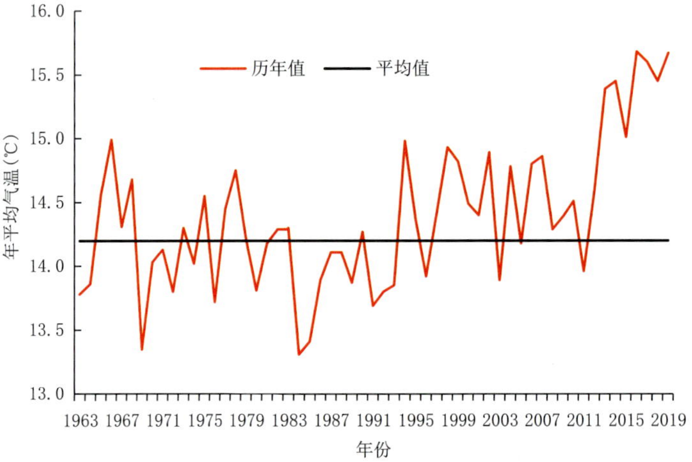

图 5.1　1963—2019 年宁陵县历年平均气温变化

宁陵县日平均气温≥10 ℃初日平均在 3 月 3—29 日，日平均气温≥20 ℃终日平均在 9 月 1—25 日，日平均气温≥15 ℃终日平均在 10 月 1—26 日。因此可以说，宁陵县酥梨最适宜的生长时期应在 5 月初至 9 月下旬。

日平均气温≥10 ℃初日至日平均气温≥20 ℃终日期间的积温为 3864～4083 ℃·日。日平均气温≥20 ℃终日至日平均气温≥15 ℃终日期间积温为 600 ℃·日以上。日平均气温≥10 ℃初日至日平均气温≥15 ℃终日期间积温达 4500 ℃·日左右。6—9 月日平均气温≥10 ℃的积温多在2600～3100 ℃·日。对照酥梨全生育期≥10 ℃积温指标，宁陵县热量条件是可以满足酥梨生育的。

春季当日平均气温上升至 10 ℃以上时，梨树开始开花，14 ℃以上时，开花较快。气温 20～30 ℃生长旺盛，生长期最适温度为 25～30 ℃。气温超过 35 ℃营养生长受到影响，气温下降至 15 ℃以下时植株基本停止生长，气温降至 5 ℃以下时，梨花便易受到冻害。结果初期要求较高的温度，以利于果实膨大，后期则要求昼夜间的温差较大，以利于养分的积累和果实的充实。酥梨的开花、结实、成熟时间常因气温的不同而不同。一般是日平均气温高，所需时间短，反之则延长。宁陵县酥梨生长阶段逐旬平均气温见图 5.2。

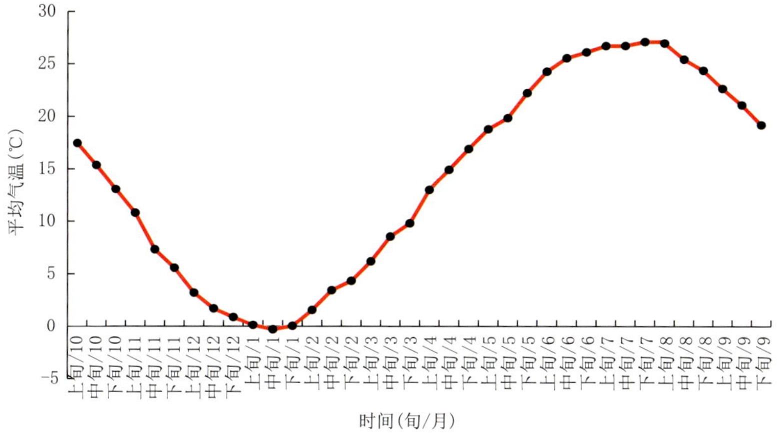

图 5.2　宁陵县酥梨生长阶段逐旬平均气温(1981—2010 年)

宁陵酥梨生长阶段温度指标见表 5.4。梨树休眠期温度略偏高,有利安全越冬;萌芽期、花期、幼果期、果实膨大期温度适宜,有利果实生长;成熟期温度略偏高。

表 5.4　宁陵酥梨各生育阶段所需温度与实际温度对照表(℃)

生育期	休眠期	萌芽期	花期	幼果期	果实膨大期	成熟期
适宜温度	3.0	10.0	13.0	20.0	25.0	18.0
适宜温度下限	1.8	8.5	12.0	18.0	20.0	15.0
适宜温度上限	5.0	14.0	15.0	22.0	27.0	20.0
1981—2010 年平均气温	5.7	9.2	13.0	20.4	26.2	21.0

(二)宁陵县酥梨生育期间的水分条件

水是影响果树代谢的主要因素之一,缺水会导致生理过程紊乱,严重影响产量和品质。在年降水量 500～900 毫米的地区,梨树生长与结实良好。但久旱、久雨对梨树生长发育均不利,而降水不足可以灌溉补充(每年于萌芽前、幼果膨大期、果实膨大期、土壤封冻前灌水 4 次,采收前 15 天禁止灌水),酥梨耐湿性差,当空气湿度>75%时,果实容易出现虫害,且果面不易光洁。宁陵县平均年降水量为 700 毫米,75%以上的年份在 500～900 毫米(图 5.3)。

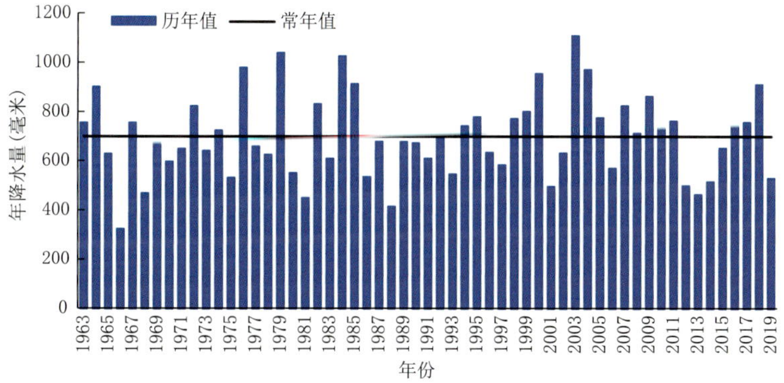

图 5.3　1963—2019 年宁陵县历年降水量变化

充足的降水对果实的成长起着至关重要的作用，同一生态类型在生长发育的不同阶段对降水量的需求也不同。酥梨整个生育期不可缺水。开花授粉阶段要求充足降水，随着植株进入旺盛生长、果实膨大阶段，要求降水逐渐增多，之后随着果实成熟，降水需求减少，直至梨树越冬，只需土壤充分湿润。

从宁陵县的降水条件来看，当地春季一般降水较少，夏季降水充沛，秋季降水适中，冬季雨雪量最少。

宁陵县的春季正好处于梨树开花幼果生长期，对水分有一定要求。宁陵县的夏季酥梨果实膨大期，降水十分充沛，6—8 月降水量超过 380 毫米，常有短时强降水出现。因此，要注意田间排水和疏通，尽量减少田间渍水。宁陵县秋季有的年份降水量偏少，若遇到夏末的高温伏旱，应采用田间开沟引水的办法，防止长时间干旱对酥梨产量的影响。

由于宁陵的季风气候特点，作物生长季（4—10 月）降水量约占全年总降水量的 80%～90%，所以作物生长季降水量的地域分布与年降水量的地域分布基本一致。其中 6 月、7 月和 8 月降水量最多，各地约占全年降水量的 50%～60%，夏季不但雨量集中，而且降雨强度大，常因暴雨造成洪涝灾害。在酥梨生育期间，6 月宁陵县降水量在 19～200 毫米，绝大部分年份平均降水量在 79 毫米左右；7 月是宁陵县降水量最多的月份，历年降水量均在 95 毫米以上，绝大部分年份降水量在 200 毫米左右；8 月宁陵县降水量在 65～200 毫米，绝大部分地区平均降水量在 137 毫米左右；9 月宁陵县降水量平均在 40～150 毫米，大部分年份降水量在 80 毫米左右。从平均降水量上看，能够满足酥梨后期生长发育的需要。宁陵县 6—9 月日平均气温 ≥10 ℃期间的降水量为 200～800 毫米，其中绝大部分年份在 300～600 毫米，从总量上看可以满足酥梨一生的需水要求。宁陵县酥梨生长阶段逐旬降水量见图 5.4。

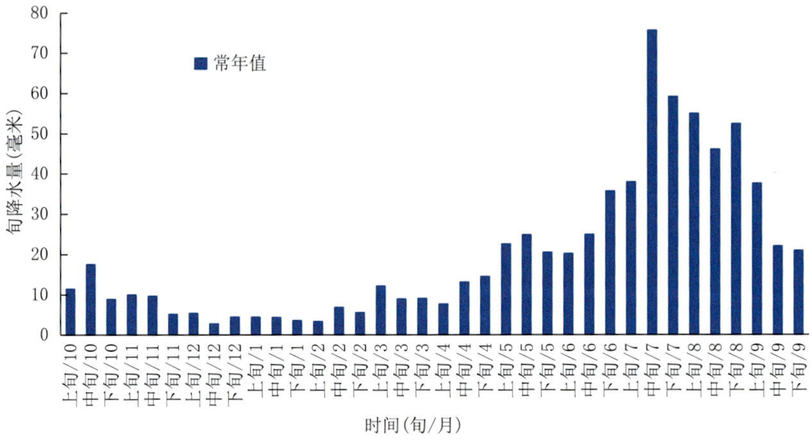

图 5.4　宁陵县酥梨生长阶段逐旬降水量（1981—2010 年）

宁陵酥梨生长阶段降水指标见表 5.5。梨树休眠期、幼果期、果实膨大期、成熟期降水适宜，有利梨树生长；萌芽期、花期降水偏少，应浇好花前水。

表 5.5　宁陵酥梨各生育阶段所需水量与实际降水量对照表(毫米)

生育期	休眠期	萌芽期	花期	幼果期	果实膨大期	成熟期
适宜降水量	70～120	30～40	55～70	100～270	340～420	90～160
1981—2010 年平均降水量	113.5	17.9	7.6	140	361.2	80.4

（三）宁陵县酥梨生育期间的日照条件

梨树喜光，在年日照时数 1600～1700 小时的地区生长结实良好。在肥水较好的情况下，阳光充足，梨叶可增厚，栅状组织第三层也能分化成栅状细泡。梨树属于喜光果类，光强对果实着色有明显的影响，一般光照充足，同化量多，果实大，落果少，花芽形成数量多。根据计算，宁陵县全年可照时数为 4428.1～4432.3 小时，但实际日照时数又因地理环境和云雾影响而不同。宁陵县全年实际日照时数在 1600～2500 小时（图 5.5），相当于可照时数的一半左右。宁陵县光照资源丰富，能够满足喜光酥梨的需求。

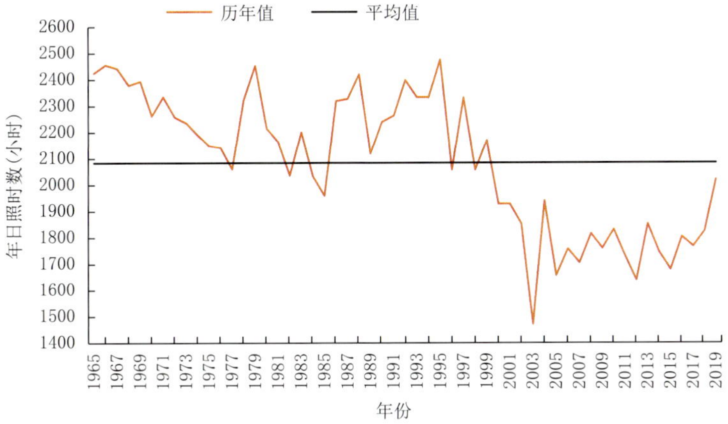

图 5.5　1963—2019 年宁陵县历年日照时数变化

从季节变化看，全县实际日照时数以夏季为最多，春季、秋季次之，冬季日照时数最少。一年内最多日照时数出现的月份各地不一，但相对集中于 5 月、6 月、8 月。各月各旬日照时数分布均有差异，常年 5 月下旬最多，1 月下旬最少。宁陵县酥梨生长阶段逐旬日照时数见图 5.6。

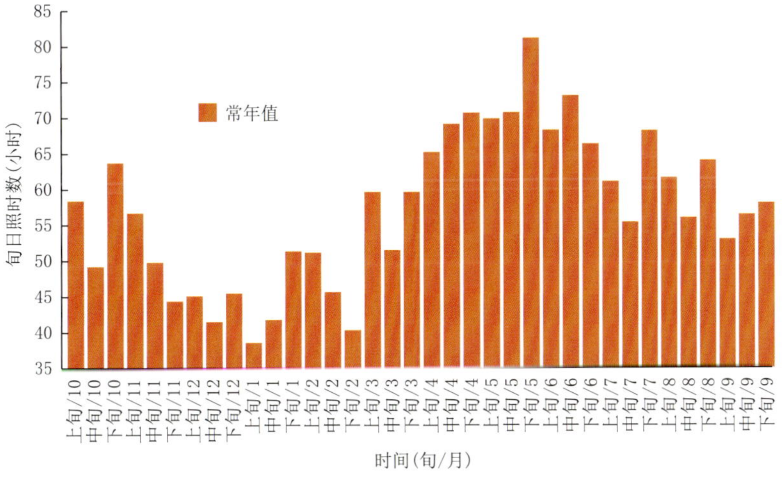

图 5.6　宁陵县酥梨生长阶段逐旬日照时数（1981—2010 年）

宁陵酥梨生长阶段日照指标见表 5.6。梨树休眠期、萌芽期、开花期、幼果期、果实膨大期，实际日照时数达到可照时数的 70% 左右，日照条件充足，有利酥梨生长；成熟期日照时数达到可照时数的 48%，正常年份光照条件能够满足果实成熟。

表 5.6　宁陵酥梨各生育阶段所需日照时数与实际日照时数对照表(小时)

生育期	休眠期	萌芽期	花期	幼果期	果实膨大期	成熟期
日照百分率为 70%的日照时数	620	120	70	500	440	350
1981—2010 年平均日照时数	782.6	111.1	65.2	506.9	432.6	167.5

(四)宁陵县酥梨生育期间气象灾害

在酥梨生育关键期若遇有晚霜冻、雨涝与湿害、干旱、冰雹和大风等气象灾害,对产量和品质造成一定影响。

1. 霜冻

当宁陵县早春的霜冻发生时,恰好处于酥梨开花阶段,花蕾和开花期易受低温霜冻危害。春季开花期间,当气温低于 7 ℃时,梨花就会遭受危害,遇 5 ℃以下低温,花粉管即受冷害。温度达到−3～−2 ℃时,花蕾将遭受低温冻害。宁陵县 4 月上旬有时受强冷空气的威胁,最低气温可降至−4～−1 ℃,致梨花受冻害,是影响酥梨生产的主要灾害之一。

防御措施:(1)霜前灌水或喷水。果树萌芽后,灌水时间以霜前 3～6 天为好,可提高地温 3～5 ℃,提高田间气温 1.5 ℃,而且灌水的园块,田间湿度大,还可以抵抗春季干旱风对梨花的危害。在预报霜冻害可能发生的当日傍晚进行喷水,可以推迟发芽,延迟花期 3～5 天,有利于避开傍晚霜冻危害。(2)加温与熏烟。在夜温−2 ℃以上时较为有效。熏烟可在夜温降至 0 ℃时进行。(3)使用风扇。使用风扇,使果园内空气流动,是比较先进的防霜技术,但成本较高。(4)人工授粉。人工授粉是提高坐果率的最有效措施。霜冻发生后,对霜后开的花应补授花粉。

2. 雨涝与湿害

宁陵县地处豫东的黄淮冲积平原,海拔 50 米左右。全县夏季降水较多,6—8 月降水超过全年总降水量的 50%,而且不乏短时强降水事件。而田间出现积涝后,若排水不及时,会导致水位过深,易引起结果延迟和梨树根系腐败,严重的造成根系死亡,影响酥梨的产量和品质。

防御措施:提前做好排水准备,防止积水。

3. 干旱

酥梨生长发育的各个时期都有可能发生干旱。

春旱。4—5 月是酥梨开花、授粉、结果期,若出现干旱,影响酥梨的开花、授粉、结果和正常生长。

初夏旱。5 月上中旬至 6 月中下旬,酥梨处于展叶到结果期,以生长果实为主。若土壤相对湿度低于 55%,造成土壤过硬,降水过少酥梨生长受阻,极易出现歉收甚至绝收。宁陵县历年出现初夏旱频率为 25%～48%,50 年来,影响全县的初夏旱共出现 24 次,占 48%。

卡脖旱。7 月下旬至 8 月中旬是酥梨结果时期,也是酥梨生长期中需水多的时期。此期若出现干旱(俗称卡脖旱),会影响酥梨结果,从而形成大量减产,产量明显降低。据统计,近 50 年来共发生影响全县的卡脖旱(指标:7 月下旬至 8 月中旬的 3 个旬中,连续两个旬以上旬降水量<50 毫米,且 3 个旬总降水量<100 毫米)13 次,占总年数的 26%。在多个酥梨减产年中,有 6 年发生了卡脖旱,有 7 年虽发生了卡脖旱,但酥梨并未明显减产,占发生卡脖旱年的 54%。可见良好的灌溉条件和优良的抗逆品种,可以大大减轻卡脖旱的危害。另外还有 5 年

宁陵县酥梨虽然歉收，但并未出现卡脖旱，其主要原因是发生了初夏旱或涝灾。

防御措施：梨园适时灌溉。

4. 冰雹

冰雹灾害出现的范围虽然较小，时间也比较短促，但来势猛、强度大，并常常伴随着狂风、强降水、急剧降温等阵发性灾害性天气过程，其危害性、破坏力极大，轻则砸毁叶片，重则可造成绝收。

防御措施：适时进行人工消雹作业，化雹为雨。

5. 大风

酥梨的果实是靠细的枝茎吊起，而果实较大容易招风，加之酥梨的枝茎细小固定能力较差，因此，6 月下旬酥梨进入旺盛生长期后，一旦遇上强对流天气如大风、暴风雨袭击，则通常会折断枝茎，减少酥梨的产量。在酥梨的旺盛生长期(6—8 月)，要严防大风的侵袭，避免折枝、伤果。

防御措施：在距离果园外围 2～3 米处栽植茭白、茭草或蒲草，用以防风，保护植株。

第三节　近 5 年气候与历年气候比较

2015—2019 年(简称近 5 年)基本气候特点是：年平均气温 15.4 ℃，与 1960—2019 年(简称历年)相比偏高 1.0 ℃，为 1960 年以来最暖 5 年期。其中冬季、春季、夏季、秋季分别比历年同期偏高 0.9 ℃、1.3 ℃、0.6 ℃、0.7 ℃；近 5 年年平均降水量 735.2 毫米，与历年值接近，但年际变化明显。其中冬季、秋季分别偏多 7.7%、14.6%，春季、夏季分别偏少 6.0%、4.4%；近 5 年年平均日照时数 1931.8 小时，与历年相比偏少 192.1 小时，其中冬季、春季、夏季、秋季分别偏少 50.3 小时、30.1 小时、23.8 小时、70.3 小时。近 5 年商丘气温偏高，光热充足，对农业生产总体较为有利；但阶段性气象灾害(干旱、暴雨大风等强对流天气、干热风、连阴雨、寒潮等)较为频繁，对农业生产造成一定影响。总体来说，各年气象灾害均为偏轻年份，是农业丰收的好年景。

一、基本气候状况比较

(一)气温

1. 年平均气温评价

特点：近 5 年商丘平均气温为 1960 年以来最暖 5 年期。

年平均气温。近 5 年年平均气温 15.4 ℃，较历年值偏高 1.0 ℃，为 1960 年以来最暖 5 年期(图 5.7)。近 5 年各年年平均气温在 14.9(2015 年)～15.7(2017 年)℃，气温距平值 0.5～1.3 ℃，与历年相比，2015 年偏高 0.5 ℃，属正常年份；2016 年和 2018 年均偏高 1.1 ℃，属明显偏高年份，均为 1960 年以来同期第 2 高值；2017 年偏高 1.3 ℃，属明显偏高年份，为 1960 年以来同期最高值；2019 年偏高 1.0 ℃，属偏高年份，与 2013 年和 2014 年并列 1960 年以来同期第 3 高值。

近 5 年各站年平均气温商丘站 14.8 ℃、永城站 16.0 ℃、夏邑站 15.6 ℃、虞城站 15.0 ℃、柘城站 16.0 ℃、民权站 15.8 ℃、睢县站 15.2 ℃、宁陵站 15.6 ℃，年平均气温在 14.8(商丘站)～16.0(永城站)℃,气温距平值 0.5～1.3 ℃(图 5.8)。其中,睢县、民权、虞城、宁陵 4 个站为 1960 年以来最暖 5 年期。

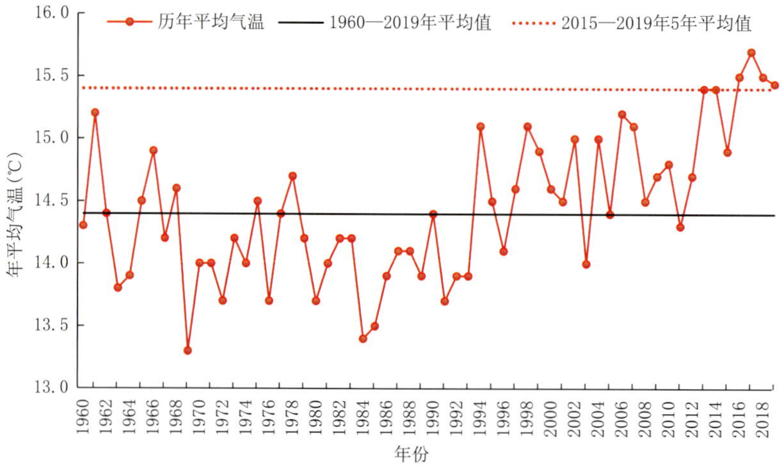

图 5.7　1960—2019 年商丘年平均气温历年变化

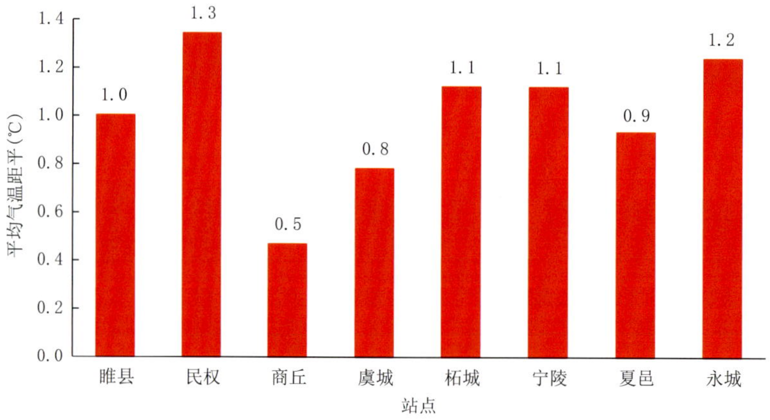

图 5.8　商丘各站点近 5 年年平均气温距平
(2015—2019 年年平均气温与 1960—2019 年年平均气温比较)

近 5 年各年年平均气温与历年相比,除 2015 年年平均气温距平值为－0.2 ℃处,其余气温距平值为 0.2～1.5 ℃。2015 年年平均气温在 14.3～15.7 ℃;2016 年年平均气温在 14.9～16.4 ℃,其中宁陵站 15.7 ℃,为建站以来最高值;2017 年年平均气温在 15.0～16.7 ℃,其中永城站 16.7 ℃、夏邑站 15.8 ℃、虞城站 15.2 ℃、民权站 15.8 ℃、睢县站 15.4 ℃,均为建站以来最高值。2018 年商丘年平均气温在 15.0～16.1 ℃,其中虞城站 15.2 ℃、民权站 15.8 ℃,这 2 个站的年平均气温与 2017 年并列建站以来最高值;2019 年商丘年平均气温在 14.9～16.2 ℃,其中民权站 16.2 ℃、睢县站 15.5 ℃、宁陵站 15.7 ℃(宁陵站与 2016 年并列)均为建站以来最高值。

年极端最高气温。近 5 年年极端最高气温 39.1 ℃,出现在 2017 年 7 月 24 日(永城站),与历史记录极端最高值 43.6 ℃(1966 年 7 月 19 日出现在民权站)相比,偏低 4.5 ℃。

日最高气温≥35.0 ℃的日数。近 5 年日最高气温≥35.0 ℃的日数年平均 19.8 天，较历年偏多 4.8 天。近 5 年各站日最高气温≥35.0 ℃的日数年平均在 15.2(商丘站)～24(永城站)天。

年极端最低气温。近 5 年年极端最低气温－16.0 ℃，出现在 2016 年 1 月 24 日(商丘站)，与历史记录极端最低值(永城站 1969 年 2 月 5 日出现 23.4 ℃)相比，偏高 7.4 ℃。

日最低气温≤－5 ℃的日数。近 5 年日最低气温≤－5 ℃的日数年平均 16.0 天，较历年偏少 9.2 天。近 5 年各站日最低气温≤－5 ℃的日数年平均在 10.4(民权站)～25.8(商丘站)天。

终霜日。近 5 年年平均终霜日期为 3 月 30 日，与历年日期接近。近 5 年各县(市)年平均终霜日期在 3 月 22 日(柘城站)至 4 月 7 日(睢县站)。

初霜日。近 5 年年平均初霜日期为 11 月 12 日，较历年偏晚 13 天。近 5 年各县(市)年平均初霜日期在 10 月 30 日(商丘站)至 11 月 18 日(柘城站)。

无霜期日数。近 5 年商丘年平均无霜期日数 225.5 天，较历年偏多 15.5 天。近 5 年各县(市、区)无霜期日数年平均在 216.0(商丘站)～241.6(永城站)天。

2. 四季气温评价

特点：近 5 年冬、夏、秋气温偏高，春季明显偏高。

(1)冬季

近 5 年冬季平均气温 2.4 ℃，较历年同期偏高 0.9 ℃。近 5 年各年冬季平均气温在 1.5(2019 年)～3.9(2016 年)℃，气温距平值为 0.0～1.4 ℃。与历年同期相比，2015 年明显偏高；2016 年异常偏高，为 1960 年以来同期最高值；2017 年、2018 年和 2019 年 3 年正常。

近 5 年冬季平均气温在 1.7(商丘站)～3.2(永城站)℃，其中商丘站 1.7 ℃、永城站 3.2 ℃、夏邑站 2.6 ℃、虞城站 2.1 ℃、柘城站 2.8 ℃、民权站 2.5 ℃、睢县站 2.2 ℃和宁陵站 2.3 ℃。气温距平值为 0.2～1.4 ℃。其中，2016 年永城站 5.2 ℃、虞城站 3.4 ℃、民权站 4.0 ℃、柘城站 4.3 ℃和宁陵站 3.8 ℃，均为建站以来同期最高值。

(2)春季

近 5 年春季平均气温 15.9 ℃，较历年同期偏高 1.3 ℃。近 5 年各年春季平均气温在 15.0(2015 年)～16.3(2017 年、2018 年)℃。气温距平值为 0.4～1.7 ℃。与历年同期相比，2015 年正常；2016 年、2017 年和 2018 年 3 年明显偏高，2016 年为 1960 年以来同期第 3 高值，2017 年和 2018 年并列为 1960 年以来同期第 2 高值；2019 年偏高，为 1960 年以来同期第 4 高值。

近 5 年春季平均气温商丘站 15.3 ℃、永城站 16.1 ℃、夏邑站 16.0 ℃、虞城站 15.3 ℃、柘城站 16.2 ℃、民权站 16.3 ℃、睢县站 15.7 ℃和宁陵站 16.2 ℃。各站春季平均气温在 15.3(商丘站、虞城站)～16.3(民权站)℃，气温距平值为 0.6～1.6 ℃。其中，2016 年宁陵站、永城站均为 16.7 ℃，均为建站以来同期第 2 高值；2017 年永城站 17.2 ℃，为建站以来同期最高值；2018 年虞城站 15.9 ℃、柘城站 16.8，均为建站以来同期最高值。

(3)夏季

近 5 年夏季平均气温 26.9 ℃，较历年同期偏高 0.6 ℃。近 5 年各年夏季平均气温在 25.7(2015 年)～27.8(2018 年)℃。气温距平值为－0.6～1.5 ℃。与历年同期相比，2015 年偏低；2016 年正常；2017 年和 2019 年 2 年偏高；2018 年明显偏高，为 1960 年以来同期第 4

高值。

近5年夏季平均气温在26.5(商丘站)～27.3(永城站)℃，其中商丘站26.5 ℃、永城站27.3 ℃、夏邑站26.8 ℃、虞城站26.6 ℃、柘城站27.1 ℃、民权站27.2 ℃、睢县站26.8 ℃、宁陵站27.1 ℃。气温距平值为0.3～0.9 ℃。其中，2018年民权、柘城2县站为建站以来同期第2高值，睢县、虞城、夏邑3个站为建站以来同期第3高值，宁陵站为建站以来同期第4高值；2019年民权站为建站以来同期第4高值。

(4)秋季

近5年秋季平均气温15.7 ℃，较历年同期偏高0.7 ℃。近5年各年秋季平均气温在15.1(2015年)～16.2(2019年)℃。气温距平值为0.1～1.2 ℃。与历年同期相比，2015年正常；2016年、2017年和2018年3年偏高；2019年明显偏高，为1960年以来同期第3高值。

近5年秋季平均气温在15.1(商丘站)～16.5(夏邑站)℃，其中商丘站15.1 ℃、永城站16.5 ℃、夏邑站15.7 ℃、虞城站15.4 ℃、柘城站16.1 ℃、民权站16.0 ℃、睢县站15.5 ℃、宁陵站15.6 ℃。气温距平值为0.3～1.2 ℃。其中，2019年民权站为建站以来同期最高值，睢县、虞城、宁陵3县站为建站以来同期第2高值，柘城站为建站以来同期第4高值。

(二)降水

1. 年降水评价

近5年平均年降水量735.2毫米，较历年值偏多0.4%，但年际变化明显(图5.9)。其中，2015年、2016年、2017年和2018年平均降水量分别为741.0毫米、730.4毫米、779.9毫米和861.3毫米，降水距平百分率为－0.4%～17.6%，与历年相比均正常；2019年年平均降水量563.5毫米，降水距平百分率为－23.1%，与历年相比偏少，为1960年以来的第7少值，1998年以来的最少值。

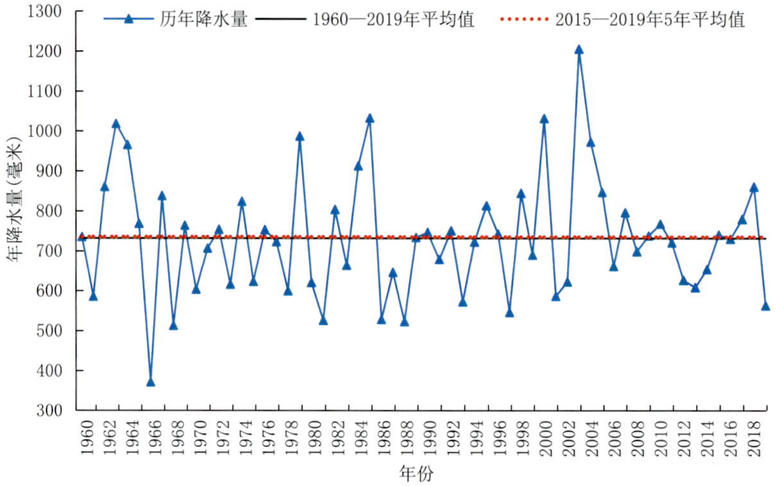

图5.9 商丘1960—2019年年平均降水量历年变化

近5年年平均降水量在600.2(民权站)～800.3(夏邑站)毫米(图5.10(a))，降水距平百分率为－10.6%～8.8%(图5.10(b))，降水时空分布不均，年际变化大。其中，2016年虞城站降水量934.1毫米，降水距平百分率27.6%，与历年相比属偏多年份；2018年商丘站、宁陵站和夏邑站降水量分别为911.7毫米、911.7毫米和1001.4毫米，降水距平百分率为28.0%～

30.6%，与历年相比均属偏多年份；2019 年民权、柘城、宁陵、商丘 4 个站降水量分别为 374.9 毫米、400.1 毫米、530.2 毫米、567.0 毫米，降水距平百分率为－20.4%～－46.0%，与历年相比均属偏少年份，民权站为建站以来的第 3 少值，柘城站为建站以来的第 4 少值；其余站点各年均正常。

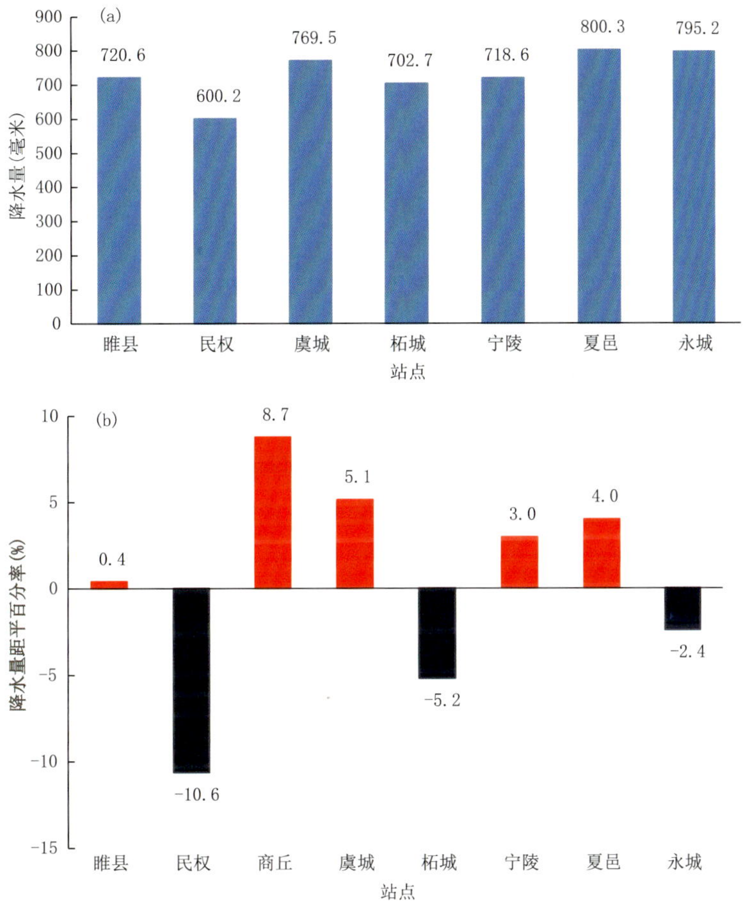

图 5.10 商丘各站点近 5 年年平均降水量(a)和降水量距平百分率(b)
(2015—2019 年年平均降水量与 1960—2019 年年平均降水量比较)

近 5 年一日最大降水量 363.6 毫米，出现在 2018 年 8 月 18 日(商丘站)，为商丘各站有气象记录以来的最多值，比历年第 2 多值 253.7 毫米(民权站 1963 年 8 月 3 日)多 109.9 毫米。

近 5 年最长连续降水日数 9 天，出现在 2016 年 10 月 20—28 日(商丘站)，总降水量 101.0 毫米。最长连续无降水日数 46 天，出现在 2014 年 12 月 11 日至 2015 年 1 月 25 日(宁陵站、睢县站、柘城站)。

2. 四季降水评价

(1)冬季

近 5 年冬季平均降水量 44.6 毫米，较历年同期偏多 7.7%。近 5 年各年冬季平均降水量在 16.1(2016 年)～91.1(2017 年)毫米，降水距平百分率为－61.1%～120.0%。与历年同期相比，2015 年和 2018 年 2 年偏少；2016 年明显偏少；2017 年异常偏多，为 1960 年以来同期第

4 多值；2019 年明显偏多。

近 5 年冬季平均降水量在 38.3(民权站)～50.7(夏邑站、永城站)毫米。其中商丘站 41.3 毫米、永城站 50.7 毫米、夏邑站 50.7 米、虞城站 45.7 米、柘城站 47.5 毫米、民权站 38.3 毫米、睢县站 39.3 毫米、宁陵站 43.0 毫米。降水距平百分率为－1.1%～18.3%。

近 5 年冬季每年降水量在 9.3(夏邑站 2015 年)～110.3(夏邑站 2016 年)毫米，降水距平百分率为－80.2%～135.2%。其中，2016 年夏邑站 110.3 毫米、柘城站 101.6 毫米、虞城站 93.9 毫米，为这 3 个站建站以来同期第 2 多值，商丘站 85.5 毫米、民权站 72.8 毫米，为这 2 个站建站以来同期第 3 多值。

(2)春季

近 5 年平均降水量 135.7 毫米，较历年同期偏少 6.0%。近 5 年各年春季平均降水量 83.0(2019 年)～186.3(2015 年)毫米，降水距平百分率为－38.9%～37.3%，与历年同期相比，2015 年和 2018 年 2 年偏多，2016 年、2017 年和 2019 年 3 年偏少。

近 5 年春季平均降水量在 106.9(民权站)～150.4(夏邑站)毫米，其中商丘站 119.0 毫米、永城站 127.6 毫米、夏邑站 150.4 毫米、虞城站 135.8 毫米、柘城站 131.5 毫米、民权站 129.0 毫米、睢县站 106.9 毫米、宁陵站 118.1 毫米。降水距平百分率为－14.7%～2.0%。

近 5 年春季每年降水量 61.0(民权站 2016 年)～231.4(夏邑站 2015 年)毫米，降水距平百分率为－54.8%～37.9%。其中，2016 年民权站 61.0 毫米、2017 年夏邑站 71.1 毫米，均明显偏少。

(3)夏季

近 5 年夏季平均降水量 389.8 毫米，较历年同期偏少 4.4%。近 5 年各年夏季平均降水量在 337.4(2015 年)～533.6(2018 年)毫米，降水距平百分率为－6.6%～23.7%。与历年同期相比，2015 年、2016 年、2017 年和 2019 年 4 年正常，2018 年偏多。

近 5 年夏季平均降水量在 307.7(民权站)～441.3(夏邑站)毫米，其中商丘站 425.3 毫米、永城站 418.5 毫米、夏邑站 441.3 毫米、虞城站 423.2 毫米、柘城站 347.8 毫米、民权站 307.7 毫米、睢县站 379.9 毫米、宁陵站 374.8 毫米。降水距平百分率为－18.1%～8.3%。

近 5 年夏季每年降水量在 198.1(民权站 2019 年)～671.1(夏邑站 2018 年)毫米，降水距平百分率为－47.2%～55.2%。其中，2018 年夏邑站 671.1 毫米、宁陵站 589.9 毫米，这 2 站明显偏多。

(4)秋季

近 5 年秋季平均降水量 170.7 毫米，较历年同期偏多 14.6%。近 5 年各年秋季平均降水量在 90.6(2018 年)～247.5(2017 年)毫米，降水距平百分率为－39.6%～65.1%。与历年同期相比，2015 年偏多，2016 年和 2017 年 2 年明显偏多，2018 年和 2019 年 2 年偏少。

近 5 年秋季平均降水量在 145.1(民权站)～186.3(夏邑站)毫米，其中商丘站 176.1 毫米、永城站 171.7 毫米、夏邑站 186.3 毫米、虞城站 179.7 毫米、柘城站 170.4 毫米、民权站 145.1 毫米、睢县站 169.1 毫米、宁陵站 167.2 毫米。降水距平百分率为 3.0%～22.2%。

近 5 年秋季每年降水量 70.1(宁陵站 2018 年)～288.3(睢县站 2017 年)毫米，降水距平百分率为－52.2%～94.5%。其中，2015 年夏邑站，2016 年商丘站、虞城站、柘城站、宁陵站、夏邑站和永城站均明显偏多；2017 年商丘、虞城、柘城、宁陵和永城 5 个站明显偏多，睢县站异常偏多，为建站以来同期第 3 多值；2018 年睢县站、宁陵站、永城站和 2019 年柘城站均明显偏少。

3. 降水日数评价

年平均降水日数。近 5 年商丘年平均降水日数 83.9 天，较历年偏少 2.3 天(图 5.11)。近 5 年各年年平均降水日数在 74.6(2019 年)～88.6(2018 年)天，降水日数距平值为 −11.7～2.3 天。与历年相比，2015 年、2016 年、2017 年和 2018 年 4 年正常；2019 年明显偏少，与 2006 年并列为 1960 年以来同期第 10 少值。

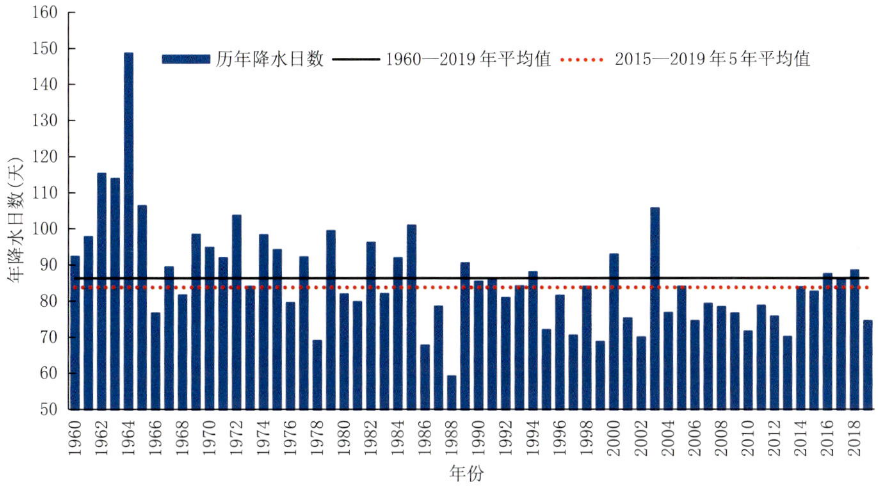

图 5.11　1960—2019 年商丘年平均降水日数历年变化

年降水日数。近 5 年年平均降水日数在 77.8(民权站)～91.0(永城站)天，其中商丘站 84.4 天、永城站 91.0 天、夏邑站 84.8 天、虞城站 83.6 天、柘城站 86.0 天、民权站 77.8 天、睢县站 82.0 天、宁陵站 81.8 天。降水日数距平值为 −4.7～1.0 天。

近 5 年每年降水日数在 68(2019 年民权站)～95(2018 年永城站)天，与历年相比，2015 年虞城站和夏邑站偏少；2016 年民权站偏少；2018 年睢县站偏多；2019 年商丘站和永城站 2 站偏少，柘城、虞城、夏邑和睢县 4 个站明显偏少，民权、宁陵 2 个站异常偏少，宁陵站为建站以来第 6 少值，民权站与 2010 年并列为建站以来第 7 少值；其余均正常。

(三)日照

1. 年日照评价

年平均日照时数。近 5 年年平均日照时数 1931.8 小时，较历年偏少 192.1 小时，属偏少年(图 5.12)。近 5 年每年年平均日照时数在 1750.8(2015 年)～2038.9(2017 年)小时，距平值为 −373.2～−85.0 小时。与历年相比，2015 年异常偏少，为 1960 年以来同期第 2 少值；2016 年明显偏少；2017 年正常；2018 年和 2019 年 2 年偏少。

年日照时数。近 5 年各站年日照时数在 1778.0(永城站)～2057.2(夏邑站)小时(图 5.13(a))，日照距平值为 −315.3～7.9 小时(图 5.13(b))，与历年相比，民权和柘城 2 个站偏少，虞城和宁陵 2 个站明显偏少，商丘和永城 2 个站异常偏少，其他各站正常。

各站日照时数年际变化。近 5 年日照时数年际变化大，2015 年日照时数 1480.5(商丘站)～1919.6(夏邑站)小时，日照距平值为 −642.7～−129.7 小时，与历年相比，睢县、民权、商

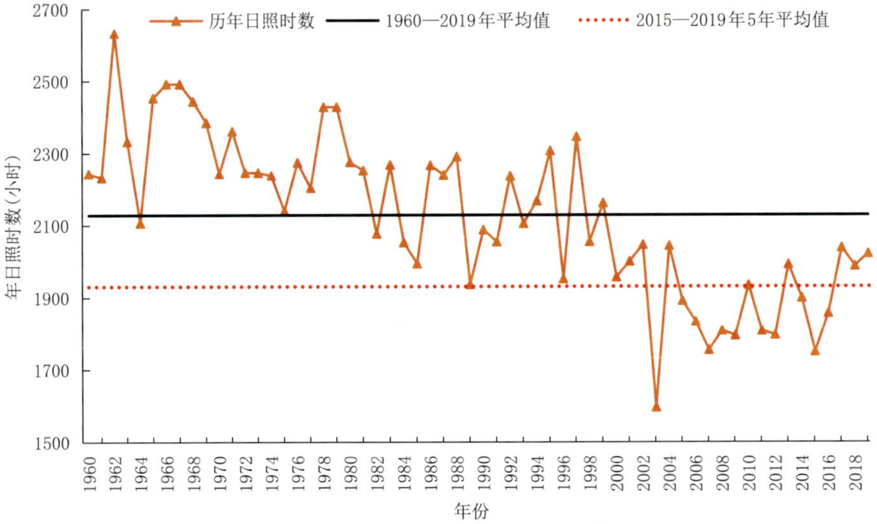

图 5.12　1960—2019 年商丘年平均日照时数历年变化

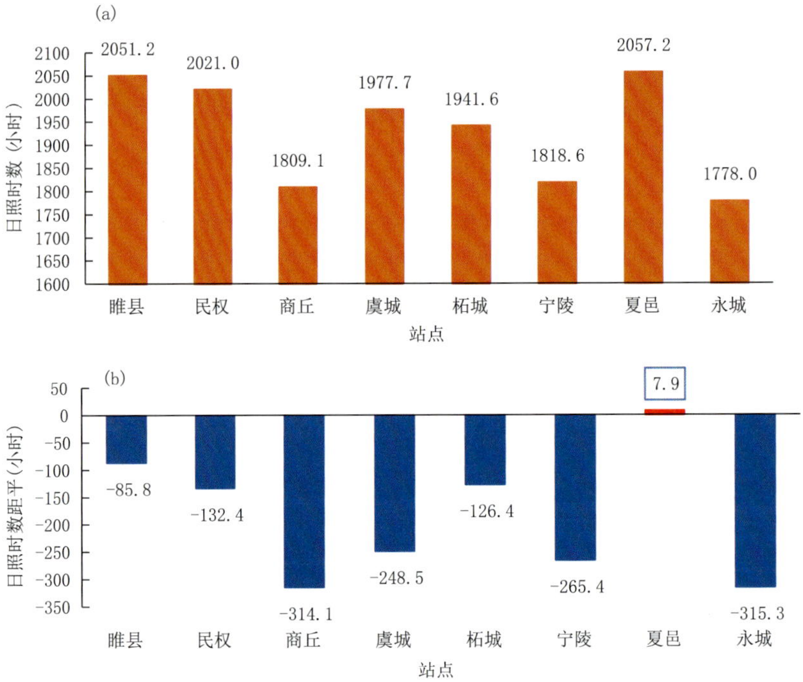

图 5.13　商丘各站点近 5 年年平均日照时数(a)与日照时数距平值(b)
(2015—2019 年年平均日照时数与 1960—2019 年年平均日照时数比较)

丘、虞城、宁陵和永城 6 个站异常偏少，柘城站明显偏少，夏邑站偏少；2016 年日照时数 1634.4(永城站)～2002.1(睢县站)小时，日照距平值为－458.9～－57.8 小时，与历年相比，商丘、永城 2 个站异常偏少，民权、虞城、柘城和宁陵 4 个站明显偏少，睢县站偏少，夏邑站正常；2017 年日照时数 1766.6(宁陵站)～2283.7(夏邑站)小时，日照距平值为－317.4～234.4 小时，与历年相比，夏邑站明显偏多，宁陵站异常偏少，商丘站明显偏少，虞城和永城 2 个站偏少，其他各站正常；2018 年日照时数 1807.9（永城站）～2148.9（睢县站）小时，日照距平值为－285.4～88.3 小时，与历年相比，商丘、虞城、宁陵和永城 4 个站明显偏少，其他各站正常；2019 年日照时数 1924.7（永城站）～2112.9（睢县站）小时，日照距平值为－234.9～－24.2 小时，与历年相比，虞城站明显偏少，永城站偏少，其他各站正常。

2. 四季日照评价

（1）冬季

近 5 年冬季平均日照时数 370.5 小时，比历年同期偏少 50.3 小时。近 5 年各年冬季平均日照时数在 268.6.8（2018 年）～426.5（2015 年）小时。距平值为－152.2～5.7 小时，与历年同期相比，2015 年、2016 年、2017 年和 2018 年 4 年正常，2019 年偏少。

近 5 年冬季平均日照时数在 309.8（宁陵站）～404.1（夏邑站）小时，其中商丘站 340.3 小时、永城站 357.0 小时、夏邑站 404.1 小时、虞城站 387.3 小时、柘城站 372.4 小时、民权站 401.2 小时、睢县站 391.7 小时、宁陵站 309.8 小时。距平值为－89.2～－1.2 小时。

近 5 年各年冬季日照时数 259.9（商丘站 2019 年）～454.5（民权站 2018 年）小时，距平值为－170.5～57.8 小时，与历年同期相比，2018 年宁陵站偏少，2019 年各站均偏少，其余年均正常。

（2）春季

近 5 年春季平均日照时数 567.7 小时，较历年同期偏少 30.1 小时。近 5 年各年春季平均日照时数在 521.2（2015 年）～629.7（2017 年）小时，距平值为－72.6～29.8 小时，与历年同期相比，各年春季均正常。

近 5 年春季平均日照时数在 522.1（永城站）～603.3（民权站）小时，其中商丘站 547.1 小时、永城站 522.1 小时、夏邑站 587.6 小时、虞城站 566.0 小时、柘城站 567.4 小时、民权站 603.3 小时、睢县站 598.8 小时、宁陵站 549.7 小时。距平值为－60.4～9.9 小时。

近 5 年各年春季日照时数在 455.3（商丘站 2015 年）～703.4（夏邑站 2017 年）小时，距平值为－144.9～125.7 小时，与历年同期相比，2015 年商丘和永城 2 站偏少；2017 年夏邑站偏多；2018 年虞城站偏少，其余均正常。

（3）夏季

近 5 年夏季平均日照时数 581.8 小时，较历年同期偏少 23.8 小时。近 5 年各年夏季平均日照时数在 506.9（2015 年）～625.0（2018 年）小时，距平值为－98.7～19.4 小时，与历年同期相比，各年夏季均正常。

近 5 年夏季平均日照时数在 514.9（永城站）～627.1（夏邑站）小时，其中商丘站 525.1 小时、永城站 514.9 小时、夏邑站 627.1 小时、虞城站 604.8 小时、柘城站 589.1 小时、民权站 593.6 小时、睢县站 619.6 小时、宁陵站 580.0 小时。距平值为－75.5～47.5 小时。

近 5 年各年夏季日照时数在 400.1（商丘站 2015 年）～692.9（睢县站 2018 年）小时，距平值为－196.8～83.1 小时，与历年同期相比，2015 年睢县、民权、商丘和永城 4 站偏少，2016 年和 2017 年商丘、永城 2 站均偏少，其余均正常。

（4）秋季

近 5 年秋季平均日照时数 429.5 小时，较历年同期偏少 70.3 小时。近 5 年各年秋季平均日照时数在 359.6（2015 年）～471.3（2019 年）小时，距平值为－140.2～－28.5 小时，与历年同期相比，2015 年偏少，2016 年、2017 年、2018 年和 2019 年 4 年均正常。

近 5 年秋季平均日照时数在 426.1（商丘站）～444.6（睢县站）小时，其中商丘站 426.1 小时、永城站 431.5 小时、夏邑站 438.1 小时、虞城站 431,9 小时、柘城站 35.1 小时、民权站 430.1 小时、睢县站 444.6 小时、宁陵站 423.7 小时。距平值为－92.9～－50.9 小时。

近 5 年各年秋季日照时数在 318.2（商丘站 2015 年）～513.7（睢县站 2018 年）小时，距平值为－187.7～11.6 小时，与历年同期相比，2015 年睢县、民权、商丘、虞城、柘城、宁陵和永城 7 个站偏少；2016 年睢县、民权、商丘和虞城 4 个站偏少，其余均正常。

二、近 5 年主要气象灾害对农业的影响比较

在全球气候变暖的背景下，极端气候事件频发趋势更加明显。近 5 年气象灾害性天气时有发生，虽出现次数与历年相比有所减少，但强度增大，有些极值为历年罕见，对农业产生不利影响。

（一）干旱

近 5 年每年都有短时或阶段性干旱发生，危害严重的有 2 年。

2016 年冬春降水连续偏少，春季持续干旱。2015 年 12 月 1 日至 2016 年 5 月 10 日，商丘平均降水量 48.4 毫米，较常年偏少 6 成，为 1960 年以来同期最少值。其中，睢县（39.2 毫米）、柘城（52.3 毫米）2 站为建站以来同期最少值，民权、商丘、虞城、夏邑和宁陵 5 个站为近 30 年同期最少值。冬小麦拔节后，土壤出现不同程度的干旱，加之春季气温偏高，旱情持续，对未灌溉地块冬小麦产量造成一定影响。

2019 年 5 月，商丘平均降水量 1.5 毫米，较常年同期偏少 98%，气温偏高，气象干旱发展迅速，5 月 31 日自动土壤水分站监测商丘 50% 的站点达重度气象干旱。6 月中旬至 7 月中旬，全市平均降水量 44.3～74.3 毫米，较常年同期偏少 63%～74%，7 月 20 日自动土壤水分站监测睢县、虞城县、永城市出现中旱，其他各县（区）部分地块出现重旱。受干旱影响，夏玉米出现大面积卷叶、萎蔫现象（图 5.14），对抽雄产生不利，部分地块夏玉米出现卡脖旱。

图 5.14　2019 年 7 月 20 日梁园区观堂乡玉米出现卡脖旱

（图片由梁园区气象局提供）

（二）强对流天气

近 5 年每年都有雷雨（暴雨）、大风等强对流天气发生。

2015 年 6—8 月，商丘多地出现雷雨、大风等强对流天气 7 次，其中 8 月 22 日民权县最大风速达 21.8 米/秒。

2016 年 7 月 19 日 12 时至 20 日 08 时，宁陵县、睢县、民权县、夏邑县、虞城县、商丘市区出现暴雨或大暴雨天气，部分地区伴有短时风雹、暴雨等强对流天气，平均降水量 105.3 毫米，暴雨过程降水量大、范围广。暴雨中心在宁陵县和梁园区北部，最大降水量 184.1 毫米，出现在宁陵县城，为宁陵 1977 年以来日最大降水量，致使玉米倒伏、成排大树刮倒(图 5.15)。

图 5.15　虞城县 2016 年 7 月 20 日遭受风雹袭击
（图片由虞城县气象局提供）

2017 年 7 月 6 日 08 时至 7 日 05 时，商丘部分县(区)乡镇出现雷暴、短时强降水、短时大风等强对流天气。其中，降水量≥100 毫米的站点有 3 个，分别是柘城县的张桥 121.5 毫米、陈青集 111.2 毫米和夏邑县的骆集 112.3 毫米。

2018 年 8 月 17—18 日，受第 18 号台风“温比亚”低压影响，商丘出现大暴雨，部分地区特大暴雨，最大降水量出现在睢县长岗 541.9 毫米，≥500 毫米的站点 3 个(睢县长岗乡 541.9 毫米、睢阳区勒马乡 527.6 毫米、柘城远襄乡 508.1 毫米)，≥400 毫米的站点 18 个，≥300 毫米的站点 79 个，≥250 毫米的站点 129 个，100.0～249.9 毫米的站点 81 个，50.0～99.9 毫米的站点 8 个。其中 8 月 18 日，商丘站 363.6 毫米、夏邑站 355.2 毫米、宁陵站 332.1 毫米、睢县站 302.5 毫米、虞城站 288.9 毫米站、柘城站 238.4 毫米，这 6 个站日降水量均突破建站以来历史极值，历史罕见。农田积水，农作物倒伏严重(图 5.16)。

2019 年 3 月 31 日下午，商丘市虞城县田庙乡万亩梨园突遇尘卷风袭击，从现场拍摄的视频看，尘卷风直径 10 米左右，形成巨大的“尘柱”直冲天际，持续时间 3～4 分钟，大片梨树被刮断(图 5.17)

2019 年 7 月 26 日 16 时至 27 日 07 时，柘城县遭强降雨，最大降水量 51.9 毫米，极大风速 19.2 米/秒。

(三)干热风

近 5 年共出现 2 次干热风，分别出现在 2017 年和 2019 年。

图 5.16　2018 年 8 月 19 日睢县(左上图)、宁陵县(右上图)、柘城县(左下图)、
睢阳区(右下图)农作物受灾情况
(图片由商丘市气象局提供)

图 5.17　2019 年 3 月 31 日下午虞城县田庙乡万亩梨园突遇尘卷风袭击
(图片收虞城县气象局提供)

2017 年 5 月 25—29 日，商丘出现高温低湿型干热风天气。其中，28 日各站日最高气温 35.6（睢县站、民权站、夏邑站）～36.5（虞城站）℃，14 时相对湿度 20%（虞城站、柘城站）～24%（睢县站），14 时风速 3.9（民权站）～6.6（商丘站）米/秒，达到重度干热风。此次干热风天气造成长势较差的小麦灌浆速率降低，灌浆时间缩短，成熟期提前，千粒重减少，但对全市大面积小麦没有造成灾害影响。

2019 年 5 月 22—24 日，受干暖气团控制，天气晴朗、太阳辐射强烈，气温高、空气干燥、风力较大，各县（市、区）先后出现轻度和重度干热风天气。22 日最高气温 31.1～34.0 ℃，14 时相对湿度 24%～33%，14 时风速 2.4～5.2 米/秒，其中，民权、柘城和夏邑出现轻度干热风；23 日最高气温 34.1～37.6 ℃，14 时相对湿度 15%～30%，14 时风速 3.8～5.4 米/秒，除永城和睢县出现轻度干热风外，其他县均为重度干热风；24 日最高气温 32.2～33.8 ℃，14 时相对湿度26%～31%，14 时风速 3.1～5.9 米/秒，各县（市、区）达到轻度干热风标准。

（四）连阴雨

近 5 年每年均有连阴雨天气出现。

2015 年 11 月，持续阴天，商丘 7 个气候观测站日照时数＜2 小时的天数在 21～25 天，其中 14—25 日连续 12 天无日照时数；商丘站 4—25 日连续 22 天中，仅在 11 日有日照时数 0.7 小时，连阴日数达到建站以来同期极值。

2016 年 10 月 20—28 日，出现连阴雨天气，商丘平均降水量 97.2 毫米，连续降水日数长达 9 天，过程雨量大、影响范围广，属历史罕见。

2017 年受“华西秋雨”东进北扩的影响，9 月 24—28 日、9 月 30 日至 10 月 5 日和 10 月 10—12 日，商丘出现 3 次连阴雨天气。9 月 24 日至 10 月 12 日，累计降水日数 14 天，各县（区）总降水量 96.8（民权站）～145.6（睢县站）毫米，较常年同期偏多 233.8%～350.8%，总日照时数 16.6（柘城站）～43.0（夏邑站）小时，较常年同期偏少 61.5～91.9 小时。降水持续时间长，降水量大，日照时间明显不足，影响已收作物晾晒，部分已收农作物出现霉变发芽，降低籽粒品质及商品价值。

2018 年 5 月下旬日照时数为历史记录同期最少，连阴雨影响小麦灌浆。5 月 11—30 日，商丘平均日照时数 84.5 小时，较常年同期偏少 58.3 小时，为历史记录同期最少。其中 5 月 19—25 日全市出现阴雨相间天气，各站累计降水量为 28.1～46.6 毫米，日照时数 9.2～15.1 小时。

2019 年 10 月 4—12 日，商丘出现连阴雨过程。在这一过程中，永城连阴 4 天，其他各县（区）均为连阴 7 天，降水量在 33.8（永城）～67.3（睢县）毫米，较常年偏多 182%～739%；日照时数 7.1（永城）～14.1（睢县）小时，较常年偏少 73%～86%。降水持续时间长，降水量大，日照时间明显不足，阴雨天气不利于作物收获和晾晒。

（五）寒潮

近 5 年每年均有寒潮天气出现，有 4 年影响较重。

2016 年 1 月 22—25 日，商丘出现降雪强寒潮低温天气。1 月 22 日，商丘出现小雪天气。商丘 7 个气象观测站（商丘站、夏邑站、虞城站、柘城站、宁陵站、睢县站、民权站）48 小时日最低气温降幅均超过 8.0 ℃以上，商丘站最大降温幅度 10.0 ℃。23—24 日商丘各站日最低气温均在－10.9 ℃以下，25 日商丘站、虞城站、民权站日最低气温仍在－10.0 ℃以下，其中 24

日早晨气温最低，商丘站－16.0 ℃、民权站－13.9 ℃、睢县站－14.3 ℃、宁陵站－13.9 ℃、虞城站－12.9 ℃、夏邑站－14.2 ℃、柘城站－11.6 ℃。其中商丘站日最低气温为1958年以来最低，夏邑、宁陵2个站为1994年以来最低，民权站为1994年以来1月同期最低。冷空气过程伴随大风天气，23日各站极大风速10.7～14.2米/秒，风力达到5～7级。

2017年2月20—22日，受强冷空气影响出现寒潮暴雪降温天气，商丘48小时日平均气温下降9.2 ℃，22日最低气温－3.8 ℃。2月21日08—22时，先降雨后降雪，商丘出现大到暴雪，各站过程雨雪量：商丘站13.2毫米、夏邑站27.3毫米、柘城站19.3毫米、虞城站12.8毫米、宁陵站12.8毫米、睢县站17.2毫米、民权站13.2毫米，积雪深度2～4厘米。

2018年1月3—5日，出现寒潮、大风和低温天气。1月3日20时至4日22时，累计降雪量在6.4～16.7毫米，积雪深度在5.0～8.4厘米。暴雪主要集中在睢阳区、虞城县、柘城县、夏邑县和永城市，最大降雪量出现在永城站16.7毫米，最大积雪深度出现在夏邑站8.4厘米。3—5日最低气温下降幅度8.6～14.9 ℃，5日早晨最低气温－13.9～－8.5 ℃，并伴有5级左右的东北风。其中，商丘站、虞城站、睢县站出现了≤－10 ℃的低温天气。

2018年4月3—5日，商丘出现大范围寒潮降温天气过程，7日出现晚霜冻天气。4月3—5日48小时各站日平均气温降温幅度12.0(民权站)～14.0(夏邑站)℃，日最低气温降温幅度6.7(民权站)～10.1(永城站)℃，日最高气温降温幅度18.7(民权站)～21.0(商丘站、夏邑站)℃。4月7日，各站日最低气温在－1.5～1.1 ℃，出现轻度晚霜冻现象。低温、霜冻对农作物的生长造成一定影响，小麦、果树和蔬菜等作物生长不同程度受损。

2018年12月29日，商丘站、宁陵站、虞城站和夏邑站出现≤－10 ℃的低温天气，日最低气温分别为－12.2 ℃、－10.2 ℃、－10.6 ℃和－10.3 ℃。其中商丘站在2018年12月29日至2019年1月1日连续4天出现≤－10 ℃的低温天气，日最低气温分别为－12.2 ℃、－10.5 ℃、－10.4 ℃和－10.8 ℃。此次低温过程对露天蔬菜生长不利，使部分幼小菜苗遭受冻害。

2019年4月8日白天至9日早上，商丘受强冷空气影响，最低气温下降的最大幅度达13.9 ℃，10日凌晨最低气温1.2 ℃(民权县人和乡)，达到寒潮标准，其中民权县4月10日凌晨草面温度－2.4 ℃，出现霜冻。

三、近5年气候对冬小麦、夏玉米的影响比较

近5年商丘气温偏高，光热充足，对农业生产总体较为有利；但阶段性气象灾害较为频繁，对农业生产造成一定影响。总体，各年气候灾害均为偏轻年份，是农业丰收的好年景。

(一)近5年气候对冬小麦的影响比较

2015年冬小麦生育期间(2014年10月中旬至2015年5月)，商丘平均气温较常年同期偏高1.2 ℃，平均降水量较常年同期偏多42.2%，平均日照时数较常年同期偏少114.1小时。10月中旬，商丘冬小麦进入适播期，底墒充足，温度适宜，出苗整齐；冬前热量充足，小麦能够形成冬前壮苗，冬季变温平稳，利于安全越冬；开春前，气温大幅回升，有利于小麦苗情的转化升级；拔节至抽穗期降水及时，利于冬小麦生长，旱地小麦近年来同期最好；开花—灌浆期土壤墒情适宜，气温略偏低，灌浆期延长3天左右；后期未出现明显连阴雨和干热风天气，麦收顺利。不利气象条件：4月7—8日正值小麦孕穗期，受强冷空气影响，睢县、民权县、柘城县达到轻霜冻害指标，睢阳区、梁园区、虞城县、夏邑县达到重霜冻害指标，部分小麦品种出现冻害，表

现为穗粒数缺少。总体冬小麦全生育期气候条件良好。2015 年商丘市冬小麦平均亩产创历史最高，较 2014 年增加 3.6%。

2016 年冬小麦生育期间(2015 年 10 月中旬至 2016 年 6 月上旬)，商丘平均气温较常年同期偏高 1.0 ℃，平均降水量较常年同期偏少 4.4%，平均日照时数较常年同期偏少 185.2 小时。商丘平均气温较常年偏高，平均降水量接近常年，平均日照时数较常年偏少。大部分时段热量条件充足，关键生育期土壤墒情适宜。各生育期主要气候特点是：麦播期土壤底墒充足，小麦播种出苗顺利；11 月下旬出现强降温降雪过程，使小麦提前进入越冬期，冬前积温不足，生长量少，部分地区苗情偏差，但土壤水分充足，病虫越冬基数小，病虫害发生程度轻，有利于小麦安全越冬；2 月下旬至 4 月下旬各旬平均气温均较常年同期持续稳定偏高，无大的降温过程，未出现晚霜冻害，日照充足，土壤墒情较好，小麦生长旺盛，成穗率高，有利成大穗，且小麦生长进程加快，拔节、抽穗均较常年提前，苗情升级转化快，利于小麦幼穗分化，小麦整体长势较好，穗大粒多；灌浆期全市多晴少雨，气温适宜，灌浆持续时间较长，未出现干热风天气，日照充足，大风天气少，无大面积倒伏现象，有利小麦灌浆生长，增加粒重。5 月 29 日至 6 月 3 日多阴雨天气，对冬小麦成熟收获有一定不利影响。

2017 年度冬小麦全生育期间(2016 年 10 月中旬至 2017 年 6 月上旬)，商丘平均气温较常年同期偏高 1.6 ℃，平均降水量较常年同期偏多 47%，平均日照时数较常年同期偏少 124.2 小时，大部分时段热量条件充足，关键生育期土壤墒情适宜，无明显农业气象灾害发生。各生育期的主要气候特点是：麦播期全市土壤底墒充足，冬小麦播种出苗顺利；10 月下旬的持续阴雨天气造成全市大部分土壤偏湿，对幼苗生长有一定影响，且越冬前日照时数异常偏少，对冬前壮苗形成有一定不利影响；分蘖期降水偏多，为小麦分蘖、越冬及返青生长奠定了较好的水分基础；返青至抽穗期光温水资源配置较好，对小麦穗分化和提高小穗数有利；开花期天气晴好，有利授粉；灌浆期光热充足，降水及时，利于千粒重提高；灌浆乳熟期 5 月 25—29 日，出现干热风天气，籽粒灌浆受抑，缺水地块小麦提早枯熟，千粒重减轻，收获期提早 3～5 天，影响产量；收晒期内，商丘阴雨相间天气，抢抓期间晴好天气，积极收获晾晒小麦，13 日全市小麦收获结束，无霉烂，做到颗粒归仓，丰产丰收。商丘小麦平均亩产较 2016 年略增。

2018 年度冬小麦全生育期间(2017 年 10 月中旬至 2018 年 6 月上旬)，商丘平均气温较常年同期偏高 1.1 ℃，平均降水量较常年同期偏多 9.2%，平均日照时数较常年同期偏少 77.7 小时，商丘气温偏高，降水与常年接近，日照正常。2018 年商丘冬小麦取得丰收，平均单产较 2017 年持平略减，与近 5 年平均值持平略增。各生育期的主要气候特点是：①播种期出现连阴雨天气，部分冬小麦播种偏晚，越冬前积温不足。2017 年 9 月 25 日至 10 月 18 日，全市出现连阴雨天气，严重影响了秋收和麦播进度，部分冬小麦播种期较常年偏晚，冬小麦冬前积温少于常年，不利于形成冬前壮苗。②苗期水热条件好，有利于冬小麦苗情转化。出苗后(11 月上旬至 12 月下旬)，商丘光热条件明显改善，1 月 3—4 日，商丘出现大范围降雪过程，利于冬小麦安全越冬。返青至拔节期，气温偏高，降水充沛，有利于冬小麦苗情转化。虽然冬小麦冬前苗情较差，但返青期冬小麦群体密度接近常年。③拔节期光温充足，利于幼穗发育。拔节—抽穗 3 月下旬至 4 月中旬，商丘气温偏高，日照偏多，光热条件充足，墒情适宜，利于冬小麦拔节生长和幼穗发育。④孕穗期部分地区冬小麦遭受晚霜冻害，有效小穗数减少。4 月 3—5 日，正值冬小麦生长的孕稳关键期，全市出现寒潮天气，48 小时各站日平均气温下降 11.7～14.0 ℃，7 日日极端最低气温达－1.5～1.1℃，出现轻度晚霜冻害现象，造成部分旱地、薄地、沙土地，部分强筋性品种等麦田小穗不同程度受冻，对穗粒数有一定不利影响。⑤抽穗后热量充足，大部分地区冬小麦正常开花授粉，顺利灌浆。抽穗后(4 月下旬至 6 月上旬)，全市气温偏高，墒情适宜，冬小麦正常抽穗开花授粉，顺利灌浆。6 月上旬天气晴好，各地冬小麦及时收获归仓。⑥灌浆前中期出现连阴雨和强对流天气，小麦品质受到影响。5 月 15—25 日，商丘出现连阴雨天气，各县(市、区)降水日数均在 7 天以上，日照异常偏少，15 日强对流天气造成局地小麦有倒伏现象，对小麦灌浆有一定不利影响，其他气象条件有利冬小麦的灌浆成熟。

2019 年度冬小麦全生育期间(2018 年 10 月至 2018 年 6 月上旬)，商丘平均气温较常年同期偏高 0.7 ℃，平均降水量较常年同期偏少 14.5%，平均日照时数较常年同期偏少 175.5 小时，商丘气温偏高，降水偏少，日照相对充足。2019 年商丘冬小麦取得丰收。各生育期的主要气候特点是：苗内温高墒足，冬小麦壮苗，安全越冬。播期底墒好，适时播种，顺利出苗；出苗至越冬前气温高，降水丰沛，积温多，利于冬小麦成壮苗越冬；越冬期足墒越冬。返青期温度偏高，光照充足，利于苗情转化。返青至拔节期全市气温偏高，光照正常，虽降水较常年偏少，但大部地区墒情适宜，气象条件整体对冬小麦顺利返青和苗情转化有利。拔节抽穗期光热充足，降温致部分地区抽穗推迟。拔节至抽穗期，商丘气温偏高，日照时数偏多，为冬小麦拔节生长和幼穗分化提供了充足的热量条件。3 月下旬至 4 月上旬出现两次降温过程，虽未造成明显霜冻害，但降温延缓了作物发育进程，小麦抽穗推后 3～5 天。抽穗后土壤缺墒，但温热条件适宜灌浆。抽穗后各地存在不同程度的旱情。4 月下旬至 5 月中旬，气温在灌浆的适宜范围内，利于稳定灌浆和灌浆时间的延长；5 月 16 日后气温偏高，对小麦后期灌浆和收获晾晒有利。收获期光温条件适宜，除 6 月 5—6 日全市出现大范围降水外，其余以晴好天气为主，有利小麦顺利收获，实现小麦颗粒归仓。

(二)近 5 年气候对夏玉米的影响比较

2015 年夏玉米整个生育期内(2015 年 6—9 月)，光热条件接近或略好于历史平均水平，对玉米生长及产量形成较为有利，降水总体偏少且时空分布不均，但生长关键期内降水条件明显好于 2014 年同期；冬小麦收获腾茬早，土壤墒情适宜，全市夏玉米播种早而集中，出苗整齐、粗壮；夏玉米播种后，商丘大部分地区光温条件较为适宜，作物需水临界期未遭遇严重干旱，虽部分地区出现阶段性干旱，苗情遭受低温阴雨天气影响，但总体气象条件利于夏玉米作物生长发育和产量形成；夏玉米生长后期光温适宜，利于玉米灌浆；成熟收获期内以晴好天气为主，利于夏玉米适时收获晾晒。2015 年商丘夏玉米平均亩产较 2014 年增加 0.9%。

2016 年夏玉米整个生育期内(2016 年 6—9 月)，光热条件较好，对夏玉米生长及产量形成较为有利。降水总体偏少且时空分布不均，前中期降水充足，夏玉米长势普遍较好；7 月 19—20 日，出现大暴雨天气，降水相对平稳均匀，商丘约有 4000 公顷农田造成短时积水，但未形成涝渍灾害，农作物长势较好；7 月下旬，出现高温天气，造成夏玉米授粉不良，出现秃顶、缺粒、缺行，甚至无果穗现象，对产量有一定影响；灌浆成熟阶段光温适宜，利于夏玉米灌浆；成熟收获期内以晴好天气为主，气温偏高，光照充足，利于玉米生长后期的灌浆攻籽成熟、收获和晾晒。

2017 年夏玉米生育期间(2017 年 6—9 月)，商丘光温条件较为适宜，作物各需水临界期没有出现大面积旱情，总体气象条件利于夏玉米的生长发育和产量形成。前中期光热条件较好，墒情适宜，夏玉米长势普遍较好；中后期部分地区出现较为严重的高温热害，影响授粉结实；收获期内(9 月 24 日至 10 月 5 日)遭遇连阴雨天气，严重影响夏玉米收获晾晒及仓储，一定程度上影响了玉米的产量及收获质量。商丘夏玉米平均亩产较 2016 年略增。

2018 年夏玉米生育期间(2018 年 6—9 月),商丘大部光温条件较为适宜,各需水临界期没有出现大面积旱情,总体气象条件有利于夏玉米的生长发育和产量形成;但部分地区出现阶段性干旱及持续高温,主产区作物灌浆期内受台风"温比亚"影响产量损失较大。各生育期的主要气候特点:①播种期内墒情条件较好,各地均能够适时下种,出苗期温度适宜,播期早而集中,夏玉米出苗质量较高。②苗期降水分布不均,热量及光照条件适宜,利于夏玉米健壮生长。③生长中后期温高光足,墒情适宜,有利于产量形成;但 7 月出现持续高温天气,影响夏玉米授粉结实,致使结实率降低;8 月 18—20 日,受台风"温比亚"影响,商丘出现大暴雨、部分地区特大暴雨,大部地区伴有 4～6 级大风,强降水、大风叠加,农田出现较大面积倒伏与水淹。④9 月气温偏高,光照充足,充足的热量及光照条件利于玉米生长后期的灌浆攻籽和成熟。成熟收获期间多晴好天气,利于夏玉米产量及品质的提高。

2019 年夏玉米生育期间(2019 年 6—9 月),商丘夏玉米 6 月上旬至中旬初播种,播期早而集中。在 6 月 8—13 日(播种—出苗期),雨量充足、气温偏高、光照足,有利幼苗根系生长。6 月中、下旬商丘大田已普遍出现不同程度的旱情,夏玉米出现大面积卷叶、萎蔫现象,严重抑制了幼苗的生长发育,植株矮小,长势缓慢;6 月 28 日大雨缓解旱情,拔节—抽雄期,气温偏高,光照充足利于夏玉米快速生长,授粉正常。但播种至抽雄降水偏少,各地出现旱情,使各秋作物发育期比常年推迟 3～5 天,夏玉米抽雄期比 2018 年推迟 5 天;乳熟期后,商丘温高光足,利于玉米籽粒增重与正常成熟;收获期多晴好天气,利于玉米适时收获及晾晒入仓。

第六章　商丘气候区划

第一节　气候属性

一、中国气候区划的原则

气候区划的目的在于了解各种气象要素的区域组合和差异，揭示气候的发生发展规律，为开发、利用我国丰富的气候资源，并充分利用有利的气候条件和防止不利气候条件提供科学依据，从而更好地为经济建设和国防建设服务。

我国各地区自然状况差异显著，气候十分复杂、多样，各地生产活动亦有很大不同。

气候区划的原则：第一，气候特征的相似性和差异性表现在气候系统的各个方面，如光照、热量、水分和环流等，气候区划必须综合考虑，即坚持综合性原则；第二，在某一级区划中，气候的相似性和差异性往往以某方面为主，所以要以该方面的特征和成因为主要依据，即遵循主导因子原则；第三，气候区划不仅要考虑气候特征的空间分异，而且还要考虑其分异原因，即遵循发生学原则；第四，气候区划必须考虑人类生产和生活的基本要求，并在区划的指标中给以恰当的反映，区划结果也应简单明确，即坚持实用性原则(郑景云，2010)。

二、中国气候区划方法和指标

郑景云等(2013)编写的《1981—2010 年中国气候区划》，介绍的气候区划方法和指标如下。

1981—2010 年，中国科学院地理科学与资源研究所参照国家标准《GB/T 17297—1998 中国气候区划名称与代码气候带与气候大区》的气候区划方法，开展了我国 1981—2010 年的三级气候区划分，气候区划即在遵循“地带性与非地带性相结合、发生统一性与区域气候特征相对一致性相结合、综合性与主导因素相结合、自上而下与自下而上相结合及空间分布连续性与取大去小”等 5 个原则的基础上，划分温度带、干湿区和气候区。

(一)温度带

以日平均气温≥10 ℃的日数作为划分温度带的主要指标，以日平均气温≥10 ℃的积温为参考指标，同时以 1 月平均气温作为划分温度带的辅助指标，以极端最低气温的多年平均值为其参考指标，各温度带的具体划分标准见表 6.1。

表 6.1　划分温度带的指标体系及划分各温度带的标准

温度带	主要指标	辅助指标		参考指标	
	日平均气温稳定≥10 ℃的日数(天)	1 月平均气温(℃)	7 月平均气温(℃)	日平均气温稳定≥10 ℃期间的积温(℃·日)	年极端最低气温多年平均值(℃)
寒温带	<100	<－30		<1600	<－44
中温带	100～170	－30 至－12～－6		1600 至 3200～3400	－44～－25
暖温带	170～220	－12～－6 至 0		3200～3400 至 4500～4800	－25～－10
北亚热带	220～240 210～225(云贵高原)[a]	0～4		4500～4800 至 5100～5300 3500～4500(云贵高原)	－14～－10 至 －6～－4
中亚热带	240～285 225～285(云贵高原)	4～10		5100～5300 至 6400～6500 4000～5000(云贵高原)	－6～－4 至 0 －4～0(云贵高原)
南亚热带	285～365	10～15 9～10 至 13～15 (云贵高原)		6400～6500 至 8000 5000～7500(云贵高原)	0～5 0～2(云贵高原)
边缘热带	365	15～18 >13～15(云贵高原)		8000～9000 7500～8000(云贵高原)	5～8 >2(云贵高原)
中热带	365	18～24		9000～10000	8～20
赤道热带	365	>24		>10000	>20
高原[b]亚寒带	<50	－18 至－10～－12	<11		
高原温带	50～180	－10～－12 至 0	11～18		
高原亚热带山地	180～350	>0	18～24		

注:a 指云贵高原用该标准划分中亚热带,其他括号含义同;b 高原范围根据文献界定的范围划定。

(二)干湿区划分指标

以年干燥指数(最大可能蒸散多年平均与年降水量多年平均的比值)作为干湿区划分的主要指标,以年降水量作为辅助指标,具体划分标准见表 6.2。

表 6.2　划分干湿区的指标体系及其标准

干湿状况	主要指标	辅助指标
	年干燥指数	降水量(毫米)
湿润	≥1.00	>800～900 或>600～650(东北、川西山地)
半湿润	1.00～1.50	400～500 至 800～900 或 400～600(东北)
半干旱	1.50～4.00 或 1.50～5.00(青藏高原)	200～250 至 400～500
干旱	≥4.00 或≥5.00(云贵高原)	<200～250

(三)气候区划分指标及标准

温度带和干湿划分主要体现了气候的地带性差异,然而气候还受非地带性因素影响,在我国,7 月平均气温的地理分布能较为综合地表现出非地带性因素多气候的影响作用,因而采用

7月平均气温作为气候区的划分指标，划分指标及标准见表6.3。

表6.3 划分气候区的指标(7月平均气温)及标准

气候区	Ta	Tb	Tc	Td	Te	Tf	Tg
7月平均气温(℃)	≤18	18～20	20～22	22～24	24～26	26～28	≥28

对我国1981—2010年气候状况进行了区划，将我国分为12个温度带、24个干湿区、56个气候区(表6.4)。

表6.4 中国1981—2010年的气候区划结果

温度带干湿区	气候区代码	所在位置	代表站点及其海拔与主要、辅助气候指标值							
			站点名称	编号	海拔(米)	≥10℃日数(天)	1月气温(℃)	7月气温(℃)	年干燥度	年降水量(毫米)
寒温带湿润区	ⅠATa	大兴安岭北部	图里河	50434	732.6	93	−28.4	16.8	1.0	440
中温带湿润区	ⅡATc-d	小兴安岭与长白山	伊春	50774	240.9	126	−21.3	20.9	0.8	626
中温带半湿润区	ⅡBTc	三江平原及其以南地区	宝清	50888	83.0	147	−16.8	22.2	1.4	491
	ⅡBTc-d	松江平原	长春	54161	236.8	158	−14.7	23.2	1.3	577
	ⅡBTb	大兴安岭中部	额尔古纳右旗	50425	581.4	113	−27.8	19.6	1.4	361
中温带半干旱区	ⅡCTd1	西辽河平原	赤峰	54218	568.0	164	−10.4	23.7	2.2	370
	ⅡCTc1	大兴安岭南部	林西	54115	799.5	144	−13.5	21.6	2.0	369
	ⅡCTb-c1	呼伦贝尔平原	海拉尔	50527	610.2	119	−24.8	20.4	1.7	352
	ⅡCTb-c2	内蒙古高原东部	锡林浩特	54102	1003.0	131	−18.8	21.6	3.1	264
	ⅡCTd2	鄂尔多斯高原与东河套	呼和浩特	53463	1063.0	160	−11.0	23.3	1.8	396
	ⅡCTb-c3	黄土高原西部	海源	53806	1854.0	148	−6.2	20.3	2.4	359
	ⅡCTb-c	阿尔泰山地	青河	51186	1218.0	124	−21.5	19.6	3.1	189
	ⅡCTc2	塔城盆地	塔城	51133	534.9	158	−9.7	23.1	2.7	291
	ⅡCTb-c4	天山天地与伊犁谷地	乌鲁木齐 伊宁	51463 51431	935.0 662.5	157 180	−12.1 −7.8	23.8 23.3	2.8 2.4	299 299
中温带干旱区	ⅡDTc-d1	内蒙古高原西部、西河套与河西走廊	银川 张掖	53614 52652	1111.4 1482.7	178 163	−7.2 −9.1	23.9 22.3	4.6 6.1	183 133
	ⅡDTe-f	巴丹吉林与腾格尔沙漠	额济纳旗	52267	940.5	176	−10.6	27.5	34.2	33
	ⅡDTd-e	准噶尔盆地	奇台	51379	793.5	152	−17.0	22.7	4.2	201
	ⅡDTc-d2	萨吾尔山、额尔齐斯谷地	福海	51068	501.0	154	−18.6	23.4	5.6	131
	ⅡDTb-c	天山南麓	阿克苏	51628	1103.8	196	−7.2	24.1	9.8	80
暖温带湿润区	ⅢATd	辽东低山丘陵	庄河	54584	34.8	181	−7.3	23.2	0.9	736

续表

温度带干湿区	气候区代码	所在位置	代表站点及其海拔与主要、辅助气候指标值							
			站点名称	编号	海拔（米）	≥10 ℃日数（天）	1月气温（℃）	7月气温（℃）	年干燥度	年降水量（毫米）
暖温带半湿润区	ⅢBTc	燕山低山丘陵与辽东半岛	锦州	54337	65.9	188	−7.6	24.6	1.4	568
	ⅢBTf	华北平原与山东半岛	济南	54823	170.3	222	−0.3	27.5	1.5	693
	ⅢBTe-f	汾渭平原山地	西安	57036	397.5	219	0.3	27.1	1.3	561
	ⅢBTd	黄土高原南部	铜川	33947	978.9	181	−2.8	23.3	1.4	568
暖温带半干旱区	ⅢCTd	黄土高原东部与太行山地	太原	53772	778.3	186	−5.0	24.0	1.8	423
暖温带干旱区	ⅢDTe-f	塔里木与东疆盆地	敦煌	52418	1139.0	179	−7.9	25.2	22.5	40
北亚热带湿润区	ⅣATf	大别山与苏北平原	信阳	57297	114.5	227	2.4	27.3	0.7	1106
	ⅣATg	长江下游平原	芜湖	58334	14.8	238	3.4	28.7	0.7	1225
	ⅣATe-f	秦巴山地	安康	57245	290.8	236	3.7	27.0	0.9	824
			黔西	57803	1231.4	223	3.8	23.1	0.6	944
	ⅣATb-c	黔西北、川西南、滇北高原	越西	56475	1659.5	212	4.0	21.1	0.6	1115
			丽江	56651	2392.4	223	6.4	18.2	1.6	980
中亚热带湿润区	ⅤATg	江汉平原及江南丘陵	南昌	58606	46.9	250	5.5	29.5	0.5	1613
中亚热带湿润区	ⅤATf	湘鄂西山地	沅陵	57655	151.6	243	5.1	27.6	0.5	1385
中亚热带湿润区	ⅤATd-e	贵州高原山地	兴义	57902	1378.5	245	6.5	22.2	0.6	1322
中亚热带湿润区	ⅤATe-f	四川盆地及其东南山地	成都	56294	506.1	256	5.9	25.6	0.7	834
中亚热带湿润区	ⅤATc-d	滇中、中山地及横断山南段山地	会理	56671	1787.3	265	7.3	20.9	0.7	1162
			华坪	56664	1244.8	345	11.8	24.3	1.0	1088
南亚热带湿润区	ⅥATg1	中国台湾北部山地平原	中国台北				16.1	29.6		
南亚热带湿润区	ⅥATg2	闽粤桂低山平原	广州	59287	41.0	330	13.9	28.9	0.5	1801
南亚热带湿润区	ⅥATd-e	滇中南山地及金沙江谷地	景东	56856	1162.0	348	11.6	23.6	0.7	1154
南亚热带湿润区	ⅥATc-d	滇西南山地	临沧	56951	1502.4	349	11.7	21.7	0.7	1149
边缘热带湿润区	ⅦATg1	台湾南部山地平原	恒春				20.7	28.4		2022
边缘热带湿润区	ⅦATg2	琼雷低山丘陵	海口	59758	63.5	363	18.0	28.8	0.6	1697
边缘热带湿润区	ⅦATe	滇南山地	勐腊	56969	631.9	365	16.5	25.0	0.6	1513

续表

温度带 干湿区	气候区 代码	所在位置	代表站点及其海拔与主要、辅助气候指标值							
			站点名称	编号	海拔 （米）	≥10 ℃ 日数（天）	1月气 温（℃）	7月气 温（℃）	年干 燥度	年降水 量（毫米）
中热带 湿润区	ⅧATg	琼南低地与中、 东、西沙诸岛	三亚	59948	6.0	365	21.7	28.6	0.8	1453
赤道热带 湿润区	ⅨATg	南沙群岛				缺资料				
高原亚热带 湿润区	HⅠA	若尔盖高原	若尔盖	56079	3439.6	26	−9.6	11.2	0.9	643
高原亚热带 半湿润区	HⅠB	果洛那曲高山盆地	达日	56046	3967.0	14	−12.0	9.8	1.1	558
高原亚热带 半干旱区	HⅠC1	青南高原	五道梁	52908	4612.0	1	−16.2	6.0	2.0	302
高原亚热带	HⅠC2	羌南高原	申扎	55472	4672.0	15	−9.4	10.0	2.6	325
高原亚热带 干旱区	HⅠD	昆仑山高原				缺资料				
高原温带 湿润区	HⅡA	横断山脉东、南部	康定	56374	2615.7	115	−1.9	15.7	0.7	858
高原温带 半湿润区	HⅡB	横断山脉中、北部	昌都	56137	3306.0	135	−1.6	16.3	1.4	489
高原温带 半干旱区	HⅡC1	祁连青东高山盆地	西宁	52866	2295.2	140	−7.3	17.4	1.6	398
高原温带	HⅡC2	藏南高山谷地	拉萨	55591	3648.9	158	−0.6	16.2	2.0	439
高原温带 干旱区	HⅡD1	柴达木盆地与 昆仑山北翼	大柴旦	52713	3173.2	95	−12.6	16.2	8.2	93
高原温带	HⅡD2	阿里山地高原	狮泉河	55228	4278.6	85	−12.0	14.4	13.4	66
高原亚热 湿润区	HⅢ	东喜马拉雅山南翼至 横断山西南缘山地	察隅	56434	2327.6	193	4.7	19.0	0.9	792

三、商丘气候属性

商丘在中国气候区划中为暖温带半湿润型华北平原气候大区（ⅢBTf）。

商丘1960—2019年的60年间，年平均气温稳定通过≥10 ℃的天数为218.6天、积温为4694.2 ℃·日，1月平均气温0.0 ℃，年极端最低气温平均值−11.3 ℃，在暖温带（Ⅲ）≥10 ℃的天数为170～220天、积温为4500～800 ℃·日，1月平均气温为−12～−6 ℃，年极端最低气温多年平均值在−25～−10 ℃，所以，商丘在中国气候区划第一级——气候带中为暖温带；商丘年干燥指数（最大可能蒸散多年平均与年降水量多年平均的比值）为1.5，平均年降水量为732.3毫米，在半湿润（B）年干燥度1.0～1.5、年降水量400～500毫米至800～900毫米范围，所以，商丘在中国气候区划第二级——气候大区中为半湿润大区；商丘7月平均气温27.2 ℃，在中国气候区划第三级气候区（Tf）7月平均气温26～28 ℃范围，因此商丘在中国气候区划第三级——气候大区中为 Tf 大区。综上分析，商丘在中国气候区划中为暖温带半湿润型华北平原气候大区（ⅢBTf）。

第二节　商丘气候区划

一、商丘气候区划的原则、方法及分区

（一）商丘气候区划的意义

商丘经济社会快速发展，许多领域，如生态文明建设、可持续发展与循环经济建设、区域发展战略布局等对气候区划提出了新的需求。因而在充分吸纳已有气候区划基本理论依据与区划原则的基础上，对商丘气候进行区划，不论是气候科学研究，还是在气候应用上都很有必要。且对于今后各专业部门编制专业气候区划和各地开展更大比例尺的区划也有重要的借鉴意义。

（二）商丘气候区划的原则、方法

随着近几十年的全球气候增暖，1980—2019 年 40 年，商丘年平均气温较建站至 1980 年 20 多年平均值上升 0.4 ℃，呈现出冬季增温大、夏季变化小的不均衡增暖特点；全市平均年降水量虽然没有显著的变化趋势，但区域性的增减幅度较为明显；同时其他一些气候要素也出现一定波动，如日照时数、平均风速、水面蒸发等也呈不同程度的下降趋势，这导致各地气候状况相应出现不同程度的变化。

根据气候相似的原则，把气候相同的或相似的连在一起，把气候不同的分开，运用主导指标与辅助指标相结合的方法，划分商丘气候区。商丘东西距离不大，南北纬距小，地势平坦，温度差异甚微，不好用热量作为主要指标划区。商丘降水量有明显的差别，因此采用了降水量作为主导指标，热量、风速作为辅助指标，以 1960—2019 年日气象观测数据为基础资料，对商丘气候进行区划。

（三）商丘气候区划分区

以 1960—2019 年日气象观测数据为基础资料（表 6.5），将商丘气候划分为 3 个区：西部温暖易旱多风区（Ⅰ），中部温暖旱涝过渡区（Ⅱ），东部水热充沛易涝区（Ⅲ）。商丘气候区划图见图 6.1。

表 6.5　1960—2019 年商丘降水、温度、风速、日照时数等气象观测数据

站点	睢县	民权	商丘	虞城	柘城	宁陵	夏邑	永城
年降水量(毫米)	720.0	674.1	713.3	733.0	745.6	700.9	771.4	816.0
降水日数(天)	83.0	82.7	83.6	86.9	87.0	85.2	88.8	93.6
年≥10 ℃日数(天)	218.0	219.0	218.0	217.0	220.0	219.0	218.0	220.0
年≥10 ℃积温(℃・日)	4626.9	4698.7	4670.9	4629.6	4740.4	4689.2	4711.0	4786.8
无霜期天数(天)	209.2	215.0	207.5	207.0	213.4	207.9	210.0	213.5
7 月平均气温(℃)	27.0	27.2	27.2	27.1	27.4	27.1	27.3	27.6
1 月平均气温(℃)	−0.2	−0.1	0.0	−0.2	0.3	0.4	0.1	0.3

续表

站点	睢县	民权	商丘	虞城	柘城	宁陵	夏邑	永城
年极端最高气温(℃)	42.3	43.6	43.0	43.1	42.8	43.5	42.1	41.5
年极端最低气温(℃)	−17.6	−18.5	−16.7	−19.2	−18.9	−17.0	−20.8	−23.4
年平均风速(米/秒)	2.4	2.5	2.5	2.4	2.2	2.3	2.3	2.6
年日照时数(小时)	2144.2	2157.5	2134.5	2234.5	2080.5	2090.5	2053.4	2095.1
年蒸发量(毫米)	1637.7	1686.6	1474.6	1503.8	1529.4	1460.0	1558.6	1602.4
年平均气温(℃)	14.2	14.3	14.3	14.1	14.5	14.3	14.5	14.6

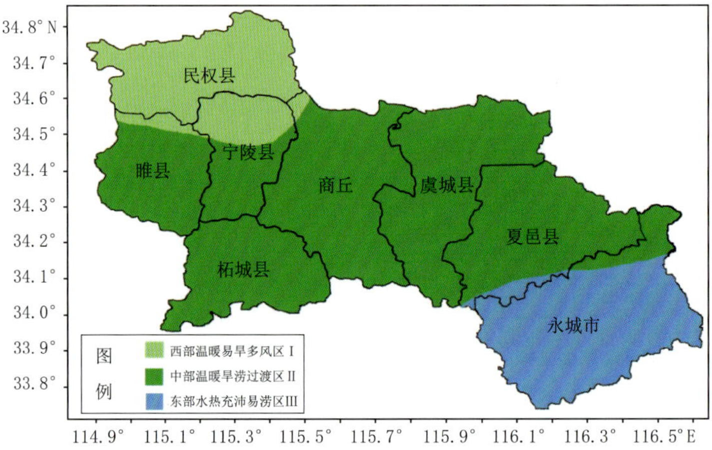

图 6.1　商丘气候区划图

二、商丘气候分区评述

(一)西部温暖易旱多风区(Ⅰ区)

Ⅰ区位于商丘的西北部,包括民权县的全部、睢县西北部(西陵、蓼堤、涧岗)、宁陵县北部(石桥、逻岗、柳河、孔集、赵庄)、梁园区北部(李庄、谢集、孙付集、王楼、潘口几个乡)。

Ⅰ区气候特点是:温暖少雨,多风易旱。年降水量不足 700 毫米,春季降水量在 125 毫米以下,秋季降水量<145 毫米,年降水日数<83 天,较其他两区少。年蒸发量 1700 毫米左右。年平均气温 14.3～14.4 ℃,年≥0 ℃积温 5173～5211 ℃・日。年极端最高气温可达 43.6 ℃,较其他区高。年平均风速 2.5 米/秒。无霜期 212～220 天。年日照时数 2160 小时左右。年太阳辐射总量 116.2～118.1 千卡/平方厘米。光、热、水同季配合适宜,有利于发展多种种植业和畜牧业。Ⅰ区粮食作物以小麦、玉米为主,还盛产花生、葡萄、苹果、梨、桃等(图 6.1)。

Ⅰ区不利的气候条件是:干旱、雨涝、多风、霜冻、干热风、冰雹等。

Ⅰ区地势较平坦,北部有黄河故道,高出南部平地十几米,地下水位较深。黄河故堤南侧是一带状洼地,地下水位浅,易涝,多为沙地。再往南是淤沙、两合土相间的平地,有 1 万多公顷的沙地。由于气候资源丰富,可以发展种植、林果和畜牧业及多种加工业。

(二)中部温暖旱涝过渡区(Ⅱ区)

Ⅱ区位于商丘的中部,3个区中面积最大,包括柘城县、虞城县、睢阳区的全部,夏邑县、睢县、梁园区的大部,宁陵县的一部分(图6.1)。

Ⅱ区气候特点是:气候温和,雨量适中,自然灾害较少,农业气候优于东、西两区。年降水量700~800毫米,春季降水量130~140毫米,秋季降水量140~160毫米,年降水日数83~90天。年蒸发量1450~1550毫米。年平均气温14.2~14.6 ℃,年≥0 ℃积温5138~5241 ℃·日,年极端最低气温−22~−18 ℃,年极端最高气温42~43 ℃。年平均风速2.3米/秒,较东、西两区都小。无霜期206~216天。年日照时数2100~2150小时。年太阳辐射总量115.4千卡/平方厘米。由于气候优越,土质较好,是全区的粮、棉、油主要产区,同时还盛产苹果、桃、草莓、辣椒、西瓜、芹菜、白菜、食用菌等水果蔬菜,适合多种设施农业生产。

Ⅱ区不利气候条件是:旱、涝、风、霜、冰雹等。干旱发生频率较西部(Ⅰ)区小,危害也轻。雨涝发生频率较东部(Ⅲ)区小,危害程度也较轻。

Ⅱ区地势平坦。土壤以轻沙两合土为主,间有黏土和沙土。由于气候优越,土质较好,有利于发展种植业和以粮、棉、油为原料的多种加工业、养殖业。

(三)东部水热充沛易涝区(Ⅲ区)

Ⅲ区位于商丘的东南部(图6.1),包括永城市全部和夏邑县东南部(韩镇、火店、孔庄、北镇、岐河、业庙几个乡)。

Ⅲ区气候特点是:多暴雨,多局地大风,冬季寒冷。年降水量800毫米以上,春季降水量≥150毫米,秋季降水量超过了160毫米。年降水日数90天以上。年蒸发量1600毫米左右,年平均气温14.6~14.7 ℃,年≥0 ℃积温5298.0 ℃·日,较西部两区都高。年极端最低气温−23.4 ℃,日极端最高气温41.5 ℃,较西部两区都低。年平均风速2.6米/秒。无霜期210~215天。年太阳辐射总量117.7千卡/平方厘米。年日照时数2100小时以下。Ⅲ区是商丘的主要产粮区,粮食作物主要有小麦、玉米、大豆,具有悠久的种植历史。

Ⅲ区不利气候条件是:易涝多局地大风,另外还有干旱、霜冻、冰雹、干热风等。

Ⅲ区地势平坦,但较低洼,地下水位浅。北部芒山镇有几个高一二百米的小山丘。北部土壤以轻沙两合土为主,间有黏土。东南部以黏土、砂姜黑土为主。地下储藏有丰富的优质煤。水热充足,农业气候资源丰富,有利于发展多种种植业和以粮、油为原料的多种加工业、饲养业。

第三节 冬小麦夏玉米精细化农业气候区划

一、商丘优质小麦精细化农业气候区划

商丘是全国小麦主产区和商品粮产区之一,小麦产量占全国1/30,为国家粮食生产安全做出了重大贡献。随着以优质小麦为主的农业、种植业结构调整,商丘的小麦生产由以追求数量增长为主转到以提高质量和效益为主的轨道上,达到优质与高产并重,质量与效益并举,生产与加工结合,逐步形成不同区域、各具特色的优质小麦生产和加工格局。优质小麦种植面积迅速发展,商丘优质、高产、稳产小麦主推品种占80%以上。2018年商丘收获优质强筋小麦

10.7 万公顷，占商丘小麦面积的 17.1%，比 2017 年增加 3.7 万公顷，增幅 34.3%，占全省优质强筋小麦种植面积 80 万公顷的 13.3%。初步形成专种、专收、专储、专用和经营规模化、产销加一体化的产业格局。

优质专用小麦是指营养品质好、加工出精粉率高、制作食品烘烤品质好和蒸煮品质好的小麦。20 世纪 80 年代以前，我国为了解决温饱问题，小麦注重于产量，优质专用小麦的发展较慢，优质专用小麦产量不足，长期依靠进口。20 世纪 80 年代以后，我国及时将小麦育种方向由只注重产量调整为品质与产量并重，先后选育了一大批适宜于不同加工途径和不同茬口种植的强、中、弱筋专用优质小麦品种。从 1997 年开始，根据全国农业机构战略性调整的需要，我国北方小麦主产省大力发展专用优质小麦。1998 年，国家质量技术监督局实施了中国优质专用小麦品种品质国家标准（GB/T 17320—1998），1999 年又制定和发布了新的优质专用小麦国家标准。

（一）优质小麦生产与气候条件之间的关系

小麦籽粒品质不仅由品种本身的遗传特性所决定，而且受气候、土壤、耕作制、栽培措施等环境条件以及品种与环境的相互作用的影响。在影响小麦品质的诸多生态因素中，气候因素是主导因素，对品质性状的作用更重要、更敏感。同一小麦品种在不同地区种植所表现出的品质差异，在很大程度上是以气候条件变化而转移的。在影响小麦品质的主要气候因子中，以小麦生育期间的温度、光照和水分最为重要，尤其是小麦抽穗至成熟期间的温度、光照和水分变化更为重要。

1. 温度的影响

温度不仅影响小麦的生长发育，而且也影响光合产物的形成、积累和分配转移及呼吸作用等重要生理过程，并对小麦品质有重要影响。许多试验表明，小麦抽穗至成熟期间，是小麦籽粒产量和品质形成的关键时期，也是温度对小麦品质影响的最重要阶段。这一时期日平均气温在 15～30 ℃，随温度升高，籽粒干物质积累和氮、磷的累积速度加快，粒重增高，蛋白质含量随温度的升高而增加。灌浆期适宜的高温利于籽粒蛋白质的合成和积累，有利于面筋的改善，可使面包烘烤品质逐步得到改良，但超过 30 ℃时反而影响品质。另外，灌浆—成熟期的蛋白质含量与开花—成熟期间的昼夜温差呈正相关。

2. 水分的影响

小麦生育期的降水量及其分布比温度对蛋白质含量的影响更大些，而在小麦生长关键时期的降水量及其分布又要比总降水量更为重要。水分影响品质的主要时段在抽穗—乳熟期。研究表明，蛋白质含量与开花期降水量呈显著负相关。若该期降水过多，土壤湿度过大，会使蛋白质和面筋含量减少，从而降低面筋弹性。籽粒灌浆期间干旱缺水，会影响淀粉磷酸化酶活性，不利于由葡萄糖合成淀粉，但是可溶性氮合成蛋白质的反应则受影响较小，所以旱地小麦或小麦灌浆期间水分亏缺时，小麦籽粒角质率和蛋白质含量一般较高。据河南省部分地区试验资料分析表明，过多的降水不仅会导致营养品质下降，而且降低面筋的弹性，以至降低面包的烘烤品质。

3. 日照的影响

小麦籽粒灌浆期间较充足的光照有利于蔗糖和淀粉的合成，籽粒产量高，蛋白质数量和质量都有提高。通过对河南省气候因子与优质品种品质性状的积分回归分析结果表明，小麦籽粒蛋白质含量、湿面筋含量、吸水率受日照时数的影响变幅最大，其次是降水量，受平均气温的影响变幅最小。

（二）优质小麦精细化农业气候区划

余卫东等（2010a）编写的《河南省优质小麦精细化农业气候区划研究》，商丘小麦气候区划如下。

1. 农业气候区划指标

充分考虑当地冬小麦生产和农业气候特点，按照合理配置资源、优化品质结构、提高种植效益的原则，提出了商丘优质小麦农业气候区划指标。选取全生育期降水量（毫米）、全生育期≥0 ℃积温（℃·日）、3—4月日照时数（小时）、3—4月降水日数（天）、5月日照时数（小时）、5月降水量（毫米）和5月平均气温日较差（℃）7个气候要素作为优质专用小麦农业气候区划因子，并按照强筋、中筋和弱筋小麦的适宜种植指标进行分级。商丘优质专用小麦农业气候区划指标及其分级见表6.6。

表6.6　优质专用小麦农业气候区划指标

区划因子	强筋适宜区	中筋适宜区	弱筋适宜区
全生育期降水量（毫米）	＜260	260～400	＞400
全生育期≥0 ℃积温（℃·日）	＜2300	2300～2400	＞2400
3—4月日照时数（小时）	＞360	330～－360	＜300
5月降水量（毫米）	＜60	60～90	＞90
3—4月降水日数（天）	＜13	13～17	＞17
5月平均气温日较差（℃）	＞13.0	12.0～13.0	＜12.0
5月日照时数（小时）	＞230	200～230	＜200
分值	3	2	1

1970—2019年商丘冬小麦全生育期≥0 ℃积温多年平均值为2089.2 ℃·日，1984年最少为1891.1 ℃·日，最多出现在2007年2400.8 ℃·日（图6.2）。冬小麦全生育期降水量多年平均值为242.9毫米，最少年份为2011年117.0毫米，最多出现在1998年为419.1毫米（图6.3）；3—4月日照多年平均值372.6小时（图6.4）；3—4月降水日数多年平均值12天（图6.5），5月降水量多年平均值62.0毫米（图6.6），全生育期积温、全生育期降水量、3—4月降水日数、3—4月日照时数和5月降水量都适合强筋小麦生长。5月日照时数多年平均值219.6小时，适合中筋小麦；5月气温日较差多年平均值12.0 ℃（图6.7），适合种植弱筋小麦。

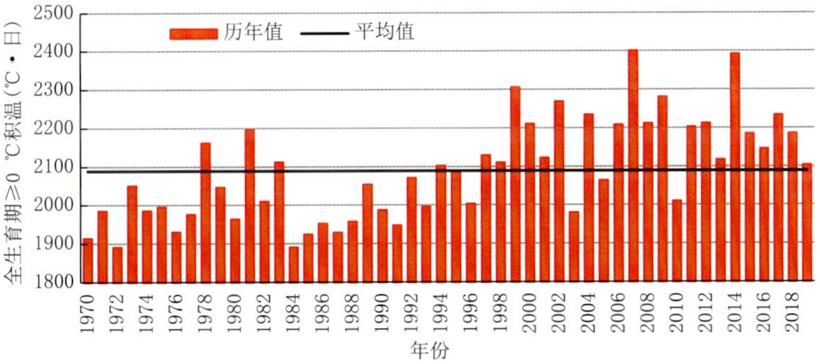

图6.2　1970—2019年商丘冬小麦全生育期≥0 ℃积温历年变化

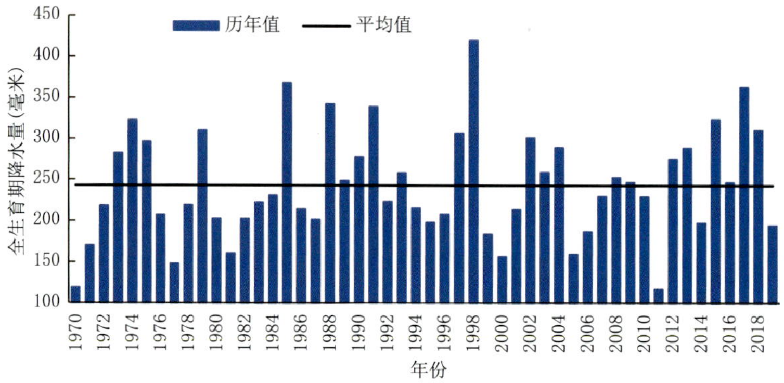

图 6.3 1970—2019 年商丘冬小麦全生育期降水量历年变化

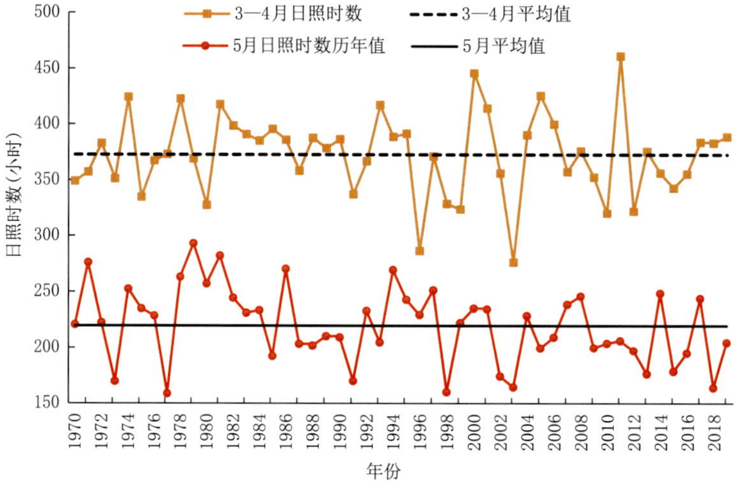

图 6.4 1970—2019 年商丘冬小麦关键发育期日照时数历年变化

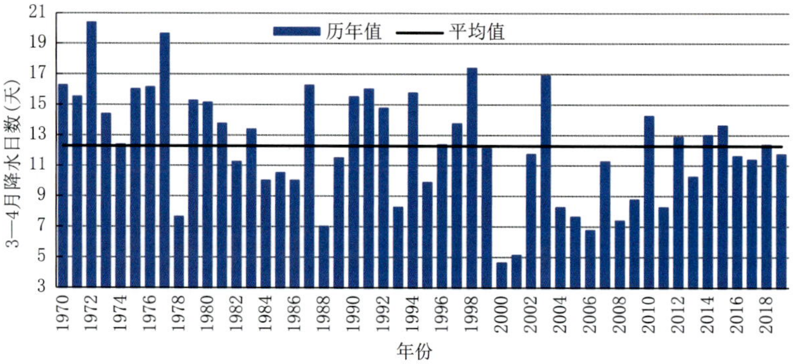

图 6.5 1970—2019 年商丘 3—4 月降水日数历年变化

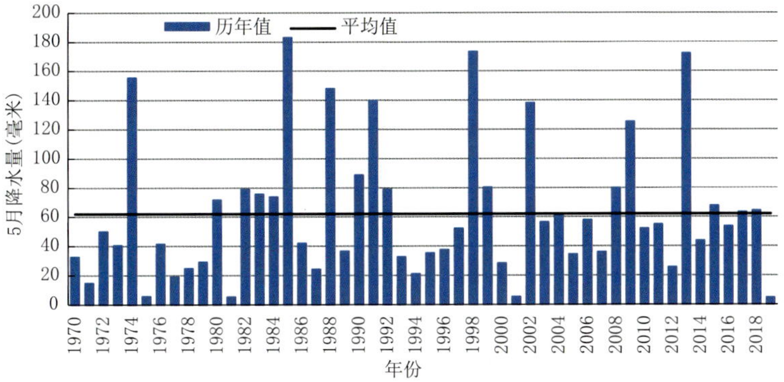

图 6.6　1970—2019 年商丘 5 月降水量历年变化

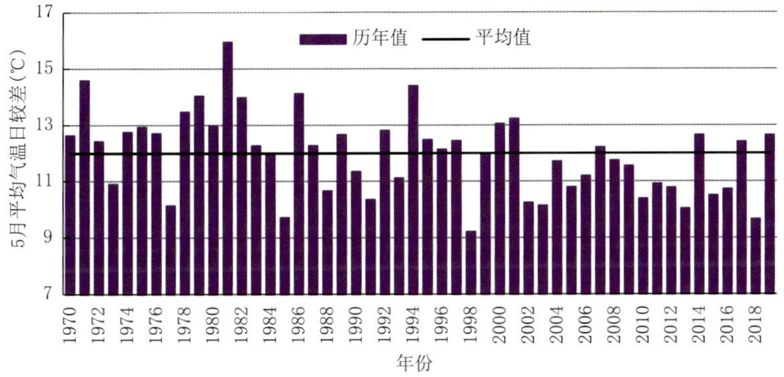

图 6.7　1970—2019 年商丘 5 月平均气温日较差历年变化

2. 区划资料与处理

区划使用的资料是河南省 114 个站的地面气象观测资料，资料年限是 1970—2019 年。利用多元回归方法将气候要素与经度、纬度、海拔、坡度、坡向等地形因子进行相关分析，建立小网格推算模型。采用 1∶25 万河南省基础地理背景数据，解析出地表海拔、坡度、坡向基础数据，存储成点阵格式（数字栅格），将各站的气温、降水因子推算到栅格资料（1000 米×1000 米），在此基础上进行气候资源空间插值研究，同时根据土地利用资料对区划结果进行详细分类。各种指标因子的推算公式见表 6.7。

表 6.7　农业气候区划指标空间推算模型

区划指标	方程表达式	复相关系数	*F* 值
全生育期降水量	$R=21.415\times LN-81.570\times LA+0.136\times H+594.656$	0.951	350.46
全生育期≥0 ℃积温	$T=-55.59\times LN-100.939\times LA-0.779\times H+1217.551$	0.869	113.27
3—4 月日照时数	$S=7.61\times LN+23.293\times LA+0.027\times H-1309.4$	0.886	134.19
3—4 月降水日数	$D=0.274\times LN-2.990\times LA+0.007\times H+84.259$	0.966	508.22
5 月降水量	$R=464\times LN-18.039\times LA+0.029\times H+171.088$	0.909	175.58
5 月日照时数	$S=2.828\times LN+15.644\times LA+0.011\times H-637.101$	0.909	173.89
5 月平均气温日较差	$T=-0.085\times LN+0.722\times LA+0.001\times H-2.931$	0.729	41.55

注：*LN* 表示经度，*LA* 表示纬度，*H* 表示海拔高度。上述每个关系式均通过 $\alpha=0.01$ 的 *F* 检验，方程回归效果较好。

3. 区划指标的小网格推算及区划结果分级

将千米网格的经、纬度和海拔高度信息数据带入表 6.7 多元回归方程，推算出每个区划因子在 1 千米网格上的分布。采取打分法，按照表 6.7 中的优质专用小麦区划因子进行分级打分，即给每一个分级指标都赋予一定的分值。如全生育期降水量，当降水量在＜260 毫米时，赋予 3 分，降水量在 260～400 毫米，赋予 2 分，当降水量＞400 毫米时，赋予 1 分，其他指标的打分可以此类推。

然后按照下式对每个区划因子的分值进行叠加处理得到总分数：

$$B = \sum_{i=1}^{7} \alpha_i b_i$$

式中，b_i 表示第 i 个因子的得分值，α_i 表示第 i 个因子的影响权重。根据不同气候因子对优质专用小麦种植影响程度的不同赋予不同的权重。此区划研究中将 5 月降水量的因子权重赋值为 2.0，其余因子权重都为 1.0。根据 7 个指标按照不同权重叠加后总分数的大小，将优质专用小麦种植划分为强筋小麦适宜区、强筋中筋小麦过渡区、中筋小麦适宜种植区、中筋弱筋小麦过渡区和弱筋小麦适宜种植区，分区标准见表 6.8。最后为不同的区域赋予不同的颜色，并叠加经纬度，制作出优质专用小麦农业气候区划图(图 6.8)。

表 6.8　优质小麦区划分级标准

分区	强筋适宜区	强筋中筋过渡区	中筋适宜区	中筋弱筋过渡区	弱筋适宜区
分值	≥21	17～20	13～16	10～12	＜10

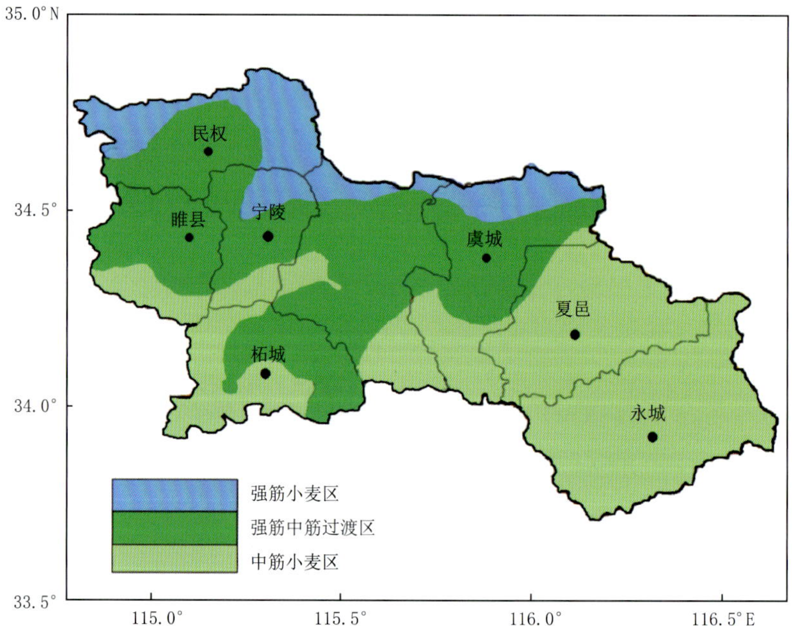

图 6.8　商丘优质小麦种植农业气候区划

（三）农业气候区划结果分析

商丘适宜种植优质强筋小麦的面积不大，只分布在民权县、宁陵县和虞城县北部的部分地区。小麦生育期内≥0 ℃的积温 2000～2200 ℃·日，全生育期日照时数 1400～1600 小时，小麦生育期降水量 160～200 毫米。光温条件较好，冬季温度适宜，光照充足，有利于培育冬前壮苗和安全越冬，拔节期春旱概率较高，多数年份小麦生长受到一定的水分胁迫，灌浆期少雨且气温日较差大，适合优质强筋小麦种植。

商丘优质小麦以强筋至中筋过渡区和中筋小麦适宜区为主。其中民权县、睢县、宁陵县大部、柘城县北部、虞城县中部以及睢阳区、梁园区都是强筋至中筋优质小麦的过渡区。这些地区小麦生育期间≥0 ℃的积温 2100～2300 ℃·日，日照时数 1350～1450 小时，小麦生育期间降水量 200～250 毫米。春季日照充足，但冬春干旱季节大风出现频率较高，小麦生育后期常出现干热风。5 月平均气温日较差 12～13 ℃，5 月灌浆期降水量 40～60 毫米，日照充足，在土壤肥力较高的黏土和壤土地区可以种植优质强筋小麦。

永城市、夏邑县的全部和柘城县、睢县、宁陵县的南部为优质中筋小麦适宜种植区。该区小麦全生育期间≥0 ℃的积温为 2200～2400 ℃·日，日照时数 1300～1400 小时，小麦生育期降水量 200～300 毫米，春季降水变率大，连阴雨天气较少，光照充足，对穗粒形成较为有利。小麦生育后期气温日较差常≥12 ℃，有利于千粒重的提高。此外，春季低温霜冻对小麦具有一定影响。

二、夏玉米精细化农业气候区划

（一）玉米生产与气象条件的关系

1. 热量资源

玉米生育期对温度条件的要求因品种和属性的不同而异。一般说来，早熟玉米品种全生育期要求日平均气温≥10 ℃的积温 2100～2300 ℃·日，中熟品种要求 2500～2700 ℃·日。玉米生长发育的最低气温为 10 ℃，苗期适宜气温为 15～20 ℃，拔节至吐丝的适宜气温为24～27 ℃，开花至授粉的适宜气温为 25～27 ℃，高于 35 ℃或低于 18 ℃均有损开花授粉。乳熟期日平均气温低于 20 ℃灌浆速度显著减慢，低于 16 ℃时灌浆基本停止。

夏玉米生育期一般在 6 月上旬至 9 月上旬，在该时段内日平均气温≥10 ℃的积温在 2600～3100 ℃·日，绝大部分地区的热量条件可以满足早熟和中熟玉米品种生长。商丘 6 月大部分地区平均气温在 25～26 ℃，对玉米的苗期生长，温度正常偏高。7 月大部分地区平均气温为 27 ℃左右，能满足玉米生育需要。8 月平均气温为 23～27 ℃，此时玉米处于抽雄至乳熟期，气温对玉米开花授粉和灌浆十分有利。9 月上、中旬平均气温为 20～24 ℃，适于玉米灌浆和成熟。

2. 降水资源

早熟品种的玉米需水量一般为 300～375 毫米，中熟品种为 375～400 毫米，晚熟品种为 400～475 毫米。不同生育阶段对水分要求也不同，其中拔节到灌浆期耗水量占全生育期总耗水量的 40%～50%，耗水量在 150～200 毫米。尤其是抽雄前后 20 天为夏玉米需水临界期，也是需水高峰期。灌浆至收获耗水量在 80～100 毫米。

商丘夏玉米生育期间降水资源较为丰富，6—9 月的降水量在 400～600 毫米，降水量和时间分布基本能满足夏玉米生育的需求，与玉米生长需水关键期也较吻合。

3. 光能资源

玉米是喜光的短日照作物，全生育期需日照时数600～800小时。平均每天7～11小时才能通过光照阶段。玉米生育期内商丘日照时数大约为690小时，基本上能满足玉米生育需要。其中播种—拔节期日照时数为300小时左右；拔节—乳熟期日照时数多在240小时以上。

4. 夏玉米生产中限制气候因素

播种时期干旱：初夏旱是商丘气候特点之一，也是限制当地夏玉米生产的重要气候因素之一。干旱影响夏玉米适时播种的年份占15%～40%。

拔节至抽穗期的干旱：7月下旬至8月中旬正是夏玉米拔节抽穗开花授粉时期，也是夏玉米需水量最大、对水分最敏感时期。此时正是雨季，与夏玉米需水规律配合较好。但是在少雨年份，形成卡脖旱，对夏玉米产量影响严重，是夏玉米生产中的主要限制因素。

商丘夏玉米生产不利的气候因素还有开花授粉时的阴雨、孕穗开花期的雨涝以及后期的大风冰雹等。

（二）夏玉米农业气候区划指标

余卫东等(2010b)编写的《河南省优质夏玉米精细化农业气候区划研究》，夏玉米气候区划指标如下。

充分考虑商丘夏玉米生产和农业气候特点，选取全生育期降水量（毫米）、全生育期日平均气温≥10 ℃积温（℃·日）、全生育期日照时数（小时）、苗期（6月上旬至6月中旬）降水量（毫米）、拔节至抽穗期（7月下旬至8月中旬）降水量（毫米）和中后期（7月中旬至9月上旬）大风日数（天）6个气候要素作为夏玉米农业气候区划因子，并按照适宜区、次适宜区和不适宜区进行分级（表6.9）。

表6.9 夏玉米精细化农业气候区划指标

因　子	适宜区	次适宜区	不适宜区
全生育期降水量（毫米）	400～500	500～550或300～400	<300或>550
全生育期日照时数（小时）	>600	500～600	<500
全生育期日平均气温≥10 ℃活动积温（℃·日）	>2600	2400～2600	<2400
6月上旬至6月中旬降水量（毫米）	35～50	30～35或50～60	<30或>60
7月下旬至8月中旬降水量（毫米）	60～80	45～60或80～90	<45或>90
7月中旬至9月上旬日最大风速>10米/秒天数（天）	0	1	>1

（三）区划方法

1. 资料与处理

区划使用的地理信息资料采用国家基础地理信息中心提供的1∶25万基础地理背景数据。运用地理信息系统(GIS)技术将1∶25万等高线数据转成高分辨率（1000米×1000米）的数字地形模型(DEM)，在此基础上进行数字地形定量分类技术研究。

2. 区划方法

采取模糊数学方法，按照指标对夏玉米全生育期降水量、全生育期日平均气温≥10 ℃积温、全生育期日照时数、苗期降水量、拔节—抽穗期降水量和中后期大风日数等区划因子分别构建如下模糊隶属函数：

(1)全生育期日照时数

$$S_S=\begin{cases}0 & S<500\\ \dfrac{S-500}{600-500} & 500\leqslant S\leqslant 600\\ 1 & S>600\end{cases}\tag{6.1}$$

(2)全生育期积温

$$S_{\sum t}=\begin{cases}0 & \sum t<2400\\ \dfrac{\sum t-2400}{2600-2400} & 2400\leqslant \sum t\leqslant 2600\\ 1 & \sum t>2600\end{cases}\tag{6.2}$$

(3)全生育期降水量

$$S_{R_a}=\begin{cases}0 & R_a<300 \text{ 或 } R_a>550\\ \dfrac{R_a-300}{400-300} & 300<R_a<400\\ \dfrac{550-R_a}{550-500} & 500<R_a<550\\ 1 & 400<R_a<500\end{cases}\tag{6.3}$$

(4)苗期降水量

$$S_{R_j}=\begin{cases}0 & R_j<30 \text{ 或 } R_j>60\\ \dfrac{R_j-30}{35-30} & 30<R_j<35\\ \dfrac{60-R_j}{60-50} & 50<R_j<60\\ 1 & 35<R_j<50\end{cases}\tag{6.4}$$

(5)拔节—抽雄期降水量

$$S_{R_g}=\begin{cases}0 & R_g<45 \text{ 或 } R_g>90\\ \dfrac{R_g-46}{60-45} & 45<R_g<60\\ \dfrac{90-R_g}{90-80} & 80<R_g<90\\ 1 & 60<R_g<80\end{cases}\tag{6.5}$$

(6)7 月中旬至 9 月上旬大风日数

$$S_F=\begin{cases}1 & F=0\\ 1-F & 0<F\leqslant 1\\ 0 & F>1\end{cases}\tag{6.6}$$

式中，S、$\sum t$、R_a、R_j、R_g、F 分别表示夏玉米全生育期日照时数因子、全生育期积温因子、全生育期降水量因子、苗期降水量因子、拔节一抽雄期降水量因子、7 月中旬至 9 月上旬大风日数因子，S_S、$S_{\sum t}$、S_{R_a}、S_{R_j}、S_{R_g}、S_F 分别表示夏玉米全生育期日照时数模糊矩阵、全生育期积温模糊矩阵、全生育期降水量模糊矩阵、苗期降水量模糊矩阵、拔节—抽雄期降水量模糊矩阵、7 月

中旬至9月上旬大风日数模糊矩阵。

考虑到不同因子在区划评价中强度的差异，分别对不同的区划因子赋予不同的权重，对隶属的计算结果进行加权平均即得到综合区划指标。6个区划因子的权重取值见表6.10。

表6.10 夏玉米农业气候指标权重分配表

分区	全生育期日照时数	全生育期降水量	全生育期≥10 ℃积温	苗期降水量	拔节—抽穗期降水量	中后期大风日数
W_j	0.15	0.20	0.20	0.15	0.20	0.10

根据计算结果，确定玉米精细化农业气候区划分级标准见表6.11。

表6.11 夏玉米农业气候区划分级标准

分区	适宜区	次适宜区	不适宜区
分值(B)	≥0.55	0.40～0.55	≤0.40

利用该分区标准和千米网格的农业气候资料，得到夏玉米种植精细化农业气候区划。

(四)区划结果分析

商丘总体上都属于夏玉米适宜种植区，6—9月总降水量为400毫米，日照时数为600小时，日平均气温≥10 ℃活动积温为3000 ℃·日。夏玉米拔节、抽穗、开花时期降水适宜，卡脖旱频率较低。商丘是河南省夏玉米种植的最有利区域。商丘夏玉米种植的不利因素主要是初夏旱，影响适时播种，造成水热条件与夏玉米各生育期要求不相适应，使产量降低。

第四节 特色农业精细化气候区划

商丘气候适合多种特色农业生产，在特色农业精细化气候区划中，以宁陵县酥梨和柘城县三樱椒为例作重点分析。

一、宁陵县酥梨精细化农业气候区划

宁陵酥梨是白梨和沙梨的自然杂交品种，主要包括白皮酥、伏酥、圆酥3个品系，单果平均重量300克，最大可达800～1000克。成熟后的酥梨个大皮薄、酥脆多汁、香甜味美、金黄发亮，含糖量高达15%，并含有磷、铁、维生素C等多种元素和维生素。宁陵酥梨早在明代孝宗年间就颇有盛名，至今已有600多年的栽培历史。宁陵县酥梨种植面积常年稳定在近2万公顷，是国家市场监督管理总局地理标志产品保护优质农产品。该地理标志产品保护范围以宁陵县人民政府《关于界定宁陵金顶谢花酥梨地理标志保护范围的函》(宁政函〔2005〕13号)确定的范围为准，主要集中在宁陵县的石桥、孔集、柳河、逻岗、阳驿、张弓、程楼、城郊、乔楼9个乡镇现辖行政区域。

宁陵县年平均气温14.2 ℃，年均降水量700毫米，无霜期208天。宁陵县属黄河冲积平原，以沙土和两合土为主，土壤肥沃，主要河流有大沙河、洮河、上清水河、古宋河等，黄河故堤横穿县境东北部，地势稍高，大沙河、洮河两岸有沙丘分布。宁陵县气候温和、雨量丰沛，日照适度，四季分明，酥梨生长季日均气温在20 ℃左右，发展酥梨的自然条件优越，非常适合酥梨生产。

(一)酥梨生产与气候条件

1. 温度的影响

梨树是喜温树种,不同品种喜温程度不同。宁陵县的白梨适应范围较广,以年平均气温在8.5～14 ℃为适宜,可以耐－25～－23 ℃低温,冬季需要日平均气温<7.2 ℃的60天休眠期。宁陵县年平均气温14.2 ℃,极端最低气温在－20 ℃以上,日平均气温<7.2 ℃的天数在60天以上,宁陵县热量条件非常适宜酥梨生长。但是花蕾和开花期易受低温霜冻危害,一般－3～－1 ℃花蕾易受低温冻害,4月上旬有时出现强冷空气最低气温可降到－4～－1 ℃,是影响酥梨生产的主要灾害之一。

夏季正是梨树生长时期,要求温度不能过高、昼夜温差较大。6月、8月平均气温在13～18 ℃,日较差以10 ℃以上为宜。夏季夜间温度较低有利于同化作用物质积累,利于梨的着色和糖分积累,高温高湿会使梨的生长机能受阻。宁陵县夏季气温较高,日较差偏低,6月、8月最低气温都在20 ℃以上,≥35 ℃日数达15天以上,8月平均气温在25 ℃以上,而气温日较差只有8.5 ℃,比梨树对温度条件要求稍偏高(图6.9)。

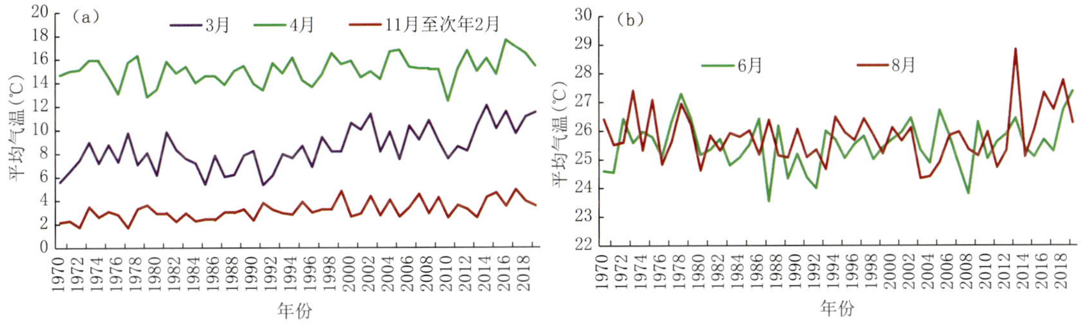

图6.9　1970—2019年宁陵县酥梨不同生长阶段平均气温历年变化

2. 水分的影响

水是影响果树代谢的主要因素之一,缺水会导致生理过程紊乱,严重影响产量和品质。在年降水量500～900毫米的地区,梨树生长与结实良好。但久旱、久雨对梨树生长发育均不利,特别是果实膨大期久旱遇大雨,可导致裂果,严重影响果实产量与品质等。宁陵县多年平均降水量700毫米,适于梨树种植。宁陵酥梨各生长阶段降水量见图6.10。

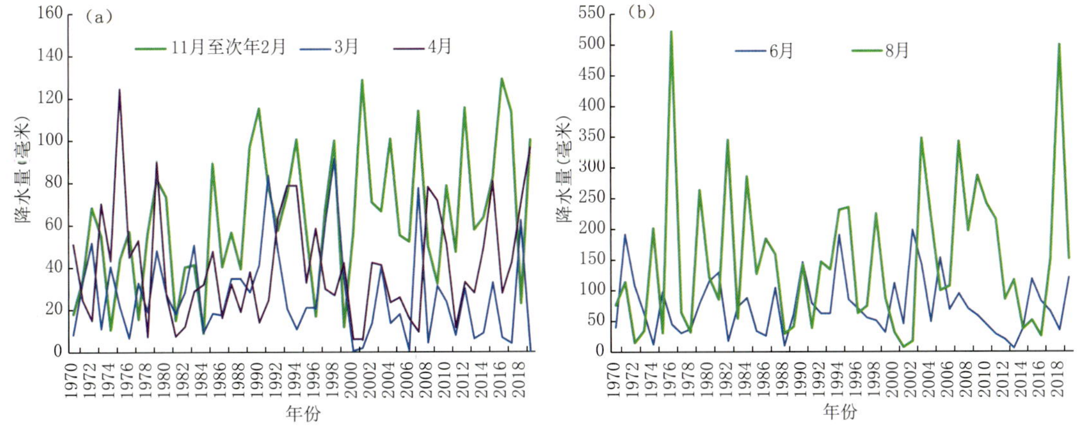

图6.10　1970—2019年宁陵县酥梨不同生长阶段降水量历年变化

3. 日照的影响

梨树属于喜光果类，光强对果实着色有明显的影响，一般光照充足，同化量多，果实大，落果少。宁陵县光照资源丰富，全年日照时数 2100 小时以上，夏季日照长，冬季日照短，春秋日照时数基本相近，光照资源能够满足梨树生长需求（图 6.11）。

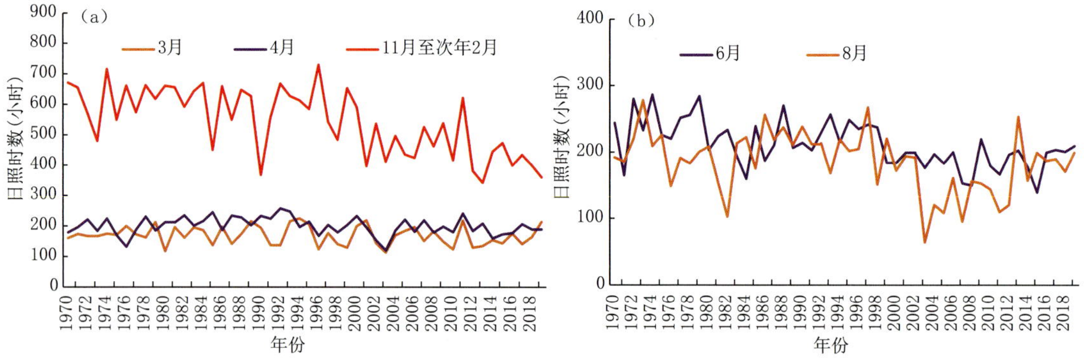

图 6.11　1970—2019 年宁陵县酥梨不同生长阶段日照时数历年变化

（二）宁陵县酥梨种植农业气候区划指标

河南省气象局气象科研所（2018）编写的《河南省宁陵县酥梨精细化农业气候区划》，宁陵县酥梨气候区划指标如下。

1. 资料与处理

由于农业气候资源与纬度、地形地貌及下垫面等密切相关，现有观测资料只能反映台站附近区域的气候概况，不能全面、真实地反映气候资源的详细特征，因此在考虑气候要素与经度、纬度、海拔、坡度和坡向等地形因子的基础上利用梯度距离平方反比法，进行光、温、水等气候资料的空间分布推算。

$$Z = \frac{\left[\sum_{i=1}^{n} \frac{Z_i + (X - X_i) \times C_x + (Y - Y_i) \times C_y + (E - E_i) \times C_e}{d_i^2}\right]}{\sum_{i=1}^{n} \frac{1}{d_i^2}} \tag{6.7}$$

式中，Z 是气象要素插值后结果，X 和 X_i 为待估点与气象站点的 X 轴坐标值，Y 和 Y_i 为待估点与气象站点的 Y 轴坐标值，E 和 E_i 为待估点与气象站点的海拔高程，Z_i 代表要进行空间插值的气象要素，C_x、C_y 和 C_e 分别为站点气象要素与 X、Y 和海拔高程的回归系数。d_i 为待估点到 i 站点的距离，n 为用于插值的气象站点数目。

2. 区划方法

（1）基于气候适宜度的区划方法

温度、降水量和日照时数的高低直接决定了果树生长发育的适宜程度，其值过高或过低都可为梨树的生长发育带来风险。根据前人研究成果，结合宁陵县实际情况，提出了不同生育阶段的降水量、温度和日照时数的气候适宜函数，即：

$$S_r = \begin{cases} R/R_l & R < R_l \\ 1 & R_l \leqslant R \leqslant R_h \\ R_h/R & R > R_h \end{cases} \tag{6.8}$$

$$S_t = [(T-T_1)(T_2-T)^B]/[(T_0-T_1)(T_2-T_0)^B]，其中\ B=(T_2-T_0)/(T_0-T_1) \quad (6.9)$$

$$S_S = \begin{cases} e^{-[(S-S_0)/b]^2} & S < S_0 \\ 1 & S > S_0 \end{cases} \quad (6.10)$$

式中，S_r、S_t、S_S 分别为梨树生育期间降水、温度、光照的适宜度，R、T、S 为分析时段内的降水量、日平均气温和日照时数的观测值，R_l、R_h 是生育期内作物适宜降水量的下限、上限；T_1、T_2、T_0 分别是梨树在该时段内的下限温度、上限温度、最适温度；以日照时数达可照时数的70%（即日照百分率）为临界点，认为70%以上是梨树对光照条件要求的适宜状态，S_0 表示日照百分率为70%的日照时数，b 为反映日照适宜的经验常数。模型中各参数取值见表6.12。

表6.12　宁陵县梨树各生育期参数值

	休眠期	萌芽期	花期	幼果期	果实膨大期	成熟期
T_0（℃）	3.0	10.0	13.0	20.0	25.0	18.0
T_1（℃）	1.8	8.5	12.0	18.0	20.0	15.0
T_2（℃）	5.0	12.0	15.0	22.0	27.0	19.0
S_0（小时）	620	120	70	500	440	350
b	4.9	5.0	4.7	4.7	4.5	4.2
R_1（毫米）	38.0	92.0	55.0	100.0	230.0	90.0
R_2（毫米）	160.0	126.0	70.0	270.0	470.0	160.0

（2）综合气候适宜模型

对休眠期、萌芽期、花期、幼果期、果实膨大期、成熟期6个生育期内光照、温度和降水的气候适宜值进行平均，得到全生育期单因子气候适宜度结果（S_j）：

$$S_j = \frac{1}{6}\sum_{i=1}^{6} S_i \quad (6.11)$$

式中，S_j 代表单因子气候适宜度，i 代表休眠期至成熟6个生育期，S_i 代表每个生育期的适宜度值。

某地综合气候适宜度模型为：

$$B = \sum_{j=1}^{3}(W_j \times S_j) \quad (6.12)$$

式中，B 代表全生育期综合气候适宜度，j 代表不同气象要素，S_j 代表每个气象要素的全生育期适宜度值，W_j 代表不同要素的权重值，采取相对权重法进行计算，即

①首先判断是否存在明显的限制因子。找出评价单元中气候适宜度最小的因子，即 $S_m = \min(S_j)$。若 $S_m > 0.2$，则认为此评价单元没有明显的限制因子；若 $S_m \leqslant 0.2$，则认为此评价单元中存在明显的限制因子。

②如果不存在明显的限制因子，则此评价单元中某个因子的相对权重是由其限制性（$1-S_j$）及其他因子的限制共同决定的，则

$$W_j = \frac{(1-S_j)^2}{\sum_{j=1}^{3}(1-S_j)^2}(0.2 < S_m \leqslant 1.0) \quad (6.13)$$

③如果存在显著的限制因子，则该因子的相对权重较大，权重为$(1-S_m)$，其他因子的相对权重之和为S_m，即

$$W_j=\begin{cases}\dfrac{(1-S_j)^2}{\sum\limits_{j=1}^{2}(1-S_j)^2}\times S_m & (S_m\leqslant 0.2,S_j\neq S_m)\\ 1-S_m & (S_j=S_m\leqslant 0.2)\end{cases} \tag{6.14}$$

(三)宁陵县酥梨种植区划结果

宁陵县整体上属于酥梨生产的最适宜区和适宜区，其中石桥、孔集、柳河、逻岗、阳驿、张弓、程楼、城郊、乔楼 9 个乡镇为最适宜区，其余为适宜区。

二、柘城县三樱椒精细化种植区划

柘城三樱椒是河南省柘城县于 1976 年从国外引进的经济农作物，1999 年 11 月，柘城县被命名为“中国三樱椒之乡”，2003 年柘城县三樱椒获得河南省名牌农产品称号。柘城县每年三樱椒种植面积达 2 万多公顷，平均年产 12 万吨，总产值 10 多亿元，已经发展成为柘城县的优势特色产业，成为柘城的主要经济作物。

目前，国内对三樱椒种植区划的研究成果相对较少。因此，对三樱椒进行精细化种植区划就显得十分重要，对推进供给侧结构性改革、实现农业增效、农民增收、服务乡村振兴战略实施具有重要的意义。

(一)三樱椒生育期气候状况

三樱椒生长周期为一年。三樱椒整个生育期为 3 月中旬至 10 月，共 180～220 天。主要发育期有播种期、出苗期、定植期、现蕾期、开花期、坐果期和成熟期 5 个发育期。三樱椒全生育期活动积温在 4300～4500 ℃·日，降水量 500～700 毫米，日照时数 1250～1450 小时。

(二)区划方法

河南省气象局气象科研所(2018)编写的《河南省柘城县精细化农业气候区划》，河南省柘城县精细化农业气候区划指标如下。

1. 资料与处理

三樱椒种植气候区划所需的数据包括区域内气象台站 1989—2018 年逐日气温、降水数据，分别用来计算三樱椒生育期的气温适宜度指数和降水适宜度指数。

2. 气温适宜度指数

影响三樱椒生长发育期和产量形成的气象因子很多，但温度对三樱椒的影响较为明显。因此，需要利用气候适宜度中的气温适宜度方法，作为三樱椒气候区划的一个重要指标(表 6.13)。气温适宜度模型为：

$$F(t_i)=\frac{(t_i-t_L)(t_H-t_i)^{\beta}}{(t_o-t_L)(t_H-t_o)^{\beta}}\quad \beta=(t_H-t_o)/(t_o-t_L) \tag{6.15}$$

式中，t_o、t_L、t_H 分别为适宜气温、最低气温和最高气温。

表 6.13 三樱椒气温指标(℃)

	播种—定植期	定植—开花期	开花—坐果期	坐果期—成熟期
	3 月中旬至 4 月下旬	5 月上旬至 6 月中旬	6 月下旬至 7 月上旬	7 月中旬至 9 月上旬
最高气温	28	35	35	35
最低气温	8	15	10	15
最适气温	23	23	23	19

3. 降水适宜度指数

由于单旬的降水不能很好地反映降水对三樱椒的影响，因而选取当旬和前两旬连续三旬的需水量和降水数据滚动分析降水对三樱椒的影响情况。用当旬的降水和需水量表示当旬的降水适宜度情况。建立降水指数模型：

$$F(R_j)=\begin{cases}\dfrac{|R_i|}{W_i}-1 & R_i<W_i\\ 0 & R_i\geqslant W_i\end{cases} \tag{6.16}$$

式中，R_i 为连续三旬的降水量，W_i 为连续三旬的需水量。降水适宜度模型：

$$F=\begin{cases}1-F(R_i) & F(R_i)<0\\ \dfrac{F(R_i)-1}{0.25} & 0\leqslant F(R_i)<0.25\\ 0 & F(R_i)\geqslant 0.25\end{cases} \tag{6.17}$$

4. 区划模型

评价模型主要采用 GIS 的加权指数求和法，评价模型见如下公式：

$$Y_i=\sum_{j=1}^{m}(P_jX_{ij}) \tag{6.18}$$

式中，$i=1,2,3,\cdots,119$ 个站点，$j=1,2,3$ 区划指标，Y_i 为评价得分。

将站点资料插值到 100 网格上，根据三樱椒种植区划综合指数分级标准，在 GIS 平台上，把三樱椒种植气候适宜性划分为适宜、次适宜和不适宜 3 个等级。

(三)区划结果

柘城三樱椒种植精细化农业气候区划：柘城中部、西部地区，伯岗、申桥、安平、李原、皇集、岗王、慈圣、惠济、远襄、马集、牛城、邵园、张桥、老王集、城关镇等乡镇的全部区域为三樱椒的适宜种植区，柘城东部地区的老王集、起台、洪恩等乡镇的全部区域，陈青集镇的大部，胡襄、大仵等乡镇的局部为次适宜种植区。从计算结果看，柘城县整体上适合三樱椒种植。

第七章　商丘气候与各行各业

第一节　气候与农业

商丘是农业大市，是全国主要粮食生产基地之一，种植制度以一年两熟（冬小麦—夏玉米、冬小麦—花生、冬小麦—大豆等）为主。气候资源是自然资源中影响农业生产最重要的组成部分之一，它提供的光、热、水、空气等能量和物质，对农业生产类型、种植制度、布局结构、生产潜力、发展远景，以及农、林、牧产品的数量、质量和分布都起着决定性作用。

一、气候与作物生长的关系

气象条件在农作物生长过程中有着重要影响，主要包括光照、温度、水分、风等气象因素的影响。

光照是农作物进行光合作用的能量来源，是叶绿体发育和叶绿素合成的必要条件，光能调节农作物体内酶的活性，因此光照对农作物的生长发育影响很大。光照与农作物光合作用没有固定的比例关系，但是在一定光照强度范围内，在其他条件满足的情况下，随着光照强度的增加，光合作用的强度也相应地增加。但光照强度超过光的饱和点时，光照强度再增加，光合作用强度不增加。光照强度过强时，会破坏原生质，引起叶绿素分解，或者使细胞失水过多而使气孔关闭，造成光合作用减弱，甚至停止生长。光照强度弱时，农作物光合作用制造有机物质比呼吸作用消耗的还少，农作物就会停止生长。一般作物在强光下，株高降低、节间缩短、叶色浓绿、叶片小而厚、籽粒饱满、根系发达；弱光下作物节间较长、株高增加、根系发育不良、抗性降低。

温度在农作物生长过程中存在着一定的适应范围，大多数农作物能够在适应温度低于或高于此上下限，则生长缓慢。温度影响农作物的生理生化过程，如光合作用、呼吸作用、蒸腾作用等。比如对光合作用，温度升高，光合作用增强，但当温度高于光合作用的最适温度时，光合速率明显地表现出随温度升高而下降，这是由于高温引起催化暗反应的有关酶钝化、变性甚至遭到破坏，同时高温还会导致叶绿体结构发生变化和受损；呼吸作用也随温度升高而增强，在极高温度下，在维持短时间强呼吸后，呼吸速率急剧下降。

水分约占农作物体重的70%～90%，不仅是农作物体的重要组成部分，而且是农作物进行光合作用、呼吸作用以及对土壤中养分的吸收等生理活动所不可缺少的。合理控制水分是农作物正常生长和发育的重要保证，如果水分不足以补偿农作物因蒸腾作用和代谢活动消耗的水量时，嫩枝和叶片就会出现萎蔫现象，影响其正常生长和发育。反之，如果水分供应过多，不仅会引起植株徒长，还会导致作物根部缺氧，呼吸作用降低，难以吸收养分，造成作物枯萎甚至死亡。

风也是作物生长发育的重要生态因子。适宜的风速，可使空气乱流加强，使作物内外各层次之间的温度、湿度得到不断的调节，有效避免某些层次出现过高或过低的温度、湿度，以利于农作物的生长发育；风速较大时能够减少大气湿度，破坏农作物内水分平衡，使成熟细胞不能扩大到正常的大小，造成所有器官组织都小型化、矮化；风还可以把农作物的花粉或者种子传播到远处，帮助农作物受粉和繁殖。

二、商丘气候有利于农业生产

(一)日照

商丘各站全年日照时数在2055.0(夏邑站)～2233.8(虞城站)小时。各站日照时数分别是：商丘站2124.3小时，永城站2098.8小时，夏邑站2055.0小时，虞城站2233.8小时，柘城站2076.9小时，睢县站2138.9小时，民权站2153.5小时，宁陵站2087.8小时。商丘各县(市)年日照时数区域分布规律是，北及西北部较多，南及东南部偏少。

商丘各站平均日照百分率在46%～50%，虞城站日照百分率最高为50%，夏邑站最少为46%，区域之间有一定差别。

商丘各站一年之中，各月日照百分率差别较大，在43%～51%，日照百分率最多月与最少月相差8%，全年以4—5月日照百分率最大，为51%。以7月日照百分率最小为43%。上述统计结果表明，4—5月为春光明媚之季。该季特点是多风少云，晴空少雨，光照充足，所以，日照百分率较高。

(二)气温

商丘年平均气温在14.2～14.6 ℃，东南部永城市略偏高，西北部民权县略偏低。60年来(1959—2019年)商丘站年平均气温最高为15.7 ℃，出现在2017年，年平均气温最低为13.3 ℃，出现在1969年。各站年平均气温分别是：商丘站14.3 ℃，永城站14.6 ℃，夏邑站14.5 ℃，虞城站14.1 ℃，柘城站14.5 ℃，睢县站14.2 ℃，民权站14.3 ℃，宁陵站14.3 ℃。各县(市、区)年平均气温变化特征是，南及东南部气温较高，北及西北部略偏低，各县(市)年平均气温差异不明显。

气温日较差，即一日之内气温最高值与气温最值低之差。商丘各站之间年际气温日较差没有明显差异，但一年之中各月气温日较差有显著差别。夏季7月气温日较差最小，为8.7 ℃，春季5月气温日较差最大，为12.1 ℃，秋季10月和冬季1月气温日较差居中，分别是11.4 ℃和9.4℃。

商丘年平均无霜期日数210天，各县(市、区)无霜期日数在205～215天。全市平均初霜日为10月30日，各县(市、区)初霜日在10月28日至11月2日。全市平均终霜日为4月2日，各县(市、区)终霜日在3月29日至4月5日。

商丘最冷月为1月，平均气温为0.0 ℃，最热月为7月，平均气温为27.2 ℃。≤−5 ℃的日期只有25天，冬季寒冷期较短。≥35 ℃的炎热天气只有15天，夏季炎热期不长，春季平均气温14 ℃左右，秋季平均气温为14.7 ℃。

商丘平均活动积温为5257.6 ℃·日，最多达5372.0 ℃·日，最少为5183.4 ℃·日。一年中日平均气温≥0 ℃的日期为310天，≥3 ℃的日期为278天，作物生长期较长。

(三)降水

商丘各站平均年降水量为674.1～816.0毫米。位于东南部的永城市最多，为816.0毫米，西北部的民权县最少，为 674.1 毫米。各站平均年降水量分别是：商丘站 713.3 毫米，永城站 816.0 毫米，夏邑站 771.4 毫米，虞城站 733.6 毫米，柘城站 745.6 毫米，睢县站 720.0 毫米，民权站 674.1 毫米，宁陵站 700.9 毫米。

商丘属暖温带季风气候，夏季炎热多降水。夏季盛行暖湿的东南气流，雨水丰沛。冬季盛行干冷的偏北气流，天寒少雨，所以各季降水量差异较大。各站夏季（6—8 月）降水量为最多，为 377.2～447.1 毫米，占年降水量的 54%～56%。冬季（上年 12 月至本年 2 月）降水量最少，为 32.2～51.3 毫米，仅占年降水量的 5%～6%。春、秋两季降水量差别不明显，春季（3—5 月）降水量为 123.8～158.9 毫米，占年降水量的 18%～19%，秋季（9—11 月）降水量为 140.8～158.8 毫米，占年降水量的 20%～21%。

商丘各站年平均≥0.1 毫米的降水日数为 83～94 天，东南部永城站最多，为 94 天，西部民权站年降水日数最少，为 83 天。年降水日数最少的站只有 55 天，出现在 1988 年的商丘站。年降水日数最多的站有 127 天，出现在 1964 年的宁陵站。各站之间年降水日数差异较小，但降水日数年际之间差别显著。

商丘气候适宜种植多种农作物，但气象灾害频繁，且具有多样性，每年致使农牧业造成一定损失，但随着农业生力发展和生态环境的改善，抵御自然灾害的能力不断增强，自然灾害造成的损失显著减少。

第二节　气候与交通

天气气候与交通的关系非常密切。一方面雨、雪、雾、霾、大风、沙尘等天气可引起“额外的”交通事故，另一方面道路设计和建设需要考虑大雨、积雪、冻胀、热胀等因素。

一、水与交通

降雨大小对交通均有影响，都可能造成交通事故增多，大雨时又比小雨时事故增多，特别是对公路交通影响更大。据统计，沈阳到大连高速公路上交通事故最多的原因是由雨、雪和雾天气引起的，约占整个交通事故的 60%。雨、雪和雾天气的事故率是正常天气的 5 倍。较大降水，如暴雨、洪水对交通危害更大，可以引起道路阻塞、泥石流、山体滑坡、冲垮道路和桥梁。

商丘各站年平均降水日数为 86.4 天，由此可知，商丘每年有约 1/4 时间为降水天气，对交通有很大影响。其中日降水量≥25 毫米的降水日数，商丘平均每年有 7.5 天，日降水量≥50 毫米的暴雨日数，全市年平均有 2.5 天。降雨量大，对交通影响更大。如 2018 年 8 月 17 日 20 时至 20 日 20 时，因受台风“温比亚”登陆影响，商丘出现特大暴雨，平均降水量 287 毫米，商丘市城区降水量 390 毫米，道路变成了河流，造成市内交通阻塞近 2 天。

二、雾、霾与交通

雾、霾天气造成能见度降低，使驾驶人员难以及时判明前方的路况。驾驶经验表明，能见度<300 米，车速受到限制；<50 米，行驶困难。目前，我国高速公路十分发达，雾对高速公路上行车影响更大，雾可以说是高速路上的“隐形杀手”。大雾时，车辆就像蒙着眼睛在浑浊的烟雾中奔跑，一旦发现前方有障碍物时，因距离太近来不及避让，就容易发生撞人、撞车、追尾、翻车等事故。所以，雾、霾天气引起的交通事故显著增多。雾、霾天气对铁路、航空也有一定

影响。

商丘平均每年出现雾、霾天气 30 天，睢县站出现雾日最多，年平均 42 天。从季节分布看，商丘雾、霾天气多出现在每年的 1 月和 10—12 月，占 66%，以 12 月雾日最多。由此可见，一年中雾、霾天气对商丘交通运输影响是很大的。雾的生成时间一般在下半夜到早晨，雾消时间一般在 06—12 时。日出后 07—08 时，雾最容易消散。因此，提醒车辆驾驶人员要掌握雾天的基本特征，以方便安全出行。

三、降雪与交通

雪一般是由水汽在小冰晶上凝华增大而成，其小冰晶圆滑而坚硬，特别是粒雪化后，雪的密度和硬度增大，或化水成冰，使路面更滑，汽车很难驾驶，极易出现事故。另外，积雪达到一定深度，汽车也很难行驶。因此，降雪天气对交通影响更大。

农谚有“大雪年年有，不在三九在四九”。据商丘各站 1960—2019 年气象观测资料统计，大雪天气平均每年 3 天左右，1989 年最多，出现了 7 次（日）大雪。1993 年 11 月 20 日一场大雪，积雪深度达 24 厘米，交通受到很大影响。商丘区域性大雪多出现在上年 11 月至当年的 3 月，最多出现在每年的 1—2 月。驾车出行人员要倍加关注，确保交通安全。

四、气温与交通

气温与交通的关系也很密切。一是气温是交通道路规划、设计、建设的重要依据。我国交通部门颁发的“中国公路自然区划图”以气温为主要指标。二是交通工具与气温变化的关系也十分密切，如在炎热的地区和炎热的季节，发动机散热困难，机件过热，冷却用水和蓄电池电解液消耗很快，汽油泵和输油管中的汽油蒸发加快，供油系统容易形成气阻，发动机功率下降。另外，气温≥30 ℃以上时，沥青路面软化、发黏影响车速。低温时，挡风玻璃容易结雾或霜，如无消雾、融霜设备，行车滞缓甚至无法行使。据统计，在低温－18 ℃时，使用柴油作燃料的交通工具，发动时需要加热燃油才能顺畅启动，而且牵引力比常温下要减少 5%左右。如果气温更低，牵引力下降还要多。

商丘属于暖温带季风气候区，年平均气温 14.2～14.6 ℃。据 1960—2019 年的气温资料统计，商丘冬季气温低于－18 ℃的日数，只有永城站出现过 6 天（次），夏邑站出现过 2 天（次），其余大部分站没有出现过气温低于－18 ℃的天气。所以，低温对商丘交通影响很小。夏季商丘平均气温 26.3 ℃，日最高气温≥30 ℃的日数，商丘平均为 80 天（次），日最高气温≥35 ℃的日数，为 15 天（次）。由此可知，对商丘交通有重大影响的天气是夏季≥30 ℃的炎热天气。

五、大风与交通

大风对交通的影响也很大。如逆风行驶的交通工具，其速度要受到阻力影响，垂直于大风风向行驶的交通工具有被大风倾覆的风险。据有关部门统计，1961—1982 年，兰新铁路风口地区被强劲北风吹翻列车达 10 多次。风对船舶和航空影响更大。风影响船舶的航速、航向，会使船舶飘逸。大风掀起巨浪，造成船横摇和上下颠簸运动。飞机跑道应与盛行风向一致，飞机要逆风起降，以便获得较大的升力和阻力，便于修正航向。如果侧风的风速超过 9～12 米/秒，飞机有滑出跑道或侧倾的危险。

商丘历年风速平均≥8米/秒(≥5级)的日数为90天，≥17.2米/秒(≥8级)大风日数为1.8天。由此可知，商丘风速≥5级以上的日数较多，其对交通的影响也很大。一年之中，商丘大风日数以春、夏两季(3—8月)出现最多，其中以每年3月大风日数最多。因此，人们要了解大风出现的规律，以方便出行。

第三节　气候与旅游

旅游与天气气候有着密切关系。世界各国各地气候差异很大，选择适宜的旅游时间和地点，首先考虑的就是气候。若在风和日丽的天气，将会使人心旷神怡，增加几分美感和乐趣。若遇到风、雨、冰雹、寒流等天气，不仅会影响人们的衣食、住行，还会使人们增添几分懊悔，减少几分兴趣。另外，特殊的气候因素有直接的造景功能和间接的育景作用，可促成许多旅游景致。如哈尔滨的寒冷气候条件，使艺术家们创造了独特的“冰雕”景观，还可形成树挂奇景。又如广州、海口、三亚等无冬季，四季风光秀丽，花草繁盛，成为人们避寒、度假、旅游的胜地。

一、商丘气候适宜旅游

商丘属于暖温带季风气候区，春季温暖，夏季炎热多雨，秋季凉爽，冬季微寒少雨，四季分明。年平均气温14.1～14.6℃，全年最低气温≤−5℃的日数25天，最高气温≥35℃的日数15天。全年降水量平均为745.1毫米，全年无雨雪天气260天，特别是“五一”“十一”“中秋”节前后，一般是天高气爽，风和日丽，非常适宜人们游玩。

商丘历史悠久，名胜古迹众多。商丘古城是全国现存最完整的古城之一，古城墙有500多年历史，现经修整后更加古朴壮观。全国四大书院之首的应天书院位居商丘古城南门外。阏伯台、仓颉墓、伊伊墓、微子墓、庄子墓、芒砀山西汉梁王陵墓群等均有数千年历史。还有孔子还乡祠、木兰祠、白云寺等景点。近代重要史迹有淮海战役旧址、夏邑八里庄抗日名将彭雪枫殉国纪念地等厚重的历史文化景观。加上商丘适宜的天气气候及四通八达的交通条件，定会促进商丘旅游事业蓬勃发展。

二、商丘气候利于保护名胜古迹

干燥气候有利于保护古迹。商丘全年干燥日(相对湿度≤30%)64天，一年中多数时间相对湿度在65%左右，年平均高湿日数只有(相对湿度≥80%)48天，全年≥10毫米降水日数只有19天。商丘干燥少雨的气候非常有利于名胜古迹保护。商丘古城墙历史悠久，至今保存完好，也得以于商丘适宜的气候。

第四节　气候与建筑

一、气候条件

气候要素气温、光照、风是影响建筑风格的主要因素之一。

降雨多和降雪量大的地区，房顶坡度普遍很大，以加快泄水和减少屋顶积雪。降雨少的地区，屋面一般较平，建筑材料也不是很讲究，屋面极少用瓦，有些地方甚至无顶，如撒哈拉地区。

降水多的地方,植被繁盛,建筑材料多为竹木;降水少的地方,植被稀疏,建筑多用土石;降雪量大的地方,雪甚至也是建筑材料。

气温高的地方,往往墙壁较薄,房间也较大,反之则墙壁较厚,房间较小。气温高的地方,往往将房屋隐于林木之中,据估计,夏天绿地比非绿地的气温要低 4 ℃左右,在阳光照射下建筑物只能吸收 10%的热量,而树林却能吸收 50%的热量。

室内光照能杀死细菌或抑制细菌发育,满足人体生理需要,改善居室微小气候。北半球中纬度地区,冬季室内只要有 3 个小时光照,就可以杀死大部分细菌。因此从采光方面考虑,房屋建筑需注重 3 个方面,即采光面积、房间间距和朝向。

风是影响建筑风格的重要因素之一,防风是房屋的一大功能,有些地方还将防风作为头等大事,尤其是台风肆虐的地方。风还会影响房屋朝向和街道走向。一般房屋坐北朝南。城市街道走向如果正对风向,风在街道上空受到挤压,风力加大,成为风口。因此街道走向与当地盛行风向之间应该有个夹角。

二、城市规划与气候

城市气候是在区域大气候背景下形成的一种相对独立的小气候,它与城市的下垫面和人类活动密切相关。从某种程度上说城市造成了它们自身的气候。研究表明,当一片植物和土壤被砖和混凝土所取代时,当地的气候就会随之发生变化。理解这个过程,有助于我们控制这个过程,我们在设计住宅小区时就会尽可能地创造出较好的城市小气候。因此正确认识城市气候特征,对城市科学选址、合理布局、节能降耗、走可持续发展之路有十分重要的意义。

根据风向规划城市布局,根据主导风向规划城市,将工业区布置在主导风向的下风向,将居民区布置在上风向。以往主要考虑的是地面风,近年来随着城市建筑物的增多,污染源也在增高,所以还应该考虑高层风,分析高层风的实测资料。若不便于分析测量,则应掌握好摩擦层尤其是近地层风速随高度而增大、风向在北半球随高度向右偏转这一普遍规律。还可以恰当地设计城市街道的走向、宽度和各种建筑物的空间尺度,使其能够增强大气湍流,促进污染物的扩散,在工业区与居民区之间穿插一些绿化带,也可以净化空气,降低污染。

加强防御自然灾害。人们的生活受气候条件的影响和制约,而气候的年际变化呈波动性和多样化,有些极端天气、气候事件是不可逆转的,所以在城市建设的时候必须考虑对自然灾害的防御能力。强风、暴雨、干旱、洪涝、暴风雪、冰冻、雷击等气象灾害在规划的时候都必须采取相应的措施,尽量减轻城市受害程度,以旱涝为例,洪涝和干旱是常见的气候灾害,如果一个城市的旱涝调节能力差,就会在一定程度上制约经济发展。所以要建立完善的建设水资源安全保障体系、气象灾害预报预警系统、抗旱排涝应急系统等,尽量把自然灾害造成的损害减少到最低程度。

第五节　气候与环境

气候是人类生存环境的重要因素之一,也是人类生产生活的重要资源。随着人类生存活动规模的扩大,人类活动对气候变化也产生了越来越大的影响。

大气污染：工厂、发电站和机动车辆产生的废气，炭黑和灰尘等排放到空气中，就会造成大气污染。被污染的空气不仅对人体有害，空气中的废气还会形成酸雨，对树木、河湖中的生物及建筑物造成损害。另外，许多废气会严重破坏臭氧层，致使大气中增加许多有害物质。

一、形成大气污染的气象因素分析

从气象因子分析，降水减少、平均风速下降、雾和霾日数增加是商丘大气污染的主要气象因素。研究表明：(1)商丘气候背景表征，降水和空气流动对空气污染物自然沉降、扩散、清除能力呈降低趋势。(2)$PM_{2.5}$、PM_{10}、臭氧等主要污染物在商丘的空间分布各有侧重。(3)首要污染物出现日数月际变化十分显著，不同类型污染物月际变化各有规律。(4)影响商丘空气质量的主要污染输入有2个明显通道，这对空气污染预警防治具有重要的指示意义。(5)提高环境气象监测预报预警服务能力，对大气污染防治整体工作意义重大。

1. 沉降能力下降

2006年以来，商丘平均年降水量明显减少，对污染物的湿清除(沉降)作用降低。1961—2019年商丘平均年降水量波动较大，无显著的线性变化趋势，但年代际变化特征明显，20世纪60年代、80年代和21世纪的前5年偏多；20世纪70年代、90年代及21世纪的2006—2019年偏少。2006年以来，商丘平均年降水量明显减少，降到常年平均值以下(图7.1)。2019年商丘平均年降水量只有563.5毫米，常年平均值740.4毫米，与常年同期相比偏少24%。

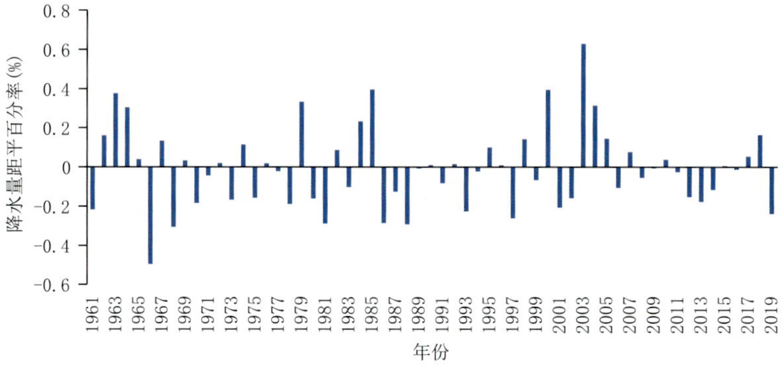

图7.1 1961—2019年商丘平均年降水量距平百分率

2. 扩散能力减弱

商丘历年平均风速显著下降，对污染物的扩散能力减小。1961—2019年全市年平均风速呈明显减小趋势，平均每10年减少0.3米/秒，20世纪90年代以来多在常年平均值以下(图7.2)。另外大风和沙尘日数显著减少。1961—2019年商丘平均年大风日数呈显著减少趋势，平均每10年减少2.5天；1996年以来商丘大风日数进入偏少期，已经连续23年偏少。

3. 雾、霾日数增加

近10年雾、霾日数显著增加，与气象条件形成恶性循环，加重大气污染程度。1961—2019年商丘年雾、霾日数呈明显增加趋势，平均每10年增加3.6天，2013年以来年平均雾、霾日数远超常年平均值，特别是2014年雾、霾日数最多达242天，比常年偏多211天，2015年雾、霾日数次多达223天，比常年偏多192天。

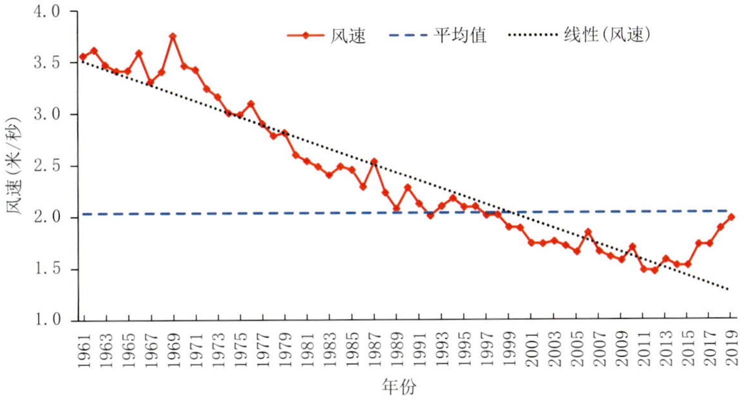

图 7.2　1961—2019 年商丘年平均风速变化

二、主要污染物的空间分布

$PM_{2.5}$的空间分布特征。商丘 $PM_{2.5}$的主要空间分布特征是自西向东减少，这种特征也反映出商丘西部县区的 $PM_{2.5}$污染较严重。要治理 $PM_{2.5}$的污染，必须以重点治理西部地区为主。

PM_{10}的空间分布特征。PM_{10}主要空间分布特征是以商丘为界，商丘以西污染较严重。同样要治理 PM_{10}的污染，必须重点治理西部地区。

臭氧污染的空间分布特征。臭氧污染的主要空间分布特征是以商丘为中心向四周减少。

综合这 3 种主要空气污染物的分布情况，可以发现虽然商丘西部地区的 $PM_{2.5}$和 PM_{10}污染较严重，但是氮氧化物和挥发性有机化合物污染却是较少的。

首要污染物出现日数月际变化十分显著。造成商丘空气污染的首要污染物主要是 $PM_{2.5}$和 PM_{10}，另外，臭氧作为首要污染物也不容忽视。

从国外和其他省市的经验看，通过治理，$PM_{2.5}$和 PM_{10}降低到较低水平以后，臭氧污染才开始加重。在商丘，空气首要污染物 $PM_{2.5}$和 PM_{10}与臭氧都有出现。$PM_{2.5}$和 PM_{10}一年四季都有出现，并且 $PM_{2.5}$出现的日数只有在 7—8 月比 PM_{10}出现的日数偏少，其他时间 $PM_{2.5}$比其他 5 种污染物(PM_{10}、臭氧、二氧化氮、二氧化硫和一氧化碳)出现的日数都高。商丘从 4 月下旬末至 9 月上旬会出现以臭氧为首要污染物的天气。二氧化氮在 8—11 月也会成为首要污染物，但集中出现在 9—10 月。

商丘首要空气污染物全年以 $PM_{2.5}$和 PM_{10}为主。连续 3 天以上级别的重污染天气出现在上年 11 月到当年 2 月。$PM_{2.5}$除了在 7—8 月出现的日数比 PM_{10}出现的日数偏少以外，其他时间 $PM_{2.5}$比其他 5 种污染物(PM_{10}、臭氧、二氧化氮、二氧化硫和一氧化碳)出现的日数都高。具体月际变化特征是：

1—2 月，空气污染只有 $PM_{2.5}$和 PM_{10}两种类型的首要污染物，PM_{10}出现的次数较少。

3—4 月，空气污染主要有 $PM_{2.5}$和 PM_{10}两种类型的首要污染物，臭氧在 4 月底开始有少量出现。而首要污染物为 PM_{10}的污染天气开始明显增多。

5—6 月，商丘的空气污染主要有 $PM_{2.5}$、PM_{10}和臭氧 3 种类型的首要污染物。

7—8 月，商丘的空气污染主要有 $PM_{2.5}$、PM_{10}和臭氧 3 种类型的首要污染物。首要污染

物为 PM_{10} 出现的天数超过首要污染物为 $PM_{2.5}$ 出现的天数。另外，首要污染物为臭氧的污染天气开始明显增多。

9—10 月，商丘空气污染主要有 $PM_{2.5}$、PM_{10} 和二氧化氮(NO_2)。2014 年 9—10 月商丘出现以二氧化氮为首要污染物的污染天气有 11 天。

11—12 月，商丘的空气污染主要有 $PM_{2.5}$、PM_{10}，二氧化氮在 11 月上旬以后到年底就没有再次出现过。

风对大气污染的影响。夏季东南风、冬季西北风、北风是大气污染物输送的明显通道。由于空气污染物的可传输性，一个地区的空气质量状况会受到临近地区空气污染物的传输影响。通过分析发现，夏季东南风、冬季西北风、北风是大气污染物输送的明显通道。因此在东南和西北方向的空气污染物有可能输送到商丘境内，造成商丘空气污染加重。

谨防水污染。水是人类赖以生存的重要资源，如果水所含物质的数量和种类可能对人、动物、植物和环境造成危害，那么水就被污染了。酸雨会造成湖泊和河流的污染。此外，有些地方把未经处理的污水直接排放到河流中，甚至还排放有毒的化学物质和废物，都会造成水污染，进而形成云雨，造成大气污染。

全球变暖使全球气温持续升高。全球气候变暖主要是因为工业化的发展，使大气中一些温室气体的浓度不断增长，增强了自然温室效应。气候变暖既危害自然生态系统的平衡，更威胁人类的居住环境。

第六节　气候与人体健康

地球上的生命本身和人类的存在都依赖于一个适宜的气候环境。因此，气候若发生异常和变化，人类的生命和健康就会受到影响及危害。

一、气候对人体健康影响广泛而复杂

不同时间尺度天气气候现象和气候变化对人体健康都有影响。最短的天气现象，如剧烈的雷电，几秒钟足以使人伤残，甚至致人死亡。几分钟到几小时的猛烈天气，如冰雹、暴雨、狂风等，都能给人体以物理冲击，造成伤害。一天至几天、十几天的异常天气，如连阴雨、干旱、酷热、寒冷冰冻等持续恶劣天气，可给人体造成伤害，或造成恶劣环境，破坏人体正常生理机能，引发疾病或使原有疾病发作或加重。许多疾病都有季节性，有些疾病则在异常的气候下流行，足以证明疾病是受气候影响的。

天气气候对人体健康影响机理是复杂的，有的是直接影响，如强烈的紫外线会使皮肤产生红斑，在辐射的长期作用下会引起皮肤癌；高温可引起中暑或其他热病；寒冷使血管末梢收缩，血压升高，造成冻疮、冻伤、甚至冻僵，如关节炎患者天气变化时关节痛等。有的是间接影响，如气候对病原体、生物性传染媒介、非生物性传染媒介和宿主的生存条件、繁殖环境、活跃程度和生命周期的影响。气候是决定某些疾病的地理范围、高发季节和流行时间的主要因素。如高温潮湿的地方多蚊子，蚊子传染疟疾。恶劣天气还可以通过大气污染影响人的呼吸系统等。

二、疾病高发或流行期间的气候特征

有些疾病高发有明显的季节性。商丘往往一到冬季，高血压、急性心脑血管病、感冒、气管

炎、支气管炎、小儿急性呼吸道感染等疾病就会高发。这与商丘冬季天气寒冷、不断有强冷空气侵袭、持续低温和大风有密切关系。其机理：如寒冷激发冠状动脉痉挛，在其腔内会有血栓形成，使原来就狭窄的动脉管腔阻塞。再如气压剧变或气压很低时，患者对缺氧更敏感，供氧不足时代偿能力下降。低温潮湿有利于流感病毒的繁殖等。

三、遵循气候规律营造健康舒适生活

人体对空气环境感觉舒适的程度，用舒适度指数来表示。舒适度指数是描述气温、湿度和风速对人体的综合影响指标之一，它表征人体在某种温度、湿度、风速条件下对该空气环境感觉舒适的程度，用日平均气温、平均风速和平均相对湿度等气候资料来表示。一般而言，指数越低时，人体的感觉是冷和不舒适；指数越高时，人体的感觉是热和不舒适。

年平均舒适日数。据统计，商丘历年平均舒适日数为 152.3 天。1960—2019 年，商丘各站年平均舒适日数具有显著的增加趋势，平均每 10 年增加 8.5 天。但 2019 年商丘平均舒适日数为 130 天，较常年偏少 20.6 天，为 2002 年以来最少值。2019 年各站舒适日数为 124～137 天，较常年偏少 8.8～27.4 天。

冬季平均舒适日数。据统计，商丘历年冬季平均舒适日数为 54.8 天。1960—2019 年冬季，商丘各站平均舒适日数具有显著的增加趋势，平均每 10 年增加 7.3 天。但 2019 年冬季商丘平均舒适日数为 48.6 天，较常年同期偏少 6.2 天，为 1991 年以来同期最少值。2019 年各站舒适日数为 44～54 天，较常年同期偏少 0.4～11.4 天。

春季平均舒适日数。据统计，商丘历年春季平均舒适日数为 39.6 天。1960—2019 年春季，商丘平均舒适日数具有显著的增加趋势，平均每 10 年增加 1.8 天。但 2019 年春季商丘平均舒适日数为 35.8 天，较常年同期偏少 3.8 天，为 2011 年以来同期最少值。2019 年商丘舒适日数为 34～37 天，除柘城县、永城市较常年同期略偏多 0.9～1.8 天外，其余各县偏少 0.8～9.2 天。

夏季平均舒适日数。据统计，商丘历年夏季平均舒适日数为 13.4 天。1960—2019 年夏季，商丘平均舒适日数具有显著的减少趋势，平均每 10 年减少 1.5 天。特别是 2019 年夏季商丘平均舒适日数减少明显，舒适日数为 3.4 天，较常年同期偏少 10 天，为 1961 年以来同期最少值。2019 年商丘各站舒适日数为 2～4 天，较常年同期偏少 9.1～11.3 天。

秋季平均舒适日数。据统计，商丘历年秋季平均舒适日数为 44.5 天。1960—2019 年秋季，商丘平均舒适日数具有弱的增加趋势，平均每 10 年增加 1.1 天。但 2019 年秋季商丘平均舒适日数为 38.5 天，较常年同期偏少 6 天。2019 年商丘舒适日数为 33～44 天，除民权县、永城市较常年同期略偏多 0.3～1.8 天外，其余各县偏少 3.4～9.3 天。

第八章　古代商丘气象灾害史料

（公元前 714 年至公元 1840 年）

说明：本章资料来源于商丘《归德府志》、各县地方志、邻县《县志》，以及 1980 年开展的商丘地区气候普查、各县（市、区）气象部门历史资料，以及参考《河南省西汉以来历代灾情史料》《河南省历代旱涝等水文气候史料》。主要内容有：干旱、水涝、大风、冰雹、霜冻、雷击、雨凇、异常气候等。

第一节　干旱史料

一、公元前

624 年（鲁文公三年）　河南、山东、商丘，特大旱，豫东大蝗，自去岁十二月不雨至秋七月商丘秋雨蚕子岁（蝗）。

564 年（周灵王八年）　商丘，春岁灾。

545 年（周灵王二十七年）　商丘，春无水。

543 年（周景王二年）　商丘，岁灾。

494 年（周敬王二十六年）　豫西、豫东大旱。

493 年（周敬王二十七年）　豫西、豫东大旱。

207 年（秦二世三年）　河南黄河两岸，是岁旱饥十月，项羽曰：今岁饥民贫。

53—51 年（汉甘露一至三年）　宁陵枯旱三年。

二、公元

104 年（东汉永元十六年）　商丘等，七月诏曰：衮、豫、徐、冀四州今岁稼方穗而旱，诏天下皆半入，今年田租刍藁。

111 年（东汉安帝永初五年）　商丘、鹿邑，夏旱蝗。

151 年（东汉桓帝元嘉元年）　商丘，六月旱，京师旱任城梁固，居民相食。

165 年（东汉延熹八年）　许、信、商等地，春旱，四月河水清。

284 年（晋武帝太康五年）　商丘，六月旱。

442 年（宋元嘉十九年）　漯河、商丘等，南、衮、豫州旱。

443 年（宋元嘉二十年）　商丘、沈丘等，南、衮、豫州旱，自去岁至是岁诸州郡水旱，伤稼，人大饥，诸州水诸州旱。

617 年（隋炀帝大业十三年）　河南、安徽、山东，天下大旱，淮北亦大旱（淮数百里水无鱼）。

650—655 年（唐永徽十六年）　宁陵等，唐高宗时黄河南北大旱。

677 年(唐仪凤二年) 民权、豫东,四月大旱,是岁旱。

728 年(唐开元十六年) 商丘等,东都河南宋亳等州旱。

777 年(唐大历十二年) 商丘等,六月旱冬无雪。

861 年(唐咸通二年) 商丘等,秋七月宁陵大旱至明年六月。秋河南不雨至次年六月。五月淮南、河南蝗、旱、民饥;宁陵,秋七月大旱至明年六月始雨。

949 年(后汉乾祐二年) 商丘等,旱,夏五月宋州蝗。

972 年(北宋开宝五年) 民权,春旱。

974 年(北宋开宝七年) 民权,春夏旱。

977 年(北宋兴国二年) 民权,全年旱,蝗虫蝻生。

978 年(北宋兴国三年) 民权,春夏旱。

979 年(北宋兴国四年) 民权,冬旱。

980 年(北宋兴国五年) 民权,夏旱。

981 年(北宋兴国六年) 商丘,七月宋州蝗。

982 年(北宋兴国七年) 民权,春旱。

998 年(北宋咸平元年) 民权,四月雷电,有春旱。

999 年(北宋咸平二年) 商丘,汴京及睢阳旱甚。

1001 年(北宋咸平四年) 民权,正至四月不雨。

1004 年(北宋景德元年) 商丘,夏旱,人多渴死;民权、兰阳夏旱。

1006 年(北宋景德三年) 民权,夏旱。

1009 年(北宋祥符二年) 民权,春旱。

1010 年(北宋祥符三年) 民权,五月旱。

1015 年(北宋祥符八年) 民权,春旱。

1016 年(北宋祥符九年) 民权,秋旱。

1017 年(北宋天禧元年) 民权,春秋旱。

1018 年(北宋天禧二年) 民权,大旱。

1019 年(北宋天禧三年) 民权,冬旱。

1020 年(北宋天禧四年) 民权,夏旱。

1021 年(北宋天禧五年) 民权,冬旱。

1022 年(北宋乾兴元年) 民权,五至七到十一月大旱。

1023 年(北宋天圣元年) 民权,正月不雨,全年偏旱。

1024 年(北宋天圣二年) 民权,春至八月开封、阳武等十三县大旱。

1027 年(北宋天圣五年) 民权,春大旱,夏冬大旱。

1028 年(北宋天圣六年) 民权,夏不雨。

1030 年(北宋天圣八年) 民权,大旱,飞蝗蔽日。

1064 年(北宋治平元年) 民权、豫东,逾时不雨、是岁春旱、岁春旱蝗。

1083 年(北宋元丰六年) 民权,夏蝗夏旱。

1267 年(元蒙古世祖至元四年) 商丘等,归德府、永城县及亳州蝗;永城,蝗。

1271 年(元至元八年) 商丘等,六月大名、怀孟、彰德、卫辉、归德等路蝗。

1281 年(元至元十八年) 商丘等,夏归德之永城蝗。

1292 年(元至元二十九年)　商丘等,六月归德等蝗。

1295 年(元成宗元贞元年)　民权,六月考城蝗;睢县等,睢许等州、考城等县蝗。

1296 年(元成宗元贞二年)　商丘等,八月大名、归德等郡蝗,是年河南旱。

1297 年(元大德元年)　商丘等,六月蝗;宁陵六月大旱、人相食。

1300 年(元大德四年)　商丘等,五月归德旱蝗;宁陵,五月旱、蝗虫。

1301 年(元大德五年)　睢县、睢州八月旱;民权、兰阳旱。

1308 年(元武宗至大元年)　商丘等,二月归德旱蝗,民饥,给钞万锭振之。

1321 年(元英宗至治元年)　睢县,五月睢、许二州是年水旱,免其租;商丘,饥。

1325 年(元泰定二年)　商丘,九月蝗;民权,河南河北旱。

1327 年(元泰定四年)　夏邑,旱。

1336 年(元惠宗至元二年)　永城,六月蝗为灾、七月复蝗,民有全家染疫几尽死。

1340 年(元顺帝至元六年)　商丘等,归德郡饥;宁陵,春旱三月有蝗。

1354 年(元顺帝至正十四年)　宁陵,岁先旱后水。

1357 年(元顺帝至正十七年)　民权,河南大旱。

1358 年(元顺帝至正十八年)　商丘等,秋,虞城县蝗虫飞天蔽日,自东入境;永城县等,夏秋皆蝗;宁陵,岁旱蝗。

1359 年(元顺帝至正十九年)　商丘等,夏秋蝗,食禾稼草木俱尽,所至蔽日、大饥、人相食。

1363 年(元顺帝至正二十三年)　柘城,柘城县旱蝗。

1372 年(明太祖洪武五年)　宁陵、豫东,岁春旱蝗、是岁春夏旱蝗、岁蝗。

1433 年(明宣德八年)　河南,大旱,自春祖夏不雨;宁陵,三月大旱。

1439 年(明正统四年)　宁陵,岁先旱后雨(河南春夏旱)。

1440 年(明正统五年)　商丘,春夏旱无麦。

1441 年(明正统六年)　夏邑,春、夏旱蝗、无麦、治民出、粟助粮。

1450—1456 年(明景泰一至七年)　永城,饥(主要是旱)。

1454 年(明景泰五年)　宁陵,岁旱(河南旱)。

1455 年(明景泰六年)　河南,直隶、河南、山东皆无雪。

1462 年(明天顺六年)　河南,冬,直隶、河南、山东皆无雪。

1466 年(明成化二年)　虞城,大饥荒,人相食,骨相枕,干旱所致;夏邑,大饥,人相食,诏免全租,仍遣官粮贷。

1467 年(明成化三年)　宁陵、豫东,秋旱、蝗,八月蝗,是岁秋旱蝗。

1470 年(明成化六年)　宁陵、豫东,先旱后水,是岁先旱后水,河北、山东大旱;民权、兰阳春旱。

1479 年(明成化十五年)　宁陵,春夏旱。

1480 年(明成化十六年)　民权,秋旱,因旱免开封、怀庆等府夏税。

1481 年(明成化十七年)　夏邑、豫东,旱,是岁春旱。

1482 年(明成化十八年)　虞城,秋大蝗,秋蝗蔽日自东入境;永城、夏邑,大旱(疫);民权,因旱,免开封府等府七府粮。

1484 年(明成化二十年)　宁陵,岁特大旱,以致有人相食者,其惨可知矣;柘城,岁旱,蝗疠疫、民多死徙；永城、夏邑，大旱疫；民权，岁大旱、民流亡，旱免开封府负税。

1485 年（明成化二十一年）　虞城，春夏亢旱、禾稼将槁；民权，以水旱灾免开封、汝州等府负税，乙巳岁大旱，民流亡过半。

1486 年（明成化二十二年）　民权、豫东，春旱、岁春继旱、岁旱。

1487 年（明成化二十三年）　宁陵，岁旱、蝗、瘟疫、民多死；柘城，岁旱、蝗、疠疫，民多死。

1488 年（明弘治元年）　民权，以旱免开封等五府并汝州税。

1490 年（明弘治三年）　民权，以旱免开封等府夏税。

1493 年（明弘治六年）　夏邑，旱。

1498 年（明弘治十一年）　宁陵，全年旱、八月黄河决小坝等处，东北部受淹；夏邑，旱；河南，大旱、归德河决、河南旱。

1499 年（明弘治十二年）　民权，以旱免开封府等县卫所粮草。

1501 年（明弘治十四年）　民权，以旱免开封等府卫税。

1503 年（明弘治十六年）　宁陵，夏秋不雨（自四至九月不雨）；商丘、夏邑，夏秋不雨；永城，四月不雨至九月，百谷无成。

1505 年（明弘治十八年）　民权，以旱免开封府夏税。

1506 年（明正德元年）　宁陵，夏秋大旱；民权，夏秋旱。

1506 年（明正德元年）　宁陵、豫东，是岁夏秋不雨，岁大旱。

1508 年（明正德三年）　宁陵，春旱；商丘，春旱秋潦；夏邑，春旱秋潦、夏旱、蝗飞蔽日；永城，春旱、秋潦、夏旱、冬无雪；民权，夏大旱饥、人相食。

1509 年（明正德四年）　宁陵，夏旱、蝗虫蔽天；夏邑，夏旱；永城，夏旱、蝗飞天蔽日。

1511 年（明正德六年）　永城，春旱，六年至九年连岁无雪。

1512 年（明正德七年）　民权，秋考城蝗食禾饥。

1513 年（明正德八年）　商丘，秋旱，蝗蝻食谷；宁陵，秋旱，秋蝗蝻食谷；民权，以旱免开封等府夏税；夏邑，大旱、秋蝗蝻食谷；虞城，大蝗；永城，蝗。

1516 年（明正德十一年）　柘城，春不雨、麦不登。

1521 年（明正德十六年）　宁陵、豫东，是岁春正月至夏六月不雨、大旱无麦禾。

1522 年（明嘉靖元年）　夏邑、永城，春旱。

1523 年（明嘉靖二年）　永城，春旱、秋霖、冬大饥，人多相食；夏邑，大饥疫，春旱、秋霖冬大饥。

1524 年（明嘉靖三年）　民权部分，蝗虫飞天蔽日、遗种生蝻、食禾殆尽；夏邑，春旱、夏大疫；永城，春旱、夏大疫、死者九半、饿殍横途。

1527 年（明嘉靖六年）　宁陵，六月大蝗、黍稷一空；民权，正月不雨至四月，六月始雨；夏邑，六月蝗蝻生；商丘，夏六月、夏邑县蝗蝻生；永城，六月蝗蝻生，田禾尽没。

1528 年（明嘉靖七年）　宁陵，岁大饥，民多流散；柘城，夏六月旱、民饥。

1529 年（明嘉靖八年）　秋七月商丘、鹿邑、柘城等处俱蝗虫飞天蔽日、人马不能驰，秋八月，蝗虫飞天蔽日；宁陵，秋七月蝗飞天蔽日；民权，河南连旱、民多饥死；柘城，秋八月蝗虫飞天蔽日、人马不能驰，食禾几尽，连年不息；夏邑，大旱。

1531 年（明嘉靖十年）　民权，夏五月旱，河南连岁旱；永城，大蝗，河南连岁至今旱。

1539 年（明嘉靖十八年）　民权，是年大饥，饿死甚多；商丘，春大饥，疫死者相生；永城，春

旱、夏蝗、秋大雨，河南大饥、大旱、蝗虫飞天蔽日，明年春，人大疫、相食。

1540 年(明嘉靖十九年)　宁陵，旱、大疫。

1541 年(明嘉靖二十年)　永城，秋旱无禾；商丘，夏麦三穗。

1542 年(明嘉靖二十一年)　虞城，夏蝗蝻食麦；夏邑，夏五月，蝗蝻食麦，秋七月，食谷；永城，秋旱、无水。

1543 年(明嘉靖二十二年)　虞城，夏蝗蝻，食麦造成灾害。

1544 年(明嘉靖二十三年)　永城，春旱无麦、河南旱。

1545 年(明嘉靖二十四年)　永城，春旱无麦、河南旱饥。

1550 年(明嘉靖二十九年)　商丘，五月旱、免税。

1560 年(明嘉靖三十九年)　商丘，河北徒，十月庚申，以水旱蝗蝻免河南彰德、卫辉、怀庆、归德四府县并卫所屯田税粮有差、冬无雪。

1562 年(明嘉靖四十一年)　民权，春至夏不雨；柘城，夏五月旱。

1573 年(明万历元年)　民权，春旱。

1574 年(明万历二年)　民权，旱。

1577 年(明万历五年)　宁陵，旱；柘城，旱。

1580 年(明万历八年)　宁陵，岁旱饥；柘城，春饥。

1582 年(明万历十年)　柘城，十年至十二年连旱荒(蝗)；虞城，大蝗；夏邑，壬午大蝗、蝗夜过声如风雨、啮衣毁器所至草木皆空；永城，大蝗。

1584 年(明万历十二年)　柘城，旱荒，柘城县旱；宁陵，秋大旱；民权，荒旱大饥。

1585 年(明万历十三年)　民权，春旱民饥、秋冬旱。

1586 年(明万历十四年)　民权，春大旱。

1587 年(明万历十五年)　睢县，大饥；柘城，旱至七月方雨、大饥；宁陵，是岁从夏至秋久旱不雨、大旱；虞城，大旱、大饥；夏邑，旱；永城，大饥。

1588 年(明万历十六年)　虞城，十六、十七年连旱，民饥。

1589 年(明万历十七年)　民权，大旱；虞城，旱、民饥。

1590 年(明万历十八年)　民权，春旱、秋大旱。

1591 年(明万历十九年)　民权，大旱、无麦。

1595 年(明万历二十三年)　民权，旱年。

1599 年(明万历二十七年)　民权，冬春旱。

1608 年(明万历三十六年)　民权，旱。

1610 年(明万历三十八年)　宁陵，春旱；柘城，春三月旱。

1612 年(明万历四十年)　宁陵，春旱、夏六月飞蝗蔽天；柘城，夏六月柘境飞蝗蔽天；夏邑县蝗蝻生；永城，壬子蝗。

1616 年(明万历四十四年)　睢县、柘城，夏六月柘境飞蝗蔽天。

1619 年(明万历四十七年)　民权，大旱。

1622 年(明天启二年)　宁陵，旱；民权，夏大旱；睢县，壬午旱蝗。

1626 年(明天启六年)　永城，夏南旱北潦。

1627 年(明天启七年)　虞城，旱大蝗；夏邑，大旱蝗；永城，丁卯蝗、大旱；商丘，夏邑县蝗大旱；民权，夏旱。

1633年(明崇祯六年)　民权,夏旱。

1634年(明崇祯七年)　宁陵,秋旱蝗。

1637年(明崇祯十年)　宁陵,旱蝗;睢县,旱蝗;夏邑,蝗;永城,二月地震大蝗;民权,秋旱。

1638年(明崇祯十一年)　睢县,旱蝗;柘城,自戊寅至乙卯秋七月蝗大无禾;虞城,五月大蝗过三昼夜、蔽天日;夏邑,戊寅大蝗;永城,蝗,两京、山东、河南大旱蝗。

1639年(明崇祯十二年)　民权,大旱;睢县,乙卯大蝗且旱、大饥;宁陵,蝗;商丘冬燠、柘城,夏秋蝗蝻危害大饥;夏邑,己卯旱蝗、夏蝗;永城大蝗,河南大饥、人相食。

1640年(明崇祯十三年)　民权,岁大旱蝗,春三月无雨,夏六月小雨;睢县,夏大旱、野无青草,八月陨霜杀晚禾,是岁大饥、斗米数金、人相啖食、食死者亘古罕见;商丘,大饥、人相食;宁陵,岁大饥、人相食;柘城,春大饥、人相食;虞城,大饥;夏邑,夏旱疫、人相食、大饥,河南饥、五月蝗、七月大旱蝗人相食。

1641年(明崇祯十四年)　民权,夏旱;宁陵,大疫、村落一空;商丘,大疫、村落一空;永城,饥、人相食;柘城,大疫。

1642年(明崇祯十五年)　民权,冬十月黄河水干;夏邑,夏旱。

1643年(明崇祯十六年)　商丘,黄河绝流、夏旱;虞城,黄河绝流、夏旱、雀饬;夏邑,夏旱雀饬。

1644年(清顺治元年)　民权,旱年;柘城,春大旱至夏;宁陵,春大旱至夏。

1649年(清顺治六年)　民权,春旱。

1650年(清顺治七年)　民权,夏秋旱;柘城,春旱、夏四月大旱;虞城,庚寅大蝗;夏邑,旱蝗。

1651年(清顺治八年)　商丘,归德府郡邑大旱。

1656年(清顺治十三年)　柘城,春旱、秋旱;虞城,夏蜢蚱害稼。

1657年(清顺治十四年)　柘城,春不雨、麦不登。

1661年(清顺治十八年)　民权,夏秋旱。

1664年(清康熙三年)　民权,春冬旱。

1665年(清康熙四年)　柘城,夏蝗。

1670年(清康熙九年)　民权,春夏大旱。

1671年(清康熙十年)　民权,秋大旱。

1674年(清康熙十三年)　民权,春夏大旱。

1679年(清康熙十八年)　民权,大旱。

1682年(清康熙二十一年)　民权,夏三月无雨。

1684年(清康熙二十三年)　民权,旱。

1685年(清康熙二十四年)　夏邑,夏旱;民权,夏旱。

1686年(清康熙二十五年)　民权,春旱;商丘,蝗入睢州境,不伤禾田;夏邑,春大饥(旱)。

1687年(清康熙二十六年)　民权,春夏旱;永城,春大荒;柘城,秋蝗。

1688年(清康熙二十七年)　虞城,戊辰大饥、大饥春荒流亡载道;民权,春旱。

1689年(清康熙二十八年)　民权、兰阳春旱;睢县,三四月大旱、夏秋之交大旱、秋禾薄收、饥;商丘、睢州旱。

1690 年(清康熙二十九年)　民权,春夏无雨、秋禾尽枯、民饥;睢县,夏秋之交大旱、秋禾薄收;柘城,秋有蝗。

1691 年(清康熙三十年)　民权,大旱;睢县,夏大月蝗。

1692 年(清康熙三十一年)　民权,春夏大旱。

1694 年(清康熙三十三年)　民权,旱。

1701 年(清康熙四十年)　永城,十月戊子免河南永城县本年旱灾额赋。

1703 年(清康熙四十二年)　商丘,归德府旱饥,免粮有差。

1708 年(清康熙四十七年)　民权,旱。

1711 年(清康熙五十年)　民权,夏秋旱。

1712 年(清康熙五十一年)　民权,夏六月大旱。

1713 年(清康熙五十二年)　民权,夏大旱。

1714 年(清康熙五十三年)　民权,大旱无麦。

1717 年(清康熙五十六年)　民权,旱连岁无收。

1720 年(清康熙五十九年)　民权,旱。

1721 年(清康熙六十年)　民权,春夏旱;虞城,辛丑旱灾。

1722 年(清康熙六十一年)　商丘,壬寅蝗;虞城,壬寅蝗灾。

1723 年(清雍正元年)　柘城,大旱、七八月间蝗虫伤木。

1725 年(清雍正三年)　民权,四月旱。

1730 年(清雍正八年)　商丘地区,旱灾;商丘县,旱灾;虞城,庚戌旱灾;夏邑,旱灾。

1731 年(清雍正九年)　民权,旱、春大饥。

1743 年(清乾隆八年)　民权,岁旱。

1744 年(清乾隆九年)　民权,夏旱。

1751 年(清乾隆十六年)　民权,夏旱。

1752 年(清乾隆十七年)　民权,夏旱。

1758 年(清乾隆二十三年)　民权,岁饥旱。

1761 年(清乾隆二十六年)　民权,春旱。

1762 年(清乾隆二十七年)　民权,夏旱。

1766 年(清乾隆三十一年)　民权,夏旱。

1767 年(清乾隆三十二年)　宁陵,旱;商丘、归德等地三月中旬有待雨处、二麦未能稍干旱、秋已全种、旱象未除仍在望雨。

1768 年(清乾隆三十三年)　宁陵,旱。

1769 年(清乾隆三十四年)　民权,秋旱、麦不得种。

1770 年(清乾隆三十五年)　民权,春旱;永城,六月丙戌永城等地蝗。

1771 年(清乾隆三十六年)　民权,春旱;宁陵,旱。

1777 年(清乾隆四十二年)　民权,秋十月不雨、麦不得种。

1778 年(清乾隆四十三年)　民权,春旱、夏无麦;豫东、开封……归德七府并许汝二州、本年雨泽稀少、春麦未得及时播种、业经加恩将被旱,贫民酌借口粮、籽种俾得耕作有资并上出借食谷、得至来年麦收后归还以得民力。

1782 年(清乾隆四十七年)　民权,春旱。

1783 年(清乾隆四十八年)　民权,夏旱。

1784 年(清乾隆四十九年)　民权、兰阳、南川等地大旱;夏邑,旱;睢县,旱;宁陵,先涝后旱。

1785 年(清乾隆五十年)　民权、兰阳、考城大旱,治免考城、沙庄、坑谭地粮,考城旱灾免粮,兰阳大旱、去冬至今春未沾雨雪、麦苗微细、夏禾不能长发;睢县,大旱;宁陵,大旱,赤地千里、宁尤甚,民饥,相食死亡、流离十去六、七,井里萧条;柘城,麦薄收,六、七月旱,秋冬大饥;虞城,大旱,自去冬无雨雪、麦苗细微、夏禾不能长发;夏邑,旱。

1786 年(清乾隆五十一年)　永城,冬十月振河南永城等十二州县上年旱灾额赋;柘城,春饥、人食人;虞城,大饥、疫;夏邑,大饥、人相食、旱;永城,大饥年、人相食。

1792 年(清乾隆五十七年)　民权,旱。

1798 年(清嘉庆三年)　民权,夏旱;宁陵,夏旱、六月生蝗。

1802 年(清嘉庆七年)　民权,夏旱。

1803 年(清嘉庆八年)　民权、兰阳、考城被旱蝗。

1804 年(清嘉庆九年)　民权,夏旱。

1806 年(清嘉庆十一年)　商丘等,开、归、陈、怀等州入春以后得雨雪甚少。

1808 年(清嘉庆十三年)　睢县等,睢州大旱;河南,山东旱。

1812 年(清嘉庆十七年)　民权,考城大旱;睢县,大旱;宁陵,大旱。

1813 年(清嘉庆十八年)　民权,春旱、麦歉收、冬饥;睢县等,睢州大旱、饥;宁陵,先旱后涝;柘城,夏旱、逾年索堌堆荒旱、五谷不收、麦米价昂斤值四十余,民有饥色;虞城,饥;夏邑,大旱;永城,大旱、饥。

1814 年(清嘉庆十九年)　柘城,索堌堆旱、五谷不收、米价贵、民有饥色。

1825 年(清道光五年)　民权,秋禾受旱、兰阳次重、考城较重;永城,四月蝗蝻遍野。

1826 年(清道光六年)　睢县等,睢州五月给河南睢州等二十八州县旱灾,新旧额赋并漕项杂款、十月缓征睢州等二十二州县灾民新旧额赋;民权,久旱雨不足。

1827 年(清道光七年)　民权,夏轻旱。

1833 年(清道光十三年)　虞城,饥疫;夏邑,春大饥。

1835 年(清道光十五年)　民权,旱。

1836 年(清道光十六年)　柘城,五六月飞蝗自西北入境、遗生蝻子、食禾殆尽;夏邑,八月蝗。

1837 年(清道光十七年)　民权,秋旱。

1838 年(清道光十八年)　民权,秋旱、禾收六成。

1839 年(清道光十九年)　民权,六月治免考城县缓征代征。

1840 年(清道光二十年)　睢县等,十月缓征河南睢州等十七县水旱灾欠新正杂赋。

第二节　水涝史料

一、公元前

714 年(春秋鲁隐公九年)　河南商丘一带,三月癸酉大雨震电,庚辰大雨雪。

683 年（周庄王十四年） 商丘县，宋州大水；秋宋大水。

523 年（周景王二十二年） 商丘等，五月宋、卫、陈、郑灾，龙斗于郑国门之外，洧渊。

477 年（周敬王四十三年） 豫东一带大水，宋杀其大夫皇瑗于丹水之上，丹水壅不流。（水经注引“丹水壅”上有“宋大水”三字）。

二、公元

89 年（东汉和帝永元一年） 许昌、商丘，七月郡国九，大水伤稼。

102 年（东汉和帝永元十四年） 山东、河南、湖北，秋三州大水；淫雨伤稼，是秋三州大水，十月甲申诏：兖、豫、荆今年淫雨过多伤农功，其被害什，四以上皆半入田租刍藁。

103 年（东汉和帝永元十五年） 安徽、宣城、兖、豫、徐、冀，四月甲子晦日食之……是年大雨伤稼。秋四州大水。淫雨伤稼。秋九月，四州雨水。

104 年（东汉和帝永元十六年） 鲁、豫、苏、冀，二月己未诏：兖、豫、徐、冀四州比年雨多伤稼，禁沽酒。

106 年（东汉殇帝延平元年） 河南等，五月郡国三十七县大水伤稼，九月六十州县大水，十月四州大水雨雹。秋九月六州大水，十月四州大水雨雹。夏六月郡国三十七县大雨水。

129 年（东汉永建四年） 河南等，司隶荆、豫、兖、冀部淫雨伤稼。

188 年（东汉灵帝中平五年） 商丘等，郡国七，大水出（臣诏案袁山松书曰：山阳、梁、沛、彭城、下邳、东海、琅琊为七郡）。夏六月，郡国七，大水。

284 年（晋武帝太康五年） 商丘等，七月任城、梁国暴雨成灾。商丘七月暴雨害豆麦。秋九月郡国五大水。

435 年（北魏太延一年） 商丘，宋大水。

443 年（宋元嘉二十年） 商丘、沈丘等，东诸郡大水伤稼，民大饥，南、兖、豫州旱。自去岁至是诸州郡水旱伤稼人大饥。诸州旱，诸州水。

598 年（隋文帝开黄十八年） 商丘、开封等，河南八州大水。河南八州六月大水。杞、宋、陈、亳、曹、淄、颍等州大水。

607 年（隋炀帝大业三年） 河南、山东，秋大水，河南湮没三十余郡，民相卖为奴婢。

617 年（隋炀帝大业十三年） 河南、山东诸郡九月大水，饿殍满野，开黎仓振之，吏不时给，死者日数万（分析为客水造成）。

644 年（唐贞观十八年） 商丘等，秋谷、襄、豫、荆、宋、亳等十州大水。

732 年（唐开元二十年） 商丘等，九月以宋、滑、郓、兖四州水免今年税。

745 年（唐天宝四年） 九月商丘、洛阳、开封、淮阳、睢阳（今商丘南）等郡：水。

777 年（唐大历十二年） 商丘等，秋京畿及宋、亳、滑等三州大水害稼。河南、宋、亳等地大雨，河南尤甚，平地深五尺，河溢。

792 年（唐贞元八年） 商丘等，宋州大水，秋大雨，河南、河北、山南、江淮四十余州，大水湮溺死者二万余人。

817 年（唐元和十二年） 商丘县，秋大雨，河南、北水害稼。

820 年（唐元和十五年） 商丘等，岁大雨水害稼，宋、沧、景等州大雨自六月癸酉至丁亥（七月下旬）庐舍湮没殆尽。

829 年（唐大和三年） 商丘等，宋、亳、徐等州大水害稼，宋州四月大水害稼。

858 年(唐大中十二年)　商丘等,八月汴、宋等州水害稼。八月魏、滑、汴、宋等州水害稼。

910 年(唐后梁开平四年)　商丘等,宋州大水。开封、新乡、商丘、滑县五月连雨不止……九月久雨……十月滑、宋州水。

932 年(后唐长兴三年)　商丘等,七月诸州大水,宋、亳、颍尤甚,宰臣奏曰:今秋宋州管界水灾最盛,人户流亡,粟价暴贵。

961 年(宋太祖建隆二年)　商丘,宋州汴河溢。

964 年(北宋乾德二年)　宁陵、商丘,大风雨雹,伤民田禾。四月阳武县雨雹,宋州宁陵县风雨雹,伤民田。

969 年(北宋开宝二年)　商丘等,七月夏邑县河决,是岁青、蔡、宿、淄、宋诸州大水。商丘、宋州夏邑县河决;夏邑,七月河决。

970 年(北宋开宝三年)　宁陵,六月汴水决淹宁。六月汴水决。

971 年(北宋开宝四年)　柘城、商丘等,秋七月汴水决宋州,宋、柘禾灾;六月汴水决,宋州谷熟县济阳镇七月癸亥(八月二十三)汴水决宋城。

972 年(北宋开宝五年)　商丘等,六月宋州、郑州并汴水溢。六月己丑河决阳武,汴决谷熟。

976 年(北宋兴国元年)　商丘,宋州汴河溢。秋,汴水决宋城。

978 年(北宋兴国三年)　宁陵,六月汴水决宁陵县。五月汴水决宋州、宁陵境内,六月汴水又涨一丈,塞州北门。是秋大名府宋、亳、淄、汝诸州并水害田。

979 年(北宋兴国四年)　商丘等,八月河决宋州城。宋州河决宋城县。

983 年(北宋兴国八年)　睢县,开封河水溢。

988 年(北宋端拱元年)　商丘等,六月河决宋城县。

991 年(北宋淳化二年)　商丘等,六月汴水决宋城县。商丘、辛卯河决宋城县。

994 年(北宋淳化五年)　宁陵,秋雨水害稼。

996 年(北宋至通二年)　商丘等,秋宋诸州开封府雨水害稼。七月汴水决谷熟县。

1004 年(北宋景德元年)　商丘等,九月宋州汴水决,浸民田坏庐舍。

1006 年(北宋景德三年)　商丘等,七月应天府汴水决南注亳州、合浪岩渠、东入于淮。七月河决。

1064 年(北宋治平元年)　商丘等,宋、陈、许、濮大水。

1162 年(金世宗大定二年)　柘城等,秋七月黄河决卫州,弥浸商、宁、睢、柘间。

1180 年(金世宗大定二十年)　商丘,河决卫州、弥漫归德等。秋霖雨潦,河水暴涨,逐失故道决卫州,水漫归德等处。宁陵,河决卫州,水漫归德、宁陵等处。

1213 年(金至宁元年)　宁陵,河决。

1224 年(金哀宗正大元年)　商丘,蒙古攻归德,决河灌城。

1233 年(金天兴二年)　商丘,连日暴雨,平地水深数尺,军士湮没。

1264 年(元蒙古世祖至元元年)　柘城,春三月黄河水大溢,湮没睢、柘、鹿田庐。

1265 年(元世祖至元二年)　商丘等,归德府淫雨浃旬。

1286 年(元世祖至元二十三年)　商丘等,汴梁、归德等七县水。

1288 年(元世祖至元二十五年)　商丘等,六月壬申睢阳霖雨,河溢害稼,免其租千六十石,乙亥(七月二十一)比考城、陈州、通许、杞县、太康大水及河溢没民田,河决汴梁府、太、杞、

兰考被淹(民权部分)。

1289 年(元世祖至元二十六年)　睢县,河决汴。

1295 年(元成宗元贞元年)　宁陵,八月河决宁陵。

1296 年(元成宗元贞二年)　睢县,九月河决襄邑(古睢县名);宁陵,九月河决。

1297 年(元大德元年)　睢县,睢州、襄邑河水大溢,湮没田庐;商丘等,三月归德、鹿邑、睢州、襄邑等县河水大溢,湮没庐舍;永城,秋大雨河决,归德属县田庐、禾稼湮没,诏免其租。

1298 年(元大德二年)　宁陵,秋七月大雨,湮没宁陵田庐禾稼;商丘等,秋七月大雨,河决湮没归德属县田庐,禾稼多没,诏免其租;柘城,秋七月河决杞县蒲口,淹汴、归数郡;夏邑,秋七月大水河决,湮没田庐禾稼,诏免田租之半;永城、虞城,秋大雨河决,归德属县田庐、禾稼多没、诏免其租;睢县、睢州六月大水发。

1299 年(元大德三年)　夏邑等,五月河决。五月河决蒲口等处,浸归德府数郡,百姓被灾;宁陵,五月河决蒲口、湮没宁陵县,伤民十分之五;商丘、睢县等受灾,六月归德、睢州大水。

1300 年(元大德四年)　睢县,六月睢州大水;商丘等,六月归德、睢州大水。

1302 年(元大德六年)　商丘等,五月归德府、徐州、邳州、睢宁县霖雨五十日;宁陵霖雨五十日,五月大水。

1305 年(元大德九年)　宁陵,八月归德宁陵、陈留等县河溢;商丘等,八月归德、宁陵县河溢。

1307 年(元大德十一年)　宁陵等,六月辛酉,汴归宁等县大水。汴梁路睢州以东冲开河口数十处,睢宁柘居民受灾尤甚。

1308 年(元武宗至大元年)　商丘等,九月归德暴雨。

1309 年(元武宗至大二年)　商丘等,七月河决归德府,夏邑,七月河决,灌城移县治于黄冢集,几十年始还。

1311 年(元武宗至大四年)　商丘等,六月济宁、东平、归德诸州水,给钞振之。

1312 年(元仁宗黄庆元年)　商丘等,五月归德睢阳县河溢;河决陈、亳、睢三州,开封、陈留等县没民田庐。

1313 年(元仁宗黄庆二年)　睢县,河决亳、睢、陈三州。

1314 年(元延祐元年)　宁陵,夏六月河决,汴梁路睢州以东,冲开河口数十处,居民被灾尤甚;商丘,二月归德府河决民饥;柘城,夏六月河决睢州以东数十口,睢宁柘被灾尤甚。

1315 年(元延祐二年)　商丘等,河南归德、陈州等处水。

1319 年(元延祐六年)　商丘等,汴梁、归德、卫辉、汝宁、彰德、保定、真定等郡大雨水;宁陵,六月归德郡属县大水。

1321 年(元英宗至治元年)　睢县等,五月睢、许二州是年水旱免其租;商丘等,饥。睢阳县亳社屯大水饥。

1324 年(元泰定元年)　睢县,七月睢县河决;商丘等,考城、霖雨害稼。

1325 年(元泰定二年)　睢县,河决(七月)睢州;商丘等,六月归德雨水,虞城水溢,七月睢州河决。八月归德饥,振粮二月。

1326 年(元泰定三年)　商丘等,二月甲辰归德府属县河决、民饥、赈之(赈粮五万六千石)。

1327 年(元泰定四年)　睢县,五月睢州河溢。四月睢州河溢,商丘,归德大雨水;八月济宁、虞城县河溢伤稼；夏邑，十二月河溢。

1328 年(元致和元年)　虞城等，三月河决砀山、虞城二县。

1329 年(元文宗天历二年)　商丘，归德府属徐、邳二州大水。

1331 年(元至顺二年)　商丘等，七月甲午(八月二十四)归德府雨伤稼、免今年租。

1332 年(元至顺三年)　开封、睢县等，夏五月汴梁、睢州、陈州、开封、兰阳、封丘，诸县河水溢。

1334 年(元惠宗元统二年)　睢县，四月睢州水灾；商丘等，四月大水。

1335 年(元惠宗至元元年)　柘城，春三月黄河决口，湮没睢、柘、鹿。

1336 年(元至元二年)　商丘，归德、兰阳等皆河水泛溢。

1337 年(元至元三年)　开封、商丘，六月辛巳至癸巳，凡十九日大霖雨不止，河水溢没人畜庐舍甚众。六月大霖雨黄河水溢没人畜庐舍甚众。汴梁、兰阳、尉氏、归德府皆河水泛溢。

1342 年(元至正二年)　睢县，睢州大水；商丘，七月河决归德府。八月归德府睢阳县因黄河为患民饥。九月归德府睢阳县因黄河为患民饥。

1343 年(元至正三年)　商丘，七月河决归德府永城县。

1344 年(元至正四年)　睢县，夏睢州淫雨害蚕麦禾皆不登；商丘等，夏五月归德雨浃二旬，黄河暴溢，商、宁、于、夏、鹿、睢、考、柘皆水患；柘城，夏五月归德府淫雨浃二旬，黄河暴涨，商、宁、于、夏、鹿、睢、考、柘皆罹水患；虞城，五月淫雨，黄河溢，于、夏、商、宁、睢等水灾；夏邑、宁陵，五月淫雨、黄河溢，于、夏、商、宁、睢等水灾；民权，四月大水河溢、考城大水、兰阳淫雨伤禾。

1349 年(元至正九年)　商丘等，七月归德府淫雨浃上旬。

1351 年(元至正十一年)　永城，(七月)河决归德府永城县坏黄陵岗岸。

1354 年(元至正十四年)　商丘，夏初虞城县蝌蚪遍地，水陆多聚至数石。蚕则上树沿墙，人咸不知所以，未几淫雨涝溢，平途可以行舟，如是者数岁，始知为水兆也。宁陵先旱后水。

1357 年(元至正十七年)　商丘，秋，虞城、夏邑等县大雨伤稼。

1363 年(元至正二十三年)　柘城，春河决口柘受灾。

1367 年(元至正二十七年)　商丘，河决。

1368 年(明洪武元年)　宁陵，黄河泛溢，两候墓冢皆被水湮。

1369 年(明洪武二年)　商丘，正月河决归德。

1383 年(明洪武十六年)　民权部分，秋黄河决杞入河。

1389 年(明洪武二十二年)　民权部分，旧考城徙于县境江墓店以避河患。

1390 年(明洪武二十三年)　商丘等，正月河决归德；民权部分，河患徙县城于江墓店；永城、夏邑等，二月河决归德东南风池口，经夏邑、永城诸县。

1391 年(明洪武二十四年)　宁陵，三月黄河桃花汛，黄河漫溢，睢、夏、宁水患。

1416 年(明永乐十四年)　宁陵，九月宁陵县水。

1422 年(明永乐二十年)　商丘，河南开封府、归德、睢州、祥符、阳武、宁陵、项城、荥泽、太康、西华、兰阳、原阳、封丘、通许、陈留、洧川、杞县……夏秋淫雨，黄河泛滥并伤田稼。

1423 年(明永乐二十一年)　永城，七月河溢、永城县伤稼。

1445 年(明正统十年)　睢县，水浸城郊。十月辛亥河南睢州、祥符、杞县、陈留等县皆以今夏久雨，河决淹没民田，屋宇畜产无数。

1453 年(明景泰四年)　民权、考城河决张秋。

1468 年(明成化四年)　柘城,积冰水进城,民多避于老君塾(即歇鹤台)。

1477 年(明成化十三年)　睢县,河决杞过睢冲入城垣。河南闰二月大水(黄河水)。河决杞县、黄水过睢,冲入城内民舍全淹没,患者千家,移居南关土山筑城。

1478 年(明成化十四年)　虞城,夏淫雨涝溢,平途可以运舟。睢县,河决祥符,睢被害,大饥。宁陵,圮于水,六月初五、初六、初十、十二、十三接连大雨,秋禾被淹;夏邑,六月初五、初六、初十、十二、十三接连大雨,以致河水泛滥,秋禾被淹,有归德所属夏邑、鹿邑、太康、项城、西华等县。

1481 年(明成化十七年)　虞城,秋大雨,水害稼;夏邑,秋淫雨,伤民禾稼,诏免田租之半;永城,秋淫雨,伤民害稼。

1482 年(明成化十八年)　宁陵,交秋之后,淫雨河决;夏邑,大水;夏邑,六月河南诸水皆溢。

1485 年(明成化二十一年)　民权,以水旱灾免开封、汝州等府县夏税。

1489 年(明弘治二年)　永城,河决开封、经归德趋入睢;五月河决……由永城流入宿州;商丘,河决归德、民权,夏五月河决开封、考城、兰阳、仪封及外黄。

1492 年(明弘治五年)　民权,夏四月河决汴梁杀禾、兰阳,水溃黄陵岗、张秋。

1493 年(明弘治六年)　民权,夏河决黄陵岗、复决张秋。

1494 年(明弘治七年)　民权,考城河决张秋。

1497 年(明弘治十年)　柘城,六月淫雨伤禾。

1498 年(明弘治十一年)　商丘,河决归德小坝子等处。归德汴河河决;夏邑、永城,河决夏邑、经永城之太丘、茴村,经肖县入徐州。

1499 年(明弘治十二年)　商丘,河决归德、逾年不塞,入秋以来又决归德浸曹县、单县、虞城县。

1500 年(明弘治十三年)　柘城,自六月雨,禾稼湮没,如是者三载民甚饥荒;宁陵,自六月大雨,民宅禾稼湮没。

1502 年(明弘治十五年)　商丘,夏六月河决入城,公私廨舍荡然无余。

1505 年(明弘治十八年)　睢县等,河决睢州野鸡岗,由汴河宿迁小河口入漕河。

1508 年(明正德三年)　民权,考城河决黄陵岗,田庐多淹。夏邑,秋潦。

1509 年(明正德四年)　民权,六月大雨,河溢黄陵岗入贾鲁河。

1510 年(明正德五年)　民权,七月河水溢围兰阳县城堤入溃,九月溢黄陵岗入贾鲁河泛滥横流。

1511 年(明正德六年)　永城,夏淫雨至十月。

1513 年(明正德八年)　民权,考城河复决黄陵岗;商丘,夏大雨,没有收麦;虞城,河复决黄陵岗;夏邑,夏大雨,没有麦收;永城,四月大雨,没有麦收。

1522 年(明嘉靖元年)　夏邑、永城,秋霖。

1523 年(明嘉靖二年)　夏邑,秋霖,雨伤禾豆,秋淫雨害稼,大饥疫。八月河南大水;永城,秋霖,秋淫雨害稼;商丘,秋淫雨百日,平地行舟,冬大饥,人相食;民权,淫雨百日。

1524 年(明嘉靖三年)　商丘,四月大雨雹,大如鸡卵,人畜皆为所杀。四月大雨,春二月溯昼晦;夏邑,秋霖雨,淫雨伤禾豆;永城,秋霖雨,伤禾豆。

1529年(明嘉靖八年)　夏邑,秋九月河决张家口。

1530年(明嘉靖九年)　商丘,夏五月后白河决;虞城,七月十二河水决东北大堤,城逐陷,十年迁今城(旧城东北三里许,此后水害频仍);夏邑,夏五月后白河决;永城,九月十二河水决东北大堤,城逐陷,迁今城在旧城东北三里许,自此水害频仍,鲜有宁岁。

1532年(明嘉靖十一年)　商丘,白河决,民田多淹没;夏邑,白河决,民田多淹没。

1533年(明嘉靖十二年)　商丘,八月黄河水溢,至夏邑县城壕;宁陵,八月黄河水溢。

1534年(明嘉靖十三年)　宁陵,黄河由兰封赵皮雀决口,睢、宁等县被淹。

1537年(明嘉靖十六年)　商丘,夏六月河决,弥漫于城下至十九年冬始涸。

1538年(明嘉靖十七年)　柘城,河水决,入境内,淹没禾稼,民逃外境;夏邑,夏大水,岁歉、民饥,诏免田租,令官赈济;虞城,大饥。

1539年(明嘉靖十八年)　宁陵,有虫伤菽尽,大水岁饥,民相食,死者遍野;柘城,春水连淹,民大饥;永城,秋大雨。

1540年(明嘉靖十九年)　睢县、民权,河决睢州野鸡岗,由涡河入睢;夏邑,秋七月白河决,故道沙淤徙于黄河;柘城,村民连阴雨淹没。

1542年(明嘉靖二十一年)　商丘,六月朔日食昼晦星见,风雨交作,昼夜如注四十余日,河决野鸡岗入柘城境二十余里,民被冲者万家,溺死无计,浸城大余,凡官私房舍俱倒;柘城,五月雨,六月朔日食,昼晦星见,风雨交作,昼夜如注四十余日。黄河围城决流至二十三年北徙。

1543年(明嘉靖二十二年)　宁陵,河决,湮没居民;柘城,七月河决境内,风雨大作,堤决水浸城内将县治学舍公馆尽行淹没。

1545年(明嘉靖二十四年)　民权,河由野鸡岗西南至;虞城,河水溢,声闻数十余里,秋禾没淹没。

1546年(明嘉靖二十五年)　商丘,十二月丁未以水灾免河南归德、开封等府并属税粮有差;睢县,河决;夏邑,夏六月黄河决,淹没民田;永城、夏邑,四月河复决黄堌口,溢夏邑、永城。

1547年(明嘉靖二十六年)　睢县,河南徙决睢州官亭、绕州城堤,癸卯河决白家口,直冲州堤西北,几陷;虞城,大雨河决;夏邑,夏五月,大雨河决,湮没田庐,诏免田租之半;永城,五月大雨。五月大雨免田租之半;民权,黄河泛溢湮没杞县及外黄。

1550年(明嘉靖二十九年)　商丘,秋开,归德大水河涨,商丘决肖家口,全河尽南注。

1552年(明嘉靖三十一年)　商丘,河决归德。

1558年(明嘉靖三十七年)　商丘县,商丘河决伤禾。

1559年(明嘉靖三十八年)　睢县,秋七月河决伤禾;商丘,秋七月河决伤禾。

1561年(明嘉靖四十年)　宁陵,大霾雨,麻实及菽皆陈朽。

1565年(明嘉靖四十四年)　商丘,河夏决归集之新集寨,庞家屯。

1569年(明隆庆三年)　兰考、民权,秋积雨七旬河决沛县至考城,兰封城内无完屋,树木皆倾;虞城,秋七月,壬午河决沛县自考城、虞城坏田庐舍无数。

1570年(明隆庆四年)　民权,考城决小河口。

1580年(明万历八年)　民权,十一月十九考城大雨。

1581年(明万历九年)　柘城,夏大雨,麦谷不登。大水伤禾稼,冬无冰。

1583年(明万历十一年)　河南十月,水灾,蠲赈有差。

1587年(明万历十五年)　柘城,七月大雨,又值河决,人畜逃亡过半,树皮草根吃光。

1593 年(明万历二十一年) 睢县,饥。春夏淫雨弥月,其势若倾注,舟行于途,人栖于木,溺死者无数。

1597 年(明万历二十五年) 虞城,大雨河溢河堤溃决后,连年大雨水;夏邑,丁酉大雨水河溢;永城,四月河大决后,连年大雨水。

1601 年(明万历二十九年) 商丘,河决平地皆水。

1602 年(明万历三十年) 夏邑,河决,湮没荡田庐,水入城南门,城内行舟;虞城,黄河决口,水入城,麦苗被淹,房、财产湮荡净尽。

1603 年(明万历三十一年) 宁陵,麦秋尽水湮;商丘,是年河决归德府。虞城,癸卯河决,麦禾庐舍湮荡几尽;夏邑,夏秋大水河决;永城,河决邑被荒。

1604 年(明万历三十二年) 商丘,河溢,大疫,河上夫死者相枕;柘城,水;虞城,甲辰大饥疫,五月麦将熟,大雨数旬,河堤全溃,平地水三尺,民饿死十之八九;夏邑,水患,大饥。

1605 年(明万历三十三年) 柘城等,秋八月河决五家口,淹没田庐;虞城,大饥,大雨河决……民饿死十之八九。

1616 年(明万历四十四年) 睢县、柘城,秋七月河决陶口,淹睢、柘。黄河夹城而流,煮粥赈之;商丘,六月黄河决开封陶家店下;民权,七月雨成灾,考城河决。

1622 年(明天启二年) 睢县,是年七月,黄河口决,围绕睢县,庐舍湮没。

1623 年(明天启三年) 商丘,五月庚子河决睢阳。

1626 年(明天启六年) 永城,夏南旱北潦,黄水高于淮数尺,倒流三十余里;虞城,水害稼。

1630 年(明崇祯三年) 夏邑,夏,大暴雨。

1631 年(明崇祯四年) 睢县,九月,河决。

1632 年(明崇祯五年) 睢县,夏六月,河决孟津口,浸溢至杞东入睢州;商丘,淫雨自夏至秋,平地行舟;柘城,秋大雨,大水伤禾;虞城,壬申夏大雨伤稼,平地水深一至两尺;夏邑,夏大雨水,平地行舟,水几没堤;永城,夏,大雨水。

1636 年(明崇祯九年) 睢县,大水,河决,黄水入开封,狂流入睢州境,水进新城,民舍被淹。虞城,丙子大雨水;夏邑,丙子大雨水。永城,大雨水。宁陵,大雨水。五月黄河决。

1642 年(明崇祯十五年) 睢县,九月二十五,河决,新旧两城皆陷。柘城,九月决黄河没汴及柘,横流民饥。

1644 年(明崇祯十七年) 宁陵,大雨连三月有余,陆地成河,禾稼尽没,民不聊生。

1646 年(清顺治三年) 虞城,水溢。

1647 年(清顺治四年) 宁陵,大雨三月余,陆地成河;虞城,丁亥秋八月十五夜,罗家口、田家庙、土楼三处河溢,护城堤处皆大水,庐舍漂没,秋禾无获,尔后连年大雨城东洼下,平地行舟,熟地复荒;夏邑,河决河溢,秋八月十五夜河溢,护城河外皆大水,庐舍漂没,秋禾无获;民权,河决考城流通口南北堤伤稼。

1648 年(清顺治五年) 商丘,六月内淫雨淋漓,月余不止,平地水深丈余,高地田禾尽被淹没,衣食难为;虞城,戊子大雨水;夏邑,大雨连绵,海濠水深三丈,将旧砖城坍塌 123.5 丈,新修城坍塌 28.6 丈,旧炮楼,坏五座。

1649 年(清顺治六年) 虞城,己丑,大雨水。

1650 年(清顺治七年) 柘城,秋大雨伤禾。

1653 年(清顺治十年)　虞城,癸巳大雨水;夏邑,大雨水。

1654 年(清顺治十一年)　虞城,甲午六月大雨淹麦,六月二十三大风雨一昼夜催木毁禾,倾屋坏瓦;夏邑,五月二十四大风雨,毁禾拔木,城水不浸堤者尽数;永城,六月大风雨坏民舍。

1658 年(清顺治十五年)　柘城,是岁夏大淫雨至秋,有谓:夏淫雨百日者,岁大水。

1659 年(清顺治十六年)　睢县,五月至六月连雨,平地水深数尺,黄水进城,民舍湮千间;宁陵,大雨连三月有余,陆地成河,禾稼尽没,民不聊生;商丘,夏五月至六月淫雨平地行舟,弥漫二百里麦尽漂没,秋禾荡尽,冬大饥。夏五月初五大雨四十余日,平地水深数尺,田禾房垣尽没;柘城,免河南柘城等县是年水灾额赋有差;虞城,己亥大雨水,自夏徂秋淫雨连绵,水流成渠,房屋倒塌无数;夏邑,夏五月水灾;永城,春夏大雨水,二麦绝烂,秋禾一空。

1660 年(清顺治十七年)　虞城,庚子秋黄河水溢。

1662 年(清康熙元年)　睢县,大水;宁陵,七月淫雨弥月,大水伤禾;虞城,壬寅大雨水;夏邑,大雨水;永城,大水;民权、考城:八月水泛滥,兼以大雨浃旬,大堤以北没秋数百顷。

1665 年(清康熙四年)　商丘,四月河决归德,淹虞城、夏邑入淮;虞城,乙巳秋黄河大决时七月初十,土楼、待宾寺等处堤溃,水势滔天,倾注夏邑;夏邑,秋七月黄决,永城被浸城陷;永城,七月考城黄河决,水藻永城外郊;民权,下大雨七月考城黄河决水。

1667 年(清康熙六年)　虞城,丁未秋黄河大决水溢。

1668 年(清康熙七年)　民权,七月大雨平地水深三尺,庐舍被淹;商丘,六月河水溢。

1669 年(清康熙八年)　睢县,十一月是月免河南睢州被灾额赋有差。夏陈州商城淫雨三月,开封、归德、汝宁伤禾为甚;民权,大雨连绵六至八月终方止,秋禾尽淹。

1672 年(清康熙十一年)　虞城,秋河决于城。壬子黄河水溢。

1677 年(清康熙十六年)　柘城,大雨伤禾。

1678 年(清康熙十七年)　虞城,戊午黄河大决,大王庙、高家堂、土楼等处,堤溃水势滔天。

1685 年(清康熙二十四年)　睢县,五月初七淫雨为灾,至六月十四止,秋禾悉湮没;宁陵,大水伤禾稼;商丘,秋大水一郡皆灾;柘城,夏疾风迅雷暴雨,淹没田禾殆尽;虞城,己丑大雨水。大雨水诏免田租之半;夏邑,大雨水,秋七月水灾;永城,夏秋大雨伤麦谷。

1686 年(清康熙二十五年)　夏邑,大雨暴雨;商丘等,十月免归德等地水灾额赋有差。

1687 年(清康熙二十六年)　永城,五、六月大雨伤谷。

1688 年(清康熙二十七年)　宁陵,大雨连旬,田禾淹没殆尽;柘城,雨水为害;夏邑,夏六月水灾,岁饥。

1689 年(清康熙二十八年)　商丘,夏邑、柘城、虞城水灾;柘城,秋雨禾不登,民有菜色;虞城,乙巳大饥,大雨水,田禾淹没,东南尤甚;夏邑,大雨伤禾;永城,五六月大雨伤谷,民饥;民权,十二月水伤禾,考城黄水决受湮。

1692 年(清康熙三十一年)　民权,秋河水盛涨,兰仪考城均受灾。

1700 年(清康熙三十九年)　商丘,归德大水。商丘俱大水,城南一望汪洋,涡河百斛之舟,直达郡城,岁歉,知县刘德昌设法赈济。

1701 年(清康熙四十年)　商丘,归德复大水。大水城南一望汪洋,涡河之舟,直达郡城。

1702 年(清康熙四十一年)　夏邑,水灾;虞城,水灾;永城,水灾。

1703 年(清康熙四十二年)　商丘,水灾,次年复大水;虞城,癸未水灾。

1704年(清康熙四十三年)　商丘,归德大水,复大水。

1709年(清康熙四十八年)　商丘,河南归德府大水;柘城,初夏十二日大雨如注彻夜,后复大雨,田禾尽没;虞城,己丑水灾。

1722年(清康熙六十一年)　夏邑,河决口,夏邑城陷。

1725年(清雍正三年)　虞城,乙巳八月待宾寺大堤溃决,黄河水横流直冲。

1730年(清雍正八年)　柘城,大雨平地水深数尺,城西一带庄村多被湮没;民权,夏秋大水没田禾,考城大饥食树叶。

1736年(清乾隆元年)　永城,五月河决,由砀山、永城至泗州;民权,考城霖雨伤禾。

1737年(清乾隆二年)　商丘,秋大水,秋禾收成实有七分。

1739年(清乾隆四年)　商丘,大水(八月辛巳赈河南商丘等县水灾)。商丘,庚寅免河南商丘等十州县水灾额赋。商丘大水;柘城,阴雨连绵三月余,麦湮没,秋禾尽伤;虞城,己未大雨水。诏免田租三分之一并赈民;民权,夏大水岁饥,连雨数月,陆地行舟,淮、徐被灾尤甚。

1741年(清乾隆六年)　夏邑,六月雨多,洼下村庄秋损;商丘,六月间雨水稍多。

1742年(清乾隆七年)　商丘等,惟商丘、永城、鹿邑、夏邑、柘城五县秋禾原属茂盛,于七月十二至十八等连日大雨,河水漫溢、宣泄不及,凹地秋禾被水淹伤。七月内雨水过多(归德府属永城、鹿邑、夏邑三县)。永城,六月初,节次落雨,十二至十三又复大雨,积水未能骤消,县境东南、西南有数乡,波河洼地无不为积水淹伤。

1745年(清乾隆十年)　永城,八月己亥赈河南永城等五县水灾,十月赈商丘水灾。归德府属之永城六月初旬渐次落雨,六月十二、十三复大雨,积水未能骤消,有数乡坡地洼地无不为积水淹没。

1746年(清乾隆十一年)　商丘,兹据归德府属之夏邑、鹿邑;陈州府之太康、项城、西华等县各禀称,上中旬连日大雨,兼之山水骤发,河水漫溢,高阜地内秋禾尚无妨害,低洼处所秋禾被淹。柘城,秋伤禾被灾。永城,二月丙辰永城等五县水灾。

1747年(清乾隆十二年)　商丘等,唯归德府之永城、夏邑、商丘三县,前因六月初一、二等日连得大雨,低凹地亩间又积水幸旋而消退(奏折);夏邑,六月各旬至七月上旬连降大雨,秋禾畅茂,洼下地亩被湮,补种荞麦勘有偏实,秋收成七分。

1749年(清乾隆十四年)　商丘,十二月连得瑞雪,四次约深半尺至一尺二寸;夏邑,入夏以来连降大雨,低洼地秋禾被淹,已成偏灾。

1751年(清乾隆十六年)　商丘等,八月己未赈河南商丘等十四县水灾。

1753年(清乾隆十八年)　商丘等,归德、陈州二府秋雨略多,七月十一到十二大雨如注,一时骤难宣泄。永城、夏邑县之洼地有积水数尺,八月下旬九月上旬又复阴雨连绵,晚秋收成稍减;永城,七月十一、十二等大雨如注,一时难以宣泄,间有积水;夏邑,七月十一、十二大雨如注,一时骤难宣泄,洼地间有积水数寸至二尺不等,八月下旬至九月上旬又阴雨连绵,晚秋收成恐致减产。

1755年(清乾隆二十年)　永城,六月十六及二十八等连得大雨,凹地被淹,即消退补种晚秋。

1756年(清乾隆二十一年)　商、永、虞、夏等,六月免河南夏邑、商丘、永城、虞城四县是年水灾额赋,己卯谕:河南夏邑、商丘、永城、虞城四县是年水灾。河南归德之夏邑、商丘、永城并陈许两州各属县淫雨被水。

1757 年(清乾隆二十二年)　商丘等,河南布政使刘造三月初一奏:豫省上年麦秋二熟俱为半稔,惟归德府属地较低凹,因秋雨过多,夏、商、虞、永四县被水。夏邑、商丘、虞城、永城水淹田亩;柘城,阴雨数月,高下处尽皆淹没,麦秋俱伤;夏邑,夏、永、商、虞五、六月间大雨连绵凹地积水,秋禾被淹。

1761 年(清乾隆二十六年)　宁陵、夏邑,黄河漫溢,宁陵轻灾,七月下旬黄河漫溢,分别收成在八成以上。据淮宁县志记载,是年河决杨桥口,大水伤禾,被水成灾 38 县,其中有睢县、考城、虞城等。柘城,秋,黄河水溢阳桥,城西水深丈余,村舍湮没,旧城西门冲决,旧城水满,砖城几不能保。

1775 年(清乾隆四十年)　睢县,黄河决口。

1778 年(清乾隆四十三年)　睢宁永,秋七月癸巳,河南仪封县城河决。闰六月,决仪封县十六堡,宽 70 余丈,决口上水流湍急,由睢州、宁陵、永城直达亳州之涡河入淮;宁陵,河决马店,经宁陵北境,三年水患,合龙后地被沙压;民权,秋七月,黄水漫口,淹及杞境至考城,上命考城缓征。

1779 年(清乾隆四十四年)　民权,黄水漫口,上命赈考城。

1780 年(清乾隆四十五年)　宁陵,八月戊申振宁陵等四县水灾。数日来天气连阴,据淮阳徐海冬属先后禀报:中下旬频沾雨泽,每日三、四、五寸不等,黄河水势盛长,睢、宁县黄河南岸堤工于六月十七漫溢二十余丈;民权,黄水漫,上命考城缓征粮。

1782 年(清乾隆四十七年)　民权,黄水漫口,上命赈考城。

1783 年(清乾隆四十八年)　宁陵,河决宋家堂,水至宁北中和、崇义、长乐三乡入商丘境;商丘河决。

1784 年(清乾隆四十九年)　睢县,八月,河溢睢州下泛新堤。八月己丑,河南睢县河决;宁陵先涝后旱,本年米、豆、麦一并缓征。

1786 年(清乾隆五十一年)　睢县,河决龙门寨西南,淹没田亩人畜。

1787 年(清乾隆五十二年)　睢县,夏决睢州,十月塞之;九月赈贷河南商丘、宁陵、睢州、鹿邑、永城、柘城六州县水灾民饥,缓征新旧额赋并予盖屋银两。

1789 年(清乾隆五十四年)　永城,八月己丑赈河南永城水灾。

1790 年(清乾隆五十五年)　永城,六月王平庄堤决 280 余丈,各处田庐被淹;永城、夏邑,黄水逆灌夏邑、永城成水沟河。免河南永城上年水灾额赋,秋七月戊申赈河南永城、夏邑水灾。

1794 年(清乾隆五十九年)　商丘,开封、归德二府麦收七分余。

1796 年(清嘉庆元年)　九月乙酉缓河南睢州、宁陵、商丘、杞县、太康、淮阳、宁陵七州县水灾,本年赈粮。

1797 年(清嘉庆二年)　商丘,归德,秋,淫雨百日,平地行舟。

1798 年(清嘉庆三年)　睢县,睢州河决高小集,睢当其中;宁陵,黄河决口,水经宁陵。

1803 年(清嘉庆八年)　睢县,睢州被河决。

1811 年(清嘉庆十六年)　永城,河决桑堤口,永城迤北当其冲淹;永城、夏邑、虞城受淹,免河南被水之永城县额赋三年、夏邑二年、虞城一年。

1813 年(清嘉庆十八年)　考城、睢县二堡黄河漫溢。九月乙亥河南睢河溢,河决睢州坝;宁陵,河决朱家堂,县城被灾,城溃,民饥,民众死者无数;柘城,秋,淫雨伤禾,黄河南决,开荒店、胡襄集、老王集、扈家集俱当大洪;虞城,大水灾,大饥荒;夏邑,河决邑境被灾。

1814 年（清嘉庆十九年） 睢县，睢州六月初一河水溢，城东一带被水灾；宁陵，夏秋水势弥漫。

1818 年（清嘉庆二十三年） 虞城，六月溢虞城。

1819 年（清嘉庆二十四年） 睢县，睢州河决南岸；宁陵，河溢伤禾。

1820 年（清嘉庆二十五年） 睢县，九月赈河南睢州等七州水灾，并给睢州等四州县一月口粮。

1821 年（清道光元年） 夏邑，大雨水。

1823 年（清道光三年） 虞城，大水灾。

1828 年（清道光八年） 柘城，阴雨数月，麦禾尽淹。

1832 年（清道光十二年） 睢县等，六月二十八、二十九，西乡凹地被淹；虞城，大水；夏邑，六月初九至七月初四，大雨连旬，房屋有倒塌，秋禾被淹，人口损失。八月间又复大雨连旬，重灾；宁陵，六月初九至七月初四大雨连旬，平地积水三四尺，房屋倒塌，秋禾被淹。

1833 年（清道光十三年） 柘城，秋，大雨平地二三尺，禾尽没，五谷不登；虞城，饥、疾灾民无数。

1836 年（清道光十六年） 夏邑，夏、秋田禾间有被积潦淹没。

1839 年（清道光十九年） 商丘，十月缓征河南祥符、商丘、永城、虞城、夏邑、项城、睢州、柘城等二十二州县被水者新旧额赋；夏邑，夏秋之岁，雨泽连绵，夏邑县因三至六月雨水过多，黄水漫灌，田禾间有被淹。

第三节 大风史料

707 年（唐神龙三年） 商丘，八月大风拔木坏庐舍。

964 年（北宋乾德二年） 宁陵，大风雨雹伤民田禾。

976 年（宋兴国元年） 商丘，夏五月宋州大风，坏城楼、军营、民舍四千五百九十六间。

1493 年（明弘治六年） 民权，大黑风，昼晦看不见人，气势涛涛，数日才停息。

1534 年（明嘉靖十三年） 睢县，二月十六，雨红砂，昼晦。

1541 年（明嘉靖二十年） 民权，冬十一月，大风吹倒房屋；商丘，春三月昼晦，飞沙拔木，咫尺不能辨。

1549 年（明嘉靖二十八年） 柘城，五月，疾风，汛雷，暴雨，并至天火，毁南关房屋数十间。

1551 年（明嘉靖三十年） 民权，夏五月，大风，拔树尤多；宁陵，大风拔树禾，桃李冬花。

1554 年（明嘉靖三十三年） 柘城，夜半烈风，损民屋，大歉收。

1555 年（明嘉靖三十四年） 睢县，乙卯午时，风雨骤至。

1563 年（明嘉靖四十二年） 民权，夏六月，大风，拔树禾，坏房屋。

1573 年（明万历元年） 商丘，春二月，大风，黄尘蔽天，黑暗终日。

1590 年（明万历十八年） 民权，春三月，大风，昼晦。

1593 年（明万历二十一年） 商丘，春三月三，黑风大作，自旦至宵，人皆失迷。

1630 年（明崇祯三年） 虞城，三月，黄风昼晦。

1632 年（明崇祯五年） 民权，二月大风昼晦；夏邑，二月大风；永城，二月大风昼晦。

1639 年（明崇祯十二年） 虞城，三月十四，黑风沙、暴雨。

1640 年(明崇祯十三年)　民权，二月飓风带有红沙，赤风蔽日昼晦，其色如血；睢县，二月三十大风红沙蔽日昼晦；虞城，二月二十一黑风，三十又刮黑风；夏邑，二月黑风昼晦；永城，九月刮大风。

1641 年(明崇祯十四年)　永城，二月初五恶风竟夜，飞沙弥塞四野，屋舍俱空。五月初三大风。

1643 年(明崇祯十六年)　永城，二月二十八，大风飞沙。

1650 年(清顺治七年)　永城，五月初三，大风雷电雹，酂城至酂桥二麦俱尽。

1654 年(清顺治十一年)　虞城，六月二十三，大风雨一昼夜，催木毁禾，倾屋坏瓦；夏邑，五月二十四，大风雨，毁禾拔木，屋庐倾倒；永城，六月，大风雨坏民舍。

1656 年(清顺治十三年)　民权，三月黑风昼晦；永城，闰五月二十一，大风西北来，掀毁城隍庙左右民舍。

1688 年(清康熙二十七年)　民权，六月大风拔树毁房。

1693 年(清康熙三十二年)　民权，二月壬辰自夜赤风大作，至午方息。

1700 年(清康熙三十九年)　民权，五月大风拔木毁屋。

1768 年(清乾隆三十三年)　民权，正月二十三狂风大作，昼如黑夜。

1771 年(清乾隆三十六年)　宁陵，大风沙。

1784 年(清乾隆四十九年)　民权，多隆风。

1785 年(清乾隆五十年)　民权，多隆风。

1797 年(清嘉庆二年)　睢县，二月初九大风螟黑一日复止。

1825 年(清道光五年)　柘城，三月十七有黑风自西北来，甚急色如墨，此时遮天蔽日，人物不见，破屋折树约两时许，室内积土寸余。二十四午时从西北暴起红风，色如朱砂，毁屋拔树。

第四节　冰雹史料

964 年(北宋乾德二年)　宁陵，大风雨雹伤民田禾。宋州宁陵县风雨雹伤民田。

1524 年(明嘉靖三年)　商丘，四月大雨雹，大如鸡卵，人畜皆为所杀。

1535 年(明嘉靖十四年)　睢县，七月大雨雹，大如卵；柘城，夏五月冰雹。

1557 年(明嘉靖三十六年)　宁陵，四月雨雹；商丘，四月大雨雹，巨如鸡子，树木禽畜损伤甚多。

1561 年(明嘉靖四十年)　宁陵，辛酉四月雨雹，六月大雨雹。

1562 年(明嘉靖四十一年)　柘城，五月旱，忽雨雹，大如盘子，坏屋禾稼，岁大饥。

1630 年(明崇祯三年)　虞城，夏雨雹伤稼，大者如拳，屋瓦碎，鸟雀死者遍野；夏邑，庚午，大雹伤稼；永城，庚午，大雹伤稼。

1631 年(明崇祯四年)　虞城，辛未五月陨雹。

1650 年(清顺治七年)　宁陵，五月初二未时雨雹，其大如杵如拳如鸡蛋者，城北麦禾尽伤，树叶无存，原野恍若隆冬；永城，五月初三大风雷雨雹，酂城郊到酂桥二麦俱尽。

1656 年(清顺治十三年)　商丘，大雨雹巨如鸡卵。

1691 年(清康熙三十年)　睢县，雨雹伤城东北一带麦。

1692 年(清康熙三十一年)　睢县，雨雹伤城南一带麦。

1749 年（清乾隆十四年） 商丘，三月二十四，雨中带雹，小麦间有被伤。

第五节 霜冻史料

89 年（东汉和帝永元八年） 许昌、商丘等，陨霜杀谷。

513 年（北魏近昌二年） 民权，春三月严霜。

813 年（唐元和八年） 民权，十月东都大寒，霜厚数尺。

1314 年（元近祐元年） 民权，三月霜，杀果桑禾田。

1330 年（元至顺元年） 民权，春三月，祥符、封丘霜灾。

1562 年（明嘉靖四十一年） 民权，四月霜杀禾。

1583 年（明万历十一年） 虞城，三月陨霜杀麦禾；夏邑，三月陨霜杀麦；永城，三月陨霜杀麦。

1640 年（明崇祯十三年） 民权，八月大霜杀晚禾，树叶尽脱；睢县，八月陨霜杀晚禾，是岁大饥，人相啖食；宁陵，八月霜伤禾，大饥，人相食；商丘，大饥，人相食；虞城，八月陨霜杀禾，大饥，人相啖食，饿殍盈野；夏邑，八月陨霜杀禾，大饥，人相食。

1655 年（清顺治十二年） 商丘，四月陨霜杀麦。

1656 年（清顺治十三年） 虞城，丙申三月五陨霜杀麦；夏邑，春，陨霜杀麦；永城，三月二十七大霜杀麦。

1701 年（清康熙四十年） 民权，春三月，霜。

1705 年（清康熙四十四年） 民权，三月，大霜。

1750 年（清乾隆十五年） 民权，三月初六，大霜，行人有冻死者。

1813 年（清嘉庆十八年） 柘城，严霜早降，荞麦枯死。

第六节 雷击史料

1523 年（明嘉靖二年） 永城，正月初一，雷击。

1549 年（明嘉靖二十八年） 柘城，夏五月，疾风，雷暴雨，并至天火。

1555 年（明嘉靖三十四年） 睢县，乙卯午时，风雨骤至，雷击城门楼死一人。

1562 年（明嘉靖四十一年） 睢县，七月初一，暮天骤雨，雷击城门楼，死一人。

1610 年（明万历三十八年） 睢县，三月三风雨骤至，雷击一楼房。

1634 年（明崇祯七年） 睢县，正月初一大雷电。

1650 年（清顺治七年） 永城，正月初三雷击。

第七节 雨凇史料

1012 年（北宋祥符五年） 民权，正月木冰。

1070 年（北宋熙宁三年） 民权，十月雨木冰。

1075 年（北宋熙宁八年） 民权，正月雨木冰。

1093 年（北宋元祐八年） 民权，二月霾大寒雨木冰。

1514 年(明正德九年)　民权,正月十二雷电,五月烈风冻雨坏禾。

1553 年(明嘉靖三十二年)　民权,冬十二月木冰。

1569 年(明隆庆三年)　民权,冬雨木冰。

第八节　异常气候史料

一、公元前

545 年(周灵王二十七年)　商丘,春无冰。

二、公元

842 年(唐会昌二年)　商丘,春正月宋州地震。

1466 年(明成化二年)　睢县,地陷三亩。

1479 年(明成化十五年)　睢县,九月初八地震。自此至嘉靖六年(1527)地震甚。

1482 年(明成化十八年)　永城、夏邑,疫。

1484 年(明成化二十年)　柘城、永城、夏邑,旱、蝗、疠疫民多死徙。

1486 年(明成化二十二年)　民权,冬大雨雪。

1490 年(明弘治三年)　虞城,冬雨雪三月之久,民多冻饿死。

1493 年(明弘治六年)　民权,冬雪丈余;柘城,大雪塞户,民挖洞而出;虞城,冬雨雪;三月民多冻死,自十一月至翌年四月,民多毁屋供炊;夏邑,冬大雪,逾三月不霁,民多冻死饿死者;商丘,大雪塞户,民凿穴而出,民多冻死;永城,冬大雪,自十一月至次年正月,民多毁屋供炊。

1505 年(明弘治十八年)　睢县,冬暖入春,历久无雪。

1508 年(明正德三年)　永城,春夏旱,秋潦,冬无雪。

1511 年(明正德六年)　永城,六至九年连岁无雪。

1514 年(明正德九年)　民权,正月十二雷电大作。

1522 年(明嘉靖元年)　民权,十二月雷电雨雪。

1523 年(明嘉靖二年)　永城,正月朔,雷雨竟日;夏邑,正月朔,雷雨竟日。大饥疫。

1524 年(明嘉靖三年)　民权,九月梨花开;夏邑、永城,夏,人疫,死者几半,饿殍横途。

1525 年(明嘉靖四年)　民权,八月地震。

1526 年(明嘉靖五年)　柘城,夏五月,地震有声,民房动。

1527 年(明嘉靖六年)　民权,二月,大雷电,雪数尺。

1528 年(明嘉靖七年)　民权,正月地震;宁陵,大饥,民多流散。

1534 年(明嘉靖十三年)　睢县,二月十六,雨红沙,昼晦。

1536 年(明嘉靖十五年)　民权,春正月,大雨雪拥户,人不能行。

1539 年(明嘉靖十八年)　商丘,疫死者相望。

1540 年(明嘉靖十九年)　宁陵,大疫,有阖门死者。

1546 年(明嘉靖二十五年)　虞城,地震。

1549 年(明嘉靖二十八年)　民权,正月朔大雾三日。

1551 年(明嘉靖三十年)　民权,十一月地震;宁陵,桃李冬花。

1553 年(明嘉靖三十二年)　民权,秋八月梨花椿芽。

1555 年(明嘉靖三十四年)　柘城,十二月地震。

1556 年(明嘉靖三十五年)　宁陵,十二月地震。

1563 年(明嘉靖四十二年)　宁陵,二月大震,电、雨、雪;睢县,冬无雪。

1565 年(明嘉靖四十四年)　商丘,冬无雪。

1581 年(明万历九年)　商丘,冬无冰;柘城,冬无冰。

1587 年(明万历十五年)　睢县、民权,冬桃开花。

1588 年(明万历十六年)　睢县、民权,夏四月甚寒,且多隆风,瘟疫流行,自春到秋死万余人。冬燠。虞城,寒食昼晦。

1597 年(明万历二十五年)　民权,八月地震。

1603 年(明万历三十一年)　宁陵,瘟疫,人死其半。

1622 年(明天启二年)　民权,二月地震;睢县,二月夜地震;商丘,春二月地震有声,自西北来如雷。

1629 年(明崇祯二年)　商丘,冬十月雷。

1634 年(明崇祯七年)　民权,正月雷电大雪。

1635 年(明崇祯八年)　民权,黄水结冰如石。

1637 年(明崇祯十年)　虞城,月食昼晦;永城,二月地震。

1639 年(明崇祯十二年)　商丘,冬燠。

1641 年(明崇祯十四年)　民权,大疫;宁陵,大疫;商丘,大疫;睢县,大疫;柘城,大疫。

1643 年(明崇祯十六年)　民权,春正月雷电大雨雪,是岁县境皆冰,村落一空,蓬苇处豹、猴、野猪之类皆生焉。

1645 年(清顺治二年)　商丘,春正月朔雨红雨。

1647 年(清顺治四年)　商丘,十月冬大雪。

1652 年(清顺治九年)　虞城,二月十五地震。

1654 年(清顺治十一年)　民权,八月地震;虞城,八月地震;商丘,八月地震。

1655 年(清顺治十二年)　虞城,冬雨冰,鸟兽冻死盈野;夏邑,冬雨冰,鸟兽冻死盈野。

1658 年(清顺治十五年)　虞城,夏斑蝥害稼;商丘,十一月冬大雪。

1659 年(清顺治十六年)　民权,三月大雨,天气酷寒。

1668 年(清康熙七年)　民权,地震;睢县,地震;商丘,六月十七地震死人甚多;虞城,秋地震响声如雷,房屋倒塌无数,城东百人伤亡。

1670 年(清康熙九年)　民权,冬十一月大寒并结冰,道上多有冻死者。

1674 年(清康熙十三年)　民权,正月大雪雷电。

1678 年(清康熙十七年)　商丘,七月二十六地震,时起时止三日;柘城,夏牛瘟。

1690 年(清康熙二十九年)　民权,九月桃李花。

1691 年(清康熙三十年)　民权,三月大雪,冬十月桃李花。

1701 年(清康熙四十年)　民权,春三月大雪。

1705 年(清康熙四十四年)　民权,春三月大雪。

1710 年(清康熙四十九年)　柘城,春瘟疫盛行,人多死亡。

1711 年(清康熙五十年)　民权,春正月大雷电。

1749 年（清乾隆十四年）　商丘、夏邑、虞城，腊月连降瑞雪四次，深约半尺至一尺二寸不等。

1750 年（清乾隆十五年）　民权，三月初六大雪，行人有冻死者。

1758 年（清乾隆二十三年）　柘城，春瘟疫大流行。

1773 年（清乾隆三十八年）　宁陵，冬间有大雪。

1789 年（清乾隆五十四年）　民权，正月大雪。

1801 年（清嘉庆六年）　宁陵，大雪。

1814 年（清嘉庆十九年）　睢县、民权，大疫。

1831 年（清道光十一年）　民权，冬大雪。

1833 年（清道光十三年）　虞城，疫。

1838 年（清道光十八年）　夏邑、虞城，饥疫。

第九章　近代商丘气象灾害史料

（1841—1949 年）

说明：本章资料来源于商丘《归德府志》、各县地方志、邻县《县志》及 1980 年开展的商丘地区气候普查、各县（市、区）气象部门历史资料，以及参考《河南省西汉以来历代灾情史料》《河南省历代旱涝等水文气候史料》。主要内容有：干旱、水涝、大风、冰雹、干热风、霜冻、雷击、雨凇、异常气候等。

第一节　干旱史料

1842 年（清道光二十二年）　商丘，商丘等地雨泽近期、田禾被旱；民权，夏五至七月旱。

1844 年（清道光二十四年）　民权，秋大旱。

1846 年（清道光二十六年）　民权，旱。

1847 年（清道光二十七年）　民权、考城旱；睢州大旱；柘城大旱；宁陵大旱，人食树皮；永城岁饥。

1854 年（清咸丰四年）　民权，旱灾。缓免考城县粮。

1856 年（清咸丰六年）　睢县，蝗蔽天；归德所属商丘等六县五六月间各有飞蝗停落，夏邑、永城县田禾微有损伤，大旱。商丘等县旱蝗成灾；虞城大旱，蝗伤禾；夏邑大旱；永城大旱，蝗食禾尽，唯绿豆成熟；宁陵秋旱，蝗食禾；柘城夏旱，秋蝗，冬无雪，民大饥。

1857 年（清咸丰七年）　睢县等，暂缓河南睢州等九州县被水被旱及未完漕项；柘城秋蝗；虞城，民大饥，民众饥饿不可言状；永城，春大饥。

1859 年（清咸丰九年）　柘城，大旱、大饥。

1861 年（清咸丰十一年）　柘城，夏有蝗；永城，五月飞蝗蔽天；柘城、西华、永城等二十六州县六七月间雨泽愆期、天气亢旱、禾苗受伤。

1862 年（清同治元年）　永城，四月二十八蝻子生，六月，蝗复来食禾，无遗；柘城，夏有蝗。

1863 年（清同治二年）　宁陵，夏旱，蝗过境，蝻生；永城，五月十三蝗自西来，食禾尽。

1864 年（清同治三年）　虞城，水、旱两灾，不收；民权，旱灾；商丘、永城、夏邑、虞城、柘城、睢州、考城等五十六州县被旱，秋收薄欠。

1865 年（清同治四年）　民权，旱灾。

1866 年（清同治五年）　夏邑，秋旱。

1870 年（清同治九年）　民权，春灾，秋旱伤禾，冬旱。

1873 年（清同治十二年）　民权，春至夏雨少，豫省一百余州县麦、秋约收五成余。

1874 年（清同治十三年）　民权，自春至夏雨少，土地干旱，豫省小麦减收。

1875 年（清光绪元年）　民权，旱。

1876 年（清光绪二年）　民权、考城，大旱民饥；睢县等，睢州大旱；宁陵，河南山西大旱，宁亦大旱，米歉，谷价腾贵，斗米三千余，民有饿死者；夏邑，旱蝗，夏旱。

1877 年（清光绪三年）　虞城，春旱；民权，大旱，人相食，亲族不顾；睢县等，睢州大旱；宁陵大旱；柘城大旱；夏邑旱，岁饥；商丘，自春迄夏秋，未得透雨，麦歉收，秋未能全种，本年被旱较重，灾区有旧归德属之商丘、柘城、宁陵、鹿邑等。

1878 年（清光绪四年）　宁陵，春大旱；民权、睢县、考城大旱；永城，蝗；柘城，民饥，斗米钱两千，道殣相望；夏邑，旱、岁饥。

1879 年（清光绪五年）　商丘，光绪四、五两年，春间又复亢旱；虞城，春旱。

1880 年（清光绪六年）　民权，秋冬旱，麦未能种；宁陵，秋冬两稀、颇形干旱，二麦未能播种。

1881 年（清光绪七年）　宁陵，夏旱，禾苗槁。

1885 年（清光绪十一年）　永城，夏间亢旱异常。

1888 年（清光绪十四年）　虞城，春夏旱。

1892 年（清光绪十八年）　民权，秋旱；柘城，闰六月蝗。

1893 年（清光绪十九年）　民权，上半年旱；虞城，春旱夏涝。

1894 年（清光绪二十年）　民权，春旱。

1898 年（清光绪二十四年）　柘城，夏旱，一年多无雨，河水断流，庄稼绝收，死人甚多；商丘，大旱，六月二十才种豆子。

1899 年（清光绪二十五年）　民权，夏旱；宁陵，夏旱蝗蝻生，幸伤禾无多；祥符频年积欠，八九月又复无雨，二麦未能着种，被雷被旱之其祥、杞、永、柘、淮、太等九县。

1900 年（清光绪二十六年）　民权，七月到冬至无雨；永城，五月飞蝗入境。

1901 年（清光绪二十七年）　商丘，归德、开封等五府所属一个月无雨，秋禾多半未种。

1902 年（清光绪二十八年）　民权，大旱；柘城，初夏旱，三个月无雨，秋禾大多旱死，蝗成灾，庄稼绝收。

1905 年（清光绪三十一年）　商丘，十月初一种麦，秋旱。

1906 年（清光绪三十二年）　虞城，从春节到麦收无雨，秋季歉收。

1907 年（清光绪三十三年）　民权，秋大旱；永城，大旱。

1908 年（清光绪三十四年）　商丘属地，秋旱；宁陵，夏秋旱，小麦大部都没有种上；商丘，归德等州府春雨稀少，麦收仅中穗，秋禾多半未播种；虞城，春旱，长达四个月无雨，民众吃水困难，小麦减产四成。

1909 年（清宣统元年）　商丘，春旱、秋后旱。

1910 年（清宣统二年）　民权，秋大旱。

1911 年（清宣统三年）　宁陵，春谷价奇贵，斗米千钱；柘城，从种麦到麦收无雨，小麦减产五成；夏邑，春大饥，人相食。

1912 年（民国元年）　柘城，春旱三个月，小麦减产严重，河沟干枯，民众吃水困难；虞城，1912—1914 年，一连三年秋旱，小麦种不上，秋苗旱死。

1913 年（民国 2 年）　商丘，夏旱，麦后无雨，夏秋作物无法播种。

1914 年（民国 3 年）　睢县，秋旱；宁陵，夏旱，小秋播种困难；柘城，初夏旱两个月有余，秋作物几乎绝收；永城，旱。

1915 年（民国 4 年） 夏邑，六月以前基本无雨，树叶干落；坑河干，高粱谷子旱坏，大秋基本绝收。

1916 年（民国 5 年） 商丘，夏秋旱；虞城，春旱，小麦减产八成。

1917 年（民国 6 年） 睢县，夏旱，谷子旱死，高粱不出穗；夏邑，数月无雨生蝗，夏秋绝收。

1918 年（民国 7 年） 柘城，春至麦后无雨，生蝗食禾，秋绝收；宁陵，夏旱，麦收前至六月二十无雨，麦减产，豆子种晚；商丘，初夏旱；永城，旱。

1919 年（民国 8 年） 睢县，大旱，八月至次年十月大旱无雨，五谷不收。

1920 年（民国 9 年） 睢县，大旱，五谷不收；商丘，秋旱，谷子有穗不结子。

1921 年（民国 10 年） 柘城，秋旱，小秋旱焦，减产八成；虞城，春旱严重，大秋没种上，小麦减产八成；夏邑，小麦减产，高粱旱死。

1922 年（民国 11 年） 柘城，初夏旱，河水断流，三个多月无雨，夏播推迟，夏秋几乎绝收；夏邑，作物减产，阻麦播；永城，旱。

1923 年（民国 12 年） 商丘，初夏旱，六月二十三方种豆子，七月初七栽红薯，小麦减产五成；虞城，春旱，小麦谷子严重减产。

1924 年（民国 13 年） 柘城，六月大旱，秋绝收；虞城，春旱，高粱减产五成；夏邑，五成小麦旱死，大秋减产；永城，旱。

1925 年（民国 14 年） 柘城，初夏旱，从麦收到六月无雨，夏秋种不上，高粱、谷子大部旱死；虞城，春旱，大秋没种上，灾荒严重；永城，旱。

1926 年（民国 15 年） 睢县，初夏旱，地旱裂，小麦减产三成，高粱不出穗；商丘，春旱，小麦减产五成左右；虞城，春旱，冬旱；永城，旱。

1927 年（民国 16 年） 睢县，夏旱；柘城，春旱；商丘，夏旱，麦后无雨；虞城，春旱，沟河干枯，作物绝收；夏邑，初夏至秋旱，阻夏播，秋作物减产，阻麦播，人到游，有饿死；永城，旱。

1928 年（民国 17 年） 睢县，夏旱，河沟干枯，水位下降，人畜吃水困难，秋庄稼迟播，收成甚微；柘城，冬旱，三个月无雨，小麦推迟播种，减产甚重；商丘、宁陵、兰考等地，入春以来无雨雪，麦苗枯死，收成不到十分之一，豆子、花生播种失时，生蝗；民权，蝗害；商丘，春夏旱；虞城，春旱，谷子到立夏方播种；永城，旱。

1929 年（民国 18 年） 睢县，夏旱，蝗灾，秋庄稼几乎绝收；柘城，五月大旱，秋庄稼减产五成；宁陵、民权等地从三月至六月无雨，麦收不到一成，瞭望平原，尽是赤地；永城，旱。

1930 年（民国 19 年） 睢县，夏大旱，高粱不抽穗，禾苗如火烧，打墓三尺不见湿土；柘城，夏旱，至五月无雨；宁陵，初夏大旱，高粱叶干，秋不能种，减产七成；商丘，灾侵连年，蝗旱相交；夏邑，夏旱，秋作物基本绝收；永城，旱。

1931 年（民国 20 年） 柘城春旱；虞城秋旱，大秋减产，小麦迟播。

1932 年（民国 21 年） 民权、考城亢旱，春间雨泽延期，麦枯萎受伤，又生蝗蝻，秋木损坏；睢县，春间亢旱，麦苗枯槁，蝗蝻为害；归德入春，数月不雨，麦苗枯萎，蝗蝻遍野，秋禾多伤，瘟疫死人甚多；柘城，春间亢旱，麦苗受伤；虞城，春季无雨，二麦枯死；夏邑，入春亢旱，六月底蝗蝻，麦禾多毁；宁陵，春旱，阻秋作物播种；永城，旱。

1933 年（民国 22 年） 宁陵、太康等二十六县被旱；商丘、夏邑、永城、虞城等三十八县被蝗、被旱；夏邑，伏秋旱，坑河干，秋作物歉收，秋有蝗，人到游；虞城，夏季大旱，谷物旱死。

1934 年（民国 23 年） 商丘，春旱；柘城，自春到七月无雨；永城，旱。

1935 年(民国 24 年)　商丘，夏旱蝗；睢县，夏秋旱；虞城，春旱，大秋歉收八成；柘城，冬春旱，四个月无雨；夏邑，夏旱，18 天西南风，作物减收，瘟疫发生；永城，旱。

1936 年(民国 25 年)　睢县，夏秋旱，三至四个月禾苗枯焦，歉收甚重；宁陵，夏旱，晚秋推迟到六月二十才种上；虞城，春大旱，麦、秋绝收，人相食；商丘，旱；睢州旱、风、雹；永城，旱；柘城，夏旱，秋作物枯焦，减产三成。

1937 年(民国 26 年)　睢县，夏秋旱，庄稼旱死甚多，几乎绝收；商丘，春旱，小麦减产五成；虞城，春旱，麦成产六成；夏邑，五至八月旱，大秋减收，坑河尽干，小麦难播。

1938 年(民国 27 年)　柘城，夏旱，秋旱，大秋减产；宁陵，夏旱，高粱谷子、豆子旱死；虞城，春季大旱，大秋绝收，沟河干枯；夏邑，春旱，阻麦长，阻麦播，作物收成甚微；永城，旱。

1939 年(民国 28 年)　商丘，春旱，小麦减产。

1940 年(民国 29 年)　睢县，春夏旱；柘城，夏旱，自三月至七月无雨，高粱旱死；商丘，春、初夏旱，四月二十九雨，作物收成甚微，高粱亩收几斤；虞城，秋大旱，作物减产六七成。

1941 年(民国 30 年)　睢县，春夏旱，蝗灾；柘城，旱蝗，秋作物绝收；宁陵，夏旱，秋禾干旱将死，减产六成；夏邑，伏旱，大秋谷豆基本绝收；商丘，被风、旱、雹；永城，旱。

1942 年(民国 31 年)　民权，夏旱，五月至八月中旬，持续两三个月之久，赤地千里，生活悲惨；睢县，春夏旱，蝗灾，秋绝收，睢县麦收三成，秋收一成弱；柘城，春大旱，自二月至五月十八无雨，阻春播夏种；宁陵，大旱，民食树皮草根，逃荒要饭，卖儿卖女者甚多；商丘，自春至夏，雨泽延期，二麦歉收，入夏遭旱，禾苗枯萎；虞城，春旱，禾苗枯死，虫旱双灾，灾情严重；夏邑，六至十月无雨，谷豆绝收，阻麦播，下年民到游；永城，旱灾甚重，是岁全区大旱。

1943 年(民国 32 年)　民权，春旱，影响大秋播种；睢县，春夏秋旱，蝗灾，庄稼绝收，饥荒严重，道有饿殍，人相食；商丘、宁陵、睢州等县大旱，作物旱死；虞城，春旱，作物旱死过半，减产八成；夏邑，干旱，麦减产，阻麦播，发蝗、歉年；永城，旱；柘城，蝗蝻食禾，绝收。

1944 年(民国 33 年)　宁陵，旱，飞蝗过境，生蹦蝻，行如流水，谷子、高粱吃光秆；民权，旱，大灾年，人逃荒，麦播期大旱；夏邑，春旱，大秋减产，阻小秋播，生蝗虫；商丘，夏秋旱；永城，旱。

1945 年(民国 34 年)　河南，各县遭受旱、蝗等灾之重不亚于三十一年旱灾；永城，旱。

1946 年(民国 35 年)　柘城，伏旱；民权，春夏旱；虞城，秋旱，小秋基本绝收；夏邑，七八月旱，豆无粒，作物减产；永城，旱。

1947 年(民国 36 年)　夏邑，大旱，济阳葬埋人不见湿土；永城，旱。

1948 年(民国 37 年)　夏邑，夏旱，坑河尽干，大秋减产，秋播遇阻；柘城，自春至夏无雨，大秋枯焦，晚秋没种。

1949 年(民国 38 年)　民权，夏秋旱；虞城，春旱，小麦歉收八成，秋没种上；夏邑，二至七月旱，大秋旱死，减产。

第二节　水涝史料

1841 年(清道光二十一年)　睢州(睢县)河决祥符张家湾，波及州西南；夏邑，河决。

1843 年(清道光二十三年)　睢州(睢县)河决中牟入堡，波及州西南。

1847 年(清道光二十七年)　虞城，六月，黄河水发，南北弥漫，秋禾尽淹。

1848年(清道光二十八年) 柘城,淫雨伤禾,高下尽淹;民权,七月雨水过多,秋禾被淹,兰阳、考城大水。

1850年(清道光三十年) 商丘、祥符等八十四厅州,五月内各得雨一至五次,内有连朝滂沱多而且骤,七月上旬以来晴霁日多,低洼之区,间有积水,祥符、商丘、永城、宁陵、鹿邑、柘城等县禀报雨水过多,低洼地亩田禾被淹;夏邑,六月各旬连朝滂沱,多而且骤,低洼之处秋禾被淹。

1851年(清咸丰元年) 夏邑,六月淫雨;永城、夏邑、鄢陵等七县雨水过多,低洼之地被淹。

1855年(清咸丰五年) 宁陵,六月河决铜板口(铜瓦厢);民权,河决兰阳、仪封,铜瓦庙水复故道,考城灾。

1857年(清咸丰七年) 睢州(睢县)等三州县,诚因雨水较大,低洼田亩被淹;宁陵,雨水较大。

1858年(清咸丰八年) 宁陵,七月初十等日,大雨滂沱;睢州(睢县)七月初十等日大雨滂沱;四月缓征河南陈留、商丘、永城、虞城、夏邑、柘城、宁陵、睢州、考城等五十三州县被水村庄新旧额赋有差。

1859年(清咸丰九年) 夏邑,被淹。

1860年(清咸丰十年) 柘城、永城、鄢陵大雨,三至四月,永城蛟水暴发。

1864年(清同治三年) 河南,夏间雨泽延期,河南府州所属州县各被水淹,秋禾均形欠薄;豫东,十一月初旬至十二月初旬止,豫东一带连次大雪,入将盈尺;柘城,秋大雨伤禾;虞城,水旱不收。

1865年(清同治四年) 宁陵,大雨,洼地尽成泽国,民有饥色(同治四、五、六、七年连年大雨)。

1866年(清同治五年) 商丘、鄢陵、杞县、宁陵、永城、鹿邑、虞城、夏邑、柘城、睢县得雨过多,积潦淹稼;柘城,六月大雨,平地行舟;夏邑,五月初六大雨,城河溢口浸垛,六月淫雨兼旬,十日大雨如注,平地水三尺,禾稼尽没,民饥,入春道殣相望;永城,六七月大水(永城等四县被灾较重);宁陵,大雨,洼地尽成泽国,民有饥色。

1867年(清同治六年) 宁陵,大雨,洼地尽成泽国,民有饥色。

1868年(清同治七年) 睢县,睢州春大雨,平地水深三尺伤稼;宁陵,大雨,洼地尽成泽国,民有饥色;柘城,春雪伤麦,秋淫雨伤稼。

1873年(清同治十二年) 宁陵,阴雨连绵,水多积淹,大秋歉收。

1877年(清光绪三年) 夏邑,夏,淫雨百日,稼禾尽伤。

1879年(清光绪五年) 夏邑,秋水成灾。

1882年(清光绪八年) 归德(商丘)等六府大雨,支河涨溢,低洼处多有积水。

1883年(清光绪九年) 永城,淫雨自四月至八月,麦禾尽伤。

1887年(清光绪十三年) 夏邑,秋水。

1888年(清光绪十四年) 商丘、宁陵、永城、鹿邑、夏邑、睢州、柘城等三十三县低凹地有积水,黄河逼近城垣,村庄致被漫淹,民房间有倒坍,田禾亦有损伤。

1890年(清光绪十六年) 夏邑,五月二十一大雨,池水溢。

1893年(清光绪十九年) 商丘等,五六月淫雨数旬,秋收欠薄,有宁、商、于、夏、永、考、睢、柘等五十四个州县。

1894 年（清光绪二十年）　商丘等，六七月大雨，淹秋禾，收成欠薄，有宁、商、于、夏、永、睢、考、柘等五十三州县。

1897 年（清光绪二十三年）　永城，夏雨湮禾。

1898 年（清光绪二十四年）　宁陵，四月大雨，麦禾没，夏，濒大雨，岁饥，民有饿殍；夏邑，五月大水，淫雨百日，伤稼，岁饥；永城，夏淫雨百日，巴沟河久雨盛涨，不能容纳，浸溢出槽，禾苗尽伤，成灾五分，灾民五万余。

1899 年（清光绪二十五年）　柘城，大水淹麦、水中涝、夏季又降暴雨，豆冲跑。

1901 年（清光绪二十七年）　民权，六月河溃灌考城，水深八九尺，淹没八十余村，坏庐舍无数，溺死数十人，居民逃上大堤，饥饿号泣，终日不得一食。

1904 年（清光绪三十年）　夏邑，大水灾。

1905 年（清光绪三十一年）　夏邑，五月十六暴雨，平地水深三尺，禾死大部。

1906 年（清光绪三十二年）　查六月份其祥符等八十厅州县陆续禀报：其中归德府属之永城、夏邑、鹿邑等州县连日大雨，因河漫溢，低洼各村多被浸淹，间有坍塌房屋，伤毙人畜损害田禾；宁陵，夏秋大雨，田禾被没，民有饥色；夏邑，大雨水，自春至秋，沟河泛溢，凡十三次，岁饥；永城，夏秋以来，迭遭阴雨，境内各河同时漫溢，田禾被淹；民权，双塔秋涝。

1908 年（清光绪三十四年）　商丘，七八月复因淫雨连绵，洼地被淹，早晚秋禾收成欠薄；永城，大水；柘城，初夏涝，四月下雨致涝，小麦大部被水淹；夏邑，六月连阴雨，平地水深二尺至二尺半。

1909 年（清宣统元年）　夏邑，六月大雨伤稼。

1910 年（清宣统二年）　商丘、祥符等四十二厅州县本年秋禾因雨水过多，河流漫溢成灾。豫省本年春夏间雨雪较多，阴寒凝结，二麦未能畅发，收成薄欠。五六月间大雨兼旬，山水暴发，永城等县诸河同时并涨，渲减不及，漫溢出槽，附近村庄，多被淹浸，间有冲塌房屋，并伤人畜；宁陵，秋，大雨伤禾；夏邑，春大饥，秋淫雨，二年夏秋之交，淫雨为灾，民无粮食，自去冬徂夏道馑相望；永城、夏邑、西平等县禀报六月二十七、二十八及七月十五、十六等大雨如注，包浍、巴沟、毛响、洪河诸水先后漫溢出槽，附近田庐悉没淹浸，房屋间有倒塌。

1911 年（清宣统三年）　宁陵，春谷价奇贵，斗米千钱；夏邑，春大饥，人相食。

1912 年（民国元年）　虞城，秋涝，连阴数天，秋绝收，小麦推迟播种。

1913 年（民国 2 年）　夏邑，入秋后雨水连绵，河溢，歉收。

1914 年（民国 3 年）　夏邑，暴雨，平地水深四尺以上，作物绝收；商丘，秋涝；永城，八月初六起连番大雨断续至九月止，得雨深透，下旬又雨，四野洼地间有积水；宁陵，秋涝六月大雨，连阴一个多月，积水一尺多深。

1915 年（民国 4 年）　夏邑，被水；虞城，秋涝积水二三尺深，秋作物受灾减产；柘城，夏、秋涝，自麦收后，下大雨致涝，没打完的麦在场里生芽，大秋被淹。秋季连阴，致使积涝，麦播推迟。

1916 年（民国 5 年）　虞城，夏秋涝，秋作物减产八成。

1917 年（民国 6 年）　商丘七八月大雨连朝，河流泛溢，秋禾被淹，商、夏、兰等县，成灾七至九分。

1918 年（民国 7 年）　河南省四十二县大雨成灾（开封、杞县、虞城、淮阳等二十一县重灾）；商丘夏秋之交，大雨连朝，商、柘、虞等县，成灾甚重；民权，是年有八个多月阴雨连绵，八月十五又大雨致涝，平地水深三四尺，秋物基本绝收；夏邑，是岁连朝大雨，发水；睢县，五月发大水成灾，庄稼淹死。

1919 年（民国 8 年） 虞城，秋涝（道北）积水五尺余，秋物成灾，民房倒塌；夏邑，入夏以来连降大雨，河水漫溢受灾。

1920 年（民国 9 年） 柘城，春涝及秋涝，七八月连阴，房屋倒塌很多，一般地势庄稼绝收；民权，小秋绝收，大秋从水中捞出；虞城，秋涝积水二尺深，大小秋基本绝收；夏邑，六七月份水灾，作物减收，饥民无数。

1921 年（民国 10 年） 永城，从阴历七月连阴，雨降月余，平地行舟；宁陵，六月大雨成灾，积水尺余，小秋基本绝收；睢县，五月下大雨成灾，平地积水尺余深，庄稼大部被淹；柘城，大涝，十家有九家墙头倒塌；虞城，秋涝，积水二尺，秋作物基本绝收；商丘，夏秋涝；夏邑，六七月份水灾，作物减收，民到游。

1922 年（民国 11 年） 柘城，八到九月份，雨大而连阴，秋作物绝收；虞城，夏涝积水二尺，淹禾无收。

1923 年（民国 12 年） 宁陵，秋涝，平地积水至膝，晚秋受淹；商丘，伏秋涝，六月下大雨，平地积水一尺多深，芝麻、绿豆、红芋基本绝收；民权，伏秋大汛，凡有漫决之虞，秋收五成，麦播推迟。

1924 年（民国 13 年） 虞城，秋涝，积水三尺；宁陵，夏涝大雨，积水尺余，大堤被冲开，夏秋绝收；商丘、兰封、考城等二十八县，得雨深透，洼地间有积水；民权，六月下大雨，一直连阴到九月，平地积水一尺多深，小秋绝收；睢县，夏涝，榆厢一带积水尺余。

1925 年（民国 14 年） 睢县、泌阳等得雨深透，低洼积水；虞城，秋涝，积水二尺，秋禾绝收。

1926 年（民国 15 年） 睢县、沈丘、中牟三县秋禾被淹；宁陵，二次水灾，坑满河平，庄稼大部淹死；商丘，秋，大雨连绵，房屋倒塌，田禾淹没；柘城，淫雨为害，秋禾被淹；虞城，秋大雨连绵，秋禾被淹；夏邑，水灾奇重；永城，得水深透。

1927 年（民国 16 年） 虞城，大饥荒，夏涝秋涝；宁陵，春涝，四月十二下大雨，麦淹死，大水围村；夏邑，春连阴雨，平地积水，阻春播，损麦长；民权，六月初六下大雨，平地积水二尺深，秋作物基本绝收，大部分人外出逃荒要饭。

1928 年（民国 17 年） 柘城，八月中旬下雨连阴俩月多，红芋霉烂，绿豆绝收；虞城，秋涝，阻麦播；商丘，秋涝，下大雨平地积水二尺深，房屋倒塌，豆子全部水中捞；民权，夏涝，大雨连降几日，谷子淹死，高粱不长籽，秋庄稼歉收。

1929 年（民国 18 年） 柘城，麦后六七月份连阴天，大秋减产六成，小秋绝收。

1930 年（民国 19 年） 宁陵，六月份大雨滂沱，三个月连绵不断，平地积水尺余，秋季几乎绝收，小麦种上少半；柘城，七月下旬淫雨为灾，连日不止，平地水深数尺，秋禾尽没，庐舍多倒塌；夏邑，六七月间大雨倾盆，田园尽成泽国，秋禾大半淹没；虞城，淫雨成灾，县东北乡数十里遍成泽国，庐舍漂荡，田禾淹没，秋收毫无，麦亦难种；商丘，六月后阴雨连绵三个月之久，又成大涝，小麦只播种两成，县城南关、东关房舍倒塌一空；睢县，秋涝，大雨致涝，高粱、谷子受灾；民权，大雨致涝，平地积水二三尺，庄稼淹死六成左右。

1931 年（民国 20 年） 睢县，入夏，淫雨连绵数十日未息，平地水深三四尺不等；宁陵，连日暴雨，境内河流淤塞，加之地势低洼，无从宣泄，平地水深三四尺。六月二十大雨，平地积水二尺多深，全县受灾计六十余万亩；商丘，入夏淫雨兼旬大水为灾，城内水深三四尺、七八尺不等；柘城，自七月淫雨兼旬，洼地尽成泽国，又七月底至八月上旬，大雨倾盆，昼夜不息，积水深，全县有八成土地被淹；虞城，地势低洼，水灾连年，七八月间淫雨逾旬，平地水深数尺；夏邑，七月以后，连降大雨，平地水深丈余，或五六尺不等，往来行舟。被灾村庄 1590 个，方圆 2220 里，3.5 万户，人口 21.42 万人，淹死 780 人，被淹土地 75.4 万亩，冲毁土地 1.07 万亩，淹死牲口 1983 头，坏房 5.38 万间，粮食财产损失 37.60 万元；永城，七、八两月，淫雨连绵，河流涨溢，二麦受害十之四、五，早晚秋禾尽被淹没；民权，入夏以来阴雨连绵，时大时小十余日尚未暗霁，平原禾稼三分之一，洼地水深三尺有余，秋禾既已失收，二麦势难播种。

1932 年(民国 21 年)　睢县，秋涝，大雨和外来水，平地行舟，秋庄稼基本绝收；宁陵，七月二十二风雨大作，历数小时之久，田禾摧折房屋倒塌；民权，秋涝，高粱、花生等作物几乎绝收。

1933 年(民国 22 年)　虞城，沿黄河受水灾县有虞城、封丘等县夏涝积水三尺有余；宁陵，夏涝，麦后连阴月余，平地积水尺余，夏秋作物部分被淹；商丘，七八月黄河上游各省大雨连朝，黄河大汛，沿黄河被水县份有考城、兰封、民权、商丘等二十多县；夏邑，六月连降大雨，水淹成灾；民权，六月，下大雨致涝，平地积水二尺余深，秋庄稼几乎绝收，大水致北关、南关外可行船；永城、鹿邑、宁陵、夏邑六月连日大雨，水淹成灾。

1934 年(民国 23 年)　睢县，秋涝，平地积水二三尺深(睢县北部)；虞城，秋涝积水二尺深，秋物大部绝收；宁陵，夏涝，秋作物绝收，群众吃树皮草根；商丘，秋大水，八月二十二一场大雨致涝，平地积水一二尺，刚种上的小麦被淹没，红芋、萝卜水淹霉烂；夏邑，秋，黄河水涨，泛滥成灾，县城被淹；民权，大水。

1935 年(民国 24 年)　民权，夏涝，麦后大雨致涝，秋作物大部分减产；虞城、陈留等县水灾，秋涝，积水二尺余深；宁陵，夏涝，五月二十大雨，平地积水尺余，村里能行船，庄稼被淹；商丘，秋大水，作物严重减产；夏邑，夏，平地积水二三尺。

1936 年(民国 25 年)　夏邑，六月平地水深一尺半。

1937 年(民国 26 年)　民权，一场大雨一片汪洋，淹禾苗，夏涝，大暴雨，夏秋作物减产三成，地里捉鱼；睢县，大水，秋涝，维持一个月积水不退，平地积水二尺深，秋作物几乎绝收；虞城，秋涝，积水三尺余深，秋物绝收；宁陵，大雨，秋涝，平地积水尺余；商丘，秋涝，连阴雨，平地积水半尺，小麦无法播种，部分房屋倒塌；夏邑，暴雨。

1938 年(民国 27 年)　商丘，六月大雨成灾；民权，秋涝，豆子、绿豆等秋作物严重减产，平地积水半尺多深；睢县，初夏涝，连阴雨成灾，小麦生芽、发霉；虞城，秋涝，积水三尺深，秋禾绝收；夏邑，麦间暴雨。

1939 年(民国 28 年)　柘城，春涝，自四月开始下大雨，一直连阴到收麦，水中涝麦；民权，秋涝，平地积水三尺余深，秋庄稼几乎绝收。

1940 年(民国 29 年)　宁陵、夏邑、睢县、民权、柘城等县水灾。宁陵，夏涝，麦后一次暴雨，平地积水近三尺，洼地庄稼被淹；夏邑，秋涝，平地一尺多深，秋作物减产，被淹人数总计 15.41 万人，死亡人数 9081 人，被淹耕地 467.06 万亩，值价 4670.58 万元，冲毁房屋 38.47 万间，值价 3847.34 万元。

1941 年(民国 30 年)　永城，从五月二十至七月十三降大雨十三场，平地积水二尺深；柘城、宁陵，初夏涝，外来水，大水维持四个月余，庄稼几乎绝收，房屋倒塌五成，因积水小麦播种

期推迟；虞城，六月底的一天下午，一场暴雨，平地积水二三尺深(杨集乡一带)；夏邑，六月十五暴雨成灾，作物减收。

1942 年(民国 31 年)　民权，秋涝，花生、高粱、豆子等秋作物遭到严重减产。

1943 年(民国 32 年)　柘城，七月初七早上一场大雨，历时二小时左右积水成灾(柘城东北部)；虞城，秋河溢，受灾三万多亩(王集一带)；夏邑，黄河决口。

1944 年(民国 33 年)　夏邑，九月底十月初暴雨，作物减收。

1945 年(民国 34 年)　虞城，秋涝，平地积水腰深，一个秫秸垛从西边飘过去，小秋绝收(虞城东北)；夏邑，秋涝，平地积水一尺多，作物减产，小麦晚播。

1946 年(民国 35 年)　宁陵，二至五月阴雨连绵，春涝，小麦只收三成；夏邑，七月二十和八月初两场暴雨，平地积水二尺多深，晚秋减产八成；商丘，春涝连阴雨；永城，豫省东南一带，归、汝、陈等府鄢陵等二十六州县，六七月间，雨水过多间有洼下地、秋水被淹成灾，归德府属之永城、鹿邑及陈州府属之淮宁、太康等水较重。

1947 年(民国 36 年)　永城，从五月二十三至七月初二降水成灾；商丘，秋涝，八月开始，连阴雨持续四十二天，大豆、红芋收时从水中涝，刚种上的小麦受水淹；民权，秋涝，连阴二十余天，平地积水一尺余深，豆子等作物减产六成；睢县，夏季连阴雨二十一天，平地积水近尺，小麦生芽，歉收；虞城，秋涝，积水三尺余深，禾绝收；宁陵，秋涝，连阴半月余，大秋作物生芽；夏邑，八月十三大雨，平地积水二尺多深，麦秋绝收，民众外出逃荒。

1948 年(民国 37 年)　永城，八月至九月初，降水平地行舟；民权，八月初大雨，大暴雨和连阴雨造成涝灾，秋庄稼一半淹死，红芋泡在地里发臭；虞城，秋涝积水二尺深，秋禾收成微薄，逃荒；夏邑，七月十五至八月十五连降大雨，作物绝收；商丘，秋涝。

1949 年(民国 38 年)　柘城，八月份秋涝，连阴月余，豆子全部霉烂，红芋减产八成；睢县，秋涝，连阴雨致涝，晚秋受淹，大豆发芽霉烂；虞城，秋涝，阴雨连绵，淹秋禾 100 余万亩，麦播晚；夏邑，连阴雨，秋作物减收。全区受灾面积 85.93 万亩，其中虞城 4.93 万亩，商丘县 21 万亩，睢县 12 万亩，夏邑 30 万亩，柘城 18 万亩。

第三节　大风史料

1862 年(清同治元年)　夏邑，二月二十七大风，日昼昏。

1866 年(清同治五年)　夏邑，五月劲风突起，飞沙走石，拔木毁室。

1874 年(清同治十三年)　虞城，四月初九大风昼晦；永城，五月大风刮屋。

1877 年(清光绪三年)　睢县，三月二十八大风自西北起昼晦。

1878 年(清光绪四年)　夏邑，三月二十一黄风，日昼晦。

1879 年(清光绪五年)　睢县，三月十七大风雷雪，田禾木坏，是夜寒甚，雪深七寸。

1880 年(清光绪六年)　宁陵，十一月二十二夜大风；睢县，九月二十一大风自西北起昼晦。

1884 年(清光绪十年)　睢县，五月初七大风自北起，黄沙蔽日走石，昼晦。

1889 年(清光绪十五年)　永城，六月大风。

1898 年(清光绪二十四年)　商丘，春西北大红风，树枝折断很多，揭房顶者甚多。

1899 年(清光绪二十五年)　民权，春大风，刮红风，昼晦。

1900 年（清光绪二十六年）　民权，二月初八大风昼晦；宁陵，六月初十大风。

1901 年（清光绪二十七年）　宁陵，六月十二大风拔树；夏邑，三月二县城暴风，黄、黑、赤三色互变，终日如晦；永城，正月十九黑风雨雪。

1903 年（清光绪二十九年）　民权，二月初九，红风昼冥；睢县，五月帝丘出院大风，房屋刮坏八十余间，大树刮倒百余棵。

1906 年（清光绪三十二年）　民权，七月西北方红风大作，大曹有十九间房被揭，四棵大树被刮断。

1908 年（清光绪三十四年）　民权，四月西北方来大风，柳树连根拔起，冯庄落沙一丈多高；宁陵，春刮大红风，高粱苗刮死，小麦叶枯焦。

1910 年（清宣统二年）　商丘，三月二十，西北大风，四天四夜才停，县西北曹楼，草房被刮几百间。

1911 年（清宣统三年）　永城，六月大风，风向西南，薛湖的高粱被刮倒，草房顶被揭 80%。

1912 年（民国元年）　柘城，春季：岗卫、城关大风从西而来，拔树毁屋，危害田禾；商丘，春，一次西北大黑风，对面看不见人，树被刮倒，树枝刮断甚多；虞城，三月，西北大风，从焦和刮到文集长四十五里，刮走一人，民房毁八成。

1913 年（民国 2 年）　民权，三月底四月初刮大风，先黑后红，西北方来，史庄王文亭正在放牲口，连人带牲口刮到睢州坝，四五天才回来；宁陵，六月二十龙卷风，合抱粗大树很多棵被拔掉，往四面倒；商丘，六月十五西北大风，自午后到半夜，李庄曹楼四棵直径 1 尺半的大杨树被刮倒；柘城，三月刮黑风，先黑后红，对面不见人，拔掉树木（岗王）。春季，一股旋风，钻进屋内把三间房顶吹跑一里多路远（岗王）；虞城，四月，先刮黑风后刮红风，天昏地暗，刮毁房屋、树木。

1914 年（民国 3 年）　民权，三月刮大风，有一人在沙河边背风，被风沙所埋致死。

1915 年（民国 4 年）　虞城，初夏，大旋风，一场麦被刮上天，牛和石磙旋起，磙烂牛死；夏邑，县城关大风，从西北来，色由黄变黑，飞沙走石，天昏地暗，民房倒毁数十间，树木损坏无数。

1916 年（民国 5 年）　商丘，春一次大风，部分草房刮坏。

1917 年（民国 6 年）　民权，八月底一次大风，丁庄村西半截房屋全部刮跑、树木刮跑很多，有一人在地里看瓜，连人带庵刮一里多远。虞城，十月刮大黑风，天昏地暗，刮倒房屋树木；夏邑，二月风灾。

1918 年（民国 7 年）　民权，夏，西北方向来大风，西行到杨庄树倒一半，有一杏树一搂多粗，连根拔起；睢县，大风，刮倒房子数十间，大树刮断；宁陵，春大风，草房掀盖很多。夏大风，一搂粗杨树连根拔起；柘城，起台有一次大风。大作四月初一次西北大风，许多大树被刮倒；商丘，四月，李口有一次大风，有两棵大树被刮倒，大秋苗大部刮歪，麦倒伏。秋坞墙一次大风；虞城，五月初，从西北方向起大风，天昏地暗，时间短；夏邑，春季西北李集刮红风，刮风前天空呈红色，毁树、房，人有丢失。

1919 年（民国 8 年）　睢县，初夏，苏营刮大风，黄风，民房被刮数间；宁陵，春季西北大风，先黄后红，最后变黑，对脸不见东西，全部房子被揭，大树被刮倒；商丘，四月初二，下午一次西北大黑风，天昏地暗，房屋树木刮坏无数。七月二十一次东南大风，大树刮倒甚多，庄稼似磙碾；夏邑，三月初八下午，县西北济阳刮西北大风，毁棉花、高粱、树木、房屋。是年三月县城风灾。

1920 年(民国 9 年)　柘城,麦收时城关刮大黑风,小麦减产五成以上。夏,大仵刮大风,一棵两搂粗大杨树被刮倒。七月,起台一次大风,大树刮倒甚多;商丘,二月初九,谢堂集一次西北大风,十把粗的树被刮倒,一半以上的房子上盖被掀,小陈庄有一小孩刮丢;一次,春,大风,揭房 60%,毁树 40%;宁陵,秋季东北大风,三天三夜,大树多被刮倒,谷子减产八成。

1921 年(民国 10 年)　宁陵,春,一次西北大黄风,昼晦。八月十五,东北大风,树被刮倒;商丘,二月十七上午,西北大黄风,坞墙房屋树木遭灾严重。三月二十四,道口彭园村西北大风,有两棵大杨树被刮倒,两间草房上盖被掀;一次,初夏,西北大风,先红后黑,天昏地暗,毁房屋、树木一半以上;夏邑,收麦时县西北李集大风,高粱刮倒。

1922 年(民国 11 年)　民权,春大红风,毁草房、树木;宁陵,六月东北大风,草房大部被揭,大树刮倒(三把粗梨树连根拔掉);虞城,西北大风,树木刮倒很多。

1923 年(民国 12 年)　宁陵,春,一次西北大红风,草房顶被掀,树木有刮断者;商丘,春,一次黄风,刮得对面不见人,树枝刮断,房屋有的被刮塌。夏秋之交大风,马辛庄有好几个人被砸死。

1924 年(民国 13 年)　睢县,西北大风,树折断,庄稼部分受损;商丘,道口之宋庄一次龙卷风,把沟里水吸上天空;一次,二月十七,三庄集戏台刮倒,人伏沟里被土埋;永城,二月十五侯岭柏山大风,一个看戏的小孩,被刮到五六里外朱安楼村。

1925 年(民国 14 年)　民权,春季大风,西北方刮来的黑风,房屋刮倒很多;睢县,四月,帝丘刮大红风;商丘,夏,一次大黑风,坞墙草房大部被刮毁,树木有的刮倒、断枝,一个老太太被刮四五里远。

1926 年(民国 15 年)　民权,四月大北风,高粱、谷子倒伏,房子被掀,昏天黑地,白天屋内点灯;宁陵,七月东北大风,大树被刮倒;商丘,春,一次西北大风,李口一大杨树被刮倒,草房亦有刮坏;夏邑,秋季,县西北刘堤圈大风,从西北方向来,色先黄后黑,天气闷热,刮得天昏地暗。

1927 年(民国 16 年)　商丘,六月一次西北大黄风,一人被刮半里地远,一大杨树被刮倒,七月一次大风,树木房屋刮坏很多。

1928 年(民国 17 年)　柘城,六月,起台一次大风,树木刮倒很多;商丘,夏秋之交刮大风,张阁马辛庄的草房全部刮坏;一次,夏季,闻集刮大风;夏邑,春季,县西刘堤圈一带大风,从下午起一直刮到半夜,石磙被刮转,民房被破坏极大;永城,六月从包河北岸至杨庄、王韦坑大风,刮倒盆粗大椿树,锅盆被刮走一里多远。

1929 年(民国 18 年)　民权,收麦时自西北方来大红风,王庄一家药店被刮着火,房子被掀掉盖,对面不见人。

1930 年(民国 19 年)　民权,春季刮大风,来势很猛,天昏地暗,毁房很多;虞城,五月十一大风;夏邑,春季县北卫集大风,部分民房树木受损。

1931 年(民国 20 年)　永城,六月西北大风,薛湖的大树被刮倒,草房顶被掀 60%。

1932 年(民国 21 年)　民权,三月从西北来的大黄风,毁高粱苗,小麦减产八成;宁陵,七月二十二大风雨吹倒房屋,田禾刮断;商丘,夏,刮黑风;虞城,初夏刮黑风,小麦大部倒伏,房子树木倒毁;永城,酂城李沛庄东房子刮倒十余间,树拔去百余棵。

1933 年(民国 22 年)　民权,春大风,大部草房毁;宁陵,麦收后,一次西北大黄风,毁房屋树木;柘城,春,慈圣一次大风,棉苗刮干;夏邑,麦后,县西北刘堤圈一带大风,晒的麦子全部刮跑,四五把粗的大树连根拔起,刮倒高粱。

1934 年(民国 23 年)　民权，五月底刮黑风，从西北方向来，刮毁很多树木房屋；夏邑，收高粱时，刘堤圈一带群众看到东北方向有龙卷，未接地。

1935 年(民国 24 年)　宁陵，黑红风，草房顶被掀走；虞城，七月十五刮黑风，持续五个小时，树木倒，草房刮塌；永城，高庄葛店出现一次龙卷，未接地；夏邑，麦后，刘堤圈一带刮大风，韩楼一棵四把粗的桑树被刮断，薛庄一搂粗的柿树被刮断，有些水桶粗的树连根拔起，毁小树不计其数，民房刮毁 60%～70%。

1936 年(民国 25 年)　宁陵，二月二十六西北大风，草房全部被掀翻，大树被刮倒；商丘，五月，道口乡黄楼、彭园、陈庄的草房树木大多数被大风刮坏；夏邑，六七月间，县东孔庄一带，从杨楼到蒋胡同刮西北大风，六把粗的树被刮断，民房大部被刮毁。

1937 年(民国 26 年)　民权，秋末，九月刮大风、红风；睢县，三月初三大风沙，大远不见人；商丘，麦收时出现西北大黄风，黄楼附近麦车被刮翻，树木刮倒无数。

1938 年(民国 27 年)　民权，春季，黑风，对面不见人，树被刮断很多，麦被刮倒；柘城，岗王，麦季大风，把刚收下的一场麦刮走完；商丘，六月一次大风，房子、树木刮毁甚多；虞城，四月西北大风，黑风，一个人从黄冢刮到亳县；永城，五月底大风，薛湖大树被刮倒，六月大风，新桥西南五里黄庄的高粱全被刮倒，麦垛迎风面刮得像屋脊。

1939 年(民国 28 年)　民权，春季大风；虞城，五月下雹时伴有大风；永城，酂阳大风。

1940 年(民国 29 年)　虞城，六月，大风过朱楼，民房倒 10%，树刮断 50%；柘城，六月大仵刮西北大风，几搂粗的大树被刮倒。

1941 年(民国 30 年)　虞城，麦收时大风，天昏地暗，时间短，损失小；夏邑，五月县西南济阳刮大风，当时飞沙走石，天昏地暗，部分房顶被刮掉，大树被刮倒。一人正在犁地，拖车被刮走。

1942 年(民国 31 年)　宁陵，夏季大风，一搂粗大树被刮倒；夏邑，五月县东南张集郑楼一带刮西北大风，20%的大树被刮倒，大树直径近三尺。同年打麦时，县西北李集突起大风，麦子被刮跑，一石碑被风刮倒，砸死一人；柘城，三月十八，起台刮大风，历时顿饭时，有一个卖甘蔗的车子被刮跑数十步。

1943 年(民国 32 年)　睢县，夏季刘阁刮大风，树木倒甚多；虞城，六月一天午后起大风，伴有暴雨，高粱大部倒，减产五成；柘城，麦收后，张桥赵村东，西北大风，数十间房屋刮倒。

1944 年(民国 33 年)　民权，春季一次黑风，刮倒很多房子；宁陵，初夏，一次西北大风把当地十三层铁塔刮倒。

1945 年(民国 34 年)　宁陵，大风，碗口粗大树拔起；夏邑，麦后，县西北刘堤圈一带刮大风，高粱大部被刮断，后又复发，减产 50%。六月，县南业庙、卫油房刮黑风，当时昏暗如夜，民房刮坏 80%，树木刮断不计其数。

1946 年(民国 35 年)　宁陵，麦收后，西北大风，麦垛被刮；虞城，四月，贾寨一次大风，树刮倒很多；夏邑，七八月间，县东孔庄一带群众发现西北方向有龙卷，未接地。

1947 年(民国 36 年)　商丘，麦收时西北大风，道口集土楼有麦车被刮翻，树亦有被刮倒；虞城，麦后大风，罗庄一户六间房子全部刮走；永城，四月薛湖大风，聂奶奶庙房顶被刮走，不知下落。

1948 年(民国 37 年)　夏邑，麦后县西北卫集一带刮大风，高粱刮干，谷子连根拔起，部分房顶摘掉。

1949 年（民国 38 年）　柘城，麦前，岗王一带刮西南大风，程六村一片大树被刮倒，又转向东南，房子刮倒很多。

第四节　冰雹史料

1841 年（清道光二十一年）　柘城，三月二十七雨雹，惠济河打死水鸟无数。

1845 年（清道光二十五年）　柘城，五月初二雨雹，损麦十分之三。

1851 年（清咸丰元年）　睢县、永城等，十一月，是月暂缓河南省永城、睢州等十四州县水（水涝）、雹灾新旧额赋。

1854 年（清咸丰四年）　宁陵，四月雷电大雨雹。

1857 年（清咸丰七年）　虞城，五月初十、十一，冰雹伤禾；永城，四月大雨雹，大雨。

1863 年（清同治二年）　柘城，五月初九雨冰雹；永城，五月初九雨雹。

1866 年（清同治五年）　夏邑，四月雹损麦；永城，四月十八雨雹，大如鸡卵，积平地半尺，麦尽损。

1874 年（清同治十三年）　虞城，四月初九冰雹，大者如拳，平地积半尺余，二麦将熟，一旦荡然无存。

1877 年（清光绪三年）　睢县，周堂苏营村冰雹大如鸡蛋。

1878 年（清光绪四年）　睢县，三月十八大风西北起，迅雹寸余。

1887 年（清光绪十三年）　夏邑，四月朔雨雹。

1896 年（清光绪二十二年）　民权，六月下冰雹，大者如拳，小者如枣，高粱砸断完，中岗村砸死一人。

1913 年（民国 2 年）　民权，麦收时降雹，大者如核桃，小者如豆，小麦秋禾受伤甚；睢县，五月初，长岗蒋河两岸一带，降雹大如拳头，积雹半尺深，麦减产；虞城，四月黄冢、闻集一带降雹，大如鸡蛋，房瓦碎，麦（麦收）、秋（秋作物）几乎毁尽。

1918 年（民国 7 年）　民权，六月降雹，大者如鸡蛋，秋作物大部被伤；宁陵，初夏降雹，大者如鸡蛋，王于庄一人头被砸破、庄稼叶被打烂；柘城，岗王一带，五月初降雹大如拳，树木晚麦受损。五月底城郊附近雹大如黄豆；虞城，麦收时三庄一带发生冰雹，大如拳；永城，高庄、葛店下雹，打坏庄稼。

1920 年（民国 9 年）　虞城，四月底，沙集一带雨雹，小麦被打毁。

1921 年（民国 10 年）　永城，三月落雹，中心在安徽境内，芒山扫个边，当年城郊也落雹；民权，四月降雹，大如枣而密，小麦穗打掉，减产 8%；柘城，六月，雹大如鸡蛋，树木庄稼打坏，秋减产 50%；夏邑，麦收前刘堤圈一带降雹如杏，伤麦毁高粱 40%。

1922 年（民国 11 年）　柘城，三月底雹如枣；永城，四月十二在呼庄一带发生严重雹灾，从呼庄东头到铁佛寺西头宽 14～15 公里，雹大如拳头，大小不一，麦如碌碾。

1923 年（民国 12 年）　民权，四月大风夹雹，平地积雹数指，棉花、高粱、谷子打成光杆；宁陵，三月冰雹，高粱、棉花叶被打烂；永城，侯岭落雹。

1924 年（民国 13 年）　永城，二月新桥落雹，厚二指。

1925 年（民国 14 年）　商丘，道口、黄楼六月十三降雹大如鸡蛋，小如豆，积雹三指深，棉叶打光。

1926年(民国15年)　商丘,四月下雹;虞城,四月十五,闻集一带降雹,积雹半尺深,三天化完,小麦毁尽,一人被砸死;夏邑,被雹成灾。

1927年(民国16年)　虞城,三月沙集降雹,地面积雹一寸多深,小麦被打坏;夏邑,二月十五王武庙一带降雹,直径1～3厘米,毁棉花。七月孔庄降雹,大如鸡蛋,毁高粱。

1928年(民国17年)　睢县,六月孙砦一带降雹,鸟类打死无数,庄稼几乎打光;宁陵,夏降雹,大如拳;商丘,张阁六月下雹,平地积雹四五指深,庄稼受伤;夏邑,三月业庙降雹,大如拳头,由西北而来,从蔡庙到渔集长三十里、宽六里,吸袋烟功夫平地积雹半尺,麦如碾,毁房屋,砸死鸟;永城,六月新桥落雹,打坏高粱。麦口时,高庄葛店降雹,大如鸡蛋,积雹半尺深。

1929年(民国18年)　民权,六月下冰雹,一般如枣大,红芋、豆子受损。自西北向东南,宽二里;虞城,杨集、三庄、芒种一带雹灾,一人被砸死;夏邑,城关降雹,大如鸡蛋,夏秋减产30%。

1930年(民国19年)　宁陵,七月降雹,大如枣,秋作物受损;虞城,五月十一下午三庄一带降雹,大如鸡蛋,积雹深达半尺,庄稼被砸死,树叶砸光,迎风面树皮打掉。西北至东南走向,长十五里;永城,侯岭落雹。

1931年(民国20年)　睢县,夏孙寨一带降雹;虞城,麦后,三庄一带降雹。

1932年(民国21年)　睢县,夏,河堤降雹约10分钟,雹自西北向东南走向,大如核桃;柘城,城郊六月降雹,大秋受损;商丘,观堂,三月初二降雹,小麦受伤;虞城,麦后,杨集一带降雹约20分钟,有雹无雨,大如鸡蛋;夏邑,风雹灾。

1933年(民国22年)　永城,二月下旬马桥落雹,同年城郊也落雹;宁陵,四月初八午后降雹,大如鸡蛋,积雹一尺多深;柘城,六月降雹大如拳,秋庄稼受害严重(岗王、张桥一带);虞城,六月杨集降雹,毁秋;夏邑,韩庄降雹毁麦。同年六月以郭庄张楼为中心降雹,方圆十八里,大如鸡蛋,半小时覆盖地面20%,打死一人,秋作减产40%。

1934年(民国23年)　宁陵,六月降雹,秋作物减产30%;商丘,雹。

1935年(民国24年)　柘城,大仵、起台四月、五月两次降雹,损麦;夏邑,七月一天傍晚,以张集、郑楼为中心降雹,宽三里、长十里,东北至西南走向,大如鸡蛋,覆盖地面,路经之地作物一扫而光,鸟死数只;永城,六月芒山落雹,大如杏核,覆盖地面10%,以王山村为中心,东北向西南,庄稼打成光杆。

1936年(民国25年)　民权,八月初三降雹;宁陵,四月十三降雹,在刘窑、赵村之间,宽七八里,大如鸡蛋,积雹半尺深,小麦大秋毁尽;夏邑,三月初三孔庄降雹,毁麦,三月二十五县城降雹三寸深,几天未化完。五月上旬业庙降雹,直径5厘米,西北至东南走向,10分钟左右,麦如碾,高粱断,作物减产。麦收后,城降雹,西北至东南走向,高粱、谷子如碾,秋作物减产40%;永城,五月马桥、张桥、酂城一带落雹,大如馒头、鸡蛋,小麦打倒,高粱、棉花几乎全部打成光杆。四月中旬薛湖一带落雹,大如杏子,地面有积雹,小麦减产50%,麦后裴桥降雹,大如馒头,一人被砸死。

1937年(民国26年)　宁陵,四月初,徐楼降雹大如杏,持续约半小时,平地积雹半尺,小麦受害减产四成;柘城,远襄麦后降雹;商丘,六月二十西北风带雹,秋作物受损;虞城,五月收麦时,黄冢、营庄一带降雹,西北至东南走向,大如鸡蛋,麦减产20%,秋受损;永城,四月茴村下雹。

1938年(民国27年)　民权,三月初三降雹;宁陵,降雹,灾区作物毁;虞城,沙集、杨集、三庄一带发生雹灾，秋作物受损；夏邑，麦收时，卫集降雹，麦籽打落，毁高粱，野兔死数只；永城，六月张桥、黄庄户落雹。

1939 年（民国 28 年） 虞城，五月利民降雹，禾稼毁尽，一头驴被砸死，平地积雹一尺深，伴大风，倒民房 80%；永城，酂阳落雹。

1940 年（民国 29 年） 睢县，麦收时河堤、丁庄一带雹，麦损较重；柘城，慈圣雹打瓜，大如核桃；虞城，六月黄冢、城郊一带降雹，庄稼打毁 50%；夏邑，五月刘堤圈降雹，大者如鸭蛋，毁瓜、高粱、棉花、树木。麦收间，业庙八里庄到刘庄降雹 10 多分钟，覆盖地面 80%，高粱断，鸟死；永城，收麦时马桥落雹，打坏晚麦，高粱、棉花同时受害。

1941 年（民国 30 年） 商丘，被雹；夏邑，卫集降雹；永城，六月芒山落雹，雹打玉山，东北西南向，宽五里、长十五里，大如鸡蛋，庄稼绝收。

1942 年（民国 31 年） 睢县，孙寨发生轻雹灾；虞城，六月贾寨降雹，伤禾；商丘，六月初一闫集郭庄降雹，宽二里，庄稼毁尽。

1943 年（民国 32 年） 柘城，六月岗王降雹大如碗口、馒头，树木、庄稼大量打毁；商丘，六月降雹，大的有二三斤重，小者如枣，平地积雹四指，张阁一人被砸死；夏邑，五月业庙王油房降雹，大小如鸡蛋，砸死一人；永城，酂城的五里村，初夏落雹，大如鸡蛋。

1944 年（民国 33 年） 商丘，六月十一上午，坞墙一带降雹，大如鸡蛋，一般如杏，雹灾范围宽五里、长十里，断高粱、棉花、芝麻，砸死野兔小鸟；虞城，收麦时，杨集一带降雹，麦受损。

1945 年（民国 34 年） 虞城，收麦时三庄一带降雹；永城，四月下旬，薛湖降雹，第二天，在水中捞出约 15 毫米的雹。五月初马桥降雹，麦被打坏。

1946 年（民国 35 年） 宁陵，春季降雹；商丘，夏降雹；虞城，四月芒种桥一带降雹，吸一袋烟功夫大如鸡蛋，西北至东南走向；永城，酂城下雹。

1947 年（民国 36 年） 民权，七月降雹，毁高粱；夏邑，王集麦后降雹，高粱被打光。八月十五孔庄降雹大如杏。永城，四月十二，酂城落雹，大如拳头。

第五节　干热风史料

1912 年（民国元年） 柘城，小麦已亮秆，几场风，一场雨，小麦受害，粒如辣椒籽，减产严重。

1915 年（民国 4 年） 柘城，出现一次干热风，小麦大减产。

1925 年（民国 14 年） 永城，侯岭出现一次干热风，小麦受灾严重，有颗无籽，一车只打两升。

1927 年（民国 16 年） 柘城，出现一次干热风，小麦受轻害。

1928 年（民国 17 年） 虞城，干热风严重。

1932 年（民国 21 年） 睢县，干热风造成小麦大块死亡；永城，薛湖四月下旬刮两天西南风，小麦减产 70%，新桥六月连刮 18 天西南风，豆子刮死，人得瘟疫死其过半，刘营 400 多人死去 200 多人。马桥六月连刮 25 天西南风，有 18 天较大的，秋作物受害严重，瘟疫流行，人死很多，有的家人死绝。

1935 年（民国 24 年） 夏邑，收麦前刮 18 天西南风，大部分麦子被刮死，基本绝收。

1936 年（民国 25 年） 商丘，出现干热风，小麦减产 40%。

1937 年（民国 26 年）　民权，出现干热风，很多小麦被刮死，造成减产四成；商丘，刮干热风，小麦绝大多数被刮死，减产 90%。

1939 年（民国 28 年）　民权，春季出现干热风，把麦刮死，造成减产 90%。

1941 年（民国 30 年）　虞城，干热风严重，小麦都是秕子，减产 50%～60%。

1946 年（民国 35 年）　民权，出现干热风小麦刮死，五亩麦只收 1～2 升；虞城，入春以来，天气失常，风霜为害，二麦（大麦、小麦）多半枯死；永城，芒山郑楼刮了一天一夜西南风，小麦减产三分之二。

1947 年（民国 36 年）　永城，侯岭出现一次干热风。

第六节　霜冻史料

1907 年（清光绪三十三年）　民权，三月十一，晚霜，小麦损伤较重，减产四成。

1908 年（清光绪三十四年）　睢县，八月，早霜伤晚禾；虞城，秋，早霜打绿豆，有的基本绝收。

1918 年（民国 7 年）　宁陵，九月初一，霜打红芋、棉花等减产严重；虞城，八月，霜打绿豆等。

1920 年（民国 9 年）　民权，三月，小麦抽穗时霜，减产 60%。

1922 年（民国 11 年）　虞城，八月上旬，早霜，豆子、棉花受灾比较严重。

1924 年（民国 13 年）　民权，早霜，红芋、绿豆、花生全部打死。

1927 年（民国 16 年）　民权，八月十二，霜打绿豆、芝麻，减产三成；睢县，八月十二早霜伤禾；宁陵，八月十三霜，晚秋作物减产七至八成；柘城，八月十二早霜，晚秋被害；商丘，八月十二出现早霜冻，大豆、绿豆、荞麦、红芋等晚秋作物受灾严重；虞城，三月十五霜打麦，八月十二霜，晚秋全打死，其他作物亦受灾害；夏邑，八月十二霜打绿豆，其他秋作物受害严重；永城，八月二十四下霜，绿豆等秋作物均受危害。

1928 年（民国 17 年）　虞城，八月霜打棉花；永城，二月底三月初霜冻，麻、高粱、春红芋冻死，麦稍受影响。

1929 年（民国 18 年）　柘城，八月早霜，荞麦被害。

1930 年（民国 19 年）　民权，三月中旬霜打麦，减产五成。

1934 年（民国 23 年）　永城，七月霜，绿豆刚青角，芝麻刚开半截花，全被打死；柘城，八月早霜，晚秋绝收。

1938 年（民国 27 年）　永城，八月十五霜，绿豆全被打死，其他作物严重受灾。

1939 年（民国 28 年）　虞城，三月霜打麦，麦叶全干，后又发芽，歉收严重。

1940 年（民国 29 年）　民权，三月霜打油菜、小麦，减产三成；宁陵，四月初晚霜打坏小麦；商丘，二月中旬霜打麦。

1941 年（民国 30 年）　虞城，二月中旬霜，麦死过半，后又发芽，减产五成。

1942 年（民国 31 年）　民权，八月十二霜，秋作物减产七成。

1943 年（民国 32 年）　虞城，三月中旬一场苦霜，麦减产八至九成。

1944 年（民国 33 年）　睢县，晚霜伤麦甚重。

1946 年（民国 35 年）　民权，三月霜打小麦，后又发芽，减产七成；虞城，入春以来，风霜为害，二麦（小麦、大麦）多半枯死。

1947 年（民国 36 年） 睢县，晚霜伤麦甚重；商丘，三月二十晚霜，小麦受灾甚重，有的死后复发。

1948 年（民国 37 年） 虞城，春晚霜杀麦，后又发芽，减产七至八成。

第七节 雷击史料

1894 年（清光绪二十年） 永城，六月十七，崇德寺塔上击死 7 人，1 人复生。

1900 年（清光绪二十六年） 永城，芒山丁楼麦地击死 7 人。

1904 年（清光绪三十年） 睢县，夏，河堤西北地雷击 1 棵古柏。

1906 年（清光绪三十二年） 民权，双塔大曹有一榆树被雷击。

1911 年（清宣统三年） 永城，戏山被击毁一石牌坊。

1912 年（民国元年） 睢县，六月，帝丘 1 棵大槐树遭雷击。

1913 年（民国 2 年） 睢县，七月，后台集 1 棵皂角树遭雷击；宁陵，七月，郭楼雷击 1 棵杨树。

1914 年（民国 3 年） 商丘，五六月间李庄、邓斌口有七八棵合抱粗大杨树被雷击断劈，邓庄两棵树被扒皮。

1917 年（民国 6 年） 宁陵，五月，孔集 1 棵大杨树被雷击劈。

1918 年（民国 7 年） 民权，六月，野岗东门外两棵合抱粗大杨树被雷击。伏土山村一桑树被雷击；柘城，安平西 1 棵大树被击碎；虞城，六月，三庄集东南角两棵大杨树下 1 人被击死。

1919 年（民国 8 年） 虞城，六月，焦林有 1 棵杨树被雷击着火。

1920 年（民国 9 年） 民权，六月，孙六伏土山有 1 人在树下被击死。龙塘老河崖西南地 1 棵三尺粗柳树被击；虞城，五月，吴庄刘景玉家有火球进屋，房顶被击着火。

1921 年（民国 10 年） 民权，孙六公社刘心庄六月中旬有一桑树被雷击；柘城，张桥赵楼西北角一棵两搂粗杨树被雷击成两半。

1923 年（民国 12 年） 商丘，郭村集被雷击死四只羊，两人被击伤。

1924 年（民国 13 年） 柘城，大吴有一小庙被雷击一洞；夏邑，李集杨老家庙击死 1 个老人和 1 头毛驴。

1925 年（民国 14 年） 柘城，张桥赵楼西五里路，一人在大桐树下避雨被击死，两桐树完整无缺。

1926 年（民国 15 年） 商丘，六月，李门楼击死一女孩；柘城，十月，大作雷击大片棉花；虞城，闻集北之朱楼一棵大树被击。

1927 年（民国 16 年） 民权，龙塘老河崖击毁豆子一亩；睢县，河堤探花李庄 1 棵大杨树遭雷击；虞城，二月初八，吴楼农民刘武在地里干活被击死。

1928 年（民国 17 年） 睢县，孙寨八蜡庙村内 1 棵大榆树被雷击；柘城，大作庙房被击穿一洞，房柱击劈；商丘，道口周庄雷击 1 人，观堂刘楼一桑树被击；虞城，沙集有 1 人被击死；永城，薛湖张楼一榆树被击。

1929 年（民国 18 年） 民权，六月，龙塘老河崖 1 棵柳树击两半；商丘，李庄曹楼一祠堂遭雷击。

1930 年(民国 19 年) 民权,双塔丁胡同两棵柳树被雷击,龙塘闫庄柳、槐各 1 棵被击。

1931 年(民国 20 年) 民权,双塔唐寨有两棵榆树被击,劈如麻缕;宁陵,七月雷击劈一榆树;永城,二月初二薛湖击死 1 人。

1932 年(民国 21 年) 商丘,四月,道口土楼有一片小麦遭击。

1933 年(民国 22 年) 民权,龙塘安元村雷击五把粗柳树一棵;睢县,张庄一大火球落地;商丘,李庄温堂两棵大杨树被击;夏邑,六月,会亭张桥击毁 1 个牌坊。

1934 年(民国 23 年) 宁陵,七月,平洛东门外击三尺粗杨树 1 棵;永城,侯岭雷击。

1935 年(民国 24 年) 睢县,李大庄一树被击;宁陵,孔集雷击 1 棵大柳树;虞城,六月,王楼击 1 棵梨树;永城,芒山赵集一树被击着火。

1936 年(民国 25 年) 民权,五月,野岗东门两棵槐树被击断;睢县,周堂 1 棵大槐树被击碎;柘城,大佧 1 棵大树击劈;虞城,七月,孙楼一柳树被击。

1937 年(民国 26 年) 商丘,坞墙、谢集两棵大杨树被击。

1938 年(民国 27 年) 民权,六月,龙塘张连池村一个瓜庵内击死 3 人,孙六、程庄一电线杆被击;睢县,河堤西门 1 间房雷击着火,张王楼一大杨树被雷击劈两半。孙寨八蜡庙村内 1 棵树遭雷击;宁陵,孟李雷击 1 棵八把粗大杨树,孔集雷击柏树四棵,1 人被击死;柘城,城郊于井村 1 棵杨树被击;商丘,张阁吴庄雷击 1 人,南郊吴庄一桑树被雷击劈;虞城,三月杨集楚孙楼有 1 棵大杨树雷击着火。正月三十,三庄石老家击一桐树;夏邑,骆集地里击毁 1 棵四把粗树,树下 1 人被击昏;永城,六月新桥薛庄闪雷击死 1 头牛,侯岭同年发生雷击。

1939 年(民国 28 年) 虞城,六月,孙楼一杨树雷击着火。

1940 年(民国 29 年) 民权,六月,程庄公社罗庄击死 1 人;宁陵,朱屯击死 1 人,张街击死 6 人,王应侯庄击死 1 人;柘城,起台王庄 1 棵榆树被击劈;商丘,六月张阁杨大庄雷击 1 人未亡。

1941 年(民国 30 年) 柘城,城郊小李庄 1 棵桐树被击;永城,四月,桥街上一妇女衣服被击烧光。

1942 年(民国 31 年) 睢县,夏,河堤北地 1 棵大杨树被雷击;宁陵,五月,黄庄 1 棵榆树被击掉一半;柘城,大吴 1 棵柳树被击劈,远襄老君塘 1 棵大榆树和一片棉花被击毁;夏邑,六月业庙王油房击 1 棵杨树,树皮被击几十米远。

1943 年(民国 32 年) 睢县帝丘刘阁庄 1 棵柏树被雷击;宁陵,六月张楼雷击一柳树;柘城,七月城郊雷击一桐树;虞城,六月杨集枣子营雷击 1 头黑驴;夏邑,李集一杨树被击,从顶到根劈开;永城,薛湖程庄程德福被击头发着火,雷击身亡 1 人。

1944 年(民国 33 年) 柘城,六月初六,慈圣虎陈击死一妇女。

1945 年(民国 34 年) 宁陵,夏,侯庄雷击 1 棵大杨树,从稍到根劈开;商丘,坞墙赵大庄一柳树被击,李口贾楼有一庙门被击塌;夏邑,六月业庙王油房击毁 1 棵杨树。

1946 年(民国 35 年) 睢县,六月,范洼河堤徐东地雷击电线杆十余根;夏邑,七月孔庄杨楼击死两人,济阳刁楼击毁 1 棵大杨树。

1947 年(民国 36 年) 民权,六月,老城城关王陈氏被击死;宁陵,夏,雷击 1 棵大杨树;夏邑,五月,业庙八里村击伤 1 人,1 棵枣树被击烧光,1 棵榆树被击扒皮。

1948 年(民国 37 年) 虞城,六月杨集吴楼一柳树被击。

1949 年(民国 38 年) 睢县,黄堂一电线杆被击碎;永城,酂阳雷击。

第八节　雨凇史料

1888 年（清光绪十四年）　宁陵，二月，大风雨冰，大小树枝大部压断。

1898 年（清光绪二十四年）　柘城，二月，远襄雨凇严重。

1905 年（清光绪三十一年）　商丘，腊月，雨凇，树枝折断很多，地面结冰半尺厚。

1908 年（清光绪三十四年）　民权，腊月，雨凇，地面冰结四指厚，树枝被压断很多。

1916 年（民国 5 年）　夏邑，雨凇，路不能行车，树枝压断很多。

1917 年（民国 6 年）　商丘，二月，雨凇，地面积冰三指，树枝折甚多。

1918 年（民国 7 年）　宁陵，腊月，雨凇，压断树枝。

1923 年（民国 12 年）　民权，正月，雨凇断树枝；睢县，雨凇坠断树枝；宁陵，腊月，雨凇断树枝。

1924 年（民国 13 年）　商丘，十月二十，雨凇，树枝压断，路上无法行走。

1925 年（民国 14 年）　民权，腊月，雨凇，压断树枝，牛被冻死；睢县，雨凇，树枝坠断，地面结冰四指厚。

1926 年（民国 15 年）　夏邑，雨凇，影响交通，有摔伤人者，压断树枝较多。

1927 年（民国 16 年）　商丘，十一月，雨凇，树木损坏严重；夏邑，雨凇影响交通，大部分树枝被压断。

1928 年（民国 17 年）　民权，正月，雨凇断树枝；睢县，雨凇，树枝坠断，阻交通六七天；柘城，十一月底，雨凇断树枝。

1929 年（民国 18 年）　宁陵，十一月，雨凇，平地冻冰一指多厚，树枝大部被折断，铁路上电线、电杆折断许多。

1930 年（民国 19 年）　民权，十二月，北风夹带小雨，地面积冰三指厚，树枝压断很多，路上无法行走。

1931 年（民国 20 年）　宁陵，一月雨凇，尺余粗树枝被压断，道路行人难。

1932 年（民国 21 年）　虞城，腊月三十，雨凇，树枝折断；夏邑，雨凇，最大直径约一寸，直径二尺多粗的树被压断，地上结冰二寸厚。

1933 年（民国 22 年）　民权，十一月雨凇，地面积冰四指厚，很多树枝被压断。

1934 年（民国 23 年）　柘城，十一月，雨凇，树枝坠断。

1935 年（民国 24 年）　永城，雨凇厚约一寸，压断树枝。

1936 年（民国 25 年）　商丘，十月十五，雨凇，树枝压断甚多；睢县，十二月，雨凇。

1937 年（民国 26 年）　民权，冬季大雨凇，大树枝被压断。

1938 年（民国 27 年）　虞城，雨凇；永城，十一月，雨凇，厚约两厘米。

1939 年（民国 28 年）　商丘，二月十三，雨凇，压断树枝。

1940 年（民国 29 年）　民权，正月雨凇，1～2 把粗的树被压断，结冰一般厚度达 2 指厚；虞城，八月，雨凇。

1943 年（民国 32 年）　商丘，正月，雨凇，地面积冰二指厚；虞城，八月，雨凇，树枝折断。

1944 年（民国 33 年）　民权，正月十六，雨凇，地面结冰三指厚，电话线杆被压断。

1945 年（民国 34 年）　永城，十一月，马桥雨凇压断树枝；睢县，十一月，雨凇压断树枝。

1947 年(民国 36 年) 民权,十一月,雨凇,大树枝都被压断。

1948 年(民国 37 年) 民权,十二月,雨凇,较轻;夏邑,雨凇影响交通;永城,马桥雨凇。

第九节 异常气候史料

1852 年(清咸丰二年) 宁陵,十一月初六,地震。

1853 年(清咸丰三年) 宁陵,七月二十二,地震。

1859 年(清咸丰九年) 宁陵,九月初四,地震。

1860 年(清咸丰十年) 虞城,冬大雪;夏邑,十二月,大雪。

1861 年(清咸丰十一年) 夏邑,大雪。

1864 年(清咸丰十四年) 虞城,豫东连降大雪。

1877 年(清光绪三年) 民权,二月,大疫。

1892 年(清光绪十八年) 民权,秋旱、冬大雪、严寒。

1895 年(清光绪二十一年) 民权,正月,大雪。

1897 年(清光绪二十三年) 民权,冬季,桃李花开。

1902 年(清光绪二十八年) 商丘县,特冷,并有大雪,平地积雪有三尺深。

1908 年(清光绪三十四年) 民权,三月倒春寒,二麦冻枯。

1911 年(清宣统三年) 宁陵,下大雪,平地积雪二尺深。

1913 年(民国 2 年) 商丘县,特热,砍高粱时有人热死,不能干活。

1914 年(民国 3 年) 宁陵,大雪,特冷,地冻一尺多,埋人难挖坑。

1915 年(民国 4 年) 民权,腊月,特冷,雪大。

1916 年(民国 5 年) 虞城,特冷;商丘,下大雪,平地积雪有三四尺深。

1918 年(民国 7 年) 民权、虞城,特冷,地冻裂,有二尺深。

1919 年(民国 8 年) 商丘县、虞城,二月二十二,下大雪,平地积雪二三尺。

1920 年(民国 9 年) 民权、虞城,下大雪,平地积雪二尺深。

1921 年(民国 10 年) 宁陵,夏,特热,有死者。

1922 年(民国 11 年) 民权,腊月,下大雪,地面积雪三尺余。

1924 年(民国 13 年) 民权,大雪,平地积雪三四尺深,积雪把水井都封了。

1925 年(民国 14 年) 商丘县、虞城,下大雪,积雪二尺多深。

1926 年(民国 15 年) 商丘县、宁陵、民权,下大雪,寒冷,郭楼一家水牛冻死,柳树冻裂,井有结冰。

1927 年(民国 16 年) 商丘县、虞城,特热;民权,下大雪,特冷,有人冻死。

1928 年(民国 17 年) 民权,下大雪,平地积雪三尺,道路阻塞;民权、宁陵,七月,特热,人热晕,鸟在树上都站不住。

1929 年(民国 18 年) 民权、商丘县,下大雪,平地积雪有二尺深。

1930 年(民国 19 年) 虞城,冬季特冷,地冻裂缝;商丘县,大雪特冷。

1931 年(民国 20 年) 民权,下大雪,平地积雪二尺余深。

1932 年(民国 21 年) 民权,大雪,平地积雪二三尺深。

1933 年(民国 22 年) 宁陵,冬季特冷,地冻裂。夏季特热,上午不能下地干活;商丘县,大雪，有的房子被封；民权，大雪，平地积雪三四尺深。

1935 年（民国 24 年） 商丘县，七月十七，豆异常花开。

1936 年（民国 25 年） 商丘县，特热，热死一人；民权，腊月大雪，地面积雪四尺深。

1937 年（民国 26 年） 民权、宁陵，夏热，上午不能下地干活，有地震。

1938 年（民国 27 年） 七月，虞城，特热。民权，打秫叶时天气突然变冷，都穿棉袄，同年有地震。

1940 年（民国 29 年） 民权、宁陵，冬大雪，路上积雪四五尺深。

1943 年（民国 32 年） 宁陵，大雪，平地积雪三尺深；商丘县，大雪。

1944 年（民国 33 年） 商丘县，特热。

1945 年（民国 34 年） 民权、宁陵，多大风雪，平地积雪一尺多。

1946 年（民国 35 年） 商丘县，大雪，平地积雪有二尺半深。

1947 年（民国 36 年） 民权、宁陵，冬大雪，雪封房屋；商丘县，十二月十四，打雷，大雪，平地积雪有二尺深。

1948 年（民国 37 年） 商丘县、民权、睢县，冬大雪。

1949 年（民国 38 年） 虞城，冬季下大雪，天特别冷。

第十章　新中国成立后商丘重要天气和重大气候事件

（1949 年 10 月 1 日至 2019 年 12 月 31 日）

说明：本章共二节：第一节为 1949 年 10 月 1 日至 1984 年 12 月 31 日。这一阶段是气象部门创建、发展、各项业务逐步增加、完善提高的阶段。这一阶段，商丘地区重要天气及重大气候事件还没有详细统计和整理。因此，本节资料来源，一是地方史志，二是社会调查。第二节为 1985 年 1 月 1 日至 2019 年 12 月 31 日。1985 年增加了《气候评价》业务，随着该项业务的开展，每年都要对当年出现的极端天气，以及对人民群众生活、生产造成较大影响的重要天气和重大气候事件进行收录、整理、归档，并编写每季度、每年气候评价。因此，这一阶段的资料较为详实。

商丘地区于 1997 年 10 月撤地设商丘市，商丘县同时撤县设睢阳区和梁园区。原商丘县改为睢阳区，原县级商丘市改为梁园区。永城市于 1996 年 10 月撤县设市，1996 年 10 月之前为永城县。其所用资料来源随当时名称。

第一节　1949 年 10 月 1 日至 1984 年重大天气气候事件

一、干旱

1950 年　睢县，春夏旱，高粱旱坏，生蚜虫；夏邑县，干旱，大秋旱死，夏秋难播；永城，旱。

1951 年　商丘，夏旱，豆子种不上。红薯苗旱死 70%；永城县，旱。

1952 年　睢县，春旱，夏 80 天不雨，地旱一犁深。秋旱；民权县，夏旱，70 天没落雨，秋庄稼减产四成；宁陵县，麦后旱，抗旱种小秋；商丘县，夏旱，抗旱抢种晚秋；虞城县，夏秋旱，6—8 月无雨，秋作物旱死，小麦播期推迟；夏邑县，夏旱，麦后 50 天无雨，阻秋播；永城市，旱。

1953 年　柘城县，麦后旱，减产 70%；商丘县，初夏旱，伏旱，高粱基本绝收；虞城县，秋旱，持续 40 多天，抗旱种麦；永城县，旱。

1954 年　睢县，夏旱，抗旱种红薯；柘城县，夏旱，抗旱种豆子；宁陵县，夏旱，抗旱点种小秋；虞城县，初夏旱，抗旱种豆；夏邑县，夏旱，3 个月无雨，大秋减产 50%以上，大豆基本绝收；永城县，旱。

1955 年　睢县，春旱；宁陵县，大旱，全县抗旱点种小秋；商丘县，初夏旱，6 月 11—30 日总雨量仅 4 毫米；虞城县，初夏旱，抗旱种豆。

1956 年　民权县，伏旱，雨量比历年同期少 53%，秋旱，属重旱年，比历年同期少 84%；睢县，春夏旱；商丘县，秋旱，抗旱种麦，播期推迟；虞城县，春旱，97 天无雨。

1957 年　民权县，秋旱，比历年同期降水量偏少 68%，小麦无法播种；商丘县，夏秋旱，庄稼减产严重，小麦播种困难；永城县，伏旱，秋旱；宁陵县，秋旱，抗旱种麦；柘城县，秋旱，9 月到 10 月降水量 41.8 毫米，比历年偏少 64.7%，抗旱种麦。

1958 年 柘城县，有轻微初夏旱和秋旱，比历年同期偏少 25%～50%；夏邑县，有初夏旱和秋旱，降雨量偏少 50%以上；永城县，有轻春旱、初夏旱和秋旱。

1959 年 民权县，有轻春旱，雨量偏少 34%，有轻秋旱，雨量偏少 50%；睢县，夏秋旱；宁陵县，夏旱，麦后 50 多天无雨；商丘县，夏秋旱，8 月 1—20 日总雨量 5.3 毫米，6 月 10 日至 8 月 24 日，商丘县遭受 70 余天大旱；虞城县，夏旱两月之久，并有蝗虫、蚜虫大量发生，秋季又抗旱种麦；夏邑县，有伏旱和轻秋旱；永城县，有轻伏旱；柘城县，有轻伏旱和秋旱。是岁全区旱。

1960 年 民权县，初夏旱，5 月 14 日至 6 月 30 日，46 天无透雨，雨量比历年同期少 82%；睢县，春旱，初夏旱，伏旱；柘城县，春旱，初夏旱，直到 6 月底才下透雨；宁陵县，春旱，初夏旱和秋旱，全县救灾面积 80 余万亩，又生蝗虫；商丘县，伏旱，夏秋旱，8 月 1—26 日总雨量仅有 12.7 毫米；虞城县，春夏旱禾秋冬连旱，持续时间长，严重减产；夏邑县，春旱，初夏旱；永城县，春旱，秋冬连旱。是岁全区旱。

1961 年 民权县，春旱，又加风沙危害，小麦减产 70%；睢县，春旱、伏旱和秋旱，抗旱种麦；宁陵县，大旱，从头年 7 月至当年 8 月酷旱缺雨、风、病虫害交相为害，两年来受灾面积之大、时间之长、危害之重，百年罕见；商丘县，春、夏、秋连旱，小麦受灾面积 82 万亩，秋季作物 58 万亩，全县平均亩产 117.6 斤；虞城县，秋旱、冬旱、抗旱种麦；永城县，秋大旱；夏邑县，5 月下旬以后干旱，阻豆播，大秋基本绝收。商丘县 3 年来持续干旱，国家调集大量物资，以救灾民。

1962 年 民权县，春旱，雨量偏少 63%，秋旱，麦没种上，种上的麦子被风刮走；睢县，春旱；柘城县，春旱，去冬今春持续干旱，3 月至 5 月，连续 90 天少雨干旱，小麦严重减产，影响大秋播种；宁陵县，春旱，从 3 月 1 日至 4 月 25 日，56 天无雨；商丘县，春旱严重，小麦受灾面积 39 万亩，全县平均亩产 118.6 斤；虞城县，春旱严重，小麦减产 90%；夏邑县，春旱，生蚜虫，小麦减产，高粱减收；永城县，春大旱。至当年全区已持续干旱 4 年，是岁春复大旱。

1964 年 睢县，初夏旱；民权县，初夏有轻旱；宁陵县，初夏旱，伏旱；柘城县，伏有轻旱；永城县，有初夏旱。

1965 年 民权县，初夏旱，秋旱；睢县，春旱，初夏旱，秋旱，抗旱播种，此年收成甚微；柘城县，初夏旱，秋旱，自入夏，天气奇热，5—6 月份降水量仅 19.7 毫米，全县 44 个生产队成灾，作物减产三成；商丘县，春至初夏旱，3 月 1 日至 4 月 20 日总雨量 9.8 毫米，6 月 11—30 日总雨量 21.0 毫米；宁陵县，春旱，3 月 1 日至 4 月 21 日，52 天无雨；虞城县，先旱后涝，涝了又旱，秋旱较重，抗旱种麦；夏邑县，春夏旱，大秋作物旱死，小秋作物种植推迟，谷子基本绝收；永城县，春和秋冬有小旱，但 7 月大涝。是年本区偏旱。

1966 年 民权县，是岁夏秋连旱，麦子没种上；睢县，本年是四季连旱；柘城县，当年四季连旱，从 3 月下旬到 10 月下旬，干旱少雨，比历年同期偏少 53.9%。全县抗旱抢种，缺苗断垄，旱死甚多，秋作物严重减产，全县抗旱种麦到 10 月底 11 月初，且质量差；宁陵县，全年大旱，粮食减产三成，小麦播种不好；商丘县，初夏旱，6 月 11 日至 7 月 20 日总雨量 25.8 毫米，豆子种上出不来；虞城县，大旱，三伏三秋无雨，抗旱种麦；夏邑县，大旱，整个大秋半收，大豆基本绝收，小秋大量减产；永城县，春至初夏有轻旱，秋有大旱。是岁全区大旱。

1967 年 睢县，春至初夏有轻旱；柘城县，初夏旱；宁陵县，初夏旱；夏邑县，春至初夏旱，麦减产；虞城县，春夏旱，小麦减产，晚秋播期推迟；永城县，秋有小旱，冬旱。

1968 年　民权县，春至初夏大旱；睢县，春至初夏旱，秋后旱，抗旱播种；柘城县，初夏旱，三分之一社队 5 月以来无透雨，伏旱；商丘县，夏旱，6 月 11 日至 7 月 7 日降水 15.3 毫米，伏旱，7 月 11 日至 8 月 10 日降水量 12.3 毫米，作物减产；虞城县，春夏旱，秋粮比 1967 年减产 27.6％，其中大豆减产 63.4％；夏邑县，秋大旱，一连 3 个月基本无雨，次年小麦减产严重，张集小麦减产 70％；永城，初夏旱。是岁全区旱。

1969 年　民权县，夏旱，6 月 17 日至 7 月 16 日 30 天无透雨；睢县，初夏旱；柘城县，初夏旱，伏有轻旱；宁陵县，初夏旱，伏旱；虞城县，夏旱；夏邑县，初夏旱，6 月降水偏少，伏有轻旱；永城县，初夏旱，伏有轻旱。

1970 年　民权县，春旱，3 月 1 日至 4 月 22 日 53 天无雨；睢县，初夏旱，秋冬旱，从种上麦干旱一冬；虞城县，夏旱；商丘县，伏旱。

1971 年　睢县，春旱，伏秋连旱；宁陵县，春旱；虞城县，秋旱，抗旱种麦；夏邑县，春季旱。

1972 年　睢县，春旱，伏旱；柘城县，春旱，秋旱；商丘县，初夏旱，秋旱；夏邑县，春季旱；永城县，秋有轻旱。

1973 年　民权县，伏旱，7 月 30 日至 8 月 20 日无雨；睢县，夏秋连旱，降水偏少；柘城县，初夏旱；宁陵县，初夏旱，作物严重减产；商丘县，初夏旱，秋旱；虞城县，是年夏、冬有轻旱；夏邑，初夏旱；永城县，初夏旱。

1974 年　民权县，夏旱，自 6 月 9 日一个多月无雨；睢县，春旱；柘城县，伏有轻旱；宁陵，伏有轻旱；商丘县，初夏旱，6 月 11 日至 7 月 30 日降水量 1.3 毫米；虞城县，初夏旱；夏邑县，初夏旱，6 月份降水特少；永城县，初夏旱。

1975 年　民权县，初夏旱，7 月 20 日以前抗旱种晚秋，夏有伏旱；睢县，有伏旱；柘城县，夏旱，7 月 14 日全县动员抗旱；宁陵县，冬春旱，12 月 9 日至 1976 年 2 月 10 日，64 天无雨雪；商丘县，初夏和秋季降水偏少，出现夏、伏旱；虞城县，夏、秋两季旱，全年无大雨；夏邑县，夏季降水少；永城县，伏自秋季旱。

1976 年　民权县，初夏旱，抗旱抢种晚秋；睢县，秋旱，抗旱种麦；柘城县，初夏旱，秋旱，影响麦播；商丘县，秋冬旱，180 多天无透雨，秋作物严重减产，麦播推迟，造成 1977 年小麦减产；夏邑县，1976 年 8 月至 1977 年 3，连续 8 个月降水特少，大旱，麦播困难，业庙公社小麦播种后到 1977 年春才出苗，造成小麦严重减产；宁陵县，1976 年 11 月 13 日到 1977 年 3 月 2 日，109 天仅降水量 16.4 毫米，大旱；永城县，春至初夏旱，秋冬大旱。是年全区旱灾。

1977 年　民权县，初夏旱，抗旱抢种，伏旱，7 月 29 日至 8 月 20 日 23 天无雨；睢县，春至初夏旱，抗旱种秋；柘城县，春旱，初夏旱；宁陵县，春旱，小麦减产，大秋因旱没种好，减产三四成；商丘县，春旱，初夏旱，大秋缺苗断垄，小麦减产 40％；虞城县，初夏旱，晚秋大面积推迟播种，小麦比 1976 年减产 21.9％；夏邑县，旱，小麦减产，王集公社麦减产 40％～50％，阻秋播，豆子、玉米种不上；永城县，初夏旱。

1978 年　民权县，春至初夏旱，秋大旱，7—9 月少雨干旱，小麦播种困难；睢县，四季连旱；柘城县，春、初夏、秋皆大旱；宁陵县，春至初夏旱；商丘县，春、秋旱；虞城县，春旱严重，一春无雨，小麦不能正常生长，秋播推迟；夏邑县，旱，从春 2 月至 5 月中旬，近 3 个月基本无雨，河沟干，井水下降，饮水困难，小麦枯死，严重减产，影响夏播；永城县，春灾重，秋灾轻。是年全区旱。

1979 年　民权县，5 月干旱，10—11 月干旱；宁陵县，初夏旱，自 5 月下旬至 6 月中旬，降水比历年同期少 42%。

1980 年　民权县，春旱；睢县，春旱，伏间少雨，前秋旱，后秋连冬旱；柘城县，春季雨量偏少，伏间干旱，9 月月雨量 5.4 毫米，比历年平均值 74.7 毫米偏少 69.3 毫米，旱情严重，影响麦播；宁陵县，春季雨量偏少 53%，伏天雨量偏少 56%；虞城县，春有轻旱；夏邑县，7 月雨少，有伏旱；永城县，伏天雨少，有轻旱；商丘县，1—4 月降水量 75.5 毫米，比历年 114.5 毫米同期偏少 39.0 毫米，出现冬春连旱，其中 2 月降水量特少(0.5 毫米)，冷热变化无常，空气干燥，流行性感冒严重，群众称之为“小伤寒年”，9 月降水量 20.4 毫米，出现特少干旱；商丘地区全区 7 月降水普遍较历年同期偏少 60%～70%，伏旱明显，9 月降水普遍较历年同期少 90%以上，出现初秋旱，11 月降水量在 0.5～3.0 毫米，12 月全区无雨，秋冬连旱。

1981 年　柘城县，春旱，7 月雨量 91.5 毫米，比历年同期平均 202.8 毫米偏少 111.3 毫米，伏旱严重；宁陵县，春旱，雨量偏少 65%，秋旱，雨量偏少 55%；商丘县，自 1980 年 11 月至 1981 年 5 月，降水量在 44.2 毫米，比历年 195.6 毫米偏少 151.4 毫米，冬春连旱，9—10 月降水量 54.2 毫米，比历年 117.5 毫米偏少 63.3 毫米，出现秋旱；夏邑县，春旱，春季降水量比历年同期偏少 64%，有伏旱；虞城县，春旱，伏旱；民权，自头年 11 月至当年 5 月，干旱少雨，4—5 月降水量为 5.7 毫米，沙碱薄地小麦旱死，减产严重；睢县，冬春连旱，影响春播、夏播，小麦减产；商丘地区全区普遍冬春连旱，尤其 4—5 月降水特少，春旱严重。9—10 月降水偏少，出现初秋旱。

1982 年　夏邑县，初夏旱，全县春玉米基本绝收；宁陵县，春旱，自 3 月下旬至 5 月中旬，降水量比历年偏少 68%，影响春播；商丘县，自头年 12 月至当年 4 月，降水量 58.1 毫米，比历年 138.4 毫米同期偏少 80.3 毫米，冬春连旱；虞城县，春旱，初夏旱；商丘地区全区 4 至 5 月下旬末少雨干旱，气温偏高，影响小麦生长，6 月初夏旱。

1983 年　商丘县水涝，自头年 12 月至当年 4 月，降水量 39.9 毫米，比历年 138.4 毫米同期偏少 98.5 毫米，冬春连旱。7 月 22 日至 8 月 17 日近一个月没下透雨，出现伏旱；商丘地区伏旱，7 月下旬降水量，民权县、夏邑县、永城县 3 个县较历年偏少 2～5 成，其余各县只占历年的 23%～24%，8 月上旬，除永城县降水量偏多外，柘城县、商丘县 2 个县只占历年的3%～7%，其余各县占历年的 15%～36%，大部分县伏旱明显，对大豆、玉米产量有一定影响。

1984 年　宁陵县，冬春连旱，头年 12 月至当年 4 月，5 个月降水量 43.3 毫米，比历年同期 108.0 毫米偏少 59.9%；商丘县，自头年 11 月至当年 4 月，降水量 46.5 毫米，比历年 150.6 毫米同期偏少 104.1 毫米，冬春连旱。9 月全月降水量 184.2 毫米，雨日多达 16 天，出现秋涝；商丘地区，是年全区冬春连旱，自头年 11 月至当年 4 月 1 日，164 天无透雨，全区各地降水量在 2.0～9.6 毫米，为常年同期的 7%～21%，连旱时间之长罕见。全区受灾面积 132.4 万亩，成灾 67.8 万亩。全区浇灌面积 872.5 万亩，增加农业投资 610 余万元。同时因干旱小麦蚜虫、红蜘蛛发生较重，3 月 28 日调查，虫害面积 71.2 万亩，5 月 2 日调查，虫害面积 229.0 万亩。另外，因雨雪稀少，气候干燥，全区流脑、麻疹、流感发病率均较 1983 年增加多倍。

二、水涝

1950 年　商丘县，7 月连绵大雨，雨量 340 多毫米，受灾面积 44 万多亩；虞城县，秋涝积水成灾，秋歉收；夏邑县，4 月 18 日暴雨，洼地小麦被淹。

1951 年　夏季，全区出现暴雨，大部分县受灾，其中虞城县受灾面积 30 万亩，商丘县受灾面积 36 万亩，民权县受灾面积 5 万亩，宁陵县受灾面积 6 万亩，睢县受灾面积 1.6 万亩，夏邑县受灾面积 11.5 万亩，柘城县受灾面积 12.6 万亩，永城县受灾面积 17.5 万亩。

1952 年　虞城县，秋涝，淹秋禾，麦播迟；夏邑县，7 月降水 1 尺（1 尺＝1/3 米，下同）多深；睢县出现严重夏涝。各县不同程度出现水涝灾害，虞城县受灾面积 2 万亩，商丘县受灾面积 4.6 万亩，民权县受灾面积 27 万亩，睢县受灾面积 1.21 万亩，夏邑县受灾面积 13.5 万亩，柘城县受灾面积 10.35 万亩，永城县受灾面积 31 万亩。

1953 年　各县出现不同程度的涝灾。6 月 1 日至 8 月 20 日，民权县出现多次暴雨，81 天中降雨 23 次，降水量 660.7 毫米。睢县，夏涝，庄稼受淹；虞城县，初夏大暴雨淹麦，又接秋涝，63％秋禾受灾，冬初阴雨连绵 20 余天；宁陵县，8 月 1 日大雨 3 天，平地积水 1～3 尺，冲坏桥梁九座；夏邑县，7 月水灾，红薯受灾。当年虞城县受灾面积 25.58 万亩，商丘县 6.24 万亩，民权县 32.49 万亩，宁陵县 20 万亩，睢县 7.5 万亩，夏邑县 9 万亩，柘城县 1.1 万亩，永城县 58 万亩。

1954 年　柘城县于 7 月出现短时暴雨，平地积水 2～3 尺深（柘城东北）。民权县，夏季雨水过大，部分乡村受水灾。虞城县，7 月大雨，淹秋 10 余万亩，小秋绝收。夏邑县，秋季水灾，全县统计受轻重水灾 26 个乡，约 3.0 万户，共淹耕地 12.0 万亩，影响麦播。当年虞城县水涝灾害面积 8.12 万亩，民权县受灾面积 8.1 万亩，睢县受灾面积 0.8 万亩，夏邑县受灾面积 15.2 万亩，柘城县受灾面积 7.34 万亩，永城县受灾面积 58 万亩。

1955 年　虞城县，6 月底大暴雨，一次降水量 140 多毫米，洼地受灾面积 9 万亩；夏邑县，4 月大雨，洼地水中涝麦，7 月 11—12 日该县普降大雨，降水量 109.4 毫米，致使河道猛涨，决口 44 处，不少地区内涝积水，共淹 21.8 万亩。全区受灾面积 43.75 万亩，其中虞城县 1.87 万亩，民权县 3.84 万亩，睢县县 9.14 万亩，夏邑县 1.45 万亩，柘城县 3.45 万亩，永城县 11 万亩。

1956 年　商丘县，初夏涝，小麦生芽、霉烂；柘城县，从麦前下雨，平地积水，水中涝麦，霉烂严重，减产 40％以上；民权县，6 月有 21 个雨日，雨量 290.5 毫米，小麦霉烂生芽严重。秋涝，秋季连阴雨，低洼地积水成灾，绝收 4.7 万亩；睢县，初夏涝，水中涝麦，连阴天两个多月，造成小麦生芽霉烂；虞城县，初夏涝淹麦，水涝麦；宁陵，6—7 月遭水灾，水里涝麦，大量生芽，减产 244 万斤，倒塌房屋 1.7 万间，秋作物有减产；夏邑县，夏连阴雨，小麦生芽，减产 50％。全区因水涝受灾面积 178 万亩，其中虞城县 18.95 万亩，商丘县 11.71 万亩，民权县 12.24 万亩，宁陵县 2.38 万亩，睢县 2.18 万亩，夏邑县 39.85 万亩，柘城县 29.1 万亩，永城县 53 万亩。

1957 年　商丘县，7 月连降大雨，月降水量 618.9 毫米，仅 7 月 13—21 日降雨量就达 445.8 毫米，造成新中国成立以来特大水灾，成灾面积 120 多万亩，房屋倒塌严重，个别县出现人畜伤亡事故。虞城县，特大水灾；宁陵县，7 月 10 日大雨，降水量共 575 毫米，平地积水 3 尺，受灾面积达 61 万亩；夏邑县，7 月 12 日夜开始连降暴雨，降水量 334 毫米，沟河先后决口 308 处，沟河漫溢 46 条，水淹村庄 348 个（其中淹没的村庄 121 个、3615 户、1.0 万人），水冲击房屋大部倒塌者 227 个村、7810 户、2.6 万人，被水包围的村庄 816 个，受灾面积 100 余万亩，绝收面积 50 余万亩；柘城县，秋季连阴两月，高粱刚出穗，平地积水 3 尺，村外行舟；民权县，春涝 4 月 6—10 日连续 5 天降水量在 123.7 毫米。初夏连阴雨 6 月 3—10 日连续 8 天降水量在 81.7 毫米。夏涝 7 月 10 天降水量在 717.3 毫米，全县境内一片汪洋，800 个村庄被水围，倒房

10万余间，70%以上耕地积水成灾；睢县，夏秋涝，平地积水，可行舟，庄稼受灾，民房倒塌。全区受灾面积675.78万亩，其中虞城县122.29万亩，商丘县65.12万亩，民权县85.89万亩，睢县91.86万亩，夏邑县78.7万亩，柘城县92.16万亩，永城县51万亩。

1958年 民权县，初夏连阴雨5月31日至6月5日连续6天降水量59.7毫米；虞城县，秋涝，9月黄河决口，受灾面积12万亩，减产70%；夏邑县，7月水灾，受灾面积41万亩(7月6日降水量135.4毫米)。全区受灾面积103.82万亩，其中虞城县22.59万亩，商丘县3万亩，民权县3.5万亩，宁陵县0.12万亩，睢县1.31万亩，夏邑县17.5万亩，柘城县3.8万亩，永城县47.8万亩。

1959年 全区涝灾面积33.06万亩，其中虞城县8.3万亩，商丘县5.36万亩，民权县2.5万亩，夏邑县8.7万亩，柘城县5.7万亩。

1960年 虞城县，夏秋涝，7月突降暴雨，最大200多毫米(稍岗)，淹秋禾，9月普降大雨，受灾；夏邑县，9月大水灾，秋粮作物受灾面积62万亩，其中被淹没22.9万亩。全区受灾面积159.95万亩，其中虞城县16.3万亩，商丘县6.41万亩，民权县2万亩，宁陵县12.51万亩，睢县4.09万亩，夏邑县45.7万亩，柘城县0.24万亩，永城县64.68万亩。

1961年 虞城县，暴雨成灾，6月中旬和8月上旬3次暴雨；夏邑县，8月大雨，8月3日降水量85.6毫米。全区受灾面积119.67万亩，其中虞城县20.3万亩，商丘县3.05万亩，民权县1.51万亩，宁陵县0.9万亩，睢县1.2万亩，夏邑县22.17万亩，柘城县29.1万亩，永城县40.5万亩。

1962年 秋季，商丘水涝，小麦播种困难；柘城县，秋涝，减产三至四成，红薯霉烂，全县房塌24%；民权县，8月涝，8月中旬一次大暴雨，降水量200毫米，11万亩作物受灾，减产粮食1100万斤，水泡村庄37个，塌房1527间；睢县，秋涝，秋庄稼受淹；虞城，秋涝，小麦推迟播种，淹秋41.2%；宁陵县，7月24日至8月18日降水量310毫米，坑河漫溢，成灾面积9万余亩，房屋倒塌很多；夏邑县，8月中旬大雨，11月15日开始连续降雨七八天，降水量104毫米，红薯受灾6684万斤，麦田积水4.7万亩，洼地麦田积水无法排出，造成洼地小麦绝收。全区受灾面积192.69万亩，其中虞城县17万亩，商丘县13.45万亩，民权县23.3万亩，宁陵县6.52万亩，睢县19.2万亩，夏邑县7.11万亩，柘城县45.88万亩，永城县44.8万亩。

1963年 春季，商丘县水灾严重，受灾面积29万亩。夏季8月1—4日，连降暴雨，降水量达214.4毫米，南部更大，在500毫米以上，西部在400毫米以上，全县积水85万余亩，房屋倒塌6万余间，水围村1600多个，死伤260多人，牲畜50余头，泡坏粮食24万多斤，桥路冲毁多处；柘城县，秋涝，麦种不上(撒麦)，红薯泡坏；民权县，初夏涝自5月18—28日连续降水量342.7毫米，其中18日夜到19日05时内降水量达253毫米，全县严重内涝，淹地75万亩，水泡村庄457个，塌房2.1万间，砸死砸伤176人，伤牲口68头，棉花死占70%，损失严重。夏季，8月上旬，又连降大雨300毫米，冲毁公路、房屋，5万亩秋田积水，9月又连阴雨9天，秋作物受到损失；睢县，夏涝，水中涝麦；虞城，特大水灾，降大暴雨，河溢、秋淹、绝收；宁陵，7月下旬大雨，全县25万亩作物成灾，塌房2万余间，死伤41人，牲口36头；夏邑县，5月7—9日连续降水，7月出现15次降水，8月1—6日降水量为800多毫米，特大水灾，河溢、秋淹、绝收，倒毁房屋，伤亡人畜，城镇工商业也均受损害。当年全区受灾面积866.1万亩，其中虞城县113.7万亩，商丘县123.87万亩，民权县62.5万亩，宁陵县46万亩，睢县104.49万亩，夏邑县124.54万亩，柘城县89.86万亩，永城县165.93万亩。

1964 年　春季，商丘县连阴雨，4 月 2—6 日，降水量 102.2 毫米，小麦受灾 30 多万亩。秋季连阴雨出现在 9 月，当月雨日达 21 天，遭灾面积 59 万亩，房屋倒塌 1.2 万间，砸死 10 人；柘城县，4 月 5 日暴雨，损坏禾苗，13—21 日又持续降大雨 200 多毫米，大水围村 528 个，全县倒房 11 万多间，8 月下旬以来 70 多天连阴雨，红薯晚秋减产严重，种麦困难；民权县，秋涝 10 月 1—19 日连阴雨 19 天，降水量 213 毫米，积水面积 9 万余亩。使秋作物减产 70%，当年使小麦播种期推迟；睢县，秋涝，秋庄稼几乎绝收，小麦播种推迟；虞城县，秋涝，红薯霉烂，种麦推迟；宁陵县，4 月 2—19 日降雨 250 毫米，作物有减产；夏邑县，4 月以来阴雨连绵到 21 日止，平均 186 毫米，7 月 31 日至 8 月 17 日，3 次暴雨累计量 300～400 毫米，8 月 27 日至 9 月 30 日大部是连阴天，10 月上旬又普降两次暴雨，涝灾，水泡村庄，房屋和作物均损失很大，成灾生产队 3450 个，23 万多人受灾，其中特重成灾生产队 199 个，2.0 万人。当年全区受灾面积 403.42 万亩，其中虞城县 73.6 万亩，商丘县 57.5 万亩，民权县 29 万亩，宁陵县 16.6 万亩，睢县 33.2 万亩，夏邑县 45.1 万亩，柘城县 42.21 万亩，永城县 61.6 万亩。

1965 年　秋季，睢县水涝；夏邑，7 月涝，秋作物受灾 67.7%，绝收和基本绝收的 28.5 万亩；虞城县，先旱后涝。当年全区受灾面积 405.6 万亩，其中虞城县 73.6 万亩，商丘县 54.6 万亩，民权县 4.5 万亩，宁陵县 21.8 万亩，睢县 9 万亩，夏邑县 58.6 万亩，柘城县 59.6 万亩，永城县 125.6 万亩。

1967 年　民权县初夏涝，6 月 12—30 日连阴雨 19 天，小麦霉烂；睢县，秋涝连阴雨成灾，红芋霉烂；夏邑县，麦涝，7 月 4 日暴雨，118.3 毫米。

1969 年　商丘县春季低温连阴雨，4 月 15—20 日，连续降水量 59.4 毫米，日平均气温低于 12℃达 5 天。秋季 9 月 21—29 日，连续降水量 151.3 毫米；夏邑县，4—5 月大雨，8 月 13 日大雨，9 月后期阴雨连绵，洼地红薯淹死。

1970 年　虞城县 6 月连阴雨，麦生芽；夏邑县，7 月底至 8 月初大雨，8 月 5 日暴雨，雨量 103.4 毫米。

1971 年　民权县，初夏涝 6 月 8—14 日连续 7 天阴雨，22—30 日连续 9 天阴雨，小麦霉烂；睢县，初夏涝，麦生芽；虞城县，6 月阴雨，麦生芽；宁陵县，夏涝，多雨，大秋减产三成；夏邑县，6 月大雨。当年全区受灾面积 30.78 万亩，其中虞城县 2.28 万亩，商丘县 0.28 万亩，民权县 11.86 万亩，宁陵县 2.05 万亩，睢县 3.17 万亩，夏邑县 0.85 万亩，柘城县 0.98 万亩，永城县 0.45 万亩。

1972 年　各县水涝灾害。当年全区受灾面积 4.55 万亩，其中商丘县 0.35 万亩，民权县 2.96 万亩，睢县 0.96 万亩，柘城县 0.28 万亩。

1973 年　睢县 7 月 15 日出现暴雨，局地积水成灾；夏邑县 4 月 20 日局部大雨积水 1 尺多深，6 月 25 日后运河北部连续降雨 20 余天，部分地区受灾。

1974 年　夏邑县 5 月中旬大雨，17 日降水量 161.2 毫米，6 月 15 日局部平地积水，谷子被淹，减产 50%；商丘县秋季连阴雨，9 月 9 日至 10 月上旬，降水量达 100 多毫米；虞城县，暴雨，7 月 8 日降水量 133 毫米，造成短时积水。

1975 年　民权县秋涝，使晚秋作物减产三成；宁陵县初夏涝，洼地庄稼被淹，减产两成；夏邑县 4 月下旬大雨，洼地麦田被淹，9 月 13 日暴雨，降水量为 122.6 毫米。

1976 年　商丘县夏季大暴雨，8 月 12 日降水量达 170.0 毫米，平地积水尺余深；民权县 7 月 18—19 日连降大雨，降水量为 150 多毫米，部分地区受灾，面积 6 万余亩，民房倒塌 100 余间，冲毁桥梁数座，死 3 人，伤 2 人，死牲口 2 头；睢县，暴雨局地积水成灾，桐树淹死 10 万余棵；宁陵县，仲夏涝，灾情不大；夏邑县，7 月大雨，洼地积水。当年全区受灾面积 213.5 万亩，其中虞城县 47 万亩，商丘县 37.4 万亩，民权县 36.3 万亩，宁陵县 19.4 万亩，睢县 31.5 万亩，夏邑县 2.5 万亩，柘城县 30 万亩，永城县 8.1 万亩。

1977 年　民权县夏涝，7 月 10—11 日全县普降大雨；睢县，7 月暴雨，局地成灾；虞城县，7 月 10 日降水量为 125 毫米，局部积水；宁陵县，夏季局部涝，洼地庄稼绝收；夏邑县，麦后降水，局部积水 1 尺多深。当年全区受灾面积 43.61 万亩，其中虞城县 0.54 万亩，商丘县 0.2 万亩，民权县 2.93 万亩，睢县 1 万亩，柘城县 1.74 万亩，永城县 37.2 万亩。

1978 年　民权县 7 月上旬连续降雨 5 次，累计降水量在 198～398 毫米，全县积水 7.8 万亩；睢县，7 月暴雨，局地成灾；宁陵县，夏季局部涝，洼地庄稼绝收。当年全区受灾面积 56.8 万亩，其中虞城县 14.8 万亩，商丘县 18.29 万亩，睢县 17.89 万亩，夏邑县 5.82 万亩。

1979 年　7 月 9 日，商丘县降水量在 78.8 毫米并伴随大风，低洼地短时遭涝，全县玉米、高粱五成以上倒伏。7 月 24 日降大暴雨，降水量在 142.9 毫米；夏邑县，秋作物受水灾，受灾面积 67.6 万亩，减产 993 万斤，倒塌房屋 6076 间，损毁房 7.1 万间；宁陵县，夏秋涝 8 月 11—20 日降水量 188.3 毫米，9 月 1—29 日降水量 161.3 毫米，局部涝灾。

1980 年　民权县，6 月连阴雨，雨日 16 天；10 月连阴天较多，雨日达 16 天，对小麦收打和秋播有影响。商丘县 6 月降水偏多，雨日 15 天，小麦脱粒困难，麦场生芽烂垛。夏邑县 8 月 24 日暴雨，雨量 111.5 毫米。当年 6 月商丘地区降雨，除睢县、民权县正常和略偏少外，其他 6 县(市)均偏多，月降水量 121.8～198.4 毫米，较历年同期多 1～2 倍，雨日 15 天左右，对小麦收打储藏不利，麦场有霉烂生芽现象。8 月降水较历年普遍偏多 50%左右，月末大暴雨，永城县 3 个公社出现特大暴雨，雨量在 200 毫米以上，低洼地成灾。10 月降水特多，并有连阴雨过程，影响晚秋收获和麦播。

1982 年　睢县 8 月大暴雨，受灾较重，城内积水；宁陵县 8 月 16—17 日降水量 280.1 毫米，局部涝灾；商丘县，7 月和 8 月雨量大而集中，夏涝(降水量 405.0 毫米)；夏邑县，7 月 20—21 日，29 个小时全县平均降水量 250 毫米，火店、胡桥、北镇 3 公社 400 毫米以上，全县受灾面积 103.3 万亩，成灾 66.8 万亩。倒塌房屋 2.2 万间，校舍 9401 间，冲断道路 432 条，毁桥梁 872 座。8 月 10—11 日大暴雨，积水面积 29.4 万亩，成灾 23.4 万亩；永城县，7 月 21—23 日全县出现特大暴雨，平均降水量 260 毫米，栾湖、芒山、薛湖达 470～490 毫米，其他在 200～300 毫米，其中城北各公社受灾重，平均积水 20 厘米左右，低洼处作物被淹，芝麻成片死亡，泡塌民房万余间，室内积水达一半，死伤 5 人。当年 7 月、8 月商丘地区降水大而集中，出现夏涝。

1983 年　宁陵县秋涝，9 月 7 日至 10 月 25 日降水量 195.5 毫米，麦播推迟 10～15 天；夏邑县，10 月上、中旬连阴雨天气，全县大面积小麦晚播；全地区秋涝，10 月连阴雨，上旬除民权县接近常年外，其他县较历年平均多 1.5～1.7 倍(永城县多 2.6 倍)。中旬降水各县较历年平均多 5.5～11.2 倍，两旬 13 个雨日，15 天无日照，温度低，致使棉花烂桃，棉絮品级降低，小麦大面积迟播，冬前积温不足，一、二、三类苗情比例为“二、四、四”，二、三类苗占 80%。同时使商丘地区大白菜(病毒病、霜霉病、软腐病)蔓延扩大(据当时商丘市统计：1983 年单产不足 1500 斤，有些地方绝收)。宁陵县西关 650 亩大白菜因病致死 30%～40%，空心率 50%～70%，经济损失 50%～85%。

1984 年　睢县，8 月 12 日大暴雨，全县受灾 70 万亩；宁陵，7 月 10 日、8 月 24 日暴雨，全县损失很大；商丘县，7 月、8 月降水量 375.3 毫米，多而集中，出现轻夏涝；民权县，8 月、9 月出现雨涝，4.3 万亩农田被淹，损失约 400 多万元；柘城县，8 月 12 日出现大暴雨和龙卷风，日雨量最大 127 毫米，龙卷风 10 级左右，积水达 7.48 万亩，倒塌房屋 1741 间，砸伤 17 人，砸死 2 人，砸死、伤牲口家畜 14 头。8 月 24 日全县有 20 多个乡镇遭受大风雨的袭击，降水时间 3～5 小时，最大降水量 107 毫米，风力最大 8.9 级，持续 30 分钟左右，被水包围的村庄 26 个，洼地积水 5.44 万亩，受淹 23.1 万亩，成灾 16.5 万亩，倒塌房屋 1564 间，砸伤(死)牲畜 56 头；8 月 8—10 日，商丘全区普降大到暴雨，成灾农田 2.5 万亩，估计减产 50 万斤。8 月 25 日全区普降暴雨、大暴雨，有 3.65 万亩农田受灾，绝收 3000 亩，减产 3.5 万亩，估计减产 150 万斤，共损坏房屋 6509 间，倒塌 1636 间，伤 8 人，死牲畜 56 头。9 月涝，日降水量为 174.8～221.6 毫米，西部较常年多 1.6～1.9 倍，东部多 1.0～1.3 倍，且各旬都有一次 5～9 天的连阴雨，共 17 个雨日，是有资料以来最多的一年，影响秋作物，减产质低，并严重影响麦播，10 月 17 日，适播面积只占计划面积的 27%。

三、大风

1951 年　民权县，麦后刮大风，3 个旋风合成 1 个，把石磙都刮跑了，树木拧断很多，一村庄大部分民房被揭去上盖；永城县，农历十月十八，马桥公社大风，风向西北，刮断直径 10 厘米的树木若干棵。

1952 年　民权县，麦后，老杨村一石磙被大风刮 1 里多远，黑风；睢县，6 月大风，树刮断数棵；宁陵县，春天，一次西北黄风，部分民房被刮坏，树有被刮倒。麦季大风，民房刮倒，麦粒刮走很多；夏邑县，农历四月底至五月初，孔庄刮东南大风，房顶大部被刮掉，三四把粗的树被拦腰刮断；永城县芒山公社，农历五月刮大风，风向西北，豆楼村的麦垛被刮跑，30 余间民房被揭掉房顶，成片的大树刮倒。高庄收麦时大风，刮翻麦车，刮倒树木。

1953 年　宁陵县，麦收时，西北大风，房子被掀，树木、麦秸垛被刮倒；商丘县，收麦时，一次西北大风，场里麦被刮跑；夏邑县，农历五月间，孔庄乡刮西北大风，四五把粗的树被刮断，大部房屋被刮坏，同年 5 月中旬，县南业庙公社刮大风，麦垛被刮跑，树木刮断不计其数，民房刮毁数间；永城县，侯岭公社刮大风。

1954 年　宁陵县，收麦后，西北大风，麦垛被刮，树被刮倒，民房被掀；柘城县，安平公社、慈圣公社，麦收时大风，西南红风夹雨，几个村庄上百间民房被揭顶，拉麦大车掀翻，人走不动，爬在沟里。

1955 年　民权县，夏季西北大风，麦减产一半以上；睢县，夏季大风，倒坏树木房屋，范围 3～4 里宽；宁陵县，收麦时一次西北大风，场里打好的麦子被刮走很多，部分草房刮坏；柘城县，夏季，安平公社卫沛庄一带西北大风，树木、房屋受损；商丘县，5 月 3 日大风，部分麦被刮倒，麦收时大风，先黑后红，麦车有被刮翻；虞城县，5 月闻集公社西北大风，房揭 70%；夏邑县，5 月上旬张庄、大于庄刮西北大风，割下的麦子刮走几里地，小孩被刮走几十米远，直径约 25 厘米的大树被刮断，草房顶几乎全部被揭。同期李集公社刮西北大风，麦刮跑。

1956 年　民权县，春季大风，断树枝，揭房顶；睢县，县城内，夏季西北大风，林业局房瓦揭走大半；宁陵县，收麦时西北大风，房子麦垛被刮，6 月一次西北大黄风，有一麦秸垛被卷走半截；柘城县，起台农历五月一次大风。丁庄村东一棵两搂粗大树被拔倒；商丘县，农历五月初五，午饭后，西北大风，张阁公社朱店村房子被刮坏80%。6月13日大风雷雨，玉米被吹倒，树被刮断，房屋损毁数间；夏邑县，6月，业庙公社刮西北大风，刮坏民房数间，树刮倒50%；永城县侯岭公社，收麦时刮大风，麦车被刮的在地上翻滚，麦垛刮走，房子部分刮塌，大树刮倒。

1957年 民权县，春季大风；睢县，7月10日下午，县东南周堂村等地发生龙卷风，倒房64间，砸伤107人，死亡19人，倒树54棵；宁陵县，7月10日龙卷风，由睢县的长岗、单庄、苏营、白营、张庄移来，经腾营、陈营、东西刘庄、东张坡楼到宁陵县城西关余堂，中午12时多到达宁陵县北关城郊吕老家，下午02时多，移向黄洼、孟田读、刘庄、刘窑、孟楼、前后刘菜园、张庄东头、徐庄西头、孔集、史老家、前后邵洼，最后移入商丘县三里村，每地经过时间不足10分钟，树木被刮倒，大多数树木没有一定的倒向，孟楼、刘菜园等5个村受灾最重，伴有雷暴雨，有3个村房屋全部倒塌，伤人200多口，死58人，坑水被刮干，石磙刮到坑里，抗旱用的水车从井里拔出来，刮到距水井100多米处，树木全部被刮倒，麦茬被飓风刮到树木里面1寸(1寸=3.33厘米，下同)多深拔不出来，阳驿公社张坡楼、十里铺、后陈、东张、坡楼亦最严重；柘城县，5月，大仵公社一场大风，麦车刮翻，大树刮倒很多；商丘县，7月10日一次龙卷于农村午饭后，由宁陵县移入夏庄，经三里村、冯庄、郑阁、焦庄南地转向东南到商丘县城里，每地经过时间约10分钟，所经之地，房倒屋塌，树木折枝，以三里村受害最重，除东西头几户外，其他住户的房屋全部倒塌，砸死130多人，伤更多，郑阁死亡33人，伤100多人，焦庄南地三角铁架被刮倒，西南土城墙刮走3丈多，县政府礼堂、人民街小学的房子刮塌；虞城县，夏，大风，民房坏90%；夏邑县，东关，城内大风，瓦房顶被揭。同年，麦收期间，张集乡郑楼大风，收下的麦子被刮跑，树木房顶刮坏很多。同期孔庄大风。同年秋，李集乡大风，两把粗树被刮断，房顶大部分被刮跑；永城县，农历六月，西北大风，薛湖公社大树被刮倒。

1958年 民权县，夏季，从东南方向来一股龙卷风，房屋倒塌，有几棵大树连根拔起；睢县，春季大风，发生在河堤公社丁庄，大部房顶被刮；柘城县远襄公社西北大风，远襄公社3间粮仓顶被大风揭走；虞城县，秋季大风，风向西南，杨集公社有一户住房倒塌，人被砸死。

1960年 民权县，农历三月初六日西北大黑风，对面不见人，唐寨刮死一老婆；睢县，7月大风；柘城县，麦后，城关大风，小李大队东部四把粗的树木被刮断；夏邑县，风灾面积达2.9万余亩。

1961年 民权县，春季大风，沙土把沟填平了，小麦刮得露根；睢县，春季大风，毁房，小麦受到风害；宁陵县，农历四月二十九日和五月二日两次大风灾，小麦受灾面积占78%，亩产仅20余斤。受灾区域：南北30里，东西10多里，以逻岗公社最重，其次是阳驿、柳河两个公社。程楼公社麦收时西北大风，麦秸垛被刮走；商丘县，7月28日15时至17时30分，出现强烈北风，阵风40米/秒，达12级，并伴有雷阵雨，商丘市郊草房被刮坏达1840间，砸死2人，高粱、谷子7392亩受损；虞城县，7月28日下午，突受狂风侵袭，413个小队16万亩庄稼受灾，黄河故道边沿一带受灾重，贾寨公社马娄房屋倒2673间，毁8336间，砸死1人，伤1人，砸死牲口3头，猪2头，羊30只，断树头2315棵；夏邑县，5月中旬业庙公社卫油房刮西北大风，大树被刮断，房顶被揭；永城县，春季，肖谷大队刮大风，风向北，刮一下午，树被刮倒大部分。5月3日8级大风刮一天，刮坏房子35.4万间，高粱、玉米叶被破坏，油菜部分刮倒，麦子比1960年减产63.6%，比1957年减产74.3%，是新中国成立后粮食产量最低的一年。

1962年 民权县，春季大风，院里沙土堆1尺多高，小麦刮死三分之一；宁陵县，3月6日14时，风速16米/秒，7级大风，刮坏麦田2600亩，房子7000多间；柘城，2月17日11时大风，刮坏草屋；商丘县，3 月 6 日 13—21 时有 7～8 级偏北大风。麦收时西北大风，麦车被刮翻；虞城县，4 月 16—17 日刮 7 级大风，全县损失大，仅农场即毁房 10 间，电线杆倒 3 根。

1963 年　民权县，收麦时大风，麦垛刮跑，树木刮倒很多；宁陵县，11 月 24 日，关营村一带大风，刮断 20 多根电线杆。5 月大风，石桥公社小麦减产八成，孔集公社场里小麦刮跑很多，花生受损；柘城，春季大风。7 月西北大黑风，200 万公斤储量大粮仓顶被揭；商丘县，收麦时一次大风，大车被刮翻，场里麦被刮跑；夏邑县，农历三月初七，业庙公社田营村出现龙卷风，长 2 里、宽 1 里，色黄而黑，伴有暴雨，电闪雷鸣经过之处，一扫而光，树木刮断不计其数，直径 2 尺多的梨树连根拔起。民房刮毁 70 余间。同年 6 月，业庙公社刮西北大风，刮毁民房 40 余间，树木不计其数；永城县，酂城公社曹庄大队、卞庄全村房顶几乎被刮毁完，碗口粗的树几乎全部拔掉。芒山公社、马桥公社大风，农历五月底六月初，从马桥公社的姬庄到新桥的张庄，东西 1 里，30 厘米粗的柿树被刮断，70 厘米高、40 厘米宽的石桩刮得翻滚，麦垛移动很远，全村只剩 4 间房子，其余全部刮倒，马桥机械厂的几十间厂房被刮倒。高庄、葛店刮倒几十间房子。

1964 年　民权县，麦收时一次西北大黑风，麦有损失，有树木被刮倒；睢县，夏西北大风，小麦受风灾，房顶被刮毁数间；宁陵县，农历四月初五 19 时开始刮 9 级大风，持续 24 小时，倒房 8.5 万间，死伤 76 人、牲口 11 头，毁坏家具 3 万余件。6 月，孟李公社一次大风，楼北刮倒；柘城县，4 月 5 日遭 8 级大风暴雨，拔树倒屋，损坏禾苗；虞城县，4 月 5—6 日大风，刮倒房 7828 间，坏 3 万多间。秋季一次龙卷自北向南，长 2～3 里，时间 10 多分钟，经过之处坏房 70%；夏邑县，4 月，李集公社一次西南大风，民房上盖被揭 50%，并伴冰雹。4 月 18—19 日，县城周围遭大风袭击，伴有暴雨，受害大队 43 个、1137 户，房屋倒塌 159 间，房顶被揭 632 间，刮毁树木 662 棵，倒房砸伤 22 人，同日马头、业庙两个公社，在暴雨冰雹交加时，突起西北飓风，风力较大，拔树毁屋，大刘、大朱、白楼、焦楼、后田营 5 个村庄，造成毁灭性灾害，84.5%的房顶被揭，四角落地 121 间，倒断树木 279 棵，刮走饲草 9100 斤、烧柴 2500 斤、面粉 1213 斤，砸伤 10 人，社员田马氏隔着墙头被风卷走数丈，刮毁线路 13 公里；永城县，农历三月初七日午后大风，一村全村房顶被刮完，其中一部分房子连墙一起被刮倒，树木 70%被刮倒。农历六月十三，王集公社八楼和泽庄西村大风，一个麦秸垛被刮跑，6 间牛屋上盖刮跑 3 里远，刘八楼房子刮去上盖的百余间。树木连根拔去，鸡鸭刮到空中，摔死很多，红薯秧全刮掉。4 人因房塌致重伤。

1965 年　民权县，4 月 17 日大风，风速 18 米/秒；柘城县，8 月 3 日刮 7 级大风，高粱、谷子倒 7 万余亩；宁陵县，孔集公社麦收时一次西北大风，红色，场里麦子刮走很多，草房刮坏很多，树有刮断者；商丘县，春，一次大风，南郊公社一房刮塌；夏，午后，一次大风，张阁宋庄一牛屋被刮几里地远。

1966 年　民权县，7 月 22 日大风，阵风 8 级，1663 间房子被刮倒；睢县，夏季麦收时刮大风，小麦受到损失；宁陵县，2 月 21—22 日，阵风 40 米/秒，5 个公社倒房 800 多间；柘城县，6 月大件一次西北大风，毁草房顶不少；夏邑县，春，李集公社出现大风，危害树木。

1967 年　民权县，6—7 月，野岗有大风；宁陵县，麦收时程楼大风，麦受损失，草房被掀 80%；虞城县，6 月 12 日下午，全县刮 1 小时 8 级大风，毁房 2 万多间；夏邑县，5 月中旬张集公社东隋庄刮西北大风 1 个多小时，毁树木 80%，草房几乎全被刮毁。

1968 年　宁陵县，5 月 19 日大风，刮毁房 450 间，5 月 29 日大风，刮坏房子 100 多间，农历六月程楼东南大风，草房大部被掀；柘城县，麦收时，远襄公社大风；虞城县，4 月 24 日全县大风 9 级，高粱、棉花受害重。秋大风，天空混沌，有人迷路几十里。

1969 年　民权县，5 月一场大风，把场里麦垛刮跑，损失很大；睢县，2 月 26 日苏营刮大风，房顶被刮坏；宁陵县，3 月 8—12 日大风，石桥公社瓦房被掀；商丘县，农历五月初，西北大风，双八公社彭园村 30 多间房子被风掀掉上盖；夏邑县，春季李集公社大风，江三庙村的房顶全被揭掉，危害庄稼。4 月 14 日业庙公社大风，人行走困难，房顶刮走四角，刮倒树 4 棵；永城县，马桥南大队，农历六月东南风，刮断 20 厘米粗的树木。夏邑县胡桥公社，一次午后，刮起一旋风，行走约 3 里后消失，所经之处，树木连根拔起。

1970 年　柘城县，城关、岗王西北大风，打麦刚进场；刮跑很多，损失两成；永城县，农历五月，马桥西南大风，刮断树木，刮跑麦秸垛。

1971 年　民权县，6 月 28 日晚上 19 时，出现龙卷风，起于西闸口，经西粮店、高中、县委、医院，转向西北，到初中院、党校、农林场，离开地面。县初中院内的礼堂被大风刮塌，县委党校办公室被刮塌，砸死十几人，西楚洼村东头房子被刮 9 间；睢县，5 月 6 日下冰雹时有大风，大树被刮断。

1972 年　民权县，农历六月一次大风，三四把粗的树刮倒，有房盖被揭；睢县，春，苏营发生大风，部分房顶被刮毁；宁陵县，程楼公社 5 月刮大风，程楼大队有 10 家社员的房子全部掀完；商丘县，6 月出现西北大风，火星台庙后铁三脚架被刮倒。

1973 年　永城县，7 月 23 日 16 时半，酂阳公社暴雨，伴有 9 级大风，16 个队受灾，5 个大队较重，1800 亩高粱、3000 亩谷子、3500 亩辣椒受灾，坏房 500 余间，倒树千余棵，大约直径有 50 厘米粗。

1974 年　商丘县，农历四月一次大风，有瓦房刮坏。

1975 年　宁陵县，春季，孟李公社一次西北大黄风，地里长的花生全部被大风刮出来。

1976 年　睢县，夏季收麦时大风，场里麦子受到损失；永城县，薛湖程大庄大队，郑佈村被大风刮倒一排柳树，丁草庙村也有很多树被刮倒。

1977 年　睢县，夏，西北大风，毁树木，损小麦；柘城县，农历五月，起台公社卫庄一次龙卷自卫庄西北角起经村西南角，所经之处，房顶被刮跑，有千余棵树木倒断；宁陵县，农历五月二十一孟李大队出现一次龙卷，自该大队西南角落地，经李庄半部自余孟庄转向东北方向去，到该大队的东北面离开地面。该大队 170 间房被刮毁，其中有 50 间房盖刮跑，树木刮倒不计其数，一男青年在棉花地里被刮跑 3 里远，棉花刮死 30%。5 月 13 日大风，碗口粗的树被刮断，小麦铺地，棉花刮死 30%。

1978 年　民权县，7 月 1 日下午，大风伴有冰雹，野岗公社民房倒坏 375 间；睢县，6 月大风，刮倒树木损坏民房；柘城县远襄公社，7 月，西北大风，吹倒粮管所围墙 10 余丈；宁陵县，5 月 22 日夜，孟李公社一次西南大风，部分房子刮坏，树倒数棵；商丘县，10 月 25 日夜，刮西北大风，刮倒墙，刮断树木很多；永城县，农历二月二十二，酂城公社乔佈村一场大风，房顶被揭掉，树木受损很大。

1979 年　宁陵县，3 月 29 日，西北风 7～8 级（17 米/秒），西沙河房子被刮倒一间，煤建公司、兽医院围墙被刮倒 85 米，4 月 25 日夜招西北风 6～7 级，6 月 8 日 19 时以后，偏北大风，相当 11 级（瞬间最大 31 米/秒）伴沙尘，阵雨和豆粒大的冰雹，8 月 6 日中午出现阵风 19 米/秒的大风。

1980 年　宁陵县，4 月 3 日上午大风，4 月 5 日上午大风，5 月 3 日中午大风，11 月 1 日中午大风，12 月 12 日上午大风；永城县，4 月 14—15 日洪福公社的石桥经夏桥到王集公社出现雷雨大风，一些房顶被揭，石桥镇伤 3 人，夏桥粮店围墙刮倒几十米。

1981 年　夏邑县，6 月 20 日 15 时许，张集公社刘暗楼、丁黎园、何楼 3 个大队遭受龙卷风袭击，当时暴雨冰雹雷电交加，风力达 12 级左右，范围长 1.5 公里、宽 1 公里，草房顶刮飞 500 多间，瓦房刮坏 70 多间，树木刮倒刮断不计其数，对玉米、高粱、棉花、红薯、豆子等作物危害特重；同年 6 月 27 日 14 时许，郭店、何营受大风袭击，毁房 15 间，毁树木 100 多棵，损毁庄稼约达 3700 余亩；宁陵，3 月 25 日、5 月 12 日、7 月 4 日、7 月 20 日、11 月 16 日都出现大风；永城县，6 月 20 日 15—16 时，城西北出现 12 级左右大风。

1982 年　宁陵县，2 月 28 日、3 月 16 日、4 月 8 日、5 月 22 日、10 月 18 日分别出现大风；永城县，5 月 23 日凌晨全县普受西北风袭击，风力 9 级，阵风 11 级，伴有冰雹，大风持续近两小时，使 100 多个生产队遭受风灾。倒塌揭顶房屋 3.3 万间，倒围墙 3915 米，拔掉折毁成才树木 6.1 万棵，折断或刮倒电杆、农电线杆 500 根，电话广播线杆 1200 根。造成小麦倒伏减产三成以上的 8.7 万亩，油菜倒伏 7118 亩。全县停电 21 个小时，工农业损失达 200 万元以上。6 月 17 日县北 5 个公社遭受 8～9 级大风；民权县，4 月 8 日早 4 时 30 分大风，瞬间风速 24 米/秒，城关、花园、龙塘、野岗、程庄、孙六、王庄寨 7 个公社有两座铁塔刮倒，果树房屋受到危害；虞城县，1 月 7 日、3 月 16 日、4 月 1 日、3 日和 26 日出现 7 级大风。

1984 年　宁陵县，7 月 10 日大风伴冰雹，全县作物受灾面积 10.37 万亩，刮倒树木 1000 余棵，6 个乡电话线路中断，全县停电 3 天。8 月 9 日大风，8 月 24 日大风；民权县，6 月 3 日大风，冰雹天气，有 17 个乡遭受风灾；宁陵县、商丘县、虞城县，6 月 23 日大风成灾，最大风力达 10 级以上，据当时商丘气象观测站记录，风速达 24 米/秒，通往观测场的电缆线刮断；商丘地区，8 月 25 日，全区大暴雨，并伴有 7 级以上大风，成灾。

四、冰雹

1950 年　虞城县，收麦时城郊降雹，多如小枣大，个别如馒头，麦受损，高粱叶打成缕。

1951 年　民权县，5 月降雹，大如核桃，高粱、棉花受损严重；夏邑县，夏季，李集公社降雹，大片瓜园被冰雹砸毁。

1952 年　睢县，麦收时，涧岗公社一带发生轻雹灾；虞城县，农历四月闻集公社、杨集公社一带降雹，地面积雹 3～4 指，小麦受损；夏邑县，3 月 15 日李集公社一带降雹，大如枣；永城县，3 月份，酂阳公社落雹。

1953 年　虞城县，6 月杨集降雹，大者如碗口；夏邑县，麦收间王集公社降雹打晚麦，毁棉花、谷子、高粱后又复发。

1954 年　商丘县，5 月 14 日降冰雹 5 分钟，大如枣小如豆，玉米、高粱、棉花叶子被打烂，部分杆被打断（郭村）；夏邑县，业庙公社八里村方圆 1 里内降雹，东北至西南走向，大如杏核；睢县，雹灾 3 万余亩。榆厢公社，大雹灾，冰雹重量约 1 斤，大的约 8 斤，影响范围方圆 5 公里，房屋砸坏甚多，棉花只剩光秆，孙砦、涧岗一带也有雹灾，冰化水 1 尺深，庄稼毁坏；永城县，农历五月初薛湖下雹，东北至西南方向，长 20 里，宽 7 里，张楼为中心，拳头、鸡蛋大小，未收的小麦受害 30%，棉苗被打坏。

1955 年　宁陵县，4 月雹打麦，5 月雹打瓜秧；夏邑县，业庙公社一带降雹瞬时，东北至西南走向，大如枣，重灾村 24 个，706 户受灾，受灾人口有 2791 人。

1956 年 民权县，6 月 19 日气象站出现冰雹，直径 7.5 厘米，麦后降雹，大如花生粒，红薯、高粱叶打烂（城郊）；宁陵县，夏降雹；虞城县，雹灾面积 6 万余亩，减产 50%；夏邑县，农历五月初，北镇至王祠一带降雹，毁高粱、棉花。麦收间王集一带降雹，毁晚麦、高粱、谷子、棉花。6 月以胡桥公社为中心降雹，长 10 里、宽 1 里，西北至东南走向，大如杏核，半小时，毁高粱，大秋部分减产。

1957 年 夏邑县，夏季，两次雹灾，受灾面积 11 个公社，44 个小社，196 个村，有 5 万余人受灾，伤亡牲畜 87 头，伤人 4 名，倒塌房屋 2877 间，树木倒断 1680 棵，农具损失 9000 余元。其中 6 月以张桥、大刘庄为中心，长 10 里、宽 6 里，东北至西南走向，大如鸡蛋，半小时覆盖地面，秋作物大减产。同月以大于庄为中心降雹，长 10 里、宽 8 里，西北至东南走向，大如鸡蛋，1 小时覆盖地面，秋作物基本绝收，民房 40%砸漏。

1959 年 民权县，胡庄一带 6 月降雹，自西北来，20 里长、10 里宽，大者如枣，庄稼叶折烂断；宁陵县，7 月 6 日下雹，大如杏核小如豆，高粱、玉米、棉花叶子被打碎。

1960 年 宁陵县，农历八月初六降雹，大如鸡蛋，庄稼打毁，雹区宽 2 里、长 12 里，中心在龙庄，西北至东南走向；柘城县，麦后降雹，大如杏核，城郊秋作物受灾严重；虞城县，是岁受到雹灾，损失严重；夏邑县，麦后车站公社降雹，韩楼至秦庄走向，长 5 里，毁瓜、毁高粱。

1961 年 柘城县，6 月降雹，大如豆粒，积雹寸余，大仵公社一带庄稼受损；民权县，7 月 15 日降雹，较小；永城县，6 月芒山公社的郑娄大队下雹，如鸡蛋大，直径 2.5～3.0 厘米，从火店集到孟集，长度约 20 多里。

1962 年 虞城县，7 月 21 日，中部、东北部 5 个公社先后降雹，宽 3～4 里、长 12 里，历时 15—30 分钟，大如鸡蛋，个别如拳，作物 80%～90%受损。

1963 年 民权县，胡庄一带 3 月降雹，大如枣如豆，西北方向来，宽 2 里、长 12 里，小麦打断；宁陵县，3 月底降雹，灾情不重；商丘县，麦后降雹，自西北向东南，南郊公社的红薯叶、高粱叶砸烂、砸成光杆。

1964 年 民权县，4 月 25 日降雹，石槽到蒋洼 3 里多长、1 里多宽，大如枣如豆，平地积雹 4 指深，小麦似碾，红薯、高粱、棉花、树木叶子打光，减产五成；宁陵县，6 月 6 日降雹；柘城县，5 月 5 日大仵公社一带降雹，高粱、芝麻受损，6 月降雹，起台公社的红薯、高粱受害；商丘县，张阁公社、双八公社一带麦前降雹，受灾严重；夏邑县，4 月 18—19 日先后有 8 个区、48 个公社降雹，受灾小队 1616 个，麦受灾面积 15.9 万亩；永城县，6 月，以芒山公社为中心下雹，大如拳头，直径 10 厘米，小如杏核。

1965 年 民权县，4 月 10 日县气象站附近降雹，最大直径 3 厘米，重 9 克，3 万亩小麦受灾；柘城县，6 月城郊降雹，大如核桃，果木庄稼受损严重。7 月 1 日岗王公社一带降雹；宁陵县，农历八月初十后庄一带降雹，西北自东南走向，宽 6 里、长 15 里，大如花桃，覆盖地面 1 寸，红薯、烟叶、棉花叶打光，花桃大部打掉；商丘县，4 月 14 日商丘市东郊降雹，平均重量 0.6 克，最大重量 1.7 克，直径 16 毫米，轻度为害；永城县，薛湖的程庄下了几分钟冰雹，大小如鸡蛋，从西北方向来，高粱、玉米受损，农历六月茴村下雹，大如鸡蛋，棉花打成光秆。

1966 年 民权县，7 月 22 日县气象站附近降雹，直径 4 厘米，重 10 克，有 10 人被砸伤，4 头牲口被砸伤，3 万亩作物被打坏，1.5 万亩绝收；商丘县，农历三月初六勒马、郭村降雹，庞堂集较重；永城，本县内部分地方下雹。

1967 年 宁陵县，8 月 11 日降雹，宽 6 里、长 15 里，西北至东南走向，持续 10 分钟，积雹 4

指深，大者如枣，棉花等打成光秆。9 月中旬，逻岗、城关、胡二庄一带降雹，打毁棉花、红薯等作物；柘城县，立秋时节，远襄一带部分村庄受雹灾；商丘县，5 月 19 日南郊、郭村一带降雹；虞城县，6 月 12 日中午全县局地有冰雹。

1968 年　睢县，夏季，涧岗公社一带雹伤棉花、高粱；宁陵县，5 月 19 日降雹，阳驿公社、石桥公社、赵村公社 3 个公社受灾，全县 1 万多亩作物受灾。5 月 29 日降雹，持续 7 分钟，逻岗公社东南、石桥公社西南、阳驿公社东部和城关镇共 15 个大队受灾，小麦损失 70%。农历六月，程楼公社一带降雹，宽 6 里，东南至西北走向，高粱、棉花、玉米受损；柘城县，4 月 9 日县城降雹，5 月中旬远襄公社一带降雹，小麦全砸毁，6 月底安平公社一带降雹，秋作物受损；夏邑县，6 月 19 日 16 时，全县有 6 个公社（胡桥、火店、济阳、会亭、孔庄、城郊）40 个大队、385 个生产队降雹，受灾面积达 3.7 万亩，毁坏民房共计 72 间。

1969 年　睢县，夏季，孙寨一带轻雹，庄稼叶部分打烂；商丘县，4 月降雹，大如鸡蛋，历时半小时，地面积雹 4 指厚，李庄公社、双八公社部分小麦如碾；虞城县，4 月沙集降雹，小麦减产四至五成。

1970 年　民权县，4 月 19 日县气象站附近一带降雹 3 分钟；柘城县，夏季，远襄公社麦遭雹打，损失严重，8 月 12 日复遭雹灾，秋庄稼损失严重；虞城县，4 月贾寨、黄冢 2 个公社出现雹灾。

1971 年　睢县，农历五月初六午后，长岗公社王庄砦大队以东、祁河以西发生雹灾，历时 10 分钟，秋作物受损。同月，周堂公社的黄堂雹灾，大如杏核，棉花打成光秆；民权县，胡庄一带 5 月降雹，棉花打成光秆，禾苗打烂，宽 3 里、长 5 里；宁陵县，6 月降雹，大如红枣，作物基本砸毁，雹区长约 20 里、宽 3～4 里，西南至东北走向；柘城县，农历六月安平公社一带降雹，树木庄稼全砸毁；虞城县，农历五月贾寨公社、沙集公社、黄冢公社 3 个公社发生雹灾；永城县，农历六月，酂城公社侯寨大队下雹。

1972 年　睢县，6 月涧岗公社、榆厢公社一带有轻微雹灾。8 月孙砦为中心发生雹灾，宽 7 里、长 20 里；民权县，6 月 29 日降雹，冰雹大如馒头，朱洼、程庄两大队受损最重，秋庄稼基本绝收，许多瓦房砸烂，1 人亡；宁陵县，6 月 18 日降雹，孔集公社孟李大队秋禾受损严重；夏邑县，农历五月十八济阳公社降雹，长 10 里、宽 2～3 里，个体小、密度大，覆盖地面，砸毁高粱、红薯、树木。

1973 年　睢县，河堤公社丁庄一带 15 平方公里内严重雹灾，棉花及其他作物减产；宁陵县，6 月孔集公社孟李降雹，有轻灾。阳驿降雹，瓜、红薯秧打断，高粱、棉花打光秆；商丘县，4 月 6 日商丘市郊降雹 5 分钟，平均重量 0.1 克。李口公社张庙大队降雹大如核桃，棉花、红薯受损。8 月 15 日观堂公社的赵庄、丁楼、黄店 3 个村降雹，棉花、豆子受害；永城县，4 月 27 日 18 时 30 分马桥下雹，21 时再次降雹 40 分钟，大如鸡蛋，平地积雹 5 指深，最厚 1 尺。

1974 年　民权县，3 月 25 日降雹，自西北方向来，宽 3 里、长 15 里，大如枣，小麦打坏；睢县，农历六月，长岗、朱庄、王行、胡岗、后台发生严重雹灾，受灾面积 1.1 万亩，县城西郊有雹灾；柘城县，7 月安平一带降雹，一般如核桃大，棉花、粮食作物损失非常严重；商丘县，4 月 6 日 16 时 40—45 分降雹，一般直径 13 毫米；夏邑县，农历五月初，孔庄公社卜集一带降雹，方圆十几里，大如杏，毁麦。

1975 年　民权县，4 月降雹，减产 30%；永城县马桥公社的向庄、洪楼降冰雹，棉花、玉米打坏。

1976 年　睢县，6 月中旬周堂受风雹危害，重者百余亩，棉花光秆；柘城县，农历五月起台一带下雹 20 分钟，大如杏核，秋作物受损；虞城县，6 月，黄冢公社王楼大队降雹。

1977 年　睢县，6 月，周堂公社前曺(cáo)雹灾，棉花全部打坏。麦后，孙寨一带降雹，有轻灾；宁陵县，7 月初孔集降雹，毁瓜；虞城县，7 月 10 日 20 时 20 分，李老家、城郊、稍岗 3 个公社先后降雹，直径一般 1.5 厘米，大者如鸡蛋，历时 20 分钟，黄冢公社也发生雹灾。

1978 年　民权县，7 月 1 日降雹 15 分钟，15 个大队、39 个生产队受灾，玉米 350 亩，棉花 550 亩，高粱 70 亩；睢县，6 月 3 日县城东、城北有小雹。7 月 9 日余庄、榆厢、涧岗一带均降雹。同年，孙砦一带降雹；宁陵县，7 月孔集公社一带降雹。

1979 年　夏邑县，4 月 25 日下午，降雹约 10 分钟，雹区涉及 5 个公社、36 个大队、259 个生产队，小麦受灾面积 2.25 万亩，其中基本绝收面积 4828 亩，五成左右 6440 亩，三成左右 1.17 万亩，仅罗庄公社小麦绝收面积 4282 亩。油菜受灾面积 5709 亩，玉米 2495 亩，红薯 393 亩，炕床 245 个，棉花 1948 亩，并毁房屋；宁陵县，6 月 8 日傍晚到夜里和 8 月 6 日 13 时 48 分两次降雹，如豆粒。

1980 年　商丘县，9 月 26 日县北 9 个公社降雹，李庄受灾最重。豆子受灾 1 万亩，减产 33 万斤，棉花减产 5 万斤；宁陵，9 月 26 日夜降雹，似豆粒；柘城县，8 月 11 日皇集、李原、申桥 3 个公社遭受冰雹和龙卷风袭击，受灾面积 8 万亩，砸伤 11 人；虞城县，8 月 14 日和 9 月 26 日降雹，作物受到危害；民权县，9 月 26 日，全县普遍降雹，大如杏核，各种作物都受到不同程度的危害。

1981 年　夏邑县，6 月 20 日 15 时，张集公社刘暗楼、丁梨园、何楼降雹 7 分钟。6 月 27 日下午，郭店、何营 2 个公社境内降雹约 15 分钟，以黄楼、何营为中心，涉及丁瓦房、代娄、何集等大队，西北至东南走向，风力 10～11 级，雹大如蛋黄，毁高粱、玉米、豆子、棉花、树木、房屋。永城县，6 月 20 日 15—16 时，城西北马牧、酇阳、蒋口 3 个公社出现大风冰雹雷雨天气，自西向东运行，中心风力达 12 级左右，冰雹最大直径 5 厘米，大风影响面积约 135 平方公里，降雹范围 6 平方公里，大风、冰雹中心经过的地方有直径 60 厘米的大树被连根拔起，房屋倒塌，水泥电杆刮断，棉花光秆，玉米叶像麻缕，造成减产甚至绝收，其他物资损失计 24 万元。

1982 年　永城县，5 月 23 日，酇阳公社、陈集公社、十八里公社、条河公社、苗桥公社一带降雹，雹粒最大直径 2 厘米，打毁高粱、玉米、棉花 9100 亩。6 月 17 日，县北 5 个公社 405 个生产队遭大风冰雹灾害，雹粒大如鸭蛋，小如蚕豆，下降密集，持续 15 分钟以上，2230 间房屋被毁，2600 棵树木刮倒，40 根电杆刮断，马桥公社至县城电话中断 17 个小时，刮倒围墙 600 多米，伤人 28 名，牲畜 9 头，作物受灾面积 4.17 万亩；民权县，8 月 20 日夜，飑线过境，有小冰雹。

1983 年　永城县，9 月 5 日 17 时 24—44 分降雹，最大雹粒直径 4.3 厘米，重 7.6 克，县城周围 4 个公社 179 个生产队受灾，受灾农田 3.6 万亩。受灾后，夏玉米叶子成麻缕状，大豆倒伏、烂叶、掉荚，棉花叶、铃脱落满地，白菜、萝卜、辣椒等均受危害。

1984 年　民权县、永城县、商丘县，6 月 3 日发生阵雨、大风、冰雹天气，民权县受灾最重，5 个乡遭雹灾，其中野鸡岗、褚庙 2 个乡降雹约半小时，地面积雹约 1 寸半厚，全县 3.8 万亩棉花、1253 亩苗圃、4310 亩果园、2.69 万亩其他作物受灾，减收小麦估计 1200 万斤。永城县因雹损失小麦约 24 万斤；宁陵县，7 月 10 日 19 时 30 分后降雹 2 分钟，大如豆粒。8 月 23 日柳河乡 8 个大队降雹，13 时 30 分起持续 15 分钟，受灾面积 1.8 万亩，李楼大队受灾最重，该队共有土地1490亩，受灾达1200亩，其中20亩桐苗全被压断，损失5万余元；商丘县、市，8月23日14时30分前后，商丘县城北4个乡和商丘市郊区遭受大风冰雹灾害，强中心在商丘市东郊，受灾最重。此次农田受灾面积4.8万亩，绝收5280亩，减产23万斤。损坏房屋335间，倒塌54间，伤14人，死牲畜3头，伤12头，损坏电信线路2500米，中断通信6～12小时，损坏电力线路4000米，中断供电5～10天。其中商丘市郊区受灾农田约2.27万亩，严重减产1800亩，绝收1530亩，刮倒树木1.3万棵，毁苗圃560亩，倒围墙2000米，损坏房屋250间，伤6人，死牲畜2头。

五、干热风

1952年　永城县，农历四月底薛湖3天西南风，晚麦减产80%。

1954年　永城县，马桥公社出现干热风，晚麦全被刮死，玉麦品种几乎全死绝，以后本地就没有玉麦了。

1955年　商丘县，有轻型干热风；夏邑县，连刮3天西南风，加上干旱严重，晚麦减产80%，早麦减产50%；虞城，干热风比较严重，一连刮几天西南风，麦死。

1956年　商丘县，4月刮干冷风，全县小麦减产四成；永城县，5月20日以后酇城公社出现干热风，小麦减产50%。

1957年　商丘县，有轻型干热风。

1958年　睢县，周堂出现一次干热风，晚麦减产40%；商丘县，有重型干热风出现，自5月24日至6月3日持续7天，小麦受损严重；夏邑县，5月27—30日连刮4天干热风，使麦减产；永城县酇城公社，下一场小雨后，接着刮了几场西南风，小麦减产50%。

1959年　商丘县，5月28—29日，雨后出现干热风，使小麦青枯逼熟，减产。

1960年　宁陵县，5月30日刮干热风，阳驿公社小麦减产四成；商丘县，有重型干热风；夏邑县，5月底至6月上旬，连续干热风，使晚麦减产严重。

1961年　民权县，5月23—31日连续出现干热风，造成小麦减产80%；商丘县，出现重型干热风，5月27—29日雨后出现，致使小麦青枯；宁陵县，5月28日刮干热风；永城县侯岭公社出现一次干热风；睢县，出现干热风，小麦减产。

1962年　民权县，农历四月出现干热风，小麦基本绝收；睢县，5月中旬出现轻型干热风；商丘县，出现轻型干热风（农历四月底一次干热风，小麦减产三成）；夏邑县，小麦前期干旱，成熟期遇西南风减产；永城县，薛湖出现一次干热风，小麦减产50%；宁陵县，出现4次干热风过程，持续18天。

1964年　民权县，出现干热风，小麦减产七八成，以小麦白芒糙品种受灾严重；宁陵县，5月21—22日出现干热风；睢县，河集公社出现干热风，小麦减产30%；夏邑县，6月10日前后刮西南风，晚麦减产30%；永城县，薛湖刮3天西南风，小麦减产50%。芒山公社郑楼5月中旬连刮3天西南风，小麦每亩只收30斤。新桥公社刮八九天西南风，小麦受灾明显。马桥公社出现一次干热风，小麦减产。

1965年　民权县，5月26—27日连续两天出现干热风；宁陵县，5月26日、27日和30日出现干热风，逻岗公社小麦减产三成；睢县，出现干热风，何集公社小麦减产三四成；商丘县，有重型干热风出现。

1966年　民权县，出现干热风，小麦减产四五成；宁陵县，5月下旬出现干热风，逻岗、阳驿

2 个公社小麦减产五成；睢县，6 月上旬出现重型干热风，持续 10 天；商丘县，出现重型干热风，自 6 月 1—7 日，持续 7 天；夏邑县，6 月初干热风，晚麦减产。

1967 年　民权县，4 月底刮干热风，小麦减产四成，以小麦北京 8 号品种受灾较重；宁陵县 5 月 23 日出现干热风；商丘县出现重型干热风；虞城出现较重干热风；夏邑县 5 月 24—29 日出现干热风，小麦减产 30%～40%。

1968 年　宁陵县，5 月 25 日出现干热风；睢县，出现干热风，何集公社小麦减产 30%～40%；夏邑县，5 月底至 6 月初干热风，晚麦减产；虞城县，干热风较重。

1969 年　民权县，5 月 28 日、30 日，出现两次干热风；宁陵县，5 月 30 日出现干热风；永城县，薛湖小麦受干热风危害，秕子多，减产明显；睢县，干热风造成小麦秕粒。

1970 年　宁陵县，5 月 21 日、26 日有干热风，孔集公社孟李小麦减产三成；商丘县，有轻型干热风；夏邑县，5 月出现轻型干热风，使麦有所减产；永城县，新桥公社小麦受西南风影响，麦粒秕，减产明显。马桥公社西南风刮死小麦，减产严重；虞城县，干热风较重，连刮 3 天西南风，北京 8 号小麦减产严重。

1971 年　民权县，5 月 30 日出现干热风，小麦减产 40%；睢县，出现干热风，小麦秕；宁陵县 5 月 31 日干热风；柘城县，5 月 24—25 日出现干热风，小麦减产；商丘县，刮干热风，小麦减产两成；虞城县，干热风严重，小麦减产 30%～40%。

1972 年　睢县，干热风，何集公社小麦减产三四成；宁陵县，5 月 20 日干热风，阳驿小麦减产 20%；商丘县，轻干热风；虞城，轻干热风；夏邑县，6 月上旬干热风，晚麦减产 30%左右。

1973 年　睢县，出现干热风，何集小麦减产 30%；宁陵县，5 月 29 日干热风；商丘县轻干热风，5 月 29 日；柘城县，出现几场干热风，小麦减产 30%；虞城县，连刮 10 天西南风，麦粒秕小，减产 30%，北京 8 号受灾严重；永城县，薛湖公社小麦受干热风危害，秕籽多，减产 20%。

1974 年　民权县，5 月 13 日出现干热风，使小麦减产 30%；睢县，何集小麦受干热风危害，减产 40%；宁陵县，5 月 31 日干热风，孔集公社孟李小麦减产三成以上；商丘县，出现重型干热风；柘城县，出现干热风，小麦减产 30%左右；虞城县，轻干热风，晚麦受损；永城县，酂城公社小麦正值灌浆期时遇干热风，减产 30%～40%。

1975 年　民权县，5 月 22 日出现干热风，小麦减产三成；宁陵县，5 月 22—30 日出现 5 次干热风过程，小麦有减产；商丘县，出现干热风，小麦减产 40%；虞城县，有轻干热风，晚麦有被刮死；夏邑县，5 月底至 6 月初干热风，晚麦减产；永城县，芒山公社，农历四月底刮 3 天西南风，戎山大队小麦减产两成。马桥公社，西南风刮死部分麦子，后又连阴雨，小麦损失很大。

1976 年　民权县，出现干热风，小麦刮死很多，晚麦较重；睢县，出现干热风出现；柘城县，干热风，大仵小麦减产 60%；虞城县，5 月底刮几天西南风，小麦大部刮死，麦粒很秕，小麦减产三成。

1977 年　民权县，出现干热风，小麦减产 40%；睢县，干热风，使小麦减产；柘城县，轻度干热风。

1978 年　民权县，5 月 21—22 日出现干热风；睢县，6 月上旬出现干热风出现；宁陵县，出现 4 次干热风，持续 13 天；商丘县，出现干热风，小麦无大影响，油菜刮死很多。

1979 年　商丘县，有轻干热风；宁陵县，5 月 24—27 日连续 4 天，14 时气温 31.0～32.5 ℃，相对湿度 19%～29%，偏南风 4～6 米/秒。5 月 30—31 日 14 时气温 30.6～31.7 ℃，相对湿度 22%～30%，南风 5 米/秒；虞城县 5 月 24 日、5 月 31 日出现干热风。

1981 年　宁陵县，5 月 23—25 日出现干热风，5 月 27—28 日出现干热风，5 月 30 日出现干热风；虞城县，5 月 23—25 日，5 月 29 日、30 日出现干热风；民权县，5 月 23—25 日、6 月 4—7 日出现干热风。

1982 年　民权县，5 月 23—25 日、6 月 4—7 日有轻干热风；夏邑县，麦前有重型干热风，全县小麦减产 30%～40%，局部减产 50%左右；宁陵县，5 月 28 日出现干热风；柘城县，5 月初连续出现大风，中旬又出现轻度的干热风天气，对小麦后期生长极为不利，部分麦田出现倒伏和干枯死亡现象；虞城县，5 月 21 日、22 日、24 日和 26 日出现干热风；商丘全区 5 月下旬都有干热风出现，并有高温，小麦早熟，5 月 28—31 日全区出现阴雨天气，使成熟小麦不能及时收割，造成发霉变质，半成熟小麦急熟早死，种子秕瘦，减产二成左右。

1983 年　5 月 28 日、5 月 31 日，宁陵县、虞城县出现干热风，使小麦停止灌浆，提早成熟，籽粒秕，千粒重很低，影响小麦产量；民权县，6 月 6—7 日有轻干热风。

六、霜冻

1951 年　虞城县，农历九月霜，棉花、辣椒、红薯受灾严重；夏邑县，农历三月晚霜打麦，后又复发，半收。

1952 年　夏邑县，小麦刚出穗时，受霜灾减产 25%。

1953 年　民权县，4 月 8 日受霜灾，面积 41 万亩；睢县，晚霜伤麦，减产严重；宁陵县，4 月 11 日霜，全县小麦受灾 26 万亩；柘城县，4 月晚霜，麦伤，后新发减产；商丘县，4 月 12 日出现晚霜，小麦 77%受灾，严重减产；虞城县，霜，小麦全部被打死后，又发出新芽，致使小麦歉收；夏邑县，4 月 11 日夜至 12 日晨，全县小麦普受霜灾，其中以三、二、八、七区最重，六、九区一般，四、五区较轻。损毁 70%以上的庄稼有 5.8 万亩；50%以上的有 8.6 万亩，30%以下 19.6 万亩，轻灾 42.7 万亩，绝收三分之一。总受灾面积占总面积的 98.6%；永城县，农历三月三日，霜冻最严重，严重减产，受灾 162 万亩。

1954 年　夏邑县、永城县，农历八月中旬霜打棉花等晚秋。

1955 年　虞城县，霜打麦；夏邑县，春霜冻。

1957 年　虞城县，霜打麦，黄冢公社以南最重；夏邑县，农历三月霜打麦。

1958 年　民权县，3 月 29 日霜冻伤麦；商丘县，3 月 28 日，霜冻，小麦茎部受冻害，受冻株数占亩株数的 74%。

1959 年　虞城县，晚霜冻，比较重；夏邑县，农历三月霜打麦。

1960 年　虞城县，由于遭受干旱、风霜、虫等自然灾害，造成夏季缺粮队 48 个，占全县总大队数量的 16.1%。

1961 年　民权县，3 月霜打麦，减产三成；夏邑县，4 月 9 日霜冻；永城县，3 月 10 日霜打麦 158 万亩。

1962 年　夏邑县，4 月 18 日霜冻，影响小麦生长。

1964 年　宁陵县，农历八月一次早霜，大气寒冷异常，接着下了一场大雪，灾害严重，棉花减产 40%，雪中捞红薯。

1970 年　宁陵县，4 月 4 日霜冻，气温－7.1 ℃。4 月 12 日霜冻，气温－3.1 ℃。

1972 年　夏邑县，农历四月初九、初十晚霜冻。

1974 年　商丘县，早霜，打棉花、红薯；虞城县，早霜，伤棉花；永城县，农历八月早霜，棉花

损失大，夏红薯也受损失。

1975 年　虞城县，晚霜伤麦，早霜伤棉花，减产七成；商丘县，农历四月初二出现霜冻；夏邑县，农历八月霜打棉花，减产严重者达 60%。

1976 年　虞城县，早霜打棉花减产 50%；夏邑县，农历九月初霜灾，棉花减产严重者达 60%，害晚秋作物；永城县，农历四月十四霜冻，早麦严重，晚麦较轻；柘城县，早霜伤棉减产。

1978 年　永城县，4 月 17 日轻霜冻，部分叶片受冻害；宁陵县，4 月 21 日霜，气温－0.3 ℃。

1980 年　夏邑县，4 月 14 日霜打麦，40%面积早品种的旗叶被打焦，减产；商丘县，4 月 14 日出现晚霜冻，全县小麦受灾 38 万亩，其中 1.5 万亩基本绝收；虞城县，4 月 14 日、16 日出现霜冻，小麦受到危害；商丘地区，4 月 14 日全区各县均出现霜冻，小麦、油菜均出现不同程度的危害。

1983 年　商丘地区，2 月 28 日起，全区受寒潮影响，气温剧降，出现霜冻，20 日和 21 日两天最低气温在－10 ℃以下，使小麦遭受不同程度的冻害，永城县调查，小麦叶片受害达 2 级以上，其中“百农 3217”品种 80%叶片干枯，主茎大分蘖，幼穗受害的也以“百农 3217”最重，达 85.7%，其次是“矮丰三号”和“百农 3039”，分别为 47%和 38%。虞城县调查，全县 80 万亩小麦受 13 级冻害的占 24%，主茎冻穗受害后的再生蘖，麦穗明显变小。

七、雷电

1950 年　睢县，帝丘杨乔村遭雷击；宁陵县，7 月，阳驿黄庄南击一榆树被雷电击劈；柘城县，麦收时，慈圣 1 棵大柳树被雷电击劈。

1951 年　柘城县，雷电击毁豆子一大片。

1952 年　民权县，5 月，龙塘公社石槽村雷击房子 5 间；宁陵县，6 月，大郭击死 1 棵柳树；商丘县，坞墙公社常庄 1 棵大杨树击成两半；虞城县，夏季，杨集公社雷击 20 厘米粗的杨树 1 棵。

1953 年　民权县，6 月，城关公社甘庄 1 棵树被击；宁陵县，石桥公社雷击 1 棵杨树；柘城县，城郊公社小李 3 根电杆被雷击碎；永城县，酂阳公社吴庄村一瓜棚被雷击，伤 4 人，死 3 人。

1954 年　宁陵县，阳驿公社张小庄雷击三分麻地；柘城县，慈圣公社李滩村 11 棵树被击毁，起台公社卖臣村 1 棵大杨树被雷击劈；商丘县，李口公社贾楼村 3 棵大杨树被击；夏邑县，3 月，火店公社申楼村雷电击死 1 人。

1955 年　睢县，夏季，孙砦二郎庙村雷击死 1 人，当时只有一单独雷雨云体。

1956 年　民权县，农历六月，孙六公社朱宋庄 1 人在屋内被击死，并击穿房顶。夏天，褚庙公社学校 2 棵大榆树被击。5 月，龙塘公社击槐树 1 棵和屋 1 间；睢县，夏季，孙砦蒋老庄 1 头猪击死圈内，火球无数。同月，帝丘公社一堵墙击穿一洞；宁陵县，县城北街一家屋脊被击掉；柘城县，安平公社王棉庄雷击 1 棵树；商丘县，郭村公社东街雷击电杆 5 根，杨树、椿树各 1 棵。莲庄击榆树 1 棵；虞城县，麦后，城郊公社杨河楼村雷击 2 棵杨树；夏邑县，县城击死 1 人。

1957 年　民权县，夏季，北关丁庄 1 棵大杨树击死半截，麻烧死一大片；睢县，八蜡庙村 1 棵大榆树被击碎；宁陵县，石桥公社击死 1 人。赵村雷击一电杆；虞城县，沙集公社曹小庙村西南河旁种植的芝麻遭雷击损失一大片；夏邑县，城关公社杨庄瓜庵里击死 1 人，伤 1 人，济阳公社刘铺击断 10 余根电杆。

1958 年　民权县，农历三月，程庄、野鸡岗公社击死 1 人；睢县，6 月 20 日，长岗公社张庄击 1 棵大榆树；宁陵县，石桥公社朱屯村击死 1 人；柘城县，6 月，起台公社王庄村击死 1 人。

1959 年　民权县，农历五月二十日，野岗公社胡庄村 1 棵榆树击断；睢县，6 月，帝丘公社雷击 3 根电线杆。黄堂公社一电线杆被击碎；商丘县，张阁公社孙堂村雷电击一柳树，吴堂村一杨树击劈。

1960 年　民权县，野岗公社有两人走路，被雷击死 1 人，伤 1 人，城关公社店庄村击死 1 人；宁陵县，阳驿公社陈营村雷击死一妇女；睢县，帝丘公社杨桥村 1 棵大柳树被击；虞城县，贾寨公社击死 1 人。

1961 年　民权县，麦后暴雨时，北关公社电话被击毁两部，6 月，龙塘公社申庄击伤 1 人，电话线烧化 150 米；宁陵县，7 月，平洛村雷击 1 棵槐树；柘城县，慈圣公社李滩村击毁电线杆数根，电线烧化；商丘县，李庄公社曹楼雷电击死一牛。

1962 年　民权县，农历六月，城关公社甘庄 3 间房被击烧尽。春，程庄公社代庄击死 1 人；柘城县，慈圣公社寨桑村击伤 12 人，张桥公社孔庄 2 人被击死。8 月，县直机关电话系统遭雷击，击死 2 人，击伤 5 人；商丘县，南郊公社三里桥击 2 头牲口；永城县，农历七月，马桥公社西，一村庄击死一小孩。

1963 年　睢县，农历七月十日，范洼大队吴堂南地雷击死 2 人，伤 1 人，击死羊 2 只。帝丘公社姜营村击死 1 人。据县资料报道：8 月有 3 人遭雷击身亡；宁陵县，7 月，宋胡同击死 1 只羊；商丘县，坞墙公社击倒 1 棵杨树，南郊公社孔庄击死 1 人。

1964 年　民权县，6 月，城关公社孟庄两小孩被雷击，1 人身亡；商丘县，6 月，张阁公社朱店村北测高程的铁三脚架遭雷击。李庄公社周花园村击死 1 人；虞城县，贾寨公社雷击棉花一片；夏邑县，6 月，张集公社大于庄出现几个球形闪电，但未伤人。4 月 18 日，张集公社 1 位同志去公社开会途中被雷电击死；永城县，芒山公社丁楼村西南地击死 1 人。

1965 年　民权县，6 月，龙塘公社申庄雷击 1 棵榆树；虞城县，6 月，陈楼击死 1 人、1 头牛；永城县，农历六月，薛湖公社陈楼 1 人被击死。

1966 年　商丘县，李口公社温堂雷击 2 个小孩；夏邑县，胡乔卫生院击毁一门楼，并击死门楼下 1 人；6 月，永城县酂阳公社门口击死 1 人，伤 1 人，相隔几十秒，永城县蒋口公社长湾村击 1 棵大树。

1967 年　睢县，孙砦公社蒋老庄、八蜡村、张桥各有 1 棵树击毁；宁陵县，孔集公社桑庄雷击 1 棵大杨树，石桥公社雷击 1 家房子、1 棵梨树；商丘县，郭村公社小庄雷击 3 间房子；虞城县，闻集高楼大队刘文楼村击碎一树，6 月，杨集公社 1 棵桐树被击两半。

1968 年　民权县，6 月，程庄公社周庄雷击 2 人，致使受伤；睢县，河堤公社陈庄 1 棵树被击一半。白庙公社集外 1 棵树被击。帝丘公社姜营村有父子 2 人被击死；商丘县，观堂公社西南 1 棵树被击；虞城县，6 月，沙集公社柳行击死 1 人、1 头牛；夏邑县，5 月，业庙公社王油房击死 1 人。6 月，李集公社一社员在屋檐下避雨时被击死。

1969 年　柘城县，麦后，城郊公社一片红芋被击焦；商丘县，郭村公社南门外雷电击死 1 人；虞城县，5 月，焦楼村击一大树；永城县，6 月，芒山公社陈楼麦垛雷击着火。农历五月，新桥公社贾庄，雷电击烧两间房子。

1970 年　民权县，农历六月，城关公社潘庄 1 棵树遭雷击；宁陵县，张街村击 1 棵大树；柘城县，张桥公社赵楼村 1 榆树被击劈；商丘县，董楼村击死一妇女，郭村公社大陈村击死 1 人，观堂公社刘庄击死 1 人；虞城县，芒种桥公社谢集一队麦茬被击着火，李老家公社击死 1 人，击

1 棵大树，利民公社杨庄击死 1 人；夏邑县，李集公社杨楼村瓜地击死 3 人，5 月，胡乔卫生院击伤 2 人，6 月，胡桥公社胡店击 1 棵大树。

1971 年 民权县，6 月，野岗公社一大树被击扒皮；宁陵县，击死一妇女；柘城县，赵楼村一大树被击劈，6 月，起台公社李楼村 1 人被击死；虞城县，6 月，黄冢公社大陈庄击 1 棵树，7 月，沙集公社，在柳树行下背雨的 1 个人被雷电击死；永城县，薛湖公社张楼村 1 棵榆树被击断。

1972 年 民权县，双塔公社几根电线杆被击断，程庄公社后岗村被击 1 棵杨树；宁陵县，一村庄棉花地雷电击死 1 人，石桥公社雷击一屋脊；柘城县，7 月，起台公社一电线杆击劈；商丘县，张阁公社李新庄一片红薯地；虞城县 4 月，焦楼击一树、一片小麦；夏邑县，城关有 3 根电线杆被雷电击断；永城县，薛湖公社聂寺楼击死 1 人。6 月，芒山公社刘沛村雷电击死 1 人，石桥村雷电击死 1 人。

1973 年 民权县，6 月，孙六公社雷击死 1 头牛，程庄公社东谢庄击死兄弟 2 人；宁陵县，7 月，李营村击死 1 人；柘城县岗王公社一家榆树击毁，墙被击塌，房内着火；商丘县，坞墙公社一柳树遭雷击，李口公社贾楼一枣树被雷击；虞城县，麦后，王庄公社稍庄 1 人被击死；夏邑县，6 月，孔庄公社程营村一块棉花地、豆地雷击后着火，烧毁棉花一片，同月，北镇公社击死 1 人，伤 6 人；永城县，农历五月，新桥公社雷击 2 棵树，芒山公社贾庄大队发现一大火球。

1974 年 睢县，6 月，帝丘公社杨桥一村庄击毁一碑，榆厢公社击死 1 人；宁陵县，6 月，石桥公社，雷电击死 1 人；柘城县，岗王公社有长、宽均为 10 米的一片棉花地被雷电击中、着火。慈圣公社，8 月，虎陈村雷电击一老人，击伤一小孩，城郊公社击死 1 人；商丘县，双八公社彭庄一片棉田被击。李庄公社张大王庙一小孩被击，郭村公社小韩庄击死一女孩，南郊公社大吴庄击一杨树；虞城县，5 月，沙集公社曹小庙大队 1 人击死屋内；夏邑县，3 月 21 日，城关公社一院内出现一条火带直接击死 1 人。5 月，夏邑县米庄击死 1 人，7 月，孔庄公社卜小集击死 1 人，刘堤圈公社武庙村击死 1 人，李集公社击死 1 人、伤 1 人。同年 6 月，张集公社大于庄大队陈八楼东南角击断 4 根电杆；永城县，芒山公社吴瓦房村击死一割苇子的社员。农历六月，马桥公社大苏庄棉花被击，烧毁两间房。

1975 年 宁陵县，苗营大队 1 棵榆树被雷电击断；柘城县，岗王公社胡成集一看瓜老人被雷电击死，城郊公社曹庄雷电击死一女孩；商丘县，张阁公社孙小楼击一柳树。双八公社彭庄队电话机被雷电击坏。南郊公社胡庙村击毁几片棉花；虞城县，6 月，黄冢公社王楼大队击一柳树；夏邑县，业庙公社击毁 1 棵树，济阳公社击毁 1 棵树，棉花被击着火一片；永城县，侯岭公社遭雷击。芒山公社曹楼一电线杆被击。薛湖公社温庄收麦时击死 1 人，张小营瓜棚被雷电击死 1 人，一球型闪电击毁广播线。7 月，马桥公社击伤一小孩，闫庙村瓜棚有五六人被击伤击昏。

1976 年 民权县，褚庙公社东北击死几片棉花，西张楼击死 1 头牛，7 月，程庄公社前岗村击 1 棵柳树。龙塘公社石槽五棵桐树被击，老河崖击 2 间房一柳树；睢县，农历五月，周堂公社马关村雷击一电杆；宁陵县，郭楼村被雷电击一玉米地，黄庄一瓜庵被雷电击中着火，烧死 1 棵桐树。同年，马尔、张街、王胡同 3 个村被雷电击死 3 人。孔集公社雷电击劈 1 棵杨树，王先生楼遭雷击，死 4 人；柘城县，夏季，安平公社代小楼击死 1 人，慈圣公社魏庄 1 棵杏树击碎；商丘县，双八公社朱楼雷击 1 棵杨树，郭庄公社刘小庄 1 棵柳树被击，南郊公社小杨楼击一榆树；虞城县，闻集公社张楼击死 1 人；夏邑县，王集公社孙庄大队刘庄棉花被击伤一片。6 月，张集公社击毁 1 棵树；永城县，芒山公社戏山 1 棵桐树被雷电击劈。

1977 年 睢县，农历五月十三，周堂、马关同时被雷电击死 2 人，击伤数人，5 月 15 日，击 1 棵树。平岗芦洼击死 1 人、伤 1 人。6 月，帝丘雷击碎 1 棵大树。宁陵，6 月，徐老家 1 棵六把粗树被击两半，同日一家有火球；柘城，起台公社王安楼村，1 棵大榆树被雷击；商丘，坞墙公社赵庄一柳树被击，广播线击烧很多。关堂公社葛庄击一片红芋；夏邑，6 月，张集石庄被击死 2 头牛，隋庄大队关楼被击毁 1 棵大树，业庙公社八里大队宋庄东南楼被击碎 1 棵桐树，击毁一片棉花；永城，芒山豆楼西南地被击死大片棉花。5 月中旬，芒山夏庄被击死 1 人。薛湖洪太村洪伟力在家被雷击死。

1978 年 民权县，农历六月，北关公社电线击断两档，该公社电话击毁，一户屋脊击塌。老城大队 1 棵大树被击。4 月，程庄公社翟庄被雷电击 2 头驴。睢县，榆厢之曹庄一片瓜地被击毁，农历七月二日，范洼的河坡徐东地雷击死 1 亩多棉花；宁陵县，农历六月，后张庄 1 棵榆树被击死。牛庄雷电击劈一柳树，阳驿公社黄庄被雷电击死棉花一片。孔集公社史范家村被雷电击劈 1 棵柳树，小李楼被雷电击死 1 人；柘城县，张桥公社孟庄 1 棵白果树被击，老王集公社一片棉花被雷电击毁，城郊公社张楼，7 月 6 日，雷击一片棉花；商丘县，坞墙赵庄被雷电击一电杆，张阁公社界北村一柳树被击，南郊公社堤口东队被雷电击一杨树；虞城县，7 月 1 日，三庄刘各村 1 个老婆在院内树下吃晚饭被击死，1 只狗同时被击。7 月 11 日，谷熟文庄小学被雷电击死 1 名 13 岁少年。

1979 年 夏邑县，县北河枣园被雷电击死 1 人。孔庄公社宋庄南地一片棉花被击烧焦。

1981 年 夏邑县，曹集史庄瓜地被雷电击死 3 人。

1982 年 夏邑县，夏季，李集公社道口娄大队赵楼村被雷电击死一妇女，程胡同 1 棵大树被雷劈开，马头公社马庄雷劈一桑树。

八、雨凇

1952 年 宁陵县，农历十二月雨凇，平地结冰甚厚，大部树枝被压断。

1953 年 夏邑县，元月雨凇，压断电线，压倒电杆。

1954 年 民权县，腊月雨凇，树枝及电线、电杆压断很多；夏邑县，雨凇影响交通，1 厘米粗树枝被压断；永城县，12 月雨凇冻结厚，面积大，树枝压断甚多。

1955 年 夏邑县，12 月雨凇，电话线几乎全部压断。

1956 年 民权县，正月雨凇，有很多树枝被坠断，当年天气特冷。

1957 年 夏邑县，雨凇断树枝；民权，1 月 28—30 日雨凇，2 月 2—4 日雨凇。

1958 年 民权县，1 月 11—14 日雨凇；夏邑县，12 月下旬雨凇，压断部分树枝及电线。

1961 年 民权县，12 月雨凇，很多树枝、电线坠断。

1963 年 夏邑县，雨凇，压断 10 厘米粗的树枝。

1964 年 民权县，1 月 11—13 日雨凇，部分树枝、电线压断；夏邑县，雨凇压断部分树枝；永城县，农历正月初二雨凇，持续 5～6 天，酂城公社树枝压断很多，果树冻死。

1965 年 永城县，3 月 8 日雨凇，芒山公社电话线铁丝冻结雨凇直径约 3 厘米。

1966 年 民权县，3 月 5—8 日雨凇，电线积冰直径 2～3 厘米，全县电线杆折断 80%，呈东至西向的电杆几乎全部折断，树枝断更甚，铁路、公路运输中断数日；睢县，3 月罕见雨凇，断电线、树木，交通阻塞；柘城县，3 月罕见雨凇，通信、交通中断，损失较大；宁陵县，2 月 21—22 日、3 月 5—8 日雨凇，直径 11～12 厘米，路上积冰 4～5 指厚，电线杆损毁 40%，停电 10 多天，

电话通信断 5 天，树枝断，雁冻死；商丘县，3 月 5—9 日雨凇，东西向电线积冰直径 16 厘米，1 米长线积冰重量 1.5 公斤，通信中断，铁路停运，公路阻塞，商丘市城区停电，工业停产，损失惨重；虞城县，雨凇严重，电杆、树枝坠断，道路不通，通信失灵，损失惨重；夏邑县，2 月 21—24 日和 3 月 5—9 日雨凇，压断几把粗大树，压断大部电杆，部分电杆压倒，严重影响交通；永城县，农历二月酂城雨凇，维持 10 天，树枝断。

1969 年 民权县，1 月 20—21 日、26—30 日、3 月 10—11 日出现 3 次雨凇，树枝及电线杆坠断；宁陵县，1 月 26 日至 2 月 1 日、3 月 10—13 日雨凇，电杆及高压电杆压断很多，致使通信中断；虞城县，雨凇压断树枝，电线断毁 30%；夏邑县，1 月 27 日至 2 月 6 日和 2 月 13—18 日雨凇，高压电杆通信线路中断，交通受到严重影响；柘城县，雨凇；商丘县，2 月 13 日、16 日，3 月 11 日雨凇。

1970 年 夏邑县，初春，连续下雨后出现雨凇，压断部分树枝、电线；商丘县，2 月 24—25 日雨凇。

1971 年 睢县，雨凇，损失树木；宁陵县，腊月雨凇，广播线、树枝被压断；柘城县，雨凇；商丘县，2 月 28 日至 3 月 3 日、3 月 11 日雨凇，积冰厚度 20 毫米以上，树木、电线坠断，通信、运输停顿；虞城县，雨凇，电线压断。

1972 年 民权县，1 月 22—28 日出现强雨凇；宁陵县，1 月 23—31 日雨凇，直径一般 14 厘米，电线、树枝坠断，电杆损失 20%。

1973 年 宁陵县，2 月 1—4 日雨凇，高压线杆压断数根；商丘县，1 月 9 日、2 月 3 日雨凇。

1976 年 夏邑县，2 月 15—18 日雨凇，压断少量树枝；商丘县，2 月 15 日雨凇。

1979 年 夏邑县，1 月 28 日至 2 月 2 日雨凇，在一些物体上形成 2～3 厘米厚的冰层，全县高压线路及水泥电线杆压断，工厂停产，交通中断，小树、大树树杈坠断不计其数，并有冻死牲畜现象，其危害之重为历时罕见。据夏邑县邮电部门统计，仅邮电部门就损坏料物折款达 166 万多元；商丘县，2 月 22—23 日连日雨凇，直径 2 厘米以上，供电线路和通信线路大部分坠断；虞城县，1 月 28 日、31 日，2 月 22—23 日出现雨凇。

九、异常气候

1950 年 宁陵县大雪，平地积雪 2 尺深；商丘县大雪，平地积雪 2 尺半深。

1951 年 商丘县，特热，有一老年人被热死。

1952 年 商丘县、民权县、宁陵县，冬季大雪封路，水井口也被大雪封住，有人行走时掉井里淹死；虞城县，夏季热得反常，白天不能劳动，有干活的牛热死。

1953 年 民权县、宁陵县，夏季特热，上午不能下地干活；虞城县，冬季特冷，3 月才下雪，降雪特别晚，小麦受冻造成减产。

1954 年 民权县，冬季特冷、雪大，积雪 1 尺多深。

1955 年 商丘县、虞城县，冬季大雪，平地积雪 1 尺多深。

1956 年 民权县、商丘县，冬季大雪，平地积雪 3 尺深。

1957 年 民权县，冬季特冷，地冻 1 尺多深。

1958 年 宁陵县，夏季特热，中暑者甚多。

1959 年 虞城县，虫害严重，蝗虫、蚜虫、谷子钻心虫等大发生；民权县、商丘县，夏季特热。

1960 年　虞城县，冬季大雪，平地积雪 1 尺多深。

1962 年　宁陵县，夏季特热，有人中暑；商丘县，夏季特热。

1963 年　民权县、宁陵县，冬季大雪，有人掉井里；虞城县，冬季大雪。

1964 年　宁陵县，冬季大雪，平地积雪 2 尺，人们行走困难。水井口被大雪封盖，有行人掉井里淹死；虞城县，秋季连阴雨 40 多天，影响秋播；商丘县，秋季有桐树开花。

1965 年　商丘县，冬暖。

1966 年　民权县、宁陵县，夏季特热；商丘县，麦收时特热，冬季大雪特冷。

1968 年　宁陵县，春节前大雪，冰冻半尺厚。

1969 年　民权县、宁陵县，冬季大雪。

1972 年　民权县，夏季特热，6 月 20 日前后，城关热死 1 人。

1975 年　民权县，6 月特热，汤庄热死 1 头牛；商丘县，冬季特暖，杏树开花。

1976 年　商丘县，夏季特热。

1977 年　商丘县，夏季特热。

1978 年　民权县，夏季特热。

1982 年　宁陵县、商丘县、夏邑县，6 月 19 日 22 时至 22 时 40 分，观测到极光。

1984 年　宁陵县、柘城县、虞城县，12 月 28 日晚，观测到极光。

第二节　1985—2019 年重大天气气候事件

一、暴雨

1985 年　5 月 11 日夜到 12 日，商丘由西北向东南先后出现暴雨和大暴雨。据统计，商丘有 80 多万亩农田积水，近百万亩小麦、80 余万亩棉花、10 万亩油菜受到不同程度的危害。全区共倒房 9816 间，倒树 9.5 万棵，冲毁桥梁 50 余座，伤 16 人，死亡 7 人，伤牲畜 267 头、死 34 头。受灾较重的睢县积水 10 余万亩，县城二分之一被水围困。

6 月 15 日 16 时，飑线过境，睢县、民权县的 22 个乡（镇）、165 个行政村出现大风暴雨和冰雹。使该两县 17.17 万亩农田受灾，倒房 3055 间，倒树 51.6 万棵，损失小麦 363.17 万斤。

7 月 8 日 14 时至 9 日 02 时，商丘出现大到暴雨，部分县局部大暴雨。据不完全统计，商丘有 59 个乡雨量在 50 毫米以上，其中 22 个乡镇在 100 毫米以上，最大雨量 214 毫米，暴雨主要集中在柘城县、宁陵县、商丘县南部、睢县东部及民权县东南部地区。这次降水使局部地区积水成灾。

7 月 30 日，虞城县降大暴雨，部分乡镇特大暴雨，全县有 127 个行政村、2.35 万户、10.5 万人受灾。农田积水 192.96 万亩，成灾 94.122 亩。全县估计损失 700 多万元。

8 月 22 日 15 时至 18 时 30 分，永城县出现大暴雨，据统计，全县有 16.716 万户、33.5 万人受灾，倒房 3565 间，死伤牲畜 89 头，冲走成鱼 5.8 万尾、鱼苗 12 万尾，淹坏正在生长的红薯 42.4 万亩，棉花受损失 7340 亩。以上损失达 654 万元。

9 月 13—17 日，连降大到暴雨，商丘有 285.86 万亩农田积水，秋作物涝渍灾害严重。多数河道水位升高。夏邑县东沙河倒灌，洛沟漫溢，沱河张桥水文站 17 日 08 时流量达 130 立方米/秒，为当年汛期最大值。

9月16日晨，流经民权县的贺李河，河水猛涨。由于涝渍严重，红薯浸渍变质，减产严重。由于连续七八天阴雨寡照，棉桃大量霉烂变质。

1987年 7月20日，虞城县八里堂等4个乡镇遇特大暴雨。八里堂乡6小时降水量320毫米，水淹耕地4万亩、倒房135间、冲毁桥涵247座，直接经济损失157.7万元。

8月6日，自商丘县勒马经柘城县北部和宁陵县南部的楚庄、刘楼一带至睢县平岗乡、后台乡一带计30多个乡镇遇特大暴雨。日降水量达200～240毫米，一般在150毫米左右。农田积水，倒塌房压3300余间，冲毁桥涵15座。

1989年 6月6日夜，8个小时内，永城县卧龙乡降水量达235毫米，群众水中捞麦。

7月5—7日，永城站降水量163.3毫米，局部最大为600毫米，全县成灾，农作物受灾面积46万亩，粮食减产2500万公斤，经济作物减收6000万元。倒塌房屋2368间，砸死3人，伤1人，死大牲畜64头。7月10日，睢县大暴雨，日降水量105.5毫米，部分危房倒塌。7月31日，宁陵县大暴雨，降水量91.2毫米，倒塌房屋30多间。

1990年 7月29日，商丘站日降水量136.5毫米，中午2小时内降水量达91毫米，商丘城区大面积积水，许多居民房屋及厂房进水，一条主要交通线路中断，郊区房屋及围墙也有倒塌，财产损失严重。

8月12日，永城站出现特大暴雨，降水量达189.9毫米，全县不少乡镇出现了日降水量≥100毫米的大暴雨，使其境内203公里的干线公路出现5立方米以上的塌方70多处，严重影响交通运输。

1991年 5月23—25日，商丘出现大到暴雨并伴有4～6级偏北风，有5个县市出现瞬时7级以上大风。永城县、夏邑县、柘城县25日的降水量均在50毫米以上，永城县、夏邑县局部达180～210毫米，商丘有110万亩小麦严重倒伏，交通中断，部分工厂停产。

6月10日17—19时，民权县尹店至褚庙一线有7个乡镇出现大风暴雨，风力8～10级，降水量50～126毫米。大风暴雨所经之处，小麦倒伏7.5万亩，棉花受淹1.2万亩，麦棉套棉花被倒伏小麦压毁1万亩，倒塌房屋120间，损折树木3万余株。

6月21日15时许，商丘县路河乡降雹，有12个行政村2万亩农作物受灾。

7月19日16时55分至17时45分，民权县尹店、人和、孙六3个乡镇40个行政村受大风冰雹袭击，风力8级以上，雹粒5～10毫米，降水量60～80毫米，刮倒或折断村木12.7万株，损坏棉花3.1万亩，玉米1.19万亩，苹果园2500亩，房屋691间，高压线杆230根被刮倒、刮断线路2520米，受伤14人。

7月26—27日，虞城县店集乡至沙集乡有5个乡镇出现两次大暴雨。不足4小时，降水量就达300毫米左右。27日04时30分至06时，上述区域至商丘县冯桥乡、坞墙乡出现龙卷风和冰雹，部分村庄和公路两侧树木几乎全被拔掉，作物被打成光杆。此次风雹使21.9万亩农作物受灾，1.2万亩绝收，水围村庄210个，倒塌民房2100余间，损坏房屋6124间，倒断电杆300根，冲毁桥涵17座，刮倒折断树木20.83万株，死亡1人，伤牲畜1.6万余头。京九铁路商丘至阜阳段和商丘至亳州的105国道公路一度中断运营。

7月28日18时40分，商丘县观堂乡8个行政村受暴雨和约3分钟龙卷风危害，风区内树木95%被龙卷风刮倒，12公里高压线路受损，1万亩作物倒伏，506间房屋倒塌，砸死2人，7人受伤，道路被树木阻塞。同日19—20时，商丘市城区降水量103毫米，城区内积水尺深，民房、仓库进水，交通中断。

1992 年　5 月 5 日 20 时至 6 日 07 时，民权县出现特大暴雨，全县降水量 196.2 毫米，李堂乡降水量为最大，达 361.3 毫米。据统计，小麦受灾 22.4 万亩，棉花移栽苗受灾 6.3 万亩，3.1 万畦营养钵被淹，有 190 个村庄被水围困，倒塌房屋 520 间，冲断大小道路 140 条，桥涵 38 座，印刷厂、河南冷柜厂 10 多家企业因水停产，63 所中小学校停课。

7 月 22 日 15 时左右，虞城县利民乡东部遭到 30 分钟的暴风雨，致使直径 40 厘米左右的大树连根拔起，倒树 2450 棵，断 700 余棵，玉米全部倒伏，其中绝收 25 亩。

8 月 10—13 日，民权县境内遭受特大暴雨袭击，雨区主要集中在双塔、仁和、野岗 3 个乡镇。全县平均雨量为 150 毫米，民权站雨量为 131 毫米，双塔乡最大为 347 毫米，仁和、野岗乡分别是 315 毫米、300 毫米。这场暴雨的特点是：来势猛、时间长、雨量大，造成损失严重。据统计，全县 66 个村庄被大水围困，倒塌房屋 1145 间，冲毁大小桥梁 69 座，农田受灾面积 14.82 万亩，成灾面积 8.5 万亩，最大积水深度达 1 米以上。邓寨村一农户遭雷击，4 人触电，1 人受伤，3 只羊致死，6 棵大树拦腰击断。

10 月 2 日 11—15 时，柘城县狂风暴雨，柘城站日降水量 207.5 毫米，为该站建站至 1992 年的最高纪录，来势凶猛，雨量集中，造成农田受淹，河水猛涨，民房进水，秋作物无法收获，全县大面积麦田迟播。

1993 年　4 月 30 日，睢县、商丘县等地出现暴雨，日降水量 51.3～60.1 毫米，对砖瓦厂及个别仓库有较大影响，遭受一定经济损失。

8 月 4—5 日，虞城县北部几个乡镇降大暴雨，雨量在 100～200 毫米，冲毁桥梁 4 座，柏油路冲坏 20 多处，7 座砖瓦厂受损，窑室倒塌 57 门，砖瓦土坯毁坏 800 多万块，农田受淹 2 万亩，房屋、围墙倒塌 200 多处。

8 月 5 日 22—24 时，柘城县出现持续 2 个小时的特大暴风雨侵袭，降水量 163.7 毫米，部分乡镇农田积水，玉米等作物倒伏。县城南关、北关一些地方积水达 1 米左右，许多民房进水，对群众生活有较大影响。

1994 年　5 月 2 日 15 时 28 分，夏邑县城附近，由西北向东南大风暴雨骤起，历时 40 分钟，降水量 40～50 毫米，波及 10 余个行政村，倒伏小麦 1000 多亩，倒折树木数百棵，部分塑料大棚被毁，经济损失数十万元。

8 月 7 日，宁陵县普降暴雨，城关镇雨量达 75.4 毫米，个别乡 100 毫米，冲毁公路 200 多米，倒房 500 多间，3 万余亩棉田和 2 万亩红薯受渍较重。

8 月 25 日 20 时至 8 月 26 日 20 时，柘城县出现暴雨，降水量 68.7 毫米，瞬时风速 5 级左右，有部分玉米倒伏，农田积水面积较大，柘城县高中 3 间教室被暴雨冲塌。

1995 年　"7·18"民权特大暴雨。7 月 17 日 20 时至 18 日 00 时 30 分，民权县普降暴雨一特大暴雨，17 日 20 时至 18 日 20 时，民权站降水量达 224.8 毫米，创民权县 30 年来(1966 年—1995 年)夏季极值。龙塘镇雨量 452 毫米，花园乡 320 毫米。全县出现局部涝灾，重灾 8 个乡镇计 185 个村委会、560 个自然村，受淹农田 32 万亩，倒房 3560 间，伤 97 人，重伤 20 人，伤亡牲畜家禽 2.095 万只，倒折树木 21.6 万株，水围 55 个自然村，受困人数 6 万余人，冲毁农桥 190 座，机井 550 眼，水泡粮食 750 万公斤，当日县城积水 50～70 厘米，葡萄酒厂、电厂、冰柜厂等 6 家企业被迫停产。据不完全统计，此次暴雨造成直接经济损失 3800 万元。

8 月 29 日 08 时 40 分，宁陵县出现雷雨大风，风力达 25 米/秒，降水量 50～100 毫米，农田成灾 15 万亩，县城内雷电击伤 2 人。雷雨大风造成的直接经济损失达 861 万元。

1996 年　7 月 3—4 日，永城县降水量 167.8 毫米，县东部苗桥、高庄、侯岭、黄口等乡镇遭受暴雨侵袭，受淹农田 7.8 万亩，绝收面积 5600 亩，倒塌房屋 777 间，5 个自然村，被水围困，经济损失达 2000 万元。

1997 年　7 月 17 日，商丘出现一次大范围的降水过程，日降水量 32～239 毫米，有 5 个县（市）出现暴雨。永城市日降水量 239 毫米，是 1958 年建站至 1997 年 40 年间出现的最大值。其中永城市马桥乡日雨量达 300 毫米，并伴有瞬时大风 7～8 级，此次暴雨造成许多电线刮断，农田积水，永城市区大部分地方积水较深，致使车辆无法通行。夏邑县城房屋倒塌 2500 间，围墙倒塌 2 万米，县城部分街道积水严重，阻碍交通，据统计，全区受灾面积 30 万亩，成灾面积 13.4 万亩，绝收 4.4 万亩。倒塌房屋 2500 间，损坏房屋 4000 间，直接经济损失 800 万元，其中农业直接经济损失 650 万元。

9 月 1 日 20 时至 2 日 20 时，受台风低压影响，夏邑县出现一次大范围的降水过程，强度大，日雨量 52 毫米，全县大部分乡镇达到暴雨标准，使将要成热的玉米倒伏近 2 万亩。

1998 年　5 月 1 日，夏邑县部分乡镇出现日雨量≥50 毫米的暴雨天气，并伴有≥5 级的偏北风，暴雨所降之处，小麦倒伏严重，有的地块犹如磙碾一般，此次暴雨使正值灌浆的小麦和刚移栽的棉苗受到严重危害，折合经济损失达 1000 万元之多。

8 月 9 日 16 时许，夏邑县遭受大范围暴雨袭击，雨量达到 106.2 毫米，局地并伴有 6 级以上大风，刮倒树木 2000 余棵，房屋倒塌 100 余间，农作物玉米、大豆、棉花 10 万余亩受灾，经济损失达 500 万元以上。

8 月 15 日，商丘普降暴雨，降水量 59.8～111.8 毫米，由于前段降水频繁，土壤湿度较大，又出现这次暴雨，致使部分农田受灾，其中永城市有 5 个乡镇形成水灾，秋作物受灾面积 11 万亩，700 多户房屋被水浸泡，有 262 间房屋倒塌。虞城县 12—15 日两次出现暴雨，合计雨量为 153 毫米，致使 154 间民房倒塌，伤 1 人，农作物倒伏 3800 万亩。

8 月 22 日，民权县双塔乡 4 个自然村遭受龙卷风和暴雨袭击，受灾群众 5000 人，农作物受灾面积 2500 亩，房屋倒塌 680 间，砸伤村民 4 人，砸死大牲畜 146 头，损坏高、低压线路和通信线杆 87 根，刮倒树木 2 万余棵，直接经济损失 208 万元。

1999 年　7 月 5—6 日，商丘连续两天出现暴雨。5 日，有 4 个台站出现大暴雨。6 日，商丘各站均有特大暴雨，有 7 个台站日降水量达 100 毫米以上，雨量之大为历年所罕见，其中柘城站为 234 毫米，夏邑站 157 毫米，为建站以来的极值。据统计，柘城县农田积水 10 万亩左右，倒塌房屋 500 余间；睢县城内积水深度约 50 厘米，个别地段深达 1 米；宁陵县部分地块积水，形成局地内涝约 4 万亩；虞城县个别乡镇烟叶受灾，面积达 2000 多亩，以每亩损失 1500 元计算，折合人民币约 300 万元。商丘城区内几家企业单位仓库进水。

9 月 4 日，睢县、民权县、宁陵县 3 县出现特大暴雨，降水量为 139～226 毫米。雨量最大的是睢县，不足半天，降水量就达 226 毫米。宁陵县 1 小时降水量 78 毫米，这是该站有气象记录以来历年最大值。强降水造成该县局地内涝。据宁陵县调查，玉米被水淹 4500 亩，酥梨落果 350 万公斤，棉花被淹 3000 亩，部分道路被雨水冲断，直接经济损失上千万元。

2000 年　7 月 4 日、5 日，民权县的人和、双塔等 9 个乡镇和睢县的匡城、涧岗等 6 个乡镇遭受暴雨和大暴雨袭击，个别乡镇最大降水量为 350 毫米，大多数乡镇降水量在 200 毫米以上，并伴有 7 级以上大风，大部分乡村积水，低洼地块积水达 80 厘米，26 个村庄被水围困。

7 月 13—15 日，商丘连续 3 天出现暴雨，过程雨量为 113～305 毫米。这次强降水过程时间长、雨量大，造成各县（市）城区积水。流经柘城县铁关乡、安平乡的涡河，由于上游雨量大，造成涡河铁关段 50 米的河堤外溢。

7 月 23 日凌晨，虞城县、宁陵县、睢县、睢阳区、梁园区遭受暴雨袭击，这场暴雨来势凶猛，降水急剧，1 小时降水量达 93 毫米，过程降水量为 82～190 毫米。

7 月 28 日，宁陵县、民权县、睢县出现暴雨，1 小时降水量达 58.2 毫米，过程雨量为 69～102 毫米。

8 月 30 日，夏邑县城关、郭庄、刘店等乡镇出现大暴雨，日降水量达 143 毫米，降水主要集中在 11—14 时，3 小时降水量为 139 毫米。

9 月 24 日，夏邑县、梁园区、睢阳区出现暴雨，日降水量为 77～88 毫米。由于前期雨量大，这次暴雨之后，又连续几天阴雨天气，致使灾情加重，此季节正是棉花吐絮、采收的季节，因此对棉花生产影响较大，并导致麦播期推迟 4～8 天。

2001 年 6 月 17 日、6 月 28 日和 7 月 10 日，永城市、民权县、夏邑县先后出现暴雨天气，日降水量分别达 109 毫米、66 毫米、52 毫米。

7 月 21—30 日，商丘出现大范围持续性大到暴雨天气过程，累积总雨量除永城站以外，均在 200 毫米以上，夏邑站、柘城站接近 300 毫米，其中 21—22 日，有 3 个站出现暴雨；23—24 日，有 2 个站出现暴雨；26 日，有 1 个站出现暴雨；29 日，有 6 个站出现暴雨。据商丘市农业部门调查，各县（市）部分乡镇的玉米、棉花都有不同程度的倒伏和损害，其中，受灾较重的是夏邑县、柘城县，因暴雨出现次数多，玉米大面积倒伏，造成经济损失达 600 万元之多。

2003 年 6 月 22 日，各（市、区）日降水量都在 80 毫米以上，其中有 5 个县（市）在 100 毫米以上。7 月 11—22 日，全市范围连续 12 天降雨，过程雨量均在 100 毫米以上，商丘站过程雨量达 200 毫米，均达到河南省连阴雨 1 级指标。另外，7 月出现 4 次强降水过程，每次过程都有部分县（市）受到暴雨影响，其中 2 日有 3 个县（市）出现暴雨，12 日有 4 个县（市）出现暴雨。长时期的连阴雨和多次暴雨对秋作物的正常生长，尤其对棉花的现蕾开花非常不利，并给交通、建筑等行业带来不便。

8 月 9 日至 9 月 8 日，一个月内阴雨连绵，雨日达 18～25 天，并出现 3～5 个暴雨过程，其大部分乡镇的雨量在 400 毫米以上。最强的降水过程发生在 8 月 29 日至 9 月 3 日，各县（市）均出现持续性的暴雨和大暴雨，其中 29—30 日的暴雨波及商丘全市范围，影响最大，两天的降水量达 100～180 毫米。9 月 3 日，夏邑县出现的单日降水量达 144.7 毫米，为历史上同日之最，商丘农作物受灾面积 63 万公顷。

2004 年 7 月和 8 月两个月，商丘范围内出现大范围、高强度的暴雨过程 5 次，分别在 7 月 15—17 日、7 月 25 日、8 月 11 日、8 月 15 日—16 日和 8 月 27 日，其中睢县两个月的雨量达 838.0 毫米，造成了重大损失。

7 月 15—17 日，商丘普降暴雨和大暴雨，其中 16 日有 8 个县（市）达到暴雨，17 日有 7 个县（市）达到暴雨，过程降水量除永城市外都在 200 毫米以上，其中睢县、柘城县 300 毫米以上，据统计，此次暴雨过程商丘有 193 个村庄、7.7 万人被水围困，转移群众 527 户、人口 2100 多人，倒塌房屋 1770 间，农作物受灾面积 9.05 万公顷，绝收面积 1.17 万公顷，受灾人口 105 万人，死亡 1 人，冲毁桥梁、涵洞 210 座，冲断乡村公路 165 处，损坏蔬菜大棚 1510 座，冲倒电力、通信线杆 34 根，损坏变压器 2 台。

7 月 24—25 日，睢县、民权县、宁陵县、永城市 4 个县市又遭暴雨袭击，此次暴雨使不少农

田街道出现积水，房屋、桥梁等受到损坏，其中民权县城内 4 条道路大面积积水。

8 月 11 日 05 时至 11 时，睢县西部边缘乡镇遭受暴雨和特大暴雨袭击，其中西陵镇为暴雨中心，降水量达 165 毫米，有 80％的村庄被大水围困，3 万亩耕地积水严重，积水最深处达 1.65 米。据统计，全县重灾乡（镇）7 个，农作物受灾面积 13 万亩，绝收 1.6 万亩，被水围困村庄 48 个，紧急转移群众 682 人，浸泡粮食 23 万公斤，倒塌房屋 166 间，桥梁、道路、涵洞等基础设施被毁 78 处，给人民群众的生产生活造成严重影响。

8 月 15—16 日，商丘普降中到大雨，局部暴雨到大暴雨。其中睢县连续两日出现暴雨，雨量分别为 80.1 毫米和 73.8 毫米。后台乡 15 日 16 时至 16 日 16 时降水量达 200 毫米以上。由于雨量大而集中，加上前期降雨频繁，导致地下水位较汛前上升 1 米多。不少河道超保证水位，其中睢县洪峰水位达 53.5 米。这次强降雨过程，睢县受灾尤其惨重，造成农作物受灾面积 48 万亩，农田积水面积 33 万亩，绝收面积 9 万亩，被水围困村庄 110 个，围困人口 7.3 万人，转移安置人口 1.2 万人，损坏房屋 2844 间，倒塌房屋 2131 间，道路、桥梁、涵洞等基础设施被毁 465 处。

8 月 27 日，商丘有 7 个县（市）再次遭暴雨和大暴雨袭击，日降水量达 78.4～127.8 毫米。由于前期出现 2～3 次的暴雨过程，农田积水已持续不下，本次暴雨如同往盆钵里灌水。民权站 27 日降水量最大为 127.8 毫米，宁陵站 27 日的降水量为 114.0 毫米，虞城站 27 日的降水量为 78.4 毫米，个别乡镇达 154.9 毫米。睢县站降水量为 82.3 毫米。商丘农作物受灾面积 142 万亩，倒塌和损毁房屋 3892 间，桥梁等基础设施被毁 423 处。

2005 年　7 月 16—17 日，宁陵、虞城、商丘、夏邑 4 站降水量在 50.6～67.8 毫米，局部最大降水量达 120.0 毫米，睢县、柘城县部分乡镇的雨量均超过 50 毫米。据商丘市民政局统计，商丘有 21 个乡（镇）不同程度受灾，受灾面积达 2100 公顷，受灾人口 2.9 万余人，倒塌损坏房屋 68 间等，造成直接经济损失 328 万元，其中农业直接经济损失 300 万元。

7 月 22 日，睢县、虞城县、民权县 3 个县先后遭暴雨袭击，降水量达 62.9～98.0 毫米。据统计，仅民权县受灾面积就达 1330 公顷，民房倒塌 30 多间，经济损失达 400 多万元。

7 月 30 日，虞城站、柘城站、夏邑站、商丘站遭暴雨袭击，降水量在 50.0～63.8 毫米。商丘有 16 个乡镇受灾较为严重。受灾面积达 4350 公顷，受灾人口 5.6 万余人，倒塌房屋 58 间等，造成直接经济损失 2400 多万元，其中农业经济损失 2300 多万元。

8 月 1—2 日，夏邑站、永城站、柘城站、虞城站又遭暴雨袭击，降水量在 61.5～112.0 毫米，农作物受灾面积 2.9 万公顷，受灾人口 30 多万人，因灾死亡 1 人，倒塌房屋 223 间等，直接经济损失 1760 万元，其中农业经济损失 1224 万元。

2006 年　6 月 27 日 15 时至 21 时 30 分，永城市演集镇、城厢乡、双桥乡、十八里镇，睢阳区宋集镇，先后遭受风雹袭击，最大风力达 9 级（22.8 米/秒），冰雹如杏核大小，并出现短时龙卷风和暴雨。据商丘市民政局统计，这次灾害造成直接经济损失 1335 万元，其中农业经济直接损失 838 万元。

7 月 27—29 日，由于受第 5 号台风“格美”外围云系的影响，大部分县市连降暴雨，降水主要集中在 28 日，降水量分别为：商丘站 97.2 毫米、睢县站 44.8 毫米、民权站 49.3 毫米、虞城站 47.4 毫米，夏邑站观测到的 12 小时降水量为 48.2 毫米。从各乡镇四要素区域自动气象站 28 日 08 时至 20 时 12 小时降水量数据看，商丘有 14 个乡镇达到暴雨标准。

7 月 31 日 19 时 30 分至 8 月 1 日 02 时，降雨量民权站 90.2 毫米、睢县站 35.6 毫米、宁陵县柳河镇 60.0 毫米，均达到暴雨标准。

8 月 3 日 12 时 30 分至 15 时 30 分，夏邑县、虞城县、梁园区、睢阳区 4 个县(区)有 27 个乡镇先后突降暴雨、大暴雨、冰雹，并伴有 7 级以上大风，局地出现龙卷风，导致人员伤亡、房屋倒塌、树木折断、农作物大面积受损。

2007 年　3 月 2 日 20 时至 3 日 20 时，宁陵站和柘城站出现日降水量 59.6 毫米和 50.6 毫米的暴雨天气。

5 月 30 日 20 时至 31 日 20 时，民权站出现 61.1 毫米的暴雨日。

当年夏季，商丘共出现 20 个暴雨日，其中 7 月份出现 8 个，8 月份有 12 个。其中 7 月 4 日，永城站、柘城站各出现 1 个暴雨日，降水量分别为 86.1 毫米、93.9 毫米；7 月 5 日，永城站、夏邑站各出现 1 个暴雨日，永城站降水量为 143.9 毫米、夏邑站为 53.9 毫米；7 月 14 日，永城站、宁陵站各出现 1 个暴雨日，降水量分别为 88.9 毫米、58.3 毫米；7 月 19 日，永城站、睢县站各出现 1 个暴雨日，降水量分别为 66.4 毫米、84.3 毫米。8 月 5 日 20 时至 6 日 20 时宁陵站、柘城站各出现 1 个暴雨日，降水量分别为 84.3 毫米、116.7 毫米；8 月 6 日，商丘站、睢县站各出现 1 个暴雨日，降水量分别为 53.8 毫米、55.8 毫米；8 月 10 日，商丘站、宁陵站、民权站、睢县站各出现 1 个暴雨日，降水量分别为 80.6 毫米、121.0 毫米、60.5 毫米、78.2 毫米；8 月 30 日，商丘站、夏邑站、虞城站、宁陵站各出现 1 个暴雨日，降水量分别为 93.5 毫米、65.1 毫米、60.2 毫米、67.50 毫米。频繁的暴雨天气，给人们的生产和生活带来很大影响。据宁陵县民政局统计，8 月的暴雨天气，使宁陵县城区和所属 9 个乡镇的 93 个村严重受灾，造成低洼地势的居民住房进水，最深处达到 60 多厘米，房屋倒塌 246 间，形成危房 1287 间，大棚坍塌 70 余座，围墙倒塌 2000 米，倒塌鸡舍 14 间，砸死蛋鸡 1000 余只，作物受灾面积 1.05 万公顷。直接经济损失 3500 万元，其中农业经济损失 3127 万元。

2008 年　春季，商丘出现 3 个暴雨日。

4 月 8 日，商丘大部分县 12 小时降水量在 31.6～38.6 毫米。

4 月 19—20 日，降水量 34.2～59.9 毫米；5 月 27 日，降水量 40.2～83.2 毫米，均达到暴雨标准。

5 月 27 日，永城市达到大暴雨标准。

6 月 3 日，梁园区部分乡镇遭受龙卷、冰雹、暴雨的袭击。观堂、水池铺、双八、谢集、李庄、王楼、刘口、张阁 8 个乡镇受灾较为严重。6 月 3 日 18 时左右，永城市普降大雨并伴有大风。

8 月 13 日 13 时 30 分至 15 时 30 分，宁陵县张弓镇、梁园区刘口乡遭受暴雨、大风袭击。

8 月 14 日 01 时 30 分至 02 时 35 分，睢阳区临河店乡遭受暴雨、狂风袭击。

2009 年　4 月 19 日，除了夏邑站、永城站没有降水，其他站日降水量在 44.5～77.8 毫米。

5 月 15 日，各站日降水量在 44.7～97.1 毫米。

6 月 19 日，夏邑和永城两个站分别出现 56.8 毫米和 67.4 毫米的暴雨天气。

7 月 11 日，睢县、民权、商丘、虞城、柘城、宁陵 6 个站出现 48.8～96.8 毫米的强降水天气。

8 月 5 日，睢县、商丘、宁陵 3 个站分别出现 117.8 毫米、56.0 毫米、182.5 毫米的强降水天气。

8 月 8 日，永城站出现 1 个暴雨日，降水量为 67.4 毫米。

8 月 17 日，民权站出现暴雨日，降水量为 105.3 毫米。

2010 年 4 月 21 日，商丘出现暴雨天气，各站日降水量在 42.4～58.1 毫米。

6 月 9 日，商丘局部出现暴雨天气：虞城站日降水量 52.9 毫米；柘城站日降水量 50.2 毫米；夏邑站日降水量 53.8 毫米。

7 月 17 日，商丘除永城站以外，均达到大到暴雨天气，其中睢县站降水量 106.2 毫米、民权站降水量 95.8 毫米、商丘站降水量 74.4 毫米、虞城站降水量 60.6 毫米、柘城站降水量 50.3 毫米、宁陵站降水量 59.6 毫米、夏邑站降水量 67.6 毫米。

8 月，商丘局地陆续出现暴雨天气，8 月 1 日睢县站日降水量 62.8 毫米，8 月 8 日虞城站日降水量 63.8 毫米，8 月 12 日夏邑站日降水量 110.2 毫米，8 月 21 日柘城和宁陵两个站日降水量分别为 58.3 毫米和 66.5 毫米，8 月 26 日永城站日降水量 56.1 毫米。此期的暴雨天气造成大田和低洼处积水。

9 月 5—7 日，商丘相继出现暴雨或大暴雨天气，日最大降水量 53.1～196.1 毫米。其中，5 日，睢县站降水量 75.7 毫米；6 日，睢县站降水量 66.4 毫米，民权站降水量 81.3 毫米，宁陵站降水量 93.3 毫米，柘城站 196.1 毫米；7 日，商丘站降水量 85.4 毫米，虞城站降水量 53.1 毫米，民权站降水量 84.7 毫米，永城站降水量为 114.4 毫米，柘城降水量 77.8 毫米。各县受灾农作物 51 万亩，倒塌房屋 1647 间，经济损失 7637 万元。

2011 年 5 月 10 日，商丘 12 小时降水量除民权站外均达到暴雨天气，过程量为 31.6～70.0 毫米。

7 月 24 日 20—22 时，睢阳区出现暴雨天气。从各乡镇四要素区域自动气象站数据看，其中降水量较大的有：李口 54.6 毫米，高辛 45.3 毫米，毛堌堆 40.5 毫米，金世纪广场风速达 12.9 米/秒。灾害给睢阳区造成经济损失 665.10 万元，其中农业经济损失 664.3 万元。

7 月 25 日，虞城站降水量 55.4 毫米，达到暴雨天气。

8 月 2 日，商丘局部出现大到暴雨天气，睢县站、民权站、柘城站降水量分别为 84.2 毫米、72.3 毫米、50.6 毫米。

8 月 11 日，宁陵站、夏邑站降水量分别为 108.8 毫米、127.0 毫米。

9 月 15 日，商丘除永城站外，其他站均达到暴雨和大暴雨天气，各站日降水量在 48.7～105.0 毫米。

2012 年 4 月 24 日，柘城站一日最大降水量 54.3 毫米，达到暴雨标准。

7 月 4 日，商丘市城区和永城市出现大到暴雨天气，商丘站日降水量 163.5 毫米，永城站日降水量 98.2 毫米。

7 月 5 日，虞城站、柘城站、夏邑站各出现 1 个暴雨日，日降水量分别为 58.3 毫米、72.0 毫米、62.3 毫米。

7 月 7 日，民权、柘城、永城 3 个站各出现 1 个暴雨日，过程降水量分别为 55.0 毫米、53.7 毫米、154.1 毫米；虞城县有 20 个乡镇区域自动气象站出现暴雨。

7 月 8 日，商丘出现暴雨天气。各站降水量分别为：商丘站 125.9 毫米，夏邑站 78 毫米，虞城站 221.3 毫米，永城站 149.1 毫米，柘城站 81.8 毫米，宁陵站 122.4 毫米，睢县站 120.6 毫米。同日，商丘有 49 个乡镇达到暴雨，53 个乡镇大暴雨，3 个乡镇特大暴雨，此次暴雨共造成梁园区、睢阳区、宁陵县、虞城县、民权县、柘城县 3.6 万公顷农田受灾，受灾人口达 40.2 万人。紧急转移安置 702 人，倒损房屋 254 户、569 间，其中倒塌房屋 244 间，严重损坏 25 间，一般损坏 300 间。直接经济损失 2386 万元，其中农业经济损失 2075 万元。

7 月 27 日，睢县出现 1 个暴雨日，降水量为 56.8 毫米。

2013 年　5 月 23 日 22 时，睢县和宁陵县的多个乡镇出现了短时强降水、冰雹等强对流天气，据统计，受灾人口 5.4 万人，小麦受灾面积 4250 公顷，烟叶受灾面积 193 公顷，酥梨、葡萄、甜瓜时令蔬菜等经济作物受灾面积 378 公顷，折断树木 3060 棵，损毁电线杆 107 根，损坏大棚 15 个，鸡棚 5 个，房屋倒塌 8 户 16 间。造成直接经济损失 6361.14 万元，其中农业经济损失 6268.2 万。

5 月 25—26 日，商丘遭受暴雨袭击，日降水量超过 100 毫米的有 49 个乡镇。据统计，此次暴雨造成全市受灾人口 21.0 万人，紧急转移灾民 216 人，农作物受灾面积 1.2 万公顷，其中成灾面积 5952 公顷，倒塌房屋 48 户 102 间，损坏房屋 96 户 209 间，桥梁严重损坏 2 座，损坏树木 830 棵。因灾造成直接经济损失 3571.92 万元，其中农业经济损失 3269.82 万元。

7 月 2 日至 8 月 9 日，商丘出现阶段性大到暴雨天气，其中，8 月 2 日永城日降水量 133.0 毫米。

2014 年　7 月 30 日，商丘、夏邑各出现 1 个暴雨日，日降水量分别为 90.8 毫米、94.9 毫米。

8 月 7 日，永城出现暴雨日，日降水量为 77.2 毫米。

8 月 24 日，永城出现暴雨日，日降水量 74.4 毫米。

2015 年　4 月 2 日，睢县站出现暴雨，日降水量 82.2 毫米。

6 月 24 日，睢县站、民权站出现暴雨，日降水量分别为 70.8 毫米、60.4 毫米。

7 月 15 日，商丘站出现暴雨，日降水量 65.3 毫米。

7 月 16 日，柘城站出现暴雨，日降水量 54.9 毫米。

8 月 5 日，柘城出现暴雨，日降水量 62.6 毫米。

11 月 6 日，夏邑站出现暴雨，日降水量 68.7 毫米。

2016 年　6 月 14 日，虞城站出现暴雨，日降水量为 51.6 毫米。

6 月 23 日，夏邑站出现暴雨，日降水量为 54.4 毫米。

7 月 15 日，商丘、睢县、虞城、宁陵出现暴雨，日降水量在 50.2～115.5 毫米。

7 月 19 日 12 时至 20 日 08 时，夏邑、虞城、宁陵、睢县、民权、商丘市区均出现暴雨或大暴雨天气，降水量 65.2～184.1 毫米。暴雨中心在宁陵县和梁园区北部，最大降水量 184.1 毫米出现在宁陵县城。宁陵县遭受强降雨袭击，造成各个乡镇不同程度受灾，直接经济损失 448.7 万元，其农业损失 392 万元、家庭财产损失 56.7 万元。

7 月 20 日 5 时 50 分，虞城县店集乡、田庙乡、大杨集镇 3 个乡镇遭受风雹袭击，刮毁树木 120 棵，受灾人口 1000 人、农作物面积 1200 亩和鸡棚 2 座，这次雹灾损失不大，据统计，直接经济损失 32.4 万元，其中农业经济损失 24 万元。

8 月 2—3 日，虞城站连续两天出现暴雨，降水量分别为 86.2 毫米和 62.8 毫米。

2017 年　7 月 15 日，商丘、虞城、宁陵 3 个站出现暴雨，降水量分别为 72.8 毫米、74.5 毫米、62.6 毫米；柘城站、夏邑站出现大暴雨，降水量分别为 120.0 毫米、108.2 毫米。从乡级四要素自动气象站资料来看，过程雨量分布不均，其中，最大降水量出现在柘城县梁庄 144.9 毫米，≥100 毫米降水量的站点有 27 个，50～100 毫米降水量的站点有 81 个。

8 月 1—2 日，受台风“纳沙”和“海棠”的共同影响，商丘出现暴雨天气。1 日 17 时至 2 日 17 时，睢县站、夏邑站降水量分别为 80.6 毫米、61.4 毫米。过程最大降水量出现在柘城县伯岗乡 97.9 毫米，商丘≥50 毫米降水量的站点有 41 个。1 日 08 时至 2 日 08 时，柘城县伯岗乡和牛城乡降水量分别为 78.5 毫米和 76.9 毫米。因强降雨、大风影响伯岗乡部分村庄受灾，其中王寨村、北张村、牛洼村、丁庄村、翟桥村、吕楼村、李显武村、尚庄村、李自美村、孔庙村等夏玉米倒伏面积约 1000 亩，牛洼村房屋倒塌 3 间，吕楼村房屋严重受损 2 间，造成经济损失 76 万元。

9 月 10 日，商丘站、睢县站、虞城站出现暴雨天气，降水量分别为 54.1 毫米、74.6 毫米、57.6 毫米。

2018 年　4 月 12 日，柘城站、永城站出现暴雨天气，降水量分别为 52.7 毫米、51.2 毫米。

8 月 17—18 日，受台风“温比亚”登陆后影响，商丘出现大暴雨，部分乡镇出现特大暴雨。商丘平均降水量 287 毫米，主城区平均降水量 390 毫米，最大降水量出现在睢县长岗乡 541.9 毫米，最大小时雨强出现在示范区周集乡 98.4 毫米。降水量在 50.0～99.9 毫米的暴雨站点 8 个，100.0～249.9 毫米的大暴雨站点 81 个，≥250 毫米的特大暴雨站点 129 个，≥300 毫米的站点 79 个，≥400 毫米的站点 18 个，≥500 毫米的站点 3 个。其中 8 月 18 日，商丘站、夏邑站、虞城站、宁陵站、睢县站出现特大暴雨，降水量分别为 363.6 毫米、355.2 毫米、288.9 毫米、332.1 毫米、302.5 毫米，永城站、柘城站和民权站也出现了大暴雨。此次暴雨天气过程是商丘建站以来降水量最大、强度最强、范围最广的一次过程。据各县区救灾办报告，此次台风灾害共造成商丘 120 余个乡镇不同程度受灾，受灾人口 48.7 万人，紧急转移安置人口 2725 人，其中集中安置人口 600 人，分散安置人口 2125 人，农作物受灾面积 6.0 万公顷，倒塌房屋 3 户 12 间，损坏房屋 2 户 7 间，树木折断 1 万余棵，直接经济损失 1.1 万亿元。

2019 年　6 月 5—6 日，商丘出现大到暴雨，局部大暴雨天气，最大降水量出现在永城市李寨 106.0 毫米，最大小时雨强出现在梁园区潘口南村 27.9 毫米。

7 月 23—24 日，商丘出现局地对流天气，伴有雷电、短时强降水、大风，最大降水量出现在永城市人民广场 162.2 毫米，高庄最大小时雨强为 79.8 毫米(21—22 时)，高庄出现极大风速 15.4 米/秒。

7 月 26 日 16 时至 27 日 7 时，柘城县遭强降雨，最大降水量 51.9 毫米，极大风速 19.2 米/秒，据民政部门调查，柘城县邵园乡、岗王乡大面积玉米倒伏 1700 亩，树木倒塌 9620 棵，房屋受损 270 户 810 间，其中严重受损 32 户 96 间，一般受损 238 户 714 间。受灾人口 3200 人，造成经济损失 60 万元。灾情发生后，柘城县气象部门深入各村组查看灾情，提出灾情自救措施，使灾害损失降低到最低程度。

7 月 27—28 日，商丘大部分县乡出现强对流天气，降水主要集中在虞城县、夏邑县两县北部，以及永城市北部和西部。

8 月 1—2 日，商丘出现中到大雨，最大降水量出现在梁园区潘口南村 126.4 毫米，最大小时雨强出现在宁陵县阳驿 70.1 毫米(1 日 14—15 时)。

8 月 6—7 日，商丘出现大到暴雨，局部大暴雨，降水主要集中在中西部 4 个县，最大小时雨强出现在民权县褚庙 75 毫米(7 日 02—03 时)，最大降水量出现在民权县褚庙 162.5 毫米。

二、暴雪

1987 年　1 月 1—4 日，商丘出现大雪并雨凇天气。永城、夏邑两县成灾，停电、断水、停产和交通阻塞 3～4 天。

3 月 6—10 日，大雪。树木、输电线路和电话线积冰严重，温室塑料大棚被积雪压塌，造成商丘停电、停产和交通、通信中断 1 天。

1991 年　12 月 22—27 日，受强冷空气影响，商丘普降大雪，积雪深度达 13～17 厘米，局部有雪暴并伴有强降温天气，最低气温下降到－21.9～－13.3 ℃，部分供电、通信线路受损，造成短期通信中断和停电，多地塑料大棚损坏，对蔬菜生产不利。

2 月 28 日至 3 月 5 日，商丘连续 7 天雨雪天气，总降水量 36.0～73.4 毫米。3 月 1 日转为降雪，3 月 2—4 日，部分县曾一度出现暴雪天气，日降水量在 10 毫米以上，积雪深度达 19 厘米，暴雪压塌蔬菜大棚，公路交通一度受阻。

1993 年　11 月 16—18 日，商丘出现寒潮天气，48 小时日平均气温下降 10.1 ℃，最低气温日均值为－1.1 ℃。

11 月 18—20 日，商丘出现大到暴雪，降水量为 25.0～38.5 毫米，积雪深度永城站、夏邑站为 5 厘米，其余各站为 11～25 厘米，睢县、宁陵、商丘 3 个站出现 30 年来（1964—1993 年）雪深之最。

11 月 20—24 日，商丘出现低温天气，日平均气温为－5.7～－2.5 ℃。11 月 21 日、24 日各站分别出现近 30 年来（1964—1993 年）同期气温极端最低值，为－15.7～－8.5 ℃。这场暴雪来得早，强度大，积雪深，温度低，为商丘近 30 年来（1964—1993 年）同期所未有，对交通运输、建筑业及没有收获的蔬菜等影响较大。

2001 年　1 月 6—9 日，商丘出现大—暴雪天气，过程降雪量为 25～46 毫米。

1 月 23—26 日，商丘出现大—暴雪天气，过程降雪量为 13～25 毫米。商丘站 6 日最大日降雪量达 27 毫米，为历史同期之最，最深积雪达 15 厘米。对公路运输危害较大，由于道路封冻，交通中断，致使大量客运及货运受阻，交通事故时有发生。

2003 年　2 月 9—10 日，商丘普降大暴雪，降雪量达 8.9～18.7 毫米，积雪深度 6～10 厘米，对交通运输造成较大影响。降雪之后连续 4 天最低气温在－5 ℃以下。

2004 年　12 月 21—22 日，商丘突降暴雪，24 小时降雪量为 11.0～16.8 毫米，雪深 6～13 厘米，积雪 11 天。据统计，12 月下旬商丘城市交通事故 38 起，死亡 5 人，伤 37 人，经济损失 17.48 万元。另外，梁园区和睢阳区因暴雪压塌温室蔬菜大棚在 50%以上，蔬菜生产受到不同程度的影响，暴雪迫使建筑业停工数日。

2005 年　2 月 6—18 日，商丘各县连续出现 6～9 个雪日，其中大雪 2 天，总降雪量达 11.0～31.8 毫米，最大雪深 3～5 厘米，由于连续下雪，地面积雪长达 10 天，严重影响交通运输和群众生产生活。

2006 年　1 月 16—21 日，商丘普降大雪，过程降雪量 4.4～27.8 毫米，最大积雪深度 5～16 厘米，时间均出现在 20 日，积雪日数为 3～8 天。其中商丘、宁陵、睢县、夏邑、永城和柘城 6 个站出现 10.8～27.8 毫米的暴雪。

2008 年　冬季，商丘降雪日 11 天，最大积雪深度 12～15 厘米，最长连续积雪日数 15～24 天。据统计，因低温、积雪，蔬菜大棚不同程度倒塌，损毁 228 座，草莓大棚损毁、倒塌 11 座，冻死小猪 200 头，电力、通信发生故障 8 次，直接经济损失 656 万元。

2009 年　11 月 11 日 16 时至 11 月 12 日 17 时，商丘自西向东普降暴雪，所属各站降雪量、积雪深度如下：商丘站 24.7 毫米、13 厘米；睢县站 31.7 毫米、18 厘米；民权站 32.1 毫米、16 厘米；宁陵站 30.9 毫米、20 厘米；柘城站 26.7 毫米、1 厘米 4；虞城站 27.5 毫米、11 厘米；

夏邑站 20.8 毫米、8 厘米；永城站 6.3 毫米、无。中西部地区降雪量较大，是商丘建站以来第 3 次初雪日最早的年份（前两次发生在 1959 年 11 月 8 日、1963 年 11 月 10 日）。据市民政局统计，此次雪灾共压塌、损坏温室蔬菜大棚 588 座；倒塌、损毁仓库、厂房 8100 平方米；压塌、损坏牛棚、猪舍、鸡舍等 72 座，砸死奶牛 24 头、猪 25 头、蛋鸡 2.3 万只；折断电线杆 30 根、树木 4000 余棵；倒塌房屋 5 间；合计受灾人口 1.1 万人；因灾死亡 2 人；因灾受伤 3 人，造成直接经济损失 1.6 亿元。

2010 年　2 月 10—11 日，商丘普降 7.5～11.5 毫米的大到暴雪，11 日积雪深度 4～8 厘米，积雪日 4～8 天。因为这次积雪过程出现在春节前夕，给交通运输和人们走亲访友带来不便。

2015 年　11 月 24 日，商丘出现暴雪天气，平均降水量 26.6 毫米，平均积雪深度 15 厘米，最大降水量 37.3 毫米（夏邑站），最大雪深 19.5 厘米（宁陵站）。

2016 年　11 月 21—24 日，受强冷空气影响，商丘出现了暴雪天气。21—22 日，各站降雪量在 9.6（民权站）～18.6（夏邑站）毫米，积雪深度 7 厘米（商丘站、民权站）～15（宁陵站）厘米。道路积雪结冰，对交通运输等产生不利影响，22 日中小学、幼儿园临时停课。

2017 年　2 月 20—22 日，商丘受强冷空气影响出现寒潮暴雪降温天气，48 小时日平均气温下降 9.2 ℃，22 日最低气温－3.8 ℃。21 日 08—22 时先降雨后降雪，所属各站过程雨雪量为：商丘站 13.2 毫米，夏邑站 27.3 毫米，柘城站 19.3 毫米，虞城站 12.8 毫米，宁陵站 12.8 毫米，睢县站 17.2 毫米，民权站 13.2 毫米，积雪深度 2～4 厘米。降温不利设施农业生产，积雪及道路结冰对交通运输和群众生活造成不利影响。

2018 年　1 月 4—5 日，商丘受强冷空气影响，出现了暴雪天气。3 日 20 时至 4 日 22 时普降大到暴雪，并伴有 4 级左右的东北风，各站降水量为 6.4～14.3 毫米，积雪深度为 5.0～8.4 厘米。

2019 年　1 月 30 日 08 时至 31 日 07 时，受冷空气和西南暖湿气流共同影响，商丘出现小到中雨转大到暴雪天气，过程降水量为 12.9（柘城站）～26.4（夏邑站）毫米。具体降雪量、雪深分别如下：商丘站 9.0 毫米、6 厘米；民权站 11.6 毫米、4 厘米；睢县站 11.6 毫米、6 厘米；宁陵站 13.1 毫米、6 厘米；柘城站 8.0 毫米、4 厘米；虞城站 10.2 毫米、10 厘米；夏邑站 19.8 毫米、8 厘米；永城站 13.4 毫米、3 厘米。

三、干旱

1986 年　1—7 月，商丘各站降水量为 154.2～329.2 毫米。比历年同期偏少 40%～60% 的有民权、睢县、宁陵、柘城、商丘、永城 6 个站；比历年同期偏少 30%的有虞城、夏邑 2 个站。6 月和 7 月两个月，民权、睢县、宁陵 3 个站降水量仅为 75.0～132.9 毫米，其中 6 月 1 日至 7 月 29 日降水仅 31.4～46.6 毫米，比历年偏少 5～7 成；商丘、虞城、柘城 3 个站降水量在 140.7～179.7 毫米，6 月 1 日至 7 月 29 日降水量 85.1～118.9 毫米，比历年少 34%～46%；在气温高、前期雨水不足、作物需水量大、蒸腾消耗逐渐增多的情况下，至 7 月份，旱情已遍及商丘各县市区，尤其西部 3 个县已酿成特大旱灾。商丘受旱面积达 700 万亩，占秋田总面积的 70% 以上，严重受灾面积 300～400 万亩。

1987 年　9 月 5 日至 10 月 11 日，商丘 37 天无滴雨，形成大旱，严重影响麦播。商丘投入抗旱劳力 113 万人，投资近千万元抗旱种麦。适期播种面积仍不足 20%，差的县份仅 4%左右。多数麦田是在12—19日期间的连阴雨后播种，麦播推迟20天左右。

1988年 商丘有几个干旱时期，时间分别在4月、6月初至7月上旬、8月、9月初至10月中旬。6月，商丘降水量仅为5.0～13.4毫米，比常年偏少67%～94%，使夏播无法进行。7月上旬，出现1～4个雨日，但只有睢县、宁陵2站降水量在22.2～36.4毫米，其他各站均在15毫米以下，永城站只有2.2毫米，各站降水量比常年少65%～97%。7月份，高温酷热，≥35 ℃的日数比常年偏多4～5天。永城、柘城2站出现≥40 ℃酷暑天气分别达5天之多，干旱严重，大面积夏玉米迟播，已播出苗的玉米也大面积枯死。据统计，商丘有488.303万亩大秋作物受旱，其中有30多万亩幼苗枯死，近300万亩晚秋作物时至7月中旬才种上，使秋粮严重减产。

1989年 8—11月，商丘持续4个月降水偏少，出现旱情，小麦误播面积近200万亩。

1990年 秋季大旱。季降水量42.5～77.4毫米，较历年偏少50%～70%，是新中国成立以来第3个大旱之秋，旱情稍轻于1956年和1966年，重于1976年。

1991年 秋季大旱。7月和8月两个月，商丘降水偏少，秋季又持续偏少，虽有两次降水，但雨量小且分布不均，其中9月1—4日、10—11日两次降水量合计在36～86毫米，之后80余天又持续少雨。9月12日至11月5日长达55天仅有1～4毫米。11月6—7日降水量5～15毫米后，入冬前一直无雨，旱情持续发展。

1992年 秋季大旱。自9月中旬开始到12月下旬，降水偏少，12月7日虽有一次2.5～6.2毫米的降水，但因长期干旱和气温持续偏高，旱情有增无减，永城县从麦播前的9月到12月下旬，100多天降水量仅有9.5毫米，干旱时间之长，旱象之严重都是历史上罕见的。

1月中旬到2月27日近50天，商丘仅在1月29日出现一次0.8～2.9毫米的降水，蒸发量大，土壤失水快，麦田墒情逐渐变差。据2月28日测墒，商丘中西部各县壤土地5～30厘米土壤含水量为5.1%～17.5%，沙土地麦田5～30厘米深含水量为7.5%～12.9%，东部永城、夏邑两县壤土地麦田5厘米深含水量为11.4%～14.0%，其余县土层含水量为14%～21%，旱情遍布全市，其中西部各县较重，尤其是民权县、睢县旱情更重，底墒严重不足，出现了土壤深层40～50厘米含水量低于浅层20～30厘米含水量的现象。5月下旬商丘无降水，6月上旬夏邑、永城、民权3个站降水量在0.0～6.5毫米，其他县市在10.6～27.7毫米，降水少，蒸发大，土壤干旱，干土层深达15厘米左右。6月14日至7月13日商丘降水量仅50毫米，形成初夏旱。6月，日最高气温≥30 ℃的日数有16天之多，7月上旬气温较常年偏高1～2 ℃，光照足，蒸发大。特别是中部的商丘、柘城、虞城、夏邑4个站30厘米深的土壤湿度均在10%以下。干旱面积达800万亩，其中严重干旱面积530万亩，棉花、玉米、大豆等作物已旱死50多万亩。由于干旱，黄河故道滩区30余个村、人畜用水困难，地下水位下降，压水井抽不出水，给群众正常生活生产带来极大困难。

1993年 春旱：3月初至4月26日的57天中，商丘降水量为11.6～26.8毫米，比常年偏少22.6～55.3毫米。3月下旬麦田出现大面积干旱，到4月中旬旱情日趋严重。4月18日测墒，沙质土5～40厘米深含水量3%～8%，壤土地为8%～15%，黏土地为13%～17%，商丘受旱面积约800万亩，严重受旱面积近600万亩，春旱对小麦穗分化和大秋作物播种有不利影响。

夏旱：从5月20日至6月10日，商丘各县未落滴雨，出现初夏旱，使800万亩夏播作物播期推迟，有的播后不能正常出苗或出苗后迟迟不长。6月11—12日，商丘大部分县有一次降水过程，雨量为10.7～45.7毫米。但永城县、虞城县仍有250万亩受旱，100多万亩农田严重受旱不能播种，使秋作物播期严重推迟或改种其他作物。7月初至8月3日降水量48.1～105.6毫米，比常年同期偏少70.9～148.0毫米。商丘全区发生伏旱，秋作物受旱面积707万亩，其中严重受旱面积442万亩。受旱秋作物出现萎蔫现象，严重地块有死苗现象。

秋旱：从9月12日至10月12日长达32天，商丘基本无雨，加之气温偏高，出现秋旱，对夏玉米、大豆等秋作物灌浆有一定影响，受旱面积785万亩，严重受旱面积508万亩。10月8日测墒5～30厘米含水量，沙土地为7%～10%，壤土地为5%～9%，黏土地为7%～16%，土壤墒情较差，对小麦适时早播有较大影响。

1994年　春旱：入春后，降水偏少，气温偏高。3月13日至4月7日26天中降水量1.2～31.3毫米，比常年偏少甚多，旱象露头，4月中旬降水使旱情缓解。4月下旬至5月末，降水量仅3.1～31.3毫米，比常年偏少43.3～93.1毫米。此时期各旬平均气温比常年偏高。风大，土壤失墒快，干旱出现并发展迅速。5月下旬统计，商丘受旱面积800多万亩，其中严重受旱面积600多万亩，部分田块小麦萎蔫干枯，春夏后期的干旱对小麦生长极为不利。

伏旱：进入7月上旬，民权、宁陵、夏邑、永城4个站降水不足20.0毫米，比常年少65%～87%，其余站偏少9%～66%，加之气温偏高，蒸发量大，土壤失墒快，出现干旱。特别是从7月18日至8月6日长达20天中，除柘城站有20.0毫米降水，其余站仅有0.0～6.5毫米，此时出现连续高温天气，又使干旱加剧发展。从8月9—22日，商丘降水不足7.0毫米，使干旱继续发展，出现旱情"东重西轻"的局面，这是历年少有的现象。据统计，商丘秋作物受旱面积500多万亩，严重受旱面积328万亩，其中绝收面积135万亩，造成秋粮减产严重。

秋旱：从9月11日至10月13日长达33天，商丘全区降水量为0.6～3.4毫米，加之9月下旬、10月上旬气温偏高，土壤失墒严重，特别是表墒较差。10月8日测墒，壤土地10厘米深土层含水率在11%～15%，夏邑县10～20厘米深仅有4%，浅层土壤干旱，口墒差，对小麦播种不利，且对抢墒播种小麦的幼苗生长也不利。

1995年　春季2月下旬到4月上旬50天，商丘降水量18～28毫米，此期气温升高、风大、小麦耗水多、土壤失墒快。沙壤土麦田10～20厘米土壤含水量6%～14%，干土层4厘米以上，商丘有700多万亩小麦受到不同程度的干旱，影响小麦生长。4月中旬前期集中降水量13～29毫米，旱情得以缓解。4月23日至5月11日近20天中，无雨多晴日，小麦蒸腾旺盛，麦田再次出现干旱，据5月8日测墒，10～50厘米沙质土含水量4%～10%，壤土5%～13%，黏土12%～18%，干土层5～10厘米。旱地小麦部分有枯死现象，5月中旬前期降水集中，大部分县乡旱情得到缓解或解除，个别地方干旱继续。

6月虞城、夏邑、永城3个站降水量仅有26.2～43.7毫米，较常年少43%～70%。10～20厘米深度土壤含水量壤土5%～17%，黏土9%～12%，形成初夏旱，影响夏玉米、大豆等秋作物适时播种。

1996年　冬春连旱：从1995年11月至1996年4月26日，商丘各站仅有37.4～47.6毫米的降水，与历年同期相比偏少六至七成。1995年11月至1996年2月上旬基本无降水，2月下旬至3月上旬、4月上中旬均无降水。由于长时间降水偏少，特别是无透墒雨，因此出现冬春连旱局面，为商丘有气象记录以来第3个旱情较重的年份。据4月中旬测墒，沙壤土麦田10～20厘米含水量为8%～14%，黏土为10%～14%；40～50厘米沙壤土为14%～17%；黏土地17%。商丘700多万亩小麦出现不同程度的干旱，对小麦生长发育有不利影响。4月

27—29 日出现一次降水天气，各站降水量在 33.0～58.4 毫米，使干旱缓解。

伏旱：7 月中旬至 8 月中旬，中、东部 4 个县市降水较少，商丘站、虞城站、夏邑站、永城站降水量在 28～65 毫米，由于气温偏高，蒸发量大，土壤墒情较差，虞城、商丘、宁陵 3 个县部分乡镇已出现重旱，柘城、永城、夏邑 3 个县出现中旱。商丘各县受旱面积达 382.1 万亩，其中较重面积 37.5 万亩，没有浇过水的玉米不能抽雄开花，部分地块玉米有枯死；棉花生育期推迟，大铃数和铃重少于往年。

1997 年　春末初夏旱：5 月 6—7 日和 10—12 日出现了两次明显降水过程，此后自 5 月 13—28 日内商丘全区范围无降水。大部分县(市)麦田已达到了干旱指标。入夏以后，旱情持续发展截至 6 月 23 日，42 天内全区降水量 2～21 毫米，睢县干旱尤甚，42 天内降水量为 2 毫米，造成严重的初夏旱。致使秋作物播种期推迟，同时也影响了早秋作物的生长发育。据商丘地区民政局统计，受旱面积 900 多万亩，其中较严重受旱面积达 200 多万亩。

秋旱：9 月 19 日至 11 月 10 日，各站在 53 天内降水量均未超过 3 毫米，其中永城市干旱更为严重。自 8 月 23 日至 11 月 10 日共 80 天内降水量为 16 毫米，大部分县(市)已形成中、重度干旱。对玉米等其他秋作物的后期生长成熟有很大影响。据统计，丘受旱面积 402.6 万亩，严重受旱面积 248.6 万亩，绝收 50.4 万亩，农业直接经济损失 3.4 亿元。另外，秋旱造成小麦适时播种受阻。据统计，商丘当年小麦实播面积约 790 万亩，10 月 20 日以前小麦播种面积约 550 万亩左右，其中抗旱播种面积就有 500 万亩。小麦播后缺苗断垄现象严重。

1998 年　秋季干旱，严重影响了小麦适时播种与幼苗的生长。自 9 月 1 日至 10 月 10 日，睢县、夏邑县、梁园区、睢阳区滴雨未降，其余县(市)降水量为 0.6～8.0 毫米，土壤墒情较差，大部分市(县)10～30 厘米土壤含水量低于 15%，造成秋作物灌浆不足，小麦不能适时播种。据统计，10 月 10 日前小麦播种面积仅占当年小麦播种面积的 24.9%。10 月 11—13 日期间，商丘普降小到中雨，降水量在 5.3～23.0 毫米，使严重干旱得以缓解，趁墒抢种小麦面积占 52.6%，此后直至 11 月底，商丘降水甚微，旱象延续，使非水浇地无法播种。

1999 年　冬旱：1998 年秋季至 1999 年春，商丘长达 187 天雨雪稀少，各县(市、区)降水量仅 6～21 毫米，加之气温持续偏高，蒸发量大，土壤墒情急剧下降，旱象日渐发展，使商丘 800 多万亩小麦都不同程度地受到影响，给农业生产造成严重损失。

初夏旱：自 5 月 27 日至 6 月 21 日，商丘 26 天内降水量不足 24 毫米，商丘出现旱情。夏邑县旱象较为严重，这期间夏邑站降水量仅有 3 毫米，30 厘米以上耕作层土壤湿度百分率不到 13%，沙土地土壤含水百分率只有 7%。

伏旱：7 月 8—31 日，商丘有 5 个站降水量不足 14 毫米，其中睢县站、夏邑站滴雨未降。从农业气象人员测墒结果看，这些县 30 厘米以上的耕作层土壤含水量在 10%左右，夏邑县干土层深度达 4～5 厘米。伏旱主要影响大豆开花结荚，玉米拔节、开花、授粉和棉花开花、结铃等。据商丘市农业局统计，农田干旱面积达 300 多万亩。

2000 年　春季干旱严重。自 2 月 20 日至 5 月 7 日长达 78 天，商丘各站总降水量为 2～12 毫米，是商丘有气象记录以来同期降水量最少的一年，加之春季大风日数多，气温回升快，土壤水分急剧下降。据 4 月 28 日测墒结果，50 厘米耕作层土壤含水量为 5%～12%，干土层达 4～8 厘米，各县(市)均达到中、重度干旱指标，对小麦生长、发育和其他作物春播非常不利。

2001 年　春旱：自 3 月 1 日至 5 月 31 日，长达 3 个月中，仅在 5 月 9—10 日出现一次小—中雨过程，降水量为 3～16 毫米，其余时段出现了几次零星小雨。各站总降水量为 7～31 毫米，与常年同期相比，偏少81%～95%，为1953年以来春季降水最少的一年。商丘受旱面积达613万亩，其中轻旱面积550万亩，重旱面积63万亩，西北部为重旱区。

秋旱：自8月11日至10月24日，长达74天，除永城站降水量为70毫米外，其他7个站一直无有效降水，各站总雨量仅9～19毫米，比历年同期偏少90%～96%，为当地有气象记录以来同期降水量的最少值。10月10日前小麦播种面积仅占总面积的9%。截至10月20日，麦播面积有466万亩，占总面积的63%，比2000年同期晚播64万亩。

2002年　春旱：1月下旬至4月中旬，长达90天没降过透墒雨。雨日虽有10～12个，但大部分站累计降水量不足30毫米。由于冬季雨雪多，底墒充足，初春田间土壤水分仍较适宜。4月初，旱情逐渐显露，且日益发展。据4月18日测墒，30厘米土壤含水量已降至5%～13%，使冬小麦及春播作物生长受到严重影响。

秋旱：9月16日至10月17日，32天内各站降水量仅4～8毫米，加上此期气温偏高，土壤失墒较快，旱情逐步发展。据10月8日测墒，各站30厘米以上耕层含水率为5%～18%，其中民权、宁陵、商丘3个站为5%～9%，形成轻到中度干旱，直接影响了小麦的适时播种。10月21日至11月30日，长达41天，各站降水量仅为2～6毫米，墒情较差，出现干旱。据11月18日测墒，民权县10～30厘米的土壤含水量为5%，达到重旱标准，对小麦盘根、分蘖非常不利。

2003年　初夏干旱。5月20日至6月20日，商丘除睢县站外，其他站降水量仅有9～20毫米，土壤含水率降至10%以下，达到重旱标准，对播种玉米及棉花现蕾不利。

2005年　4月9日至5月14日，连续35天，商丘各站降水量仅6.0～23.2毫米，降水较少，蒸发量大，水分消耗迅速，土壤逐渐呈现旱象。据5月8日测墒调查，有多半县(市)30厘米以上的土壤含水量在13%以下，均达到轻旱标准。5月18日至6月24日，长达38天，各站降水量仅14.3～27.4毫米，加之从6月中旬开始持续高温，土壤失墒较快，6月23日，40厘米以上的土壤重量含水率降至10%以下，出现干旱。据商丘市防汛抗旱指挥部统计，作物受旱面积达385.8千公顷，其中重旱73.5千公顷。截至6月23日，抗旱浇灌面积达256.9千公顷，投入抗旱经费2992万元。

2006年　9月30日至11月17日，连续49天降水量不足1.0毫米，对出苗后的冬小麦生长带来不利影响。

2007年　春旱：3—5月降水偏少，期间各站降水量为：商丘站54毫米，民权站32.8毫米，虞城站19.3毫米，柘城站19.9毫米，宁陵站27.9毫米，夏邑站4.4毫米，睢县站32.7毫米，永城站30.1毫米。30厘米以上耕作层土壤湿度为：商丘7.2%，民权6.6%，虞城10.7%，柘城12%，宁陵9%，夏邑12.8%，睢县8%，永城11.5%。各县出现不同程度的干旱，对小麦后期灌浆成熟造成一定危害。

初夏旱：从5月初到6月中旬，商丘降水量异常偏少。5月1日至6月18日降水量仅为23.9毫米(商丘站)，6月8日测得30厘米耕作层土壤湿度为13%(其他县均≤13%)，达到夏旱标准。期间正是夏玉米和夏粮作物最佳播种期，连续数10日晴朗无雨，致使大部分农作物不能及时播种。

2008年　春旱。2月26日到4月7日，商丘总降水量仅为2.7～7.5毫米，大部分市、县3月28日测得的30厘米以上耕作层土壤湿度均<20%，其中，民权≤6%(沙土)，柘城≤11%，永城≤15%(黏土)，达到春旱指标。由于此时小麦正处于拔节期，处于需水高峰期，对小麦的

生长发育以及后期的孕穗、开花非常不利。

2009 年　由于 2008 年秋季降水量比历年同期偏少 49%，进入冬季降水量又持续偏少。2008 年 12 月商丘降水量在 0.1～1.1 毫米；2009 年 1 月商丘降水量仅为 0.0～0.2 毫米，降水量持续偏少，最小相对湿度在 13%～69%，>60%的相对湿度只有 6 天，大部分在 20%～30%，空气相当干燥，达到降水距平百分率干旱指标。

春旱：3 月 14 日至 4 月 18 日 36 天，商丘各站降水量均<30 毫米。根据 4 月 18 日测墒结果，商丘除了宁陵站、永城站以外，其他各站均不同程度达到春旱指标。

2010 年　9 月 3 日到 12 月 12 日，商丘 78 天无降水，达到气象干旱指标。从 12 月 28 日的土壤墒情监测来看，10～30 厘米土层，永城市、夏邑县部分乡镇表现为轻旱；10～50 厘米土层，夏邑部分乡镇轻旱；10～100 厘米土层，梁园区、睢阳区、夏邑县部分乡镇轻旱。

2011 年　自 2010 年 12 月 15 日至 2011 年 1 月 31 日，各县(市)出现不同程度的秋冬连旱。3 月 2 日至 4 月 20 日，商丘基本无有效降水，气温偏高，蒸发量大，大部分乡镇出现轻度干旱，永城市、夏邑县、梁园区、睢阳区、柘城县 0～10 厘米土层达到重度干旱，睢县、宁陵县、民权县部分乡镇达到轻旱；夏邑县、永城市 20～30 厘米土层达到重度干旱。

2013 年　从 2 月 6 日到 3 月 18 日，商丘降水异常偏少，民权县和夏邑县连续 33 天无降水。气温高、降水少，各地农田出现不同程度的旱情，对小麦返青和拔节生长极为不利。

9 月至 10 月底，民权站、睢县站、宁陵站、商丘站、柘城站降水量为 15.3～35.7 毫米，较历年同期偏少八成，沙土 10～30 厘米层土壤相对湿度低于 40%，形成重度干旱，壤土 10～30 厘米层土壤相对湿度低于 60%，形成轻到中度干旱，影响商丘中西部冬小麦适时播种和出苗。

2014 年　2013 年 11 月 25 日至 2014 年 2 月 3 日，除永城站有 2.4 毫米的降水外，其他各站连续 72 天无降水，导致空气干燥，农田出现不同程度旱情。3 月 1 日至 4 月 10 日，商丘各站降水量仅 5.3～16.9 毫米，较常年偏少 49%～85%，10～50 厘米层土壤相对湿度均在 60%以下，麦田出现不同程度的旱情，对小麦生长不利。

2015 年　2014 年 12 月 11 日至 2015 年 1 月 25 日，宁陵县、睢县、柘城县连续 46 天无降水，部分乡镇出现干旱。5 月 12 日至 6 月 18 日，除夏邑和柘城 2 个站降水量分别在 28.9 毫米和 29.5 毫米外，其他站降水量在 0.9～11.6 毫米，大部分乡镇土壤墒情出现不同程度的干旱，对大秋作物的适时播种造成不利影响，已出苗的作物出现了严重的萎蔫现象。

2016 年　2015 年 12 月 1 日至 2016 年 5 月 10 日，商丘总降水量平均值为 48.4 毫米，较常年偏少六成。

2018 年　7 月 10—25 日，商丘各站降水量在 1.6～46.9 毫米，较常年同期偏少 68%～98%，出现不同程度的干旱，不利夏玉米等秋作物生长。

2019 年　5 月，商丘气温偏高，降水异常偏少，平均降水量仅为 1.5 毫米，较常年同期偏少 98%，比去年同期偏少 98%，干旱发展迅速，截至 5 月 31 日，50%的站点达重度气象干旱。6 月中旬至 7 月中旬，平均降水量 44.3～74.3 毫米，较常年同期偏少 63%～74%；根据 7 月 20 日 17 时自动土壤水分站监测数据显示，0～50 厘米层土壤墒情，睢县、虞城县、永城市部分地块为中旱，其他各县(区)部分地块为重旱。降水少、灌溉困难的地块，大面积玉米已经出现严重萎蔫现象，对将要进入抽雄的玉米生长十分不利，水分不足，雄穗抽出困难，多处形成“卡脖旱”。

四、雷电

1989 年 商丘共发生 4 次风雹灾害，冰雹出现时伴有雷电。

5 月 10 日出现的风雹对夏邑县的 17 个乡、柘城县 3 个乡造成危害。

6 月 14 日出现的风雹对宁陵县 5 个乡镇造成影响。

7 月 9 日出现的风雹对民权县 5 个乡镇造成危害。

7 月 21 日民权县雷电击伤 1 人。虞城县出现大风、冰雹天气并伴有强雷电，雷电伤 2 人，稍岗 1 棵直径 50 厘米的柳树被拦腰截断，可见破坏甚重，给本区造成巨大损失。

1992 年 8 月 10—13 日，民权县境内出现特大暴雨，暴雨期间，双塔乡邓寨村一农户遭雷击，4 人触电，1 人受伤，3 只羊致死，6 棵大树被拦腰击断。

1994 年 6 月 12 日 17—20 时，民权、睢县、虞城和永城 4 个县(市)先后有 19 个乡(镇)、112 个村委出现龙卷、冰雹。最大冰雹直径 2.6 厘米左右，小者 1.5～2.0 厘米，风速之大，成灾之重均属近几年少见。降雹期间，伴有雷电，虞城县雷电击死 1 人。

1995 年 8 月 4 日 14 时，虞城县气象局 2 次遭雷击，该局甚高频电话、稳压电源、电接风和电缆线被全部击毁，致使地—县通信中断，正常业务工作受到影响，直接经济损失 2 万元。

8 月 29 日 08 时 40 分，宁陵出现雷雨大风，风力达 25 米/秒，降水量 50～100 毫米，县城雷电击伤 2 人。

1998 年 8 月 12 日，柘城县、虞城县、民权县遭受强雷暴袭击，致使上述 3 个县气象局的气象寻呼发射机、“121”天气预报服务系统、商丘市气象局一号计算机网络等设备被强雷电击毁，损失达 150 多万元。8 月 30 日，夏邑县境内出现局地雷雨大风，其中桑固乡棉花厂遭受雷击，棉花垛着火，损失达 70 万元之多。

2004 年 6 月 7 日 12 时左右，虞城县黄冢乡韩庄村遭雷击，造成 1 人死亡，2 人受伤。

6 月 24 日 20 时左右，虞城县三庄乡桃枢集村民宅遭雷击，人员 1 死 1 伤，电话线路中断，击毁群众家中的电视机 10 余台。

8 月 4 日 05 时 30 分左右，河南省振华玻璃厂监舍遭雷击，造成停电，门禁、报警系统失灵，电视机、扩音器等设备被击毁。

2005 年 夏季，商丘多次出现强雷暴天气，雷电灾害发生频率高、范围广、强度大、较往年明显增多。仅 6 月和 7 月两个月，因雷击死亡 2 人，击伤数人，损坏电视机、冰箱等家用电器 130 余部，电子计算机 270 余台等，人员和财产损失严重。

6 月 25 日，柘城县小吴集某农民在家中被强雷暴击伤。

6 月 29 日，商丘城区出现强雷暴，某单位遭严重雷击，办公设备全部损坏，经济损失 5 万元。

6 月 30 日，睢阳区路河乡李阁村遭雷击，击坏电视机 6 部，村民李某被击为重伤。

7 月 8 日，永城市某集团热电厂遭雷击，变压器击毁。

7 月 16 日，睢县尤吉屯乡黄庄村村民黄某在田间大树下遭雷击，当场死亡。

7 月 22 日，永城市酂阳乡黄盆厂村路旁遭雷击，人员 1 死 2 伤。

7 月 22 日，柘城县某单位遭雷击，造成直接经济损失 10 万余元。

7 月 22 日，商丘市福源集团家属院遭雷击，击坏电视机 11 部、电话机 20 余部、空调 1 台。

2007 年 7 月 8 日 16 时，梁园区谢集镇叶庄村、夏庄村民组遭直击雷雷击，击中 C 相线路，造成变压器损坏。

7 月 27 日，东方锦江商务酒店遭感应雷雷击，造成电话程控交换机、网络服务器、监控系统损坏，直接经济损失达 10 万余元。

8 月 1 日，睢阳区闫集乡李庄村遭受直击雷，1 棵高 20 米、距房屋 2 米左右的大树被击倒，周围 5 家电视机被击毁，房顶被击穿，并造成火灾，幸无人员伤亡。

8 月 4 日，商丘市电视台遭受雷击，造成电视接收系统损坏，部分发射机被击毁，多日部分无线电视频道无法工作。

8 月 6 日，商丘城区多处发生雷击事件。黄金路某家属院遭受感应雷雷击，造成多家电视机、电脑、电热水器等损坏。东方锦江商务酒店第 2 次遭受雷击。河南省振华玻璃厂第二分厂变电站遭受雷击，造成电源短路。中国工商银行商丘分行 6 部摄像机、1 部计算机损坏。

8 月 10 日，高速公路管理局宁陵收费站遭受雷击，造成收费站计费、监控系统被击毁，无法正常工作。

2008 年　夏季，雷电多发。

6 月 3 日，柘城县大仵乡凌庄村，遭雷击造成 1 人死亡。

8 月 2 日，郑州海关驻商丘办事处计算机机房遭受雷击，造成交换机损坏。

8 月 11 日，郑州海关驻商丘办事处计算机机房第二次遭受雷击，该单位三楼计算机房、交换机、路由器损坏。同日，中石化商丘东油库烟囱遭到雷击，造成距地面 15～20 米处有 8 处雷击点，每个损毁点面积达到 40×40 厘米，深度达到 15 厘米。

8 月 21 日，睢阳区冯桥乡前王庄村一家居民，因雷击朝阳面玻璃炸掉，从居室二楼北部房间燃烧，室内电路全部炸开，造成火灾。同日，梁园区宁陈庄社区独立院第 3 排的 3 层楼遭雷击，其居室东山墙的窗口被击中，玻璃炸掉，该社区通信网络线路、有线电视大面积被雷击，造成多部电视机、电脑损坏。

2009 年　商丘各县(市、区)出现雷暴 7～19 次，其中有 3 次造成财产严重损毁。

2 月 14 日，虞城县芒种桥乡蒋庙村三组发生雷击事件，全村电源跳闸，电视无信号，居民多座房屋被击坏 9 处。

6 月 3 日，夏邑县城关镇北关大队李营村、县电视台、县环路东段、重点高中北门均遭到雷击，房屋及家电设施不同程度损毁。夏邑县电视台被击坏光发机 1 部、光接机 2 部、光缆线 6 处、电线杆 15 棵。另外，住家户电视机、冰箱、太阳能也被损坏。

6 月 15 日，虞城县王集乡马庄村委会瓦房庄村一村民被雷击中，头发烧掉，右臂烧伤，胸部烧伤，上衣烧烂，雷击后约 1 分钟死亡。

2010 年　8 月 20 日 23 时，商丘市睢阳区青年路一住户家遭雷击，损坏电脑 2 台、空调 1 台、电视机 1 台。睢阳区古城内、外大部分有线电视用户的线路遭雷击损坏，经济损失达 40 余万元。

2012 年　7 月 7 日 10 时，柘城县大吴镇大吴村农户三层小楼遭受雷击，房顶天面击破，造成 1 名在屋内粉刷作业的工人当场死亡，经济损失达 8 万元之多。

7 月 8 日 21 时 20 分左右，商丘市垃圾处理厂值班室遭受雷击，两名工作人员被灼伤，击毁电视机 1 台、空调 1 台，其他设施也遭到不同程度的损坏，直接经济损失 2 万元，间接经济损失 15 万元。

2013 年　7 月 29 日，永城市出现雷击事故，造成 2 人死亡。

2018 年 5 月 15 日 13—17 时，商丘市中西部出现雷电活动，并伴有大风、冰雹、短时强降水等强对流天气，睢阳区路河镇 1 人因被雷电击中，抢救无效死亡。

2019 年 7 月 23—24 日，永城市出现局地对流天气，伴随有雷电、短时强降水、短时大风，最大降水量出现在永城人民广场 162.2 毫米，最大小时雨强出现在高庄 79.8 毫米(21—22 时)，极大风速出现在高庄 15.4 米/秒。

五、冰雹

1985 年 6 月 15 日 16 时飑线过境，睢县、民权县共有 22 个乡(镇)、165 个行政村出现大风暴雨和冰雹，使该两县 17.17 万亩农田受灾，倒房 3055 间，倒树 51.6 万棵，损失小麦 363.17 万斤。

1986 年 8 月 5 日下午，虞城县南部 4 个乡、永城县西南部 7 个乡遭受风雹灾害，降雹大如鸭卵，地面积雹 5～10 厘米，同时伴有 10 级以上大风。虞城县总计损失 630.25 万元，伤 2 人，死 1 人。永城市受灾范围 372.7 平方公里，受害农作物 42.38 万亩，其中减产 80%以上的 9.262 万亩，重伤 41 人，轻伤 171 人，大牲畜死亡 3 头、伤 5 头，损房屋 1.2 万间，折断成材树 5.68 万株、幼树 13.75 万株，毁苗圃 580 亩、农电线路 1.77 万米、广播线杆 559 根，永城县卧龙乡刘园村 6500 米低压线路全部折毁，摧毁公共建筑 8 处，机灌站 1 处，砖瓦厂毁砖坯 800 万块、塑料棚布 2000 余米、草棚子 5000 多个。卧龙乡境内一高 30 米的军用航测标志被飓风折断。商丘这次风雹灾害造成损失达 4510 万元。

9 月 20 日，睢县、尤吉屯等 5 个乡镇降雹，损害作物面积 19 万亩，成灾 8.9 万亩，损坏树木 11.665 万株，伤牲畜 208 头，伤 2 人，经济损失 1200 万元。

1987 年 8 月 10 日，永城县十八里、城厢、高庄、苗桥、侯岭 5 个乡镇的 38 个行政村降雹。雹区中心为苗桥乡的陈大庄村和高庄镇蒋洼村。雹粒小如黄豆，大如蛋黄、拳头，最大者 3 斤重。陈大庄一个小沟里积存的冰雹两天后才化完。此次雹灾面积 6 万余亩，绝收 1.7 万亩，直接经济损失 100 余万元。

8 月 31 日晨，商丘县双八镇、张阁镇、平台乡，虞城县王集乡，商丘市郊周庄乡及商丘城区受大风冰雹袭击，重灾面积 2 万余亩，重伤 2 人。

1988 年 5 月 2 日至 3 日凌晨，商丘普降大暴雨伴有雷暴大风和冰雹。此段时间内有 3 次降雹，累计长达半小时左右，阵风 8 级以上，雹线呈西北至东南走向，区域长约 100 公里，南北宽约 50 公里，波及商丘 8 县 1 市。据商丘站记录，冰雹最大直径为 3.2 厘米，重 165 克，大如鸡蛋；宁陵县上报商丘地区行署的资料为，冰雹直径 8 厘米，重 400 克，大如馒头。据群众反映，最重者有 1.2～2.4 公斤，此次降雹范围之广，强度之大，受灾之重，均为历史上所罕见。这次雹灾有 134 个乡镇 2230 个行政村受灾，其中有 82 个乡镇 760 个行政村重灾，受灾群众达 289.3 万人。小麦受灾面积 279.3 万亩，很多麦田成为麦茬，减产八成至绝收的占四分之一。

1990 年 5 月 10 日，夏邑县的 17 个乡、柘城县 3 个乡降雹。

6 月 14 日，宁陵县 5 个乡镇降雹。

7 月 9 日，民权县 5 个乡镇降雹，伴有 7 级以上大风。

7 月 21 日，虞城县 9 个乡镇降雹，伴有雷雨大风。

当年，商丘全区共 39 个乡镇受到风雹袭击。据不完全统计，受灾农田 26 万余亩，损坏房屋 760 余间，损折树木 11 万余株，断农电线路 652 空，伤牲畜 33 头，家禽 110 余只。风雹发生时，风力达 8 级以上，并伴有强雷电。

1991 年 6 月 21 日 15 时许，商丘县路河乡降雹，有 12 个行政村 2 万亩农作物受灾。

6 月 23 日 15—16 时，民权县双塔乡 9 个行政村受大风冰雹袭击，风力达 8 级以上，雹大如鸡蛋，小如枣，5000 亩棉花受灾，2000 亩西瓜受灾，花生 8500 亩受灾，刮倒树木 300 多棵，枣树 6 万株受损，数人受伤。

7 月 19 日 16 时 55 分至 17 时 45 分，民权县尹店、人和、孙六 3 个乡 40 个行政村受大风冰雹袭击，风力 8 级以上，雹粒 5～10 毫米，降水量 60～80 毫米，刮倒或折断村木 12.7 万棵，损坏棉花 3.1 万亩，玉米倒伏 1.19 万亩，毁坏苹果园 2500 亩，大风刮毁房屋 691 间，高压线杆 230 根被刮倒，损毁供电和通信线路 2520 米，受伤 14 人。

7 月 27 日 04 时 30 分至 06 时，虞城县店集乡、沙集乡区域至商丘县冯桥乡、坞墙乡出现龙卷大风和冰雹，局部村庄和公路两侧树木几乎全被拔掉，作物被打成光秆。此次风雹使 21.9 万亩农作物受灾，1.2 万亩绝收，水围村庄 210 个，倒塌民房 2100 余间，损坏房屋 6124 间，折断电杆 300 根，冲毁桥涵 17 座，刮倒折断树木 20.83 万株，死亡 1 人，伤牲畜 1.6 万余头。

1992 年 2 月 28 日 15 时 57 分，宁陵县赵庄村至县城一带降雹，雹粒如花生米。

5 月 31 日，商丘市郊周庄乡小面积降雹，长约 1 公里，宽约 100 米，降冰雹时狂风大作，大树折断，蔬菜打坏，冰雹大如鸡蛋。

7 月 11 日 17 时，夏邑县孔庄乡持续 20 多分钟大风冰雹天气，风力 7 级以上，使八里庄、苗厂等 8 个村委的 1.5 万亩农作物严重倒伏，部分瓜果被砸烂，刮倒折断树木 1500 棵，房屋倒塌 98 间。

1993 年 4 月 30 日 05 时 30 分至 06 时 40 分，民权县北关、李堂受到冰雹危害，同时伴有 7 级以上大风，冰雹直径多在 1 厘米左右。刮倒树木 1 万余棵、电杆 23 根，刮断高压线 3300 多米，1500 多亩果树被冰雹砸伤，小麦倒伏 5 万余亩，损杯棉花苗床 7000 多畦，房屋倒塌 400 余间。

9 月 1 日 15 时，宁陵县逻岗乡、柳河镇的 14 个村委受 9～10 级大风和蛋黄大小的冰雹袭击，长达 40 分钟，1.5 万亩玉米倒伏，3000 亩棉花受损，红薯、大豆、蔬菜等亦受到不同程度的损失，损失折款达 130 万元。

1994 年 6 月 12 日 17—20 时，民权、睢县、虞城、永城 4 个县 19 个乡（镇）112 个村委出现龙卷、冰雹。冰雹直径 1.5～2.6 厘米。受灾面积 17 万亩，毁坏林木 8.9 万棵，刮坏房屋 331 间，直接经济损失约 2500 万元。

8 月 1 日 12 时，虞城县大候、闻集、营盘等乡镇出现龙卷风并伴有冰雹。玉米倒伏 3 万余亩，伤 2 人，倒塌房屋 100 多间，直接经济损失 100 多万元。

1995 年 6 月 7 日 17 时 30 分至 19 时 20 分，民权、睢县、宁陵 3 个县共 14 个乡镇 109 个村委遭受冰雹、龙卷风袭击，冰雹大如鸡蛋，小如蛋黄，密度甚大，风力达 8～10 级，积雹最大厚度 15 厘米，成灾面积达 29 万亩，其中粮食作物 16.3 万亩，经济作物 12.7 万亩，毁坏塑料大棚 460 个，砸伤 34 人，直接经济损失 6673 万元。

6 月 17 日 20 时 30 分至 21 时 20 分，虞城县、永城市共 21 个乡镇局地遭受冰雹袭击，作物重灾面积 4 万亩，砸毁房屋百余间，树木 2000 余株。

6 月 26 日 20—22 时，睢县、商丘、柘城、民权 4 个县 14 个乡镇出现大风、冰雹天气，受灾面积 17 万亩，砸坏房屋 1640 间，刮断树木 13.1 万株，伤 10 人，死 1 人，砸断高压线 2.5 万米，直接经济损失 4324 万元。

7 月 10 日 15 时，民权县林七乡出现罕见风雹，作物受灾面积 1.2 万亩，倒折树木 3.05 万株，倒塌房屋 326 间，伤 4 人，死 1 人，毁坏变压器两台，刮断电线 3200 米，直接经济损失 800 多万元。

1996 年　7 月 13 日，夏邑县火店乡 11 个村遭受雷雨大风和冰雹，雹大如鸡蛋，小如黄豆，刮倒大树 3000 余棵，毁房 130 多间，砸伤 1 人，作物受灾 1.8 万亩，果园 1200 亩，直接经济损失达 4500 万元。

1998 年　7 月 21 日，民权、宁陵两县遭受风雹袭击，民权县有 6 乡镇出现龙卷风，最大风力 10 级，持续 20 分钟，并伴有短时雷雨、冰雹，农作物受灾面积 15 万余亩，刮倒树木 12 万余棵，其中果树 2 万棵；刮塌民房 566 间，砸伤人员 12 人，其中重伤 2 人，死亡 1 人；损坏高、低压及通信线杆 750 根，其中折断 260 根。直接经济损失达 4000 多万元，其中农业经济损失 3500 万元。

1999 年　5 月 9 日 16 时，民权县北关、林七、王桥等 6 个乡镇出现冰雹，并伴有 6～7 级大风。据北关镇一目击者说，“冰雹来势凶猛，大如核桃，小如黄豆，地上积雹最厚达 5 厘米。”同日晚，柘城县出现雷雨大风天气，风向自西北至东南方向，1 小时内降水量 24 毫米，最大风速 7～8 级。

8 月 30 日 18 时，永城市演集、候岭、裴桥等乡镇出现冰雹、大风天气。此间，阵风达 8～10 级，伴有冰雹，冰雹直径约 1.3 厘米。受风雹影响，处于灌浆期的玉米倒伏 80%，民房损坏，电杆倾倒，裴桥乡的电视发射塔被风刮断。

2000 年　6 月 20 日 15 时 40 分至 18 时，宁陵、睢县、柘城、睢阳 4 个县(区)的 15 个乡镇先后遭受大风、龙卷风及冰雹的袭击，最大风力达 9 级，8～9 级的大风在各地持续约 10 分钟，并伴有冰雹及强降水，冰雹大如花生豆，小如黄豆。

7 月 9 日 16 时 30 分至 17 时，民权县、虞城县、宁陵县、睢阳区共 14 个乡镇出现大风、龙卷风及冰雹，阵风 8～9 级，最大风力 10 级以上，并伴有雷雨及冰雹，冰雹大如杏，小如豆，大风刮断树木 10 万余棵，刮倒高低压电杆 316 根，农作物受灾面积约 195 万亩，成灾面积为 14.3 万亩，绝收面积约 3.1 万亩，直接经济损失约 7000 万元。

2002 年　7 月 17—19 日，睢县、宁陵县、柘城县、虞城县、永城市、睢阳区的部分乡镇遭受不同程度的风雹袭击。其中 17 日，出现在睢县的大风覆盖 23 个乡镇，最大风力达 9 级以上。18 日最大风力达 10 级，持续时间 30 分左右，并伴有强降水，同时在部分地区出现冰雹，大如鸡蛋，小如枣。

2004 年　5 月 18 日 19 时 53 分，虞城县黄冢乡、界沟镇、营廓镇等部分村遭受大风、冰雹袭击，同时伴有强降水，持续时间 20 分钟，瞬时风力达 7～8 级，最大冰雹直径约 2 厘米，最大降水量 10 毫米，风狂雨骤，使 1500 亩小麦不同程度倒伏。

6 月 7 日 13 时 20 分至 14 时 10 分，民权县王桥、孙六 2 个乡镇和宁陵县孔集、赵村、石桥 3 个乡(镇)先后遭冰雹袭击，民权县持续降雹时间 30 分钟左右，最大冰雹直径为 1.8 厘米，宁陵县持续降雹时间 15 分钟左右，最大直径为 1.5 厘米。此次降雹造成小麦、棉花、果树、蔬菜大面积不同程度受灾，仅民权县受灾面积就达 4 万亩左右，成灾 2 万亩左右。

6 月 10 日 23 时至 11 日 03 时，宁陵县石桥乡郭花庄村委的 5 个自然村在长 2 公里、宽 1

公里的范围内遭受大风、冰雹袭击，最大风力达 8～9 级，冰雹大如鸡蛋黄，小如黄豆，持续时间约 20 分钟。此次大风、冰雹砸毁房屋 80 多间，损坏树木 6500 余棵，梨树落果 300 余亩，其中刮断 600 棵，棉花砸毁绝收 1700 多亩等。

6 月 26 日 14—16 时 30 分，睢县阮楼、平岗 2 个乡，柘城县安平、铁关 2 个乡的 13 个村委会分别遭受狂风、冰雹袭击。其中睢县站 14 时 56 分瞬时风速达 35.1 米/秒，最大冰雹直径 5 厘米，持续时间近 1 个小时。农作物受灾面积 4.2 万亩，折断树木 6.32 万棵、通信电杆 530 根，损坏房屋 524 间，砸毁温室蔬菜大棚 110 座等。

7 月 5 日 21 时 45 分至 7 月 6 日 01 时，民权县、睢县、梁园区、睢阳区、虞城县、永城市的 21 个乡(镇)分别遭受暴风雨和冰雹袭击。期间，商丘市国家基准气候观测站 22 时 08 分瞬时风速达 22.3 米/秒，30 分钟的降水量达 25.2 毫米，大风持续 11 分钟，商丘市城区内出现冰雹，大如鸡蛋黄，小如黄豆。据统计，商丘受灾人口 21.35 万人，农作物受灾面积 1.0 万公顷，倒塌房屋 382 间，损坏房屋 5414 间，折断电杆 1300 根、树木 12.4 万棵，损坏蔬菜大棚 395 座等，造成直接经济损失 5408 万元，其中农业直接经济损失 3196 万元。

7 月 8 日 12 时 30 分至 15 时 10 分，虞城县张集、大扬集等 5 个乡(镇)遭受暴雨、风雹袭击，最大风力 10 级，最大降水量 63 毫米，冰雹持续时间 20 分钟。据统计，农作物受灾面积 11 万亩，绝收面积 4 万亩，果园受灾面积 2.8 万亩，刮倒、折断树木 5 万余根，折断电线杆 1500 根，倒塌损坏房屋 5144 间，因灾死亡 1 人，伤病 6 人，直接经济损失 1.97 亿元，其中农作物经济损失 1.85 亿元。

7 月 8 日 13 时 05 分至 13 时 55 分，夏邑县杨集、骆集、太平等 6 个乡镇遭受龙卷风、冰雹袭击。大风毁禾拔木，掀屋砸瓦致使 6.2 万余人受灾。农作物受灾面积 9.4 万亩，刮倒、折断树木 11.4 万余棵，倒塌损坏房屋 2165 间，折断电杆 3146 根，损坏变压器 30 台，刮倒电视转播塔 1 座。造成直接经济损失 6980 余万元，其中农业经济损失 2800 余万元。

7 月 8 日 16 时 30 分至 17 时 41 分，永城市王集、裴桥、马桥等 5 个乡(镇)遭受大风、冰雹袭击，有 6 人被砸伤，农作物受灾面积 1.6 万亩，其中有 700 亩绝收。倒塌房屋 450 间，折断电杆 60 余棵，砸死牛羊 60 多只，直接经济损失 7000 余万元，其中农业经济损失 4000 余万元。

2005 年　7 月 24 日，永城市高庄、城厢等 5 个乡镇遭风雹袭击，最大风力约 7～8 级，并伴有冰雹，受灾面积 14 公顷，受灾人口 1500 余人，倒塌房屋 100 多间，转移人口 200 余人，造成直接经济损失 20 万元，其中农业经济损失 8.6 万元。

8 月 10 日 16 时至 17 时 30 分，夏邑县骆集、王集、杨集等 5 个乡镇的 35 个村遭受风雹袭击，冰雹大如鸡蛋，小如花生米，持续 6 分钟，大风持续约 20 分钟。据统计，农作物受灾面积 3800 公顷，受灾人口 3.8 万人，倒塌房屋 87 间，刮倒、折断树木 3 万多棵，造成直接经济损失 2800 多万元，其中农业经济损失达 1900 多万元。

2006 年　6 月 27 日 15 时至 21 时 30 分，永城市演集镇、城厢乡、双桥乡、十八里镇遭受风雹袭击，最大风力达 9 级(22.8 米/秒)，冰雹如杏核大小。

6 月 28 日 12 时 58 分至 13 时 04 分，睢阳区宋集镇出现风雹天气，最大风力在 8 级以上，冰雹如豆粒大小，并出现短时龙卷风和暴雨。

8 月 3 日 12 时 30 分至 15 时 30 分，夏邑县、虞城县、梁园区、睢阳区 4 县区有 27 个乡镇先后突降暴雨、大暴雨、冰雹，并伴有 7 级以上大风，局地出现龙卷风，导致人员伤亡、房屋倒塌、树木折断、农作物大面积受损。

2008 年　6 月 3 日 16—18 时，商丘大部分县（市）不同程度地达到大风天气。瞬时风速 17.5～18.5 米/秒，商丘市国家基准气候观测站人工观测最大风速 21.0 米/秒。在出现大风的同时，梁园区、睢县、柘城县等部分县区伴有冰雹天气。6 月 3 日 16 时 10—20 分，睢县部分乡镇遭受风雹灾害，短时最大风力达到 8 级，并伴有冰雹。6 月 3 日 17 时左右，柘城县部分乡镇遭受龙卷风、冰雹袭击，局部短时风力达到 8 级左右。与此同时，梁园区部分乡镇也遭受龙卷、冰雹、暴雨的袭击，观堂、水池铺、双八、谢集、李庄、王楼、刘口、张阁 8 个乡镇受灾较为严重。

2010 年　2 月 28 日，睢县、民权、宁陵 3 个县出现冰雹天气，最大直径 3 毫米。

2011 年　6 月 28 日 13 时 50 分至 14 时 20 分，虞城县沙集乡、刘店乡、谷熟镇、店集乡、李老家乡等部分乡镇 24 个村遭受风雹袭击，最大风力 7 级，冰雹持续时间约 5 分钟，大风刮倒、折断树木 3000 余棵，树被大风刮倒之后砸断农电和通信线杆 27 根，倒塌房屋 4 户 7 间，损坏房屋 38 间。农作物受灾面积 100 亩，主要为瓜果等经济作物，果树受灾面积 10 亩，受灾人口 200 人，直接经济损失 46 万元，其中农业经济损失 3 万元。

2013 年　3 月 9 日 17 时 50 分左右，宁陵县遭受大风、冰雹双重袭击，最大风速 22.5 米/秒。

2018 年　5 月 15 日 13—17 时，商丘中西部出现雷电活动，并伴有大风、冰雹、短时强降水等强对流天气，商丘市城区出现冰雹，最大冰雹直径约 8 毫米。

六、雾和霾

2001 年　冬季，大雾天气较多，商丘雾日长达 15 天以上。大范围的浓雾使空气污染，影响人们身体健康和日常生活，局部地区因大雾弥漫，水平能见度较低，致使交通受到影响，个别路段发生严重交通事故。

2003 年　12 月，阴雾天气较多，出现大雾日数为 7～8 天，轻雾达 10 次以上，加之雨雪频繁，对交通运输影响极大，梁园区 1 个月内发生交通事故 78 起，比去年同期增加 9 起，其中重大事故 4 起，伤 61 人，死亡 5 人。

2 月 16 日 09 时 05 分至 10 时 35 分，商丘至开封的高速公路民权至兰考段，突降漫天大雾，能见度瞬间降至 5 米左右，正在高速行驶的车流陷入一片昏暗之中，先后有 27 辆汽车追尾相撞，商丘至开封的高速公路被迫关闭 1 个多小时，此次事故造成 2 人受伤，直接经济损失达百万元以上。

2004 年　秋季，雾日较多，轻雾在 45 天左右，大雾在 10 天左右，宁陵大雾日最多，长达 22 天。其中 10 月 18—20 日，连续 3 天大雾弥漫，最小能见度分别为 30 米和 15 米。11 月 14 日和 30 日两天，大雾持续时间长，最小能见度仅为 10 米。特别是 11 月 30 日，大雾自凌晨一直持续到 13 时才消散。

12 月上、中旬，商丘出现 7～8 天大雾天气，对交通及人们出行带来不利影响。其中 12 月 3 日和 13 日两天，重雾迷漫，持续时间较长，最小能见度只有几米，发生多起交通事故，致使高速公路全天关闭。

2005 年　3 月 22—23 日，商丘出现较大范围的大雾天气，交通事故明显增多。23 日凌晨 2 时，由于出现大雾，能见度低，一辆小轿车在行至民权县高速出口西 2 公里处，撞在一辆大型货车上，引起火灾，车上 5 名人员全部当场死亡。

11 月，商丘除柘城县、夏邑县以外，其他各县(市)大雾日达 6～8 天，其中永城市达 8 天，为 1957 年以来同期第二个多雾日(1990 年 11 天)。9 日 22 时 30 分至 11 日 09 时 40 分，连霍高速公路商丘段，因大雾被封 35 个小时。当月因大雾造成交通事故 16 起，死亡 3 人，直接经济损失达 91.2 万元。

12 月，商丘出现 5～6 天的大雾天气，对交通运输影响较大，因大雾造成交通事故 34 起，死亡 4 人，伤 31 人，经济损失达 31.79 万元。

2006 年　年内共有 37 个大雾日数，主要出现在冬季和秋季，其中能见度较低、范围较大的雾日分别是 1 月 2—3 日、27—29 日，2 月 12 日，10 月 1 日、13 日，11 月 20 日、21 日，12 月 1 日、13 日、25 日，最低能见度只有 10 米。其中，1 月 2 日的大雾，从 2 日 21 时 36 分开始持续到 3 日 10 时 15 分消散，持续了 36 个小时，最小能见度只有 40 米。10 月 13 日的大雾严重影响人们的出行，在连霍高速公路民权段，造成多辆汽车追尾事故。

2007 年　商丘各站全年大雾日数 16～39 天，最小能见度为 20 米。冬季，雾日共 9～11 天，范围较大、较重的雾日出现在 12 月 25 日，1 月 4 日、21—22 日和 2 月 9 日、19 日等，最小能见度 20 米。春季大雾天气 1～7 天，最小能见度 50 米。夏季大雾天气 1～10 天，最小能见度 40 米。秋季大雾天气 5～11 天，最小能见度为 20 米。其中，11 月 24 日，大雾从 03 时 21 分开始至 19 时 09 分结束，最小能见度为 20 米。由于大雾持续时间长，能见度差，给人们的交通、生活带来极大的不便。

2008 年　商丘各站共出现大雾天气 10～29 天，最小能见度 10 米。受大雾天气影响，各路段机动车辆行驶缓慢，长途客运汽车和火车均晚点。

2009 年　商丘共出现大雾天气 7(柘城)～35(商丘)天。11 月 26 日，出现在睢县的大雾，能见度只有 20 米。受大雾天气影响，连霍高速公路商丘段适时关闭。

2010 年　商丘共出现大雾天气 3～30 天，最小能见度 30 米。大雾多出现在 12 月。受大雾天气影响，连霍高速公路适时关闭，多班长途客运汽车晚点。

2012 年　商丘出现大雾天气 7(永城市)～37(睢县)天，最小能见度 10 米。

2013 年　商丘全年共出现大雾天气 31 天，最小能见度 10～800 米。

2014 年　大雾天气主要出现在冬季和秋季。全年大雾天气 9(虞城县)～25(睢县)天，最小能见度 50 米；霾出现 20(宁陵县)～48(永城市)天。雾、霾天气频繁出现，影响交通安全。

2015 年　大雾天气主要出现在冬季和秋季。全年大雾天气 6(夏邑县)～19(睢县)天，最小能见度 50 米；霾出现 19(夏邑县)～36(宁陵县)天。雾、霾天气频繁出现，影响交通安全。

2017 年　雾、霾天气主要出现在年初和年末。1 月、2 月、11 月和 12 月大雾日数 8～24 天，霾日数 41～62 天。其中 1 月 1—12 日，除 8 日外，其他各日均出现大雾天气，2 日，最低能见度出现在柘城站 22 米，商丘站 23 米。

2018 年　雾、霾天气主要出现在年初和年末。1 月、2 月、11 月和 12 月大雾日数 12～34 天，霾日数 24～34 天。其中商丘站 1 月 16—22 日连续 7 天出现大雾天气，最低能见度 20 米。

2019 年　商丘各站大雾日数 11～63 天，霾日数 28～65 天。其中商丘站在 1 月 12 日出现大雾，最小能见度 32 米。9 月 3—10 日连续 8 天出现大雾天气，能见度在 85～541 米。

七、大风

1986 年　8 月 5 日下午，虞城县南部 4 个乡，永城县西南部 7 个乡遭受大风、冰雹灾害，风雹持续时间15～20分钟，大风10级以上。永城县受大风影响较为严重，受灾范围372.7平方公里，受害农作物42.38万亩，其中减产80%以上的9.2万亩，倒房598间，损房屋1.2万间，折断成材树5.6万株、幼树13.75万株、苗圃580亩，毁农电线路1.77万米，广播线杆559根，卧龙乡刘园村6500米低压线路和水泥杆全部折毁，摧毁公共建筑8处，机灌站1处，砖瓦厂毁砖坯800万块，温室塑料棚布2000余米，总损失达4510万元。

1987年 8月31日晨，商丘县双八镇、张阁镇、平台乡，虞城县王集乡、商丘市郊周庄乡及市区部分街道受大风，重灾面积2万余亩。

1988年 5月2日至3日凌晨，商丘普降大暴雨并伴有大风和冰雹。此段时间内有3次降雹，累计长达半小时左右，阵风8级以上，雹线呈西北至东南走向，区域长约100公里，南北宽约50公里，波及商丘8县1市。据统计，商丘134个乡镇2230个行政村受风雹之灾，其中82个乡镇760个行政村重灾，小麦受灾面积279.3万亩，减产八成至绝收的占四分之一。

1989年 8月11日23时30分左右，宁陵站、商丘站、虞城站出现8级以上大风。据4县市不完全统计，受大风影响的乡镇有13个，受灾作物面积15万余亩，折倒树木5.6万余棵，损坏房屋200余间，受伤2人，损坏农用电线杆数百根。虞城县贾寨乡潘庄村、民主村的动力和通信线路全部被刮断，80%的秋作物倒伏，1棵胸围1.7米的大树被连根拔起，此次大风造成直接经济损失逾千万元。

1990年 商丘共发生4次风雹灾害，分别是5月10日夏邑县17个乡、柘城县3个乡，6月14日宁陵县5个乡镇，7月9日民权县5个乡镇，7月21日虞城县9个乡镇。风雹发生时，风力达8级以上，并伴有雷电。年内全区共39个乡镇受到风雹袭击。据不完全统计，受灾农田26万余亩，损坏房屋760余间，损折树木11万余株，刮断农电线路652根，伤牲畜33头，家禽110余只。7月9日民权县雷电击伤1人。7月21日虞城县雷电击伤2人，稍岗乡1棵直径50厘米的柳树被拦腰击断。

1991年 5月23—25日，商丘出现大到暴雨天气，并伴有4～6级偏北风，有5个县(市)出现瞬时7级以上大风。永城市、夏邑县、柘城县25日降水量均在50毫米以上，永城市、夏邑县局部达180～210毫米，永城市、夏邑县共计110万亩小麦严重倒伏，交通中断，部分工厂停产。

6月10日17—19时，民权县尹店、褚庙等7个乡镇出现大风、暴雨，风力8～10级。大风所经之处，小麦倒伏7.5万亩，麦棉套作地棉花被大风吹倒的小麦压毁1万余亩，倒塌房屋120间，损折树木3万余株。

6月23日15—16时，民权县双塔乡9个行政村受大风、冰雹袭击，风力8级以上，雹大如鸡蛋，小如枣，受灾棉花5000亩，西瓜2000亩，花生8500亩，刮倒树木300多棵，枣树6万株受损，数人受伤。

7月19日16时55分至17时45分，民权县尹店、人和、孙六3个乡40个行政村受大风、冰雹袭击。风力8级以上，雹粒5～10毫米，降水量60～80毫米，刮倒或折断村木12.7万株，损坏棉花3.1万亩、玉米1.19万亩、苹果园2500亩、房屋691间，高压线杆230根被刮倒。

1992年 7月11日17时，夏邑县孔庄乡持续20多分钟的大风、冰雹天气，风力7级以上，八里庄、苗厂等8个村委的1.5万亩农作物严重倒伏，部分瓜果被砸烂，刮倒、折断树木1500棵，房屋倒塌98间。

1993年 4月30日05时30分至06时40分，民权县北关、李堂、王桥、程庄、人和5个乡镇受大风袭击，风力在 7 级以上，与此同时北关、李堂还受到冰雹危害，冰雹直径多在 1 厘米左右。大风刮倒树木 1 万余棵、电线杆 23 根，刮断高压线 3300 多米，1500 多亩果树落果严重，小麦倒伏 5 万余亩，损坏棉花苗床 7000 多畦，房屋倒塌 400 余间。

7 月 12 日 18 时至 18 时 30 分，民权县孙六、林七、顺河、褚庙 4 个乡 14 个行政村遭受大风袭击，风力 8 级左右，刮倒树木 11 万棵、电线杆 12 根，倒塌房屋 110 间，造成损失达 83 万多元。

7 月 18 日 14 时 50 分，夏邑县北镇乡有 10 余个村委出现雷雨大风天气，风力 10～11 级，拔起或折断树木 400 余棵，毁房 100 余间，200 亩果园损失即将收摘的果子 3 万余斤。

7 月 22 日，宁陵县阳驿乡部分村委受大风袭击，风力 8～9 级，使 8000 亩玉米、3000 亩棉花受损，减产达三至五成，直接经济损失在 10 万元以上。

8 月 3 日 18 时，民权县程庄乡遭龙卷风袭击约 1 个小时，风力 10 级以上并伴有阵性降水，影响 18 个自然村，毁电线杆 39 根，刮断电线 1500 米，塌房 13 间，砸坏房 120 间，刮倒玉米 2.1 万亩、棉花 4300 亩、大豆 1300 亩、其他作物 3100 亩，直接经济损失 201.1 万多元。

9 月 1 日 15 时，宁陵县逻岗乡、柳河镇的 14 个村委受 9～10 级大风和冰雹袭击，长达 40 分钟，1.5 万亩玉米倒伏，3000 亩棉花受损，红薯、大豆、蔬菜等亦受到不同程度的损失，直接经济损失 130 万元。

1994 年　8 月 26 日 14 时至 18 时 32 分，永城县出现雷雨大风，阵风 10 级左右，波及全县 30 个乡镇，损坏粮经作物 21 万亩，粮食减产 l125 万公斤，棉花减产 90 万公斤，损坏民房 3200 房间、林果 300 万公斤、成材树木 2 万株、高低压线 4 万余米，鱼死亡 40 万尾，直接经济损失约 2700 万元。

1995 年　8 月 29 日 08 时 40 分，宁陵县出现雷雨大风，风力达 25 米/秒，降水量 50～100 毫米，农田成灾 15 万亩，直接经济损失 861 万元。

9 月 3 日夜，宁陵县柳河镇出现大风，瞬时风速达 10 级以上，刮倒树木 500 多株，柳河镇粮库损失 30 余万元。

11 月 7 日，宁陵、夏邑两县局部出现大风，风力达 8 级以上，刮毁日光温室大棚近 300 个，刮断电线杆 200 余根，刮断高压电线 20 余根，直接经济损失 450 万元。

1996 年　5 月 26—27 日，民权、睢县、宁陵、柘城、商丘、虞城等县先后出现雷雨大风，降水量 43～64 毫米，一般风力 6～7 级，阵风 8 级，小麦倒伏 140 多万亩，减产幅度 15%～30%，损失小麦数亿斤。

7 月 13 日，夏邑县火店乡 11 个村出现雷雨大风和冰雹天气，雹大如鸡蛋，小如黄豆，大风刮倒树木 3000 余棵，毁房 130 多间，砸伤 1 人，作物受灾 1.8 万亩，毁坏果园 1200 亩，直接经济损失达 4500 万元。

1997 年　1 月 13 日 11 时，夏邑县境内出现 6 级以上的偏北大风，瞬时风速达 17 米/秒以上，大风出现时能见度极差，阻碍交通运输。大风刮坏房屋、折断树木、电线等，尤其是温棚蔬菜损失较为惨重，全县近千个大棚被大风掀起上盖，芽菜冻死，直接经济损失近百万元。

5 月 29 日 18—19 时，商丘部分县出现局地大风，风力达 8 级左右，持续时间 5～7 分钟，并伴有雷阵雨天气。据不完全统计，永城市倒伏麦田 5%～10%，宁陵县倒伏小麦 1 万余亩，夏邑县倒伏小麦 4 万余亩，折断树木千余棵，刮坏秧苗近 500 亩，直接经济损失达 100 万元以上。

8 月 19—20 日，商丘受当年 11 号台风外围影响遭受大风袭击，风力达 6～7 级，最大风力可达 8～9 级，由于影响范围大、持续时间长，损失极为严重。据救灾办调查，全区农田受灾面积 483 万亩，成灾面积 364 万亩，其中玉米 240 万亩，棉花 77 万亩，大豆 37 万亩，其他作物 10 万亩。刮倒树木数万棵，民房倒塌 650 间，直接经济损失达 5.1 亿元。

11 月 17 日，夏邑县境内出现大风，瞬时风速达 17 米/秒，日平均气温下降 6～7 ℃，大风刮倒温室大棚，蔬菜损失严重。

1998 年　4 月 23 日，永城市遭受一场雷雨大风袭击，风力 6～7 级，瞬时风速达 8 级以上，持续 18 分钟，风狂雨骤，使小麦倒伏约 50 万亩，其中全部倒伏的有 15 万亩，预计减产 40%～60%，严重倾斜的有 35 万亩，预计减产 10%～30%。

5 月 22 日，柘城县境内遭受大风袭击，风力 5～6 级，阵风 7～8 级，并伴有 46.1 毫米的降水，造成近 25 万亩小麦不同程度倒伏，严重减产。

8 月 30 日，虞城县乔集乡遭受大风雷雨袭击，风力达 9.5 级，降水量 40 毫米，受灾村委 7 个，据统计，刮断树木 1 万余棵，电线杆 35 根，毁房 260 间，农作物受灾面积 1.5 万亩。

8 月 30 日，夏邑县境内出现局地雷雨大风，大风刮断树木、吹倒玉米，折断电线杆，直接经济损失达 70 多万元。

1999 年　5 月 9 日 16 时，民权县北关、林七、王桥等 6 个乡镇出现冰雹，并伴有 6～7 级大风。同日晚，柘城县境内遭到自西北至东南方向的雷雨大风袭击，1 小时降水量 24 毫米，最大风速 7～8 级。

7 月 27 日 17 时至 17 时 30 分，民权县王桥、程庄、老演集 3 个乡镇出现大风，风力达 8 级以上。受大风影响，农作物受灾约 6 万亩，严重受灾 2 万亩，损坏树木 3000 多棵，直接经济损失 280 万元，其中农业经济损失 270 万元。

8 月 30 日 18 时，宁陵县出现局地大风，阵风 8～9 级，瞬时风速 22 米/秒，并伴有雷雨。由于风力大，所经之处破坏严重，棉花倒伏约 4000 亩，玉米倒伏约 2000 余亩。三丈寺附近直径约 50 厘米的大树被大风刮倒、刮断几百棵，电线杆被刮倒、刮断，造成大面积停电 1 天。同日 18 时，永城市演集、候岭、裴桥等乡镇出现大风，阵风 8～10 级，并伴有冰雹，冰雹直径约 1.3 厘米。受风雹影响，处于灌浆期的玉米倒伏 80%，民房损坏，电线杆倾倒，裴桥乡的电视发射塔被风刮断。

2000 年　3 月 27 日 12—20 时，各县(市)先后出现 6～7 级大风，其中睢县、永城市瞬时最大风力达 8～10 级。此次大风范围广、风速大，6 级以上大风持续时间长。据有关部门统计，此次大风刮坏蔬菜大棚 1200 个，房屋倒塌 30 间，损坏房屋 150 间，伤 5 人，死 2 人，直接经济损失约 4000 万元。

4 月 9 日 18—19 时，永城、虞城、宁陵、睢县、民权、睢阳区、梁园区 7 个县(市、区)出现大风天气，瞬时风速达 8 级以上，蔬菜大棚被刮毁，正在开花的果树损失也较大。

6 月 20 日 15 时 40 分至 18 时，宁陵、睢县、柘城、睢阳区 4 个县(区)的 15 个乡镇先后遭受大风、龙卷风及冰雹的袭击，最大风力达 9 级，8～9 级的大风在各地持续约时间 10 分钟。此次大风、冰雹天气，虽然持续时间短，但破坏力较强。

7 月 9 日 16 时 30 分至 17 时，民权县、虞城县、宁陵县、睢阳区共 14 个乡镇出现大风、龙卷风及冰雹天气，阵风 8～9 级，最大风力 10 级以上，并伴有雷雨及冰雹，冰雹大如杏，小如豆。大风刮断树木 10 万余棵，刮倒高低压电杆 316 根，农作物受灾面积约 195 万亩，成灾面积为

14.3 万亩，绝收面积约 3.1 万亩，直接经济损失约 7000 万元。

2001 年　7 月 2 日 14 时 03 分至 18 时 06 分，宁陵县 9 个乡镇先后出现雷雨大风天气，最大瞬时风速达 19.5 米/秒，房屋倒塌 15 间，伤 1 人，刮倒树木 7000 棵，刮倒电杆 18 根，变压器损坏 5 台，直接经济损失达 150 多万元。

7 月 26 日 15 时 01 分至 15 时 30 分，夏邑县何营乡 5 个行政村出现大风过境天气，并伴有强降水，最大风速 11 级，降水量 71 毫米，持续时间 10～15 分钟。

8 月 7 日 19 时至 19 时 42 分，永城市 8 个乡镇出现大风天气，最大风速达 18 米/秒。

2002 年　4 月 15 日傍晚，柘城县和梁园、睢阳两区先后出现 7～8 级大风。

7 月 17—19 日，睢县、宁陵县、柘城县、虞城县、永城市、睢阳区的部分乡镇遭受不同程度的风雹袭击。其中 17 日，大风中心位于睢县境内，覆盖周围 23 个乡镇，最大风力达 9 级以上。18 日最大风力达 10 级，持续 30 分钟左右，并伴有强降水，同时在部分地区出现冰雹，大如乒乓球，小如楝枣。

2004 年　5 月 16 日 08—16 时，夏邑县境内大部分乡镇遭受大风袭击。风力达 6 级以上，瞬时风力达 8 级，大风刮断树木、电线杆，刮毁窗户玻璃、广告牌，并有 5 万亩小麦倒伏。

5 月 18 日 19 时 53 分，虞城县黄冢乡、界沟镇、营廓镇等部分村遭受大风、冰雹袭击，同时伴有强降水，持续时间 20 分钟，瞬时风力达 7～8 级，最大冰雹直径约 2 厘米，最大降水量 10 毫米，风狂雨骤，使 1500 亩小麦不同程度的倒伏。

6 月 10 日 23 时至 11 日 03 时，宁陵县石桥乡郭花庄村委的 5 个自然村在长 2 公里、宽 1 公里的范围内遭受大风、冰雹袭击，最大风力达 8～9 级，冰雹大如鸡蛋黄，小如黄豆，持续时间约 20 分钟。此次大风、冰雹砸毁房屋 80 多间，损坏树木 6500 余棵，梨树落果 300 余亩，其中刮断 600 棵，棉花砸毁绝收 1700 多亩等。

6 月 26 日 14 时至 16 时 30 分，睢县、柘城两县的 13 个乡（镇）先后遭受狂风、冰雹袭击。其中睢县 14 时 56 分瞬时风速达 35.1 米/秒，最大冰雹直径 5 厘米，持续时间近 1 个小时。农作物受灾面积 4.2 万亩，折断树木 6.3 万余棵，通信电线杆折断 530 根，损坏房屋 524 间，砸毁蔬菜大棚 110 座。

7 月 5 日 21 时 45 分至 7 月 6 日 01 时，睢阳区、梁园区、民权县、睢县、虞城县和永城市 6 县（市、区）的 21 个乡（镇）分别遭受暴风雨和冰雹袭击。商丘市国家基准气候观测站 22 时 08 分瞬时风速达 22.3 米/秒，30 分钟的降水量达到 25.2 毫米，大风持续时间 11 分钟，市区内出现冰雹，大如鸡蛋黄，小如黄豆。商丘全市受灾人口 21.35 万人，农作物受灾面积 1 万余公顷；因灾死亡 1 人，伤病 46 人，倒塌房屋 382 间，损坏房屋 5414 间；折断电线杆 1300 根，折断树木 12.4 万棵，损坏蔬菜大棚 395 座等，造成直接经济损失 5408 万元，其中农业经济损失 3196 万元。

7 月 8 日 12 时 30 分至 15 时 10 分，虞城县张集、大扬集等 5 个乡（镇）遭受暴雨、风雹袭击，最大风力 10 级，最大降水量 63 毫米，冰雹持续时间 20 分钟。据统计，农作物受灾面积 11 万亩，绝收面积 4 万亩，果园受灾面积 2.8 万亩，刮倒、折断树木 5 万余根、农电线杆 1500 根，倒塌损坏房屋 5144 间，直接经济损失 1.97 亿元，其中农业经济损失 1.85 亿元。

7 月 8 日 13 时 05 分至 13 时 55 分，夏邑县杨集、骆集、太平等 6 个乡镇遭受暴风、龙卷风、冰雹袭击。大风毁禾拔木，掀屋砸瓦，致使 6.2 万余人受灾，农作物受灾面积 9.4 万亩，刮倒、折断树木 11.4 万余棵，倒塌损坏房屋 2165 间，折断电线杆 3146 根，损坏变压器 30 台，刮倒电视转播塔1座，造成直接经济损失6980余万元，其中农业经济损失2800余万元。

7月8日12时30分至17时41分，永城市王集、裴桥、马桥等乡(镇)遭受大风、冰雹袭击。冰雹砸死1人，砸伤6人，农作物受灾面积1.6万亩，其中有700亩绝收；倒塌房屋450间，刮倒电线杆60余棵，砸死牛羊60多只，直接经济损失7000余万元，其中农业经济损失4000余万元。

2005年　7月24日，永城市高庄、城厢等乡镇遭风雹袭击，最大风力7～8级，并伴有冰雹，受灾面积14公顷，受灾人口1500余人，倒塌房屋100多间，转移人口200余人，造成直接经济损失20万元，其中农业经济损失8.6万元。

8月10日16时至17时30分，夏邑县骆集、王集、杨集等乡镇的35个自然村遭受风雹袭击，冰雹大如鸡蛋，小如花生米，持续时间6分钟，大风持续时间约20分钟。据统计，农作物受灾面积3800公顷，受灾人口3.8万人，倒塌房屋87间，刮倒、折断树木3万多棵等，直接经济损失2800多万元，其中农业经济损失达1900多万元。

2006年　6月28日12时58分至13时04分、14时30分至16时，永城市演集镇、马牧乡先后遭受风雹袭击，最大风力达9级(22.8米/秒)，冰雹如杏核大小，并出现短时龙卷风和暴雨。据民政局统计，这次灾害造成直接经济损失1335万元，其中农业经济损失838万元。

8月3日12时30分至15时30分，夏邑县、虞城县、梁园区、睢阳区4县区有27个乡镇先后突降暴雨、大暴雨、冰雹，并伴有7级以上大风，局地出现龙卷风，导致人员伤亡、房屋倒塌、树木折断、农作物大面积受损。

2007年　1月31日15时52分，夏邑站出现17.8米/秒的瞬时大风。

4月15日夜晚，睢县站出现17.4米/秒的瞬时大风。

7月11日20时19分，睢县站出现18.6米/秒的瞬时大风。

7月19日00时21分，商丘站风速达18.8米/秒。

7月27日01时10分，虞城站最大风速达18.8米/秒。

8月2日，虞城站又一次出现瞬时风速17.1米/秒的大风天气。据虞城县民政局统计，7月27日的大风天气，影响城郊、王集、田庙、芒种桥、店集、沙集、李老家7个乡镇的46个行政村，最大风速18.8米/秒。受灾人口6.5万人，农作物受灾面积7.8万亩。其中，玉米倒伏面积6.1万亩，其他经济作物1.7万亩；倒塌房屋83间，损坏房屋263间；大风刮倒、折断100米电视信号发射塔1座、电力和通信线杆101根、树木3.51万棵，造成直接经济损失2370万元，其中农业经济损失2070万元。

2008年　6月3日16—18时，商丘大部分县(市)不同程度地出现大风天气，瞬时风速17.50～18.5米/秒，商丘国家气候观测站最大风速21.0米/秒。6月3日16时10—20分，睢县部分乡镇遭受风雹灾害，短时最大风力达到8级，并伴有冰雹。6月3日17时左右，柘城县部分乡镇遭受龙卷风、冰雹袭击，局部短时风力达到8级左右。梁园区部分乡镇也遭受龙卷、冰雹、暴雨的袭击，其中观堂、水池铺、双八、谢集、李庄、王楼、刘口、张阁8个乡镇受灾较为严重。6月3日18时左右，永城市普降大雨并伴有大风。

8月13日13时30分至15时30分，宁陵县张弓镇、梁园区刘口乡遭受暴雨、大风袭击。8月14日01时30分至02时35分，睢阳区临河店乡遭受暴雨、狂风袭击。

2009年　6月3日20时34分至22时41分，商丘出现大范围的飑线天气。各个县(市)最大风速17.0～29.1米/秒，22时41分永城市风速达到29.1米/秒。雷雨、大风在宁陵县持续约50分钟，瞬时风速28.6米/秒。飑线天气致使241.92万人口受灾，小麦倒伏297.84万亩，商丘所有乡镇普遍受灾，其中重灾乡镇71个，城镇、乡村大面积停水停电，部分道路中断，交通受阻。树木刮倒、折断713.3万棵，电线杆折断、倒伏9292根，损坏变压器43台，房屋倒塌4142间，受损房屋3.6万余间，蔬菜大棚损毁5618座，砸死家畜203头，砸死家禽2万余只，造成直接经济损失14.49亿元，其中农业经济损失9.45亿元。

8月28日18时30分至29日12时，睢县、柘城县、睢阳区、虞城县、宁陵县的部分乡镇出现5～6级大风和强降水天气。共计26个乡镇受灾，玉米倒伏面积44.43万亩，刮倒、折断树木1500棵；受灾人口31.33万人，直接经济损失560余万元，其中农业经济损失470余万元。

2010年　7月17日20时54分，夏邑站瞬时极大风速17.4米/秒。据夏邑县民政局统计，全县8个乡镇、27个行政村受灾，全县受灾总人数10万人，损坏房屋7986间、倒塌1298间，转移安置人口1043人，作物受灾面积1.5万公顷，成灾面积1866公顷，林木毁损24万棵，电线杆损坏435根，刮断电线10.6千米，直接经济损失8546万元，其中农业经济损失3000万元。

7月17日18时19分，虞城站瞬时极大风速达到15.2米/秒，自18时10分至18时26分，黄冢乡出现雷雨大风天气。据虞城县民政局统计，全县共8个行政村受灾，受灾人口5000余人，倒塌损坏房屋105间，树木折断1.0万棵，电线杆损坏53根，通信中断6个小时，直接经济损失500余万元。

11月11日10时34分，虞城县出现17.4米/秒的大风并伴有扬沙天气。

2011年　3月14日，睢县、民权县和宁陵县出现大风天气，瞬时极大风速分别为21.4米/秒、18.1米/秒和17.3米/秒。由于当时小麦处于起身期，局地短时大风没有造成大的危害。

7月23日17时03分，宁陵站出现17.5米/秒的大风天气。7月25日，夏邑站瞬时极大风速18.3米/秒。7月25日22时24分，虞城站极大风速22.3米/秒。7月27日21时34分，永城站瞬时极大风速17.4米/秒。商丘连续几天在个别乡镇出现短时大风天气，对局部造成了危害。据商丘市民政局统计，其中，宁陵县受灾人口约5000人，损坏、倒塌房屋135余间，农作物受灾面积250公顷(特别是酥梨落果较为严重)，直接经济损失约500万元。虞城的李老家、稍岗、城郊、大侯、大杨集5个乡镇30个自然村倒断树木3000棵，倒断农电线杆26根，变压器1台，损坏房屋66间，受灾人口2.3万人，直接经济损失400万元，其中农业经济损失350万元。

2012年　3月23日，睢县站、宁陵站出现大风天气，瞬时极大风速分别为18.0米/秒、17.6米/秒；4月24日，民权站、宁陵站出现大风天气，瞬时极大风速为18.5米/秒。

2013年　3月9日17时50分左右，除民权、夏邑2个站以外，其他各站均出现了短时大风天气，睢县站17时51分最大风速达到20.9米/秒。

3月10日20时左右，除了商丘站、虞城站和夏邑站以外，其他站均达到大风标准，其中宁陵站遭受大风、冰雹双重袭击。永城站20时25分最大风速达到22.5米/秒。此次风雹灾害，民权县受灾较重。据统计，此次灾害造成3020人受灾，损毁蔬菜大棚619座、禽畜养殖场7座，受灾面积100.3公顷，成灾面积79.9公顷，倒损房屋13户，严重损坏房屋18间，刮倒、折断树木60余棵，多地因大风电力中断，直接经济损失2185.6万元，其中农业经济损失2156.6万元。

7月31日至8月9日，夏邑县、民权县、柘城县不同程度地遭受大风、暴雨袭击，据民政部门和救灾办统计，此次灾害共造成 2.6 万人受灾，农作物受灾面积 1289.7 公顷，其中成灾面积 600 公顷，刮倒、折断树木 1.2 万棵，玉米倒伏 108 公顷，严重损坏房屋 68 户 150 间，产业集聚区百思特鞋厂塑钢窗户损坏 117 个，县城广告牌损坏 90 个，刮断电力、通信线杆 7 根、变压器 2 台，损坏塑料大棚 17 个，直接经济损失达 1372 万元，其中农业经济损失 1235.3 万元，家庭财产损失 4 万余元，工矿企业损失 20.4 万元，基础设施损失 5.7 万元。

2015 年　5 月 7 日 23 时 40 分，睢县出现短时大风天气，睢县站最大风速 20.3 米/秒。

8 月 22 日，民权站最大风速达到 21.8 米/秒。

11 月 7 日 20 时 45 分，民权县出现短时大风天气，民权站最大风速达到 18.0 米/秒。

2017 年　3 月 1 日，商丘市、虞城县、宁陵县、睢县、民权县出现短时大风天气，瞬时最大风速分别为商丘站 19.3 米/秒、虞城站 17.6 米/秒、宁陵站 17.6 米/秒、睢县站 17.2 米/秒、民权站 17.0 米/秒。

9 月 20 日 13 时 54 分，民权县出现短时大风天气，民权站最大风速达 19.2 米/秒。

2018 年　2 月 11 日 11 时 52 分，商丘城区及市郊出现大风天气，商丘站最大风速达 17.1 米/秒。

2 月 24 日 07 时 26 分，民权县出现大风天气，民权站最大风速达 17.2 米/秒。

3 月 4 日，民权县出现大风天气，民权站瞬时极大风速为 17.7 米/秒。

3 月 15 日，民权县出现大风天气，民权站瞬时极大风速为 17.5 米/秒。

4 月 3 日，民权县出现大风天气，民权站瞬时极大风速为 17.4 米/秒。

4 月 6 日，夏邑县出现短时大风天气，夏邑站瞬时极大风速为 17.7 米/秒。

5 月 15 日 13—17 时，商丘市中西部出现雷电活动，并伴有大风、冰雹、短时强降水等强对流天气，商丘市区出现冰雹，最大冰雹直径约 8 毫米；15 时 43 分睢阳区路河乡四要素区域自动气象站出现 18.9 米/秒的极大风速。

8 月 18 日，商丘中西部几个县出现大风天气，商丘站极大风速为 18.2 米/秒，民权站极大风速为 17.2 米/秒，睢县站极大风速为 18.1 米/秒。大风天气使部分农作物出现倒伏现象。

2019 年　3 月 21 日 09 时 47 分，柘城县出现大风，柘城站极大风速达到 17.1 米/秒。

11 月 17 日，商丘出现 7～8 级的大风天气，最大风速平均为 16.5 米/秒，其中永城站最大风速 19.1 米/秒。

7 月 23—24 日，永城市出现局地对流天气，伴随有雷电、短时强降水、短时大风，最大降水量出现在永城人民广场 162.2 毫米，最大小时雨强出现在高庄 79.8 毫米(21—22 时)，极大风速出现在高庄 15.4 米/秒。

7 月 26 日 16 时至 27 日 07 时，柘城县出现大风暴雨天气。柘城站降水量 51.9 毫米，极大风速 19.2 米/秒。据民政部门调查，柘城县邵园乡、岗王乡玉米倒伏 1700 亩，刮倒树木 9620 棵，房屋受损 810 间，其中严重受损 96 间，一般受损 714 间，受灾人口 3200 人，造成直接经济损失 60 余万元。

八、低温

1985 年　3 月，商丘出现低温天气，物候期推迟。据观测，乔木一般晚发芽 6～13 天，柿树、榆树分别晚发芽 23 天和 33 天，展叶期推迟 11 天，对林业生产有一定影响。

1990 年　3 月 22—28 日，商丘连续 7 天降水，有 7 个县市的降水量在 36.2～47.3 毫米，永城县的降水量最大，达 64.0 毫米。商丘站旬平均气温 7 ℃左右，较常年偏低 3 ℃；30 日又出现－0.1～1.4 ℃的低温，全旬阴天日数 8～9 个，旬日照时数只有 12.3～24.2 小时。阴雨、低温、寡照维持一旬之久。

1991 年　12 月 22—27 日，受强冷空气影响，商丘普降大雪，积雪深度达 13～17 厘米，局部有暴雪并伴有强降温天气，最低气温下降到－21.9～－13.3 ℃。各县多个乡镇的温室大棚内的蔬菜受低温、寡照影响，生长缓慢。

1992 年　9 月 11—21 日，受冷空气影响，商丘出现 11 天低温连阴雨天气过程，各县降水量为 54.6～62.9 毫米。此次低温连阴雨天气致使棉铃腐烂，推迟了秋作物成熟期，玉米、棉花大幅度减产，个别县影响小麦播种。

1993 年　4 月 11 日，受强冷空气影响，商丘最低气温达到 0.2～1.6 ℃，大田出现霜冻，使正处于“四分体”阶段的郑 832、西安 8 号等半冬性小麦品种受到严重冻害，有的不能抽穗而成“哑巴穗”，有的成为白穗或半白穗，造成半冬性小麦减产 40％～60％。这次低温冻害也使果树、蔬菜受到一定影响，如商丘市郊周庄乡 1100 亩苹果减收 80％以上，1800 亩梨树基本绝收，1000 亩瓜菜减收五成以上。

1995 年　2 月 28 日至 3 月 4 日，受强冷空气影响，商丘出现低温霜冻天气。所属各站极端最低气温分别降至－9.1～－5.7 ℃。

4 月 3 日，商丘再次出现低温霜冻天气。其中民权站、宁陵站、睢县站、虞城站最低气温降至－4.5～－1.6 ℃，旺长小麦遭受严重冻害。

1996 年　春季低温寡照。3 月中、下旬，商丘出现低温寡照天气，20 天中，日照时数 38～57 小时，特别是 3 月下旬仅有 9.9～19.7 小时，旬平均气温偏低 2.5～3.3 ℃，低温寡照天气对温棚蔬菜及烟叶育苗等有不利影响。

秋季阴雨低温。10 月 30 日至 11 月 16 日，18 天中，日照时数仅 11.4 小时，无日照天数达 15 天之多，过程雨量达 117.6 毫米。11 月上、中旬气温比常年低 1.2～2.2 ℃，影响温棚蔬菜和小麦生长发育，使小麦分蘖期比往年推迟 10 天左右。

2000 年　冬季，商丘出现大范围、长时间的低温天气，0 ℃以下的低温天气持续了 1 个月之久，其中低于－10 ℃的日数达 4～6 天。1 月份多雨雪天气，月内各县(市)日照仅为 29～40 小时。低温、寡照对农作物和人们生活极为不利，约有 5～6 万亩蔬菜大棚受灾，直接经济损失约 3 亿元。

2002 年　10 月中旬后期，商丘出现冷空气，10 月下旬气温较常年偏低 3～4 ℃，日照偏少 28～44 小时。低温寡照天气，影响晚播小麦出苗，也影响出苗后的小麦分蘖。

2003 年　冬季较为寒冷，特别是上年 12 月下旬和当年 1 月上旬气温较常年偏低 3 ℃左右，期间有 11 天最低气温≤－5 ℃，并出现 3～4 天≤－10 ℃的低温寒冷天气。温棚蔬菜受其影响，生长缓慢，坐果率降低 50％以上，造成初春市场蔬菜奇缺，价位上升。

2005 年　上年 12 月 21 日至当年 1 月 16 日，日平均气温只有 2 天为 0 ℃，其他均在 0 ℃以下。日最低气温≤－5 ℃的日数达 18 天左右，12 月 28 日至 1 月初持续 5 天，日均温徘徊在－7～－4 ℃。长时间的低温对小麦造成冻害，冻害面积达 208 万亩，其中严重冻害面积达 30 万亩。同时，城市居民采暖能源的消耗大幅度增加。

2 月上、中旬因持续降雪天气，气温基本与前段冷期相同。特别是中旬气温较常年偏低 3～4 ℃，比上年同期偏低近 10 ℃。异常的低温使小麦再次受到冻害。各种农作物发育变缓，

物候期向后推迟近 1 个月。居民采暖期延长半月之久。

2008 年　冬季，商丘有 4 个县 6 次达到低温天气。1 月 29 日，虞城站、夏邑站日极端最低气温分别达到－13.9 ℃、－10.4 ℃；1 月 31 日，睢县站、宁陵站、虞城站、夏邑站最低气温在－10.8～－10.5 ℃，商丘站、永城站、柘城站、民权站最低气温在－9.7～－9.5 ℃，是继 2003 年后再次出现极端最低的年份(2003 年极端最低－13.8～－11.0 ℃)。低温、寡照天气对温棚蔬菜影响较大，给菜农造成较大经济损失，也使春节期间各类蔬菜价格大幅度上涨，仅大葱每公斤就达 10 元，比历年增长了 4～7 倍。

2010 年　4 月 13—15 日，受北方强冷空气影响，商丘出现低温冷害天气。此次低温冷害天气过程，小麦正处于孕穗期，对小麦籽粒形成造成不利影响。

2015 年　11 月 26—27 日，商丘出现了≤－10 ℃的低温天气，日极端最低气温为－12.1～－10.1 ℃，虞城站出现 2 天，睢县站、商丘站、夏邑站各出现 1 天(11 月 27 日)。低温天气对部分设施农业、温室大棚作物和露天蔬菜造成冻害。

2016 年　1 月 23 日，受冷空气影响，商丘出现偏北大风，各站极大风速在 10.7～14.2 米/秒，风力达到 5～7 级，气温下降。23—24 日，商丘各站日最低气温均在－10.9 ℃以下。24 日早晨温度最低，商丘站为－16.0 ℃、民权站为－13.9 ℃、睢县站为－14.3 ℃、宁陵站为－13.9 ℃、虞城站为－12.9 ℃、夏邑站为－14.2 ℃、柘城站为－11.6 ℃。25 日，商丘站、虞城站、民权站日最低气温仍在－10 ℃以下。低温天气影响露天蔬菜生长，部分幼小菜苗遭受冻害，强降温造成温室大棚内的蔬菜受冻。同时低温致使部分供水管道冻结、水表冻坏。

11 月 21—24 日，商丘出现寒潮天气，48 小时日平均气温下降 14.2 ℃，日最低气温下降 15.6 ℃。24 日，商丘各站日最低气温在－12.6～－6.0 ℃，低于常年 1 月份日平均最低温度，其中商丘站、睢县站、虞城站、夏邑站均在－10.0 ℃以下，商丘站日最低气温－12.3 ℃。21 日，各站极大风速 11.7～16.2 米/秒。22 日，各站极大风速 11.5～14.3 米/秒，最大风力达到 7～8 级。强降温伴随着大风，天气寒冷，不利人们野外作业。低温天气致使部分温室大棚作物、设施农业和露天蔬菜遭受冻害。

2018 年　1 月 5 日，睢县站、虞城站、商丘站出现≤－10 ℃的低温天气，日最低气温分别为－11.3 ℃、－11.7 ℃和－13.9 ℃。

1 月 12 日，商丘站、夏邑站和虞城站出现≤－10 ℃的低温天气，日最低气温分别为－10.8 ℃、－11.1 ℃和－11.2 ℃。

1 月 28 日，夏邑站、商丘站出现≤－10 ℃的低温天气，日最低气温分别为－10.5 ℃和－11.7 ℃。

1 月 29 日，商丘站、虞城站出现≤－10 ℃的低温天气，日最低气温分别为－10.1 ℃和－11.0 ℃。

2 月 3 日，宁陵站、商丘站、睢县站、夏邑站和虞城站出现≤－10 ℃的低温天气，日最低气温分别为－10.2 ℃、－10.8 ℃、－10.9 ℃、－11.1 ℃和－11.3 ℃。

2 月 4 日，夏邑站、商丘站和虞城站出现≤－10 ℃的低温天气，日最低气温分别为－10.0 ℃、－10.4 ℃和－11.1 ℃。

2 月 8 日，虞城站出现≤－10 ℃的低温天气，日最低气温－10.2 ℃。

2019 年　1 月 1 日，商丘出现低温天气，商丘站日最低气温为－10.8 ℃。

1 月 16 日，商丘再次出现低温天气，商丘站日最低气温为－10.7 ℃。

4月8—9日，商丘受冷空气影响，最低气温降温幅度达13.9 ℃。10日凌晨，民权县人和乡区域自动气象站最低气温1.2 ℃，达到寒潮标准，其中民权站4月10日凌晨，草面温度－2.4 ℃，出现霜冻。大风、降温天气对小麦孕穗、后期抽穗产生不利影响。

九、高温

2001年　7月上旬，商丘出现大范围、持续性的晴热高温天气，旬平均气温在29～31 ℃以上，比历年同期平均值高3～4 ℃。旬平均最高气温达35 ℃以上，所属大部分站的极端最高气温达38.5 ℃以上，永城站超过40 ℃。旬内≥38 ℃的高温日数2～3天，分别出现在1日、2日和9日。

2002年　自5月31日开始，接连8天日最高气温都在35 ℃以上，日平均气温超过常年同期值4 ℃。

7月8—17日，商丘所属大部分站日平均气温达30 ℃，日最高气温达35 ℃以上，极端最高气温近40 ℃。据统计，夏季≥35 ℃的高温日数为18～24天，其中6月上、中旬高温日数有10～12天。

2005年　6月，在强盛的高空干暖气团的控制下，商丘出现持续时间较长的高温天气。当月的月平均气温超过了常年最热月，即7月份的月平均气温。6月1—3日，各站就开始出现35 ℃以上的高温。6月12—24日，长达13天，商丘几乎全部被高温覆盖，只有21日的气温在35 ℃以下，22—24日，最高气温都在38 ℃以上，其中23日，有5个站出现了≥40 ℃的极端高温天气，日平均气温高达33 ℃左右。6月如此奇热且持续时间之长是商丘少有的。

2006年　6月11—20日，商丘站出现≥35 ℃的高温天气，19日和20日日最高气温达38 ℃以上，最高气温旬平均在35 ℃以上。这之间除14日下了一场小雨、日平均气温在30 ℃以下外，其余9天连续被高温笼罩。

2009年　6月下旬，商丘出现高温天气。除夏邑站以外，其他站日最高气温均在38.0 ℃以上，其中，商丘站、虞城站各出现1天，其他站出现2天。6月25日，民权站极端最高气温为39.9 ℃。从商丘市中医院和个别社区诊所了解到，因高温中暑（晕倒、不适等）就诊的人数比去年同期明显增加。

2010年　夏季，商丘日极端最高气温≥35.0 ℃的日数为14～20天。民权站、宁陵站、永城站在7月6日均出现≥38.0 ℃的高温天气。

2011年　夏季，商丘日极端最高气温≥35.0 ℃的日数为9～14天；柘城站、永城站于6月8日均出现≥40.0 ℃的高温天气。

2012年　夏季，商丘日极端最高气温≥35.0 ℃的日数为13～24天；睢县站、民权站、虞城站、夏邑站于6月13日均出现≥40.0 ℃的高温天气。高温天气对心脑血管疾病患者和户外作业不利，因用电量过大造成一些用电设备的损坏。

2013年　夏季，商丘所属各站日极端最高气温≥35.0 ℃的日数在23～33天，高温天气持续时间较长。

2014年　5月27—30日，最高温度36.1～39.1 ℃，高温天气造成小麦灌浆期缩短，局部地块小麦出现高温逼熟，小麦成熟期提前。

夏季，商丘日极端最高气温≥35.0 ℃的日数为4（商丘站）～11（宁陵站、柘城站）天。

2016年　7月24—26日和28—31日，商丘连续出现日平均气温≥30 ℃、日最高气温

≥35 ℃的高温天气，造成正值抽穗开花授粉的夏玉米出现高温热害，14 万亩夏玉米出现秃顶、缺粒、缺行，甚至无果穗现象，造成夏玉米减产。

2019 年 6—8 月，≥35 ℃以上的高温日数为 15(商丘站)～22(民权站、虞城站)天。其中，7 月下旬高温日数为 6(永城站、夏邑站)～10(商丘站、民权站、虞城站、宁陵站、柘城站、睢县站)天。7 月 20—30 日，宁陵站出现 11 天连续高温天气。7 月下旬各站日平均气温 30.1 ℃，较常年同期偏高 2.78 ℃。其中，宁陵站为 31.1 ℃，较常年偏高 4 ℃。异常的炎热天气给农业生产造成不利影响。

十、干热风

2004 年 5 月下旬，商丘站、宁陵站先后出现 1～2 个干热风日。5 月 24 日，商丘站 14 时最高气温达 32.9 ℃，相对湿度 25%，东南风 5 米/秒，为高温低湿型重干热风日。5 月 29 日，商丘站 14 时最高气温 30.5 ℃，相对湿度 55%，东南风 3 米/秒，为雨后枯熟型轻干热风日。24 日的干热风对部分麦田有不利影响。

2006 年 5 月 29 日和 30 日，商丘站出现 2 个重干热风日，29 日 14 时气温 32.1 ℃，相对湿度为 25%，风速达 3.6 米/秒；30 日 14 时气温 33.7 ℃，相对湿度 18%，风速达 3.9 米/秒。宁陵站出现 1 个重干热风日，30 日 14 时气温 33.1 ℃，相对湿度 22%，风速达 3.8 米/秒。宁陵县、睢阳区和梁园区的大部分小麦已处于乳熟期，干热风对晚播及晚熟小麦的灌浆增重造成不利影响。

2007 年 5 月 17 日，商丘出现轻型干热风，商丘站 14 时气温 32.3 ℃，相对湿度 30%，风速 3.0 米/秒。

5 月 25—27 日，商丘有 6 个县出现了 2 个干热风日。这两天 6 个站的 14 时气温为34.1～36.8 ℃，风速 3.0～5.0 米/秒，相对湿度 12%～24%。此次干热风天气过程范围较大，并且均达到重型干热风级别。

2011 年 5 月 17 日，商丘局部出现干热风天气，永城站 14 时最高温度 32.1 ℃、相对湿度 22%、10 分钟平均风速 4.3 米/秒，达到干热风标准。

2014 年 5 月 22 日、26—27 日、30—31 日，商丘出现干热风天气，其中 27 日、30 日为重度干热风日。小麦受干热风影响，蒸腾加剧，水分消耗大，灌浆期缩短，粒重下降。

2017 年 5 月 25—29 日，商丘出现高温低湿型干热风天气。其中，28 日，各站日最高气温 35.6(睢县站、民权站、夏邑站)～36.5(虞城站)℃，14 时相对湿度 20%(虞城站、柘城站)～24%(睢县站)，14 时风速 3.9(民权站)～6.6(商丘站)米/秒，达到重度干热风。干热风天气造成土壤墒情和长势较差的小麦灌浆速率降低，灌浆时间缩短，成熟期提前，千粒重减少。

2019 年 5 月 21—24 日，商丘受干暖气团控制，天气晴朗、太阳辐射强烈，气温高、空气干燥、风力较大，出现一次重度干热风天气过程。根据实况监测，5 月 22—24 日，各县(市、区)先后出现轻度和重度干热风天气，22 日最高气温 31.1～34 ℃，14 时相对湿度 24%～33%，14 时风速 2.4～5.2 米/秒，其中，民权、柘城、夏邑出现轻度干热风；23 日最高气温 34.1～37.6 ℃，14 时相对湿度 15%～30%，14 时风速 3.8～5.4 米/秒，除永城市、睢县轻型干热风外，其他县区均为重型干热风；24 日最高气温 32.2～33.8 ℃，14 时相对湿度 26%～31%，14 时风速 3.1～5.9 米/秒，各县(市、区)均达到轻度干热风标准。据调查，冬小麦千粒重减少 1%～2%，比上年有所降低。

十一、霜冻

1991 年　4 月 26 日，商丘出现晚霜，地面最低温度－2.5 ℃左右，使棉花营养钵幼苗及蔬菜受到冻害。据不完全统计，夏邑、民权受害苗床 5 万余畦，约 40 万平方米；受害较重的棉畦 80％的棉苗子叶及生长点被冻死，最轻的也有 10％的棉苗子叶冻坏；菜区移栽的黄瓜、番茄、辣椒等作物的叶片和茎秆被冻死。

1995 年　春季，受强冷空气的影响，商丘 2 月 28 日、3 月 4 日、4 月 3 日分别出现低温冻害。2 月 28 日的极端最低气温在－9.1～－5.7 ℃。3 月 4 日的极端最低气温在－4.5～－1.6 ℃。

2004 年　4 月 3 日，受冷空气影响，商丘气温急降 7～8 ℃，于 4 日凌晨，各县(市)出现晚霜，由于大部分乡镇气温在 0 ℃以上，尚未形成冻害。虞城站、夏邑站最低气温为－0.8～1.0 ℃，最低地面温度为－4.0 ℃左右，达到春季冻害指标。此时正值小麦拔节后 10～15 天，植株和幼穗受到损害，对产量造成一定影响。据调查，夏邑县温麦品种幼穗冻死 1000 余亩。同时有 1500 亩土豆地上部分全部冻死，直接经济损失 100 万元之多。

2007 年　3 月 6 日，商丘出现急剧降温天气，日最低气温－6.1 ℃，草面最低温度为－10.0 ℃。

4 月 3 日，商丘出现降温天气，地面最低气温－3.0 ℃，草面最低温度为－6.1 ℃。此期，部分旺长小麦已进入拔节期，大幅度的降温和霜冻造成局部小麦叶面、主茎受冻和大分蘖冻死。

2009 年　3 月 2—3 日，商丘受强冷空气的影响，各县(市、区)不同程度地遭受霜冻危害。各站日极端最低气温在－5.2～－1.4 ℃，草面温度在－13.5～－3.6 ℃。

2011 年　4 月 11 日，商丘局部出现轻冻害。据乡级四要素自动气象站资料显示，黄河故道和闫庄新村日极端最低气温均为－1.7 ℃，达到轻冻害指标。由于小麦孕穗期抗冻能力差，低温冻害对局部小麦的生长发育不利。

2013 年　4 月 7 日、10 日和 21 日，商丘出现 3 次较强冷空气过程，据全市 33 个乡级四要素自动气象观测站最低气温监测资料显示，4 月 7 日极端最低气温在 0.5 ℃以下的台站有 9 个，其中永城市鄫阳乡达－1.8 ℃；4 月 10 日极端最低气温在 0.5 ℃以下的台站有 11 个，其中虞城县刘集乡达到－2.3 ℃，两次低温过程同时在 0.5 ℃以下的台站有 9 个；4 月 21 日极端最低气温在 0.5 ℃以下的台站有 19 个，其中虞城县刘集乡达－2.0 ℃；3 次低温过程同时在 0.5 ℃以下的台站有 7 个。低温过程相继出现，加重了霜冻危害程度。冬小麦拔节后抗冻能力逐渐减弱，孕穗期抗冻能力最差，因此低温冷害、轻霜冻交叉出现，使处于孕穗期的冬小麦遭受冻害。

2015 年　4 月 7—8 日，商丘出现霜冻，各县(市)草面最低气温均在－0.2 ℃以下，各县(市)小麦均有不同程度的冻害发生。

2018 年　4 月 3—5 日，商丘出现大范围寒潮降温天气过程，48 小时日平均气温下降幅度为夏邑站 14.0 ℃、虞城站 13.6 ℃、宁陵站 12.1 ℃、商丘站 12.6 ℃、柘城站 12.6 ℃、永城站 12.1 ℃、民权站 12.0 ℃、睢县站 11.7 ℃。日最低气温降温幅度在 6.7(民权)～10.1(永城)℃。日最高气温下降幅度在 18.7(民权)～21.0(商丘、夏邑)℃。本次冷空气过程达区域性寒潮过程等级。受持续低温影响，4 月 7 日，各站日最低气温在－1.5～1.1 ℃，出现轻度晚

霜冻。持续低温、霜冻对农作物的生产造成一定影响，果树、蔬菜等作物生长不同程度受损。晚霜冻对部分旱地、薄地、沙土地种植的弱春性品种的小麦，如新麦 26、丰德存 5 号、郑麦 7698 等有不利影响，部分地块穗粒数减少。

十二、寒潮

1987 年　11 月 25 日，商丘出现强寒潮天气，24 小时和 48 小时分别降温 8.0 ℃和 14.0 ℃左右，还先后出现了－11.7～－8.2 ℃的最低气温，并使寒冷天气持续到 12 月 13 日，小麦提前 16～20 天进入越冬期。大旱迟播和寒潮早临，使小麦冬前生长期缩短，积温不足，生育推迟。此寒潮对小麦生长产生不利影响。同时，各县(市)大面积未收获的芹菜、大白菜、花菜全部冻毁在地里，商丘市郊冻毁 5243 亩，直接经济损失 488 万元。

1988 年　3 月 13—15 日，商丘出现寒潮天气，各站 48 小时降温幅度在 10.0～13.1 ℃。3 月 13 日各站日平均气温在 14.5～15.4 ℃，其中睢县站 14.7 ℃、民权站 14.8 ℃、商丘站 14.5 ℃、虞城站 14.8 ℃、柘城站 15.4 ℃、宁陵站 14.7 ℃、夏邑站 14.7 ℃、永城站 15.4 ℃。3 月 15 日气温下降以后，睢县站日平均气温为 3.0 ℃、民权站 2.8 ℃、商丘站 2.6 ℃、虞城站 2.4 ℃、柘城站 2.8 ℃、宁陵站 2.7 ℃、夏邑站 2.3 ℃、永城站 2.3 ℃，均达到寒潮标准。

1991 年　3 月 6—7 日，商丘西部 3 个县出现寒潮天气，睢县站、民权站、宁陵站 24 小时降温幅度超过 8 ℃。3 月 6 日，睢县站日平均气温为 9.1 ℃，3 月 7 日的日平均气温为－0.1 ℃，24 小时气温下降 9.2 ℃。民权站 3 月 6 日的日平均气温为 9 ℃，3 月 7 日的日平均气温为－0.7 ℃，24 小时下降 9.7 ℃。宁陵站 3 月 6 日的日平均气温为 9.2 ℃，3 月 7 日的日平均气温为 0.8 ℃，24 小时下降 8.4 ℃。这 3 个站均达到寒潮标准。

3 月 19—21 日，商丘出现寒潮天气，各站 48 小时降温幅度均达 10 ℃或以上，3 月 19 日，即寒潮到来前，各站日平均气温在 14.0～15.4 ℃，其中睢县站 15.4 ℃、民权站 15.2 ℃、商丘站 15.2 ℃、虞城站 14.7 ℃、柘城站 15.1 ℃、宁陵站 15.3 ℃、夏邑站 15.3 ℃、永城站 14.0 ℃。3 月 21 日气温下降以后，睢县站日平均气温为 1.9 ℃、民权站 2.1 ℃、商丘站 2.1 ℃、虞城站 2.2 ℃、柘城站 2.0 ℃、宁陵站 1.8 ℃、夏邑站 2.4 ℃、永城站 2.3 ℃。各站气温在 48 小时内下降 11.7～13.5 ℃，均达到寒潮标准。

1993 年　2 月 6—7 日，出现寒潮天气，商丘除永城站以外，其他站 24 小时降温幅度在 8.7～11.8 ℃。2 月 6 日各站日平均气温在 10.5～12.5 ℃，其中睢县站 11.8 ℃、民权站 11.7 ℃、商丘站 12.4 ℃、虞城站 12.28 ℃、柘城站 12.5 ℃、宁陵站 11.6 ℃、夏邑站 12.0 ℃、永城站 10.5 ℃。2 月 7 日气温下降以后，睢县站日平均气温为 2.2 ℃、民权站 2.6 ℃、商丘站 2.6 ℃、虞城站 2.5 ℃、柘城站 3.8 ℃、宁陵站 2.0 ℃、夏邑站 2.4 ℃，上述 7 个站均达到寒潮标准。

11 月 16—18 日，商丘出现寒潮天气，48 小时日平均气温下降 10.1 ℃，最低气温日均值为－1.1 ℃。11 月 18—20 日，又出现大到暴雪，降水量为 25.0～38.5 毫米，积雪深度永城县、夏邑县为 5 厘米，其他县为 11～25 厘米。11 月 20—24 日，商丘气温加速下降，各站日平均气温在－5.7～－2.5 ℃，极端最低气温在－15.7～－8.5 ℃。这场暴雪来得早，强度大，积雪深，温度低，为当地同期所未有。

1998 年　3 月 18—20 日，受较强冷空气影响，商丘出现大范围的大风降温天气，48 小时日平均气温下降 11.4～12.7 ℃，最低气温达到－2.6～－1.4 ℃，并伴有 5～6 级偏北风和雨雪天气。由于2月份以来气温明显偏高，冬小麦、油菜发育期偏早，抗寒能力降低，此次寒潮造成较大范围不同程度的作物冻害，并使部分温室大棚受损，蔬菜受到冻害。永城市西北风较大，风力达到9级，瞬间阵风达10级以上，持续24分钟。永城市电业和邮电线路多处断线、倒杆、断杆，影响电力输送和正常通信。

11月15—17日，受较强冷空气影响，夏邑县、睢县出现寒潮降温天气。夏邑站48小时降温10.2 ℃，极端最低气温为−2.0；睢县站48小时降温10.7 ℃，极端最低气温为3.1 ℃，并伴有局地大风，此次降温，使未收贮的蔬菜及芽菜受到影响，直接经济损失达200万元之多。

1999年　当年出现2次寒潮。

第1次在3月17—19日，虞城、柘城、夏邑3个站48小时降温幅度都超过10 ℃。3月17日虞城站的日平均气温为13.7 ℃，3月19日的日平均气温为3.1 ℃，48小时下降幅度为10.6 ℃；3月17日柘城站的日平均气温为12.9 ℃，3月19日的日平均气温为2.0 ℃，48小时下降幅度为10.9 ℃；3月17日夏邑站的日平均气温为13.5 ℃，3月19日的日平均气温为3.0 ℃，48小时下降幅度为10.5 ℃。

第2次在11月24—26日，各站48小时降温幅度均达10 ℃或以上。11月24日各站日平均气温在13.8～14.9 ℃，其中睢县站14.1 ℃、民权站13.8 ℃、商丘站14.1 ℃、虞城站13.8 ℃、柘城站14.9 ℃、宁陵站14.3 ℃、夏邑站14.2 ℃、永城站14.2 ℃。11月26日气温下降以后，睢县站日平均气温为3.3 ℃、民权站3.0 ℃、商丘站3.5 ℃、虞城站3.3 ℃、柘城站3.6 ℃、宁陵站3.2 ℃、夏邑站3.8 ℃、永城站4.2 ℃，均达到寒潮标准。

2000年　当年出现寒潮1次，时间在11月上旬，除东部的永城和夏邑两个站之外，中西部6个站48小时降温幅度均达10 ℃以上。11月6日各站日平均气温在13.4～15.1 ℃，其中，睢县站14.5 ℃、民权站14.4 ℃、商丘站14.2 ℃、虞城站13.4 ℃、柘城站15.1 ℃、宁陵站14.4 ℃。11月8日气温下降以后，睢县站日平均气温为1.8 ℃、民权站3.0 ℃、商丘站3.5 ℃、虞城站3.3 ℃、柘城站3.6 ℃、宁陵站3.2 ℃，达到寒潮标准。

2003年　11月7日，商丘出现寒潮天气。受较强冷空气影响，商丘站、虞城站、柘城24小时降温幅度达8 ℃或以上，最低日平均气温达到4 ℃以下。11月6日，商丘站日平均气温为11.7 ℃，虞城站日平均气温为12.6 ℃，柘城站日平均气温为12.2 ℃。11月7日气温下降以后，商丘站日平均气温为3.5 ℃，虞城站日平均气温为4.0 ℃，柘城站日平均气温为3.6 ℃，达到寒潮标准。

2005年　3月11日，商丘出现寒潮天气。商丘、虞城、柘城、宁陵、夏邑和永城6个站24小时降温幅度均达8 ℃或以上。3月10日上述站的日平均气温在8.5～12.5 ℃，其中商丘站9.7 ℃、虞城站9.3 ℃、柘城站9.8 ℃、宁陵站8.5 ℃、夏邑站11.5 ℃、永城站12.5 ℃。11日气温下降以后，商丘站为0.8 ℃、虞城站为0.9 ℃、柘城站为1.1 ℃、宁陵站为0.2 ℃、夏邑站为1.8 ℃、永城站为1.9 ℃，达到寒潮标准。

2006年　3月11—12日，除民权、柘城两个站以外，其他6个站24小时日平均气温下降8.0～9.0 ℃，12日最低气温均在0 ℃以下。

4月11—13日，商丘出现寒潮天气。24小时和48小时降温均在10 ℃以上，日最低气温在4 ℃以下，达到寒潮标准。4月12日部分县(市)伴有8级以上大风，降温使部分小麦叶面受冻。

2008年　12月21—22日，商丘48小时降温幅度达10.8 ℃以上，22日各站日平均气温

为－8.0～－6.4 ℃，日最低气温达－14.0～－11.0 ℃，达到寒潮标准。此次降温致使部分小麦出现冻死、青枯现象。

2009 年　1 月 22—23 日，商丘各站 24 小时日平均气温下降 8.0～9.0 ℃，23 日各站最低气温降到－9.2～－7.2 ℃，达到寒潮天气过程。由于气温降幅大，土壤疏松干旱，小麦受到不同程度的冻害，叶片干枯 3～4 厘米，部分晚播弱苗和干旱地段受害严重，有死苗现象。

11 月 1 日，各站日平均气温均在 10.3 ℃以上，11 月 2 日大部分站 24 小时降温幅度达 8 ℃以上，日最低气温在－0.1 ℃以下，达到寒潮天气指标，其中睢县站 24 小时降温 8.3 ℃，最低气温达到－0.1 ℃；民权站 24 小时降温 8.0 ℃，最低气温达到 0.1 ℃；商丘站 24 小时降温 8.1 ℃，最低气温达到－0.1 ℃；虞城站 24 小时降温 8.1 ℃，最低气温达到－0.6 ℃；柘城站 24 小时降温 7.8 ℃，最低气温达到 0.5 ℃；宁陵站 24 小时降温 8.0 ℃，最低气温达到－0.5 ℃；永城站 24 小时降温 8.4 ℃，最低气温达到 1.0 ℃。此次寒潮天气对冬小麦和部分露天蔬菜等有不利影响。

2010 年　11 月 22 日，夏邑县达到寒潮标准。21 日夏邑站平均气温 13.0 ℃，22 日平均气温 4.8 ℃，日平均气温下降 8.2 ℃，22 日最低气温－1.1 ℃，达到寒潮标准，因当前温度较高，所以这次寒潮天气没给作物生长带来明显灾情。

2017 年　2 月 20—22 日，商丘受强冷空气影响，出现寒潮、暴雪、降温天气，48 小时日平均气温下降 9.2 ℃，22 日最低气温－3.8 ℃。21 日 08—22 时，各县(市)出现大到暴雪，过程雨量：商丘站 13.2 毫米、夏邑站 27.3 毫米、柘城站 19.3 毫米、虞城站 12.8 毫米、宁陵站 12.8 毫米、睢县站 17.2 毫米、民权站 13.2 毫米。各县(市)积雪深度 2～4 厘米。暴雪、低温对设施农业造成不利影响，积雪及道路结冰造成交通运输受阻。

2018 年　4 月 3—5 日，商丘出现大范围寒潮降温天气，48 小时日平均气温下降幅度为：商丘站 12.6 ℃、永城站 12.1 ℃、夏邑站 14.0 ℃、虞城站 13.6 ℃、柘城站 12.6 ℃、宁陵站 12.1 ℃、睢县站 11.7 ℃、民权站 12.0 ℃，日最低气温下降幅度为 6.7(民权)～10.1(永城站)℃，日最高气温下降幅度在 18.7(民权站)～21.0(商丘站、夏邑站)℃。本次冷空气过程达区域性寒潮过程等级。受持续低温影响，4 月 7 日，各站日最低气温在－1.5～1.1 ℃，出现轻度晚霜冻。

2019 年　4 月 8—9 日，受冷空气影响，民权县北部出现寒潮天气。9 日民权县人和乡四要素区域自动气象站最低气温降温幅度达 13.9 ℃，10 日凌晨该站最低气温 1.2 ℃，达到寒潮标准，其中民权县北部 4 月 10 日凌晨草面温度－2.4 ℃，出现霜冻，降温天气过程对小麦孕穗、后期抽穗产生不利影响。

十三、飑线和龙卷风

1985 年　6 月 15 日 16 时，飑线过境，睢县、民权县的 22 个乡(镇)165 个行政村出现大风、暴雨和冰雹。两县 17.17 万亩农田受灾，房屋倒塌 3055 间，刮倒、刮断树木 51.6 万棵。

1991 年　7 月 27 日 04 时 30 分至 06 时，商丘县冯桥、坞墙两个乡出现龙卷风、暴雨和冰雹，局部村庄和公路两侧树木几乎全被拔掉，作物被打成光秆。此次风雹使 21.9 万亩农作物受灾，1.2 万亩绝收，水围村庄 210 个，倒塌民房 2100 余间，损坏房屋 6124 间，刮倒、刮断电杆 300 根，冲毁桥涵 17 座，刮倒、折断树木 20.83 万株，伤牲畜 1.6 万余头。京九铁路商丘至阜阳段和国道 105 线商丘至亳段公路一度中断运营。

7月28日18时40分，商丘县观堂乡8个行政村受暴雨和龙卷风危害。灾区内95%的树木被刮倒，12公里高压线路受损，1万余亩作物倒伏，506间房屋倒塌，交通受阻。

1992年　7月20日11时，夏邑县杨集乡的张集、谢楼等5个村庄受到龙卷风袭击，龙卷风所到之处，生长中的玉米、棉花全部倒伏，直径20厘米的树木被连根拔掉，有的拦腰刮断，杨集乡3000亩庄稼受灾，刮倒树木300余棵。

1993年　8月3日18时，民权县程庄乡遭龙卷风袭击约1个小时，风力达10级以上，伴有阵性降水，影响18个自然村，毁电杆39根，刮断电线1500米，塌房13间，砸坏房120间，2.1万亩玉米倒伏，4300亩棉花倒伏，直接经济损失201.1万多元。

1994年　6月12日17—20时，民权、睢县、虞城、永城4个县19个乡(镇)112个村委遭受龙卷、冰雹侵袭。冰雹直径在1.5～2.6厘米，风速大，成灾重。据统计，受灾面积17万亩，毁坏林木8.9万棵，刮坏房屋331间，直接经济损失约2500万元。

8月1日12时，虞城县大候、闻集、营盘等乡镇出现龙卷风并伴有少量冰雹。玉米倒伏3万余亩，倒塌房屋100多间，直接经济损失达100多万元。

9月4日17时20分左右，宁陵县北部柳河、孔集、赵村3个镇乡共52个村委会遭龙卷风侵袭。玉米受灾面积2100公顷，其中减产五成以上的有1200公顷；棉花受灾面积1180公顷，减产44万公斤，金顶谢花酥梨损失9375吨，258间房屋受损；40根高低压线杆倒折，177空高低压线刮断，直接经济损失约1000万元。

1995年　6月7日17时30分至19时20分，民权、睢县、宁陵3个县的14个乡镇109个村委遭受龙卷风和冰雹袭击，冰雹大如鸡蛋，小如蛋黄，风力达8～10级，积雹最大厚度15厘米，作物成灾面积达29万亩，其中粮食作物16.3万亩，经济作物12.7万亩，毁坏温室蔬菜大棚460个，直接经济损失6673万元。

8月13日18时，夏邑县孔庄乡出现龙卷风，刮断树木4.45万株，刮落苹果166万公斤，农作物倒伏2万余亩，倒塌房屋495间，直接经济损失861万元。

1998年　7月21日，民权、宁陵两县遭受大风、冰雹袭击，民权县有6个乡镇出现龙卷风，最大风力10级以上，持续20分钟，并伴有短时雷雨、冰雹，农作物受灾面积15万余亩，刮倒树木12万余棵，其中果树2万棵，刮塌民房566间，损坏高、低压及通信线杆750根，直接经济损失达4000多万元，其中农业经济损失3500万元。

8月22日，民权县双塔乡4个自然村遭受龙卷风和暴雨袭击。受灾群众5000人，农作物受灾面积2500亩，房屋倒塌680间，砸死大牲畜146头，损坏高、低压及通信线杆87根，刮倒树木2万余棵，直接经济损失208万元。

2000年　6月20日15时40分至18时，宁陵县、睢县、柘城、睢阳区4个县(区)的15个乡镇先后遭受大风、龙卷风、暴雨及冰雹的袭击，最大风力达9级，大风在各乡镇持续约10分钟。冰雹大如花生豆，小如黄豆。此次大风、龙卷风、冰雹天气，虽然持续时间短，但破坏力较强。

7月9日16时30分至17时，民权县、虞城县、宁陵县、睢阳区共有14个乡镇出现大风、龙卷风及冰雹，阵风8～9级，最大风力10级以上，冰雹大如杏，小如豆。据统计，大风刮断树木10万余棵，刮倒高、低压电线杆316根，农作物受灾面积约195万亩，成灾面积14.3万亩，绝收面积约3.1万亩，直接经济损失约7000万元。

2004年　7月5日20时30分至6日02时，民权、虞城、夏邑、永城4个县(市)的24个乡

(镇)分别遭受龙卷风、冰雹袭击。受灾人口约50多万人,农作物受灾面积1.24万公顷,绝收面积4221公顷,刮倒、折断树木7.6万余棵,直接经济损失1.6亿元,其中农业经济损失1.2亿元。此灾害以夏邑最重。

7月8日13时05分至13时55分,夏邑县杨集、骆集、太平等6个乡镇遭受大风、龙卷风、冰雹袭击。大风毁禾拔木,掀屋砸瓦,致使6.2万余人受灾。农作物受灾面积达9.4万亩,刮倒、折断树木11.4万余棵,倒塌损坏房屋2165间,折断电线杆3146根,损坏变压器30台,刮倒电视转播塔1座。直接经济损失6980余万元,其中农业经济损失2800余万元。

2006年 6月27日15时至21时30分,永城市演集镇、城厢乡、双桥乡、十八里镇,睢阳区宋集镇先后出现大风。

6月28日12时58分至13时04分,永城市演集镇、马牧乡遭受风雹袭击,最大风力达9级(22.8米/秒),冰雹如杏核大小,并出现短时龙卷风和暴雨。这次灾害造成直接经济损失1335万元,其中农业经济损失838万元。

8月3日12时30分至15时30分,夏邑县、虞城县、梁园区、睢阳区4个县(区)有27个乡镇先后出现大风、暴雨、大暴雨、冰雹,风力达7级以上,局地出现龙卷风,导致房屋倒塌、树木折断、农作物大面积受损。

2008年 6月3日16—18时,大部分县(市)先后出现大风天气。据商丘站观测资料显示,瞬时风速在17.5～18.5米/秒,商丘观象台人工观测最大风速21.0米/秒。16时10—20分,睢县部分乡镇遭受风雹灾害,短时最大风力达到8级,并伴有冰雹。17时左右,柘城县部分乡镇遭受龙卷风、冰雹袭击,局部短时风力达到8级左右。与此同时,梁园区部分乡镇也遭受龙卷、冰雹、暴雨的袭击,其中观堂、水池铺、双八、谢集、李庄、王楼、刘口、张阁8个乡镇受灾较为严重。18时左右,永城市普降大雨并伴有短时大风,风力达8级以上。

2009年 6月3日20时34分至22时41分,商丘境内出现罕见的飑线天气。全市8个基本气象观测站的最大风速在17.0～29.1米/秒,22时41分永城站风速达到29.1米/秒。宁陵站瞬时风速达到28.6米/秒,持续约50分钟。此次飑线共造成241.92万人口受灾,小麦倒伏297.84万亩,商丘所有乡镇普遍受灾,其中重灾乡镇71个,城镇、乡村大面积停水停电,部分道路中断,交通受阻。树木刮倒、折断713.3万棵,电线杆折断、倒地9292根,损坏变压器43台,房屋倒塌4142间,受损房屋3.6万余间,蔬菜大棚损毁5618座,砸死家畜203头,砸死家禽2万余只,造成直接经济损失14.49亿元,其中农业经济损失9.45亿元。

2017年 7月6日08时至7日05时,商丘部分县(区)乡镇先后出现雷暴、短时强降水、短时大风、龙卷风等强对流天气。其中,降水量≥100毫米的站点有3个,分别是柘城县的张桥121.5毫米、陈青集111.2毫米,夏邑县的骆集112.3毫米;降水量≥50毫米的站点有46个。最大风速在17.6～21.1米/秒。6日16时30分,虞城县田庙乡遭受龙卷风袭击。该乡腾湾村、金郭村、孟楼村、关庄村、田庙村、杨余村等村受灾,其中腾湾村、金郭村受灾较为严重。据统计,大风刮倒、折断树木5260棵,损坏房屋386户943间,损坏电线杆85根、变压器1台,受灾人口2780人。6日21时,夏邑县王集乡遭遇雷雨大风袭击,王集乡四要素区域自动气象站瞬时极大风速达19.5米/秒,持续时间3分钟左右,大风损坏房屋15间,67人受灾。同日,柘城县3个乡镇遭受雷雨大风灾害,刮倒、折断树木3630棵,农作物受灾面积40公顷,损坏房屋853间,受灾人口1111人,直接经济损失580.5万元。

2019年 3月31日13时26分,虞城县田庙乡四要素区域站出现极大风速,风向东南,风速 9.4 米/秒。14 时气温 17 ℃，风向东南，风速 1.7 米/秒；15 时气温 17.6 ℃，露点温度 −3.5 ℃，空气干燥，风向东南，风速 2.7 米/秒；16 时气温 17.9 ℃，风向西西南，风速 1.3 米/秒。15 时左右田庙乡万亩梨园景区出现尘卷风，1 个儿童乐园的大型充气滑梯和几名幼儿被尘卷风卷起，飞向空中距地面达 20 多米，致使 2 名儿童身亡。事发地点距田庙乡四要素气象站 3 公里。据事后现场调查，该尘卷风由两个较小的尘卷风合并后形成，直径约 10 米，高度 20 米以上看不清楚，持续时间 3 分钟左右。

十四、连阴雨

1985 年　5 月 2—6 日，正值小麦开花盛期，商丘出现连阴雨天气，影响花粉传播，造成小麦受精不良，不孕小穗明显增加，据调查，小麦不孕小穗为 19%～23%，较上年增加 1.4%～5.0%。

8 月下旬，阴雨多，光照差，造成棉桃霉烂，对棉花产量和质量都有不利影响。

10 月，阴雨连绵，棉花减产，小麦误播。据商丘地区棉花办公室调查，单株烂铃 3.83～5.65 个，占单株成铃的 80%左右，估计减产 48%。9 月雨水多，10 月又连阴，造成小麦大面积迟播。据商丘地区农业局 10 月 23 日调查统计，全区雨前播种和冒雨抢种小麦 286.6 万亩，迟播面积高达 64.2%。11 月下旬以后播种的小麦竟达 100 余万亩。

1989 年　夏初连阴雨。6 月 3—15 日，13 天内全区出现 8～10 个雨日，降水量 57.1～236.4 毫米，雨量大且阴雨连绵，成熟的小麦不能收割，已收割的小麦无法晒场脱粒，致使麦粒生牙霉变，小麦质量受到很大影响。据永城县资料，生芽霉变的小麦占 10%左右、麦粒颜色变暗的占 50%。

1990 年　春季低温连阴雨。3 月 22—28 日连续 7 天降水，永城站过程降水量达 64.0 毫米，其余 7 个站在 36.2～47.3 毫米。旬平均气温 7 ℃左右，较常年偏低 3 ℃；30 日又出现 −0.1～1.4 ℃的低温，全旬阴天日数 8～9 天，旬日照时数只有 12.3～24.2 小时。阴雨、低温、寡照维持 1 旬之久。

1991 年　5 月下旬到 6 月中旬，阴雨连绵，低温寡照，并有暴雨大风天气，造成雨涝灾害，对收麦种秋极为不利。

1992 年　2 月 28 日至 3 月 5 日，连续 7 天出现雨雪天气，过程总降水量在 36.0～73.4 毫米，2 月 28 日开始下雨，3 月 1 日雨转雪，3 月 2—4 日，部分县曾一度出现暴雪天气，日降水量在 10 毫米以上，积雪深度达 19 厘米。此次连阴雨天气，对温室大棚蔬菜生产极为不利，部分大棚被积雪压塌，交通一度受阻。

9 月 11—21 日，受冷空气影响，商丘出现 11 天低温连阴雨天气过程，全区降水量在 54.6～62.9 毫米。此次连阴雨天气，棉铃出现腐烂，推迟了秋作物的成熟期，使玉米、棉花大幅度减产。

2000 年　秋季，商丘出现两段较长的连阴雨天气，阴雨时间较长。第 1 段连阴雨天气出现在 9 月 21—28 日，长达 6～8 天，过程雨量为 50～130 毫米。第 2 段连阴雨天气出现在 10 月 21—29 日，长达 5～9 天，各站过程雨量为 23～38 毫米。连阴雨期间，阴天日数多，日照明显减少，连阴雨之后，气温急剧下降。

2002 年　连阴雨是当年春季的主要灾害。自 4 月下旬至 5 月中旬，阴雨连绵，30 天内阴天日数达 22 天，降雨日数为 10～12 天，累计雨量达 135～166 毫米，占春季降水量的 73%～85%。连阴雨导致低温、寡照、高湿，致使作物有多种病虫害发生，严重影响小麦开花、授粉及灌浆成熟。

2003 年　7 月 11—22 日，商丘连续 12 天降雨，过程降水量均在 100 毫米以上，商丘市区达 200 毫米，均达到河南省连阴雨天气标准。长时间连阴雨对秋作物正常生长，尤其对棉花现蕾开花非常不利，并给交通、建筑等行业带来不便。

8 月 9 日至 9 月 8 日，一个月内又是阴雨连绵，雨日达 18～25 天，并出现 3～5 个暴雨过程，大部分乡镇的雨量在 400 毫米以上。最强的降水过程发生在 8 月 29 日至 9 月 3 日，各县(市)均出现持续性暴雨和大暴雨，其中 29—30 日的暴雨波及全市范围，影响最大，两天的降水量达 100～180 毫米。9 月 3 日，夏邑站单日降水量为 144.7 毫米，是本次连阴雨过程中单日降水量最大的 1 个站点。

2005 年　9—10 月，商丘出现两段较长的连阴雨天气。第 1 段连阴雨天气为 9 月 15—21 日，雨量在 41.3～168.8 毫米。第 2 段连阴雨天气为 9 月 25 日至 10 月 4 日，雨量在 78.2～106.7 毫米。分别达河南省连阴雨天气标准。其两段连阴雨之间仅隔 3 天(22—24 日)，相当于一次长达 20～23 天的连阴雨。两段连阴雨过程中，无日照日数达 18 天左右。全市棉花、玉米、大豆、花生等农作物受灾面积达 25.0 万公顷，因霉变造成粮食减产 30.41 万吨，农业直接经济损失达 8.5 亿元。

2007 年　夏季，连阴雨天气过程较多，主要时段为：

6 月 19—23 日，大部分县(市)出现连阴雨天气，降水量在 50.6(商丘站)～61.8(睢县站)毫米。

7 月，部分县(市)陆续出现了连阴雨天气，3—9 日，永城市、夏邑县、虞城县出现连阴雨天气过程，降水量分别为：永城站 228.7 毫米、夏邑站 88.3 毫米、虞城站 64.3 毫米。睢县于 7 月 13—17 日和 7 月 27 日至 8 月 1 日，两次达到连阴雨天气标准，睢县站过程雨量分别为 75.3 毫米和 83.9 毫米；民权县于 7 月 17—21 日达到连阴雨天气标准，民权站过程雨量为：54.2 毫米；梁园区、睢阳区、永城市于 7 月 19—25 日达到连阴雨天气，过程雨量分别为 100.5 毫米(商丘站)和 101.8 毫米(永城站)。

8 月 6—11 日，永城市、睢县等部分县(市)出现连阴雨天气，过程雨量为 98.9 毫米和 103.9 毫米。频繁出现的连阴雨天气，使部分低洼地块造成一定的积水，加之日照异常偏少，湿度过大，给人们的生活带来极大的不便。

2008 年　夏季，商丘站和夏邑站各出现 1 个连阴雨天气过程。6 月 30 日至 7 月 9 日，商丘市区阴雨连绵，商丘站过程降水量 64.5 毫米，达到连阴雨天气标准。夏邑站 7 月 1—12 日降水量 107.3 毫米。连阴雨期间棉花正处于开花期，连阴寡照对棉花开花授粉较为不利。

2010 年　7 月 15—19 日，商丘大部分县(市)连续降水 5～6 天，过程降水量≥50 毫米，达到连阴雨天气标准。其中，睢县站过程降水量 111.3 毫米、民权站过程降水量 101.3 毫米、柘城站过程降水量 76.9 毫米、宁陵站过程降水量 83.4 毫米、永城站过程降水量 94.7 毫米。

8 月 20—27 日，商丘大部分县(市)连续降水 5～8 天，过程降水量≥50 毫米，达到连阴雨天气标准。其中睢县站过程降水量 126.4 毫米、民权站过程降水量 86.2 毫米、柘城站过程降水量 147.9 毫米、宁陵站过程降水量 123.0 毫米；23—27 日商丘站过程降水量 85.2 毫米、虞城站过程降水量 95.8 毫米。连阴雨天气对棉花吐絮和玉米干物质积累不利。

2010 年　9 月 3—11 日，商丘除虞城县、夏邑县以外均出现不同程度的连阴雨天气，过程降水量 135.1～300.1 毫米。其中，柘城站 5—10 日过程降水量 300.1 毫米，为商丘本次降水最大值，永城站 5—11 日过程降水量 135.1 毫米，为商丘本次降水最小值。此期正是玉米进入成熟期，对籽粒增重略有影响。阴雨寡照天气对棉花裂铃吐絮不利。

2011 年　8 月 17—23 日，民权县、虞城县连续降水 6 天，过程降水量≥50 毫米，分别为 72.1 毫米、50.2 毫米，达到连阴雨天气标准。8 月下旬至 9 月初棉花陆续进入吐絮期，连阴雨寡照天气对棉花裂铃吐絮不利。

9 月 4—19 日，商丘除永城市以外均出现 5～12 天的连阴雨天气，过程降水量 78.7～117.5 毫米，达到连阴雨天气标准。

2012 年　7 月 4—10 日，虞城县、柘城县、永城市连续 7 天出现降雨天气，过程降水量分别为 378.4 毫米，206.5 毫米和 277.9 毫米，达到连阴雨天气标准。此次连阴雨天气造成低洼地块农田积水，阴雨寡照天气对棉花开花期生长不利。

2013 年　7 月 29 日至 8 月 3 日，商丘站、虞城站、夏邑站连续 6 天出现降雨天气，过程降水量分别为 145.8 毫米、92.2 毫米、117.3 毫米，达到连阴雨天气标准。此次连阴雨天气造成部分道路和局部农田积水，阴雨寡照天气对棉花列铃吐絮较为不利。

2014 年　4 月 15—19 日，商丘出现 5 天连续降水，各站降水量在 18.7～29.3 毫米，日照时数 1.5～8.8 小时，阴雨天气造成麦田土壤和空气湿度大、光照不足，对小麦抽穗扬花期生长不利，对已经出苗的春播作物和蔬菜大棚作物生长不利。

2014 年　9 月 7—18 日，商丘出现连阴雨天气，累计降水量达 123.6～145.7 毫米，较常年偏多 3.1～4.0 倍，期间日平均气温低于 20 ℃的日数为 5 天，最低日平均气温只有 15.4 ℃，日照时数 1.2～9.0 小时，不足常年的 10%。连阴雨天气对处于灌浆后期的夏玉米有不利影响，使玉米灌浆强度下降，成熟期推迟，也易滋生各种病虫害。

2016 年　10 月 20—28 日，商丘出现连阴雨天气，连续降水日数长达 9 天，各站过程降水量 80.7～112.5 毫米。雨水连绵，道路湿滑，不利人们出行和交通运输；光照严重偏少，湿度偏大，给温室大棚蔬菜和露天蔬菜生长造成不利影响。

2017 年　9 月 24 日至 10 月 12 日，商丘出现 3 次连阴雨天气时段，累计降水日数 14 天。各站连阴雨过程总降水量 96.8(民权站)～145.6(睢县站)毫米，较常年同期偏多 233.8%～350.8%。总日照时数 16.6(柘城站)～43.0(夏邑站)小时，较常年同期偏少 61.5～91.9 小时。降水持续时间长，降水量大，日照时间明显不足，对已收作物晾晒不利，部分已收获农作物出现霉变发芽，降低籽粒品质及商品价值。

2018 年　9 月 17—21 日，商丘出现连阴雨天气。连续 5 天阴雨天气，各站累计降水量为 9.7(永城站)～47.2(睢县站)毫米。对秋作物收获和晾晒不利，对棉花裂铃吐絮也有不利影响。

11 月 5—8 日，商丘连续 4 天阴雨天气，各站总降水量 26.2(睢县站)～51.6(永城站)毫米。这次连阴雨天气延缓部分地块小麦播期。

2019 年　夏季，商丘各县(市、区)均出现连阴雨天气过程，其中，睢县站 7 月 26 日至 8 月 4 日降水量为 102.5 毫米，连阴雨天气过程对玉米的开花生长有一定影响。

10 月 4—12 日，商丘出现连阴雨天气，降水持续时间长，降水量大，日照时间明显不足，对已收作物晾晒不利，部分已收农作物出现霉变发芽，降低籽粒品质及商品价值。

十五、其他特殊灾害

1993 年　作物病虫害严重。一是小麦纹枯病。3 月，小麦纹枯病一、二类麦田发病率达 100%，病株率 40%～70%，病害严重地块已出现死苗现象，病虫害发生面积达 600 万亩。二是小麦红蜘蛛。由于 3 月干旱少雨，小麦红蜘蛛发生和蔓延速度较快。据 3 月下旬调查，平均单行市尺 100 头(即:单行小麦，1 尺长的一段内)，比月初增加 10 头。商丘共计有 350 万亩发生红蜘蛛虫害。三是小麦蚜虫。5 月上旬调查，一般麦田平均百株蚜量 480～2264 头，最多达 7840 头，蚜量是雨前的数百倍。商丘达到或超过防治标准的面积有 550 万亩。四是棉铃虫。当年棉铃虫是大发生年份，越冬蛹羽化蛾量大。蛾期长达 20 多天，比常年多近 10 天。由于 5—7 月高温天数少，且暴雨次数少，气候条件极利于虫卵孵化，当年一、二代棉铃虫发生量大。一代棉铃虫在没有防治的麦田 1 平方米达 4 头以上。6 月中旬调查二代棉铃虫，百株卵量达 569 粒。百株幼虫 16 头，到 6 月下旬，百株幼虫达 112.9 头，比常年明显偏多。商丘 190 万亩棉花受其危害。五是玉米螟。当年玉米螟发生亦早，危害较大。玉米从出苗到成熟一直受其危害，使玉米产量略有降低。

1998 年　小麦病虫害。由于春季多雨寡照，导致小麦病虫害发生和蔓延。前春小麦纹枯病致使病田率达 80%以上，后春穗期蚜虫发生率高于往年，小麦叶枯病、白粉病及锈病都偏重于往年，因此病虫害对当年小麦高产不利。

1999 年　暖冬。当年冬季，由于影响商丘的冷空气次数少，势力弱，致使气温明显偏高，成为 1950—2019 年最暖的冬季。当年冬季，各站日平均气温在 0 ℃以下的天数仅有 13 天左右，3 ℃以上的天数有 50 天左右，特别是 1 月下旬至 2 月底，气温持续偏高，大部分站日平均气温均在 5 ℃以上，相当于常年 3 月上旬的气温。异常气候使物候提前，果木开花期提前。暖冬对晚播小麦及弱苗来说，热量得以补偿，有利盘根分蘖。温高加剧了旱情，使土壤失墒快，不利小麦安全越冬。病虫害越冬死亡率降低，病虫基数提高。

2002 年　暖冬。12 月 29 日，商丘日平均气温稳定通过 0 ℃，比历年提前 44 天，气候开始转暖。1 月气温较常年同期偏高 3 ℃左右。2 月较常年同期偏高 4～5 ℃，特别是 2 月中、下旬，旬平均气温达 6～8 ℃，使人感觉如同进入阳春三月。据统计，当年冬季平均气温与历年同期平均值相比，高 2～3 ℃，比近 10 年的暖冬值高 1.2 ℃。0 ℃以下的负积温只有 25 ℃・日左右，比历年偏少 80 ℃・日左右，0 ℃以上的正积温达 320 ℃・日左右，比历年偏多 200 ℃・日以上。暖冬对晚播小麦越冬及早发非常有利，但也造成部分麦田旺长。当年小麦于 2 月 2 日前后开始返青，较历年平均值提前 15～20 天，为 1950—2019 年最早的一年。1 月 28 日毛白杨开始萌芽，比上年提前 21 天。2 月末樱花已开满树枝。

2003 年　夏秋季节日照偏少。夏秋除涝灾外，与涝渍共生的异常寡照对农作物生长造成严重危害。7 月上、中旬，阴雨连绵，出现 11 个无照日，较严重影响了玉米雌穗的发育及棉花开花、授粉。8 月 9—17 日，连续 8～9 天无日照，加之土壤湿度较大，对玉米开花、授粉及棉花幼铃生长造成严重不利影响。8 月 29 日至 9 月 9 日，商丘大部分地区阴雨绵绵，12 天中只有 1 天的总云量未达到 10 成。无照日数 11 天，日照时数仅 3 小时，过程雨量达 200 毫米以上，气温偏低 2～3 ℃，雨涝低温加上长时间寡照对大秋作物成熟、棉花裂铃吐絮及蔬菜水果的生长极为不利。9 月 28 日至 10 月 12 日，商丘又出现长时间的阴雨寡照天气，15 天中只有 1 天的总云量未达 10 成。无照日数 11 天，日照时数不足 10 小时，其中永城站不足 2 小时，过程雨量大部分在100毫米以上。长时间的阴雨使已经成熟的大秋作物不能及时采收和晾晒。

2004年　冬季奇暖。当年冬季，商丘出现“一九”“二九”不冷，“三九”不寒，“六九”“七九”似阳春的奇暖天气。隆冬1月上旬平均气温达3～4 ℃，接近和超过常年2月下旬的气温。2月中、下旬的平均气温高达8 ℃以上，超过了常年3月的平均气温，为商丘有气象记录以来的同期最高值和次高值。尤其是2月中旬平均最高气温达16 ℃左右，比上年同期高7 ℃左右，比典型暖冬2002年同期还高2 ℃以上。奇暖现象为1950年以来所罕见。暖冬有利于小麦生根增蘖及起身生长，小麦于2月24日起身，较历年提前15天左右。其他植物生育期也都提前，毛白杨芽放期及盛花期都较历年平均日期提前15天左右，蒲公英展叶期提前9天左右，樱花在冬末已开满树枝。

2006年　蜗牛之灾。据调查，民权县王桥乡境内玉米、棉花、大豆、红薯等农作物遭受蜗牛之灾，这是多年来未曾见过的奇异现象。农作物的叶面上爬满了蜗牛，棉花叶大部分受害脱落，玉米花须大部分被啃光，大豆的叶子大部分仅剩下叶脉。据民权县农业部门统计，约1000亩农作物受灾，其中约500亩受灾较为严重。

参考文献

河南省气象局，2010. 河南省天气预报技术手册[M]. 北京：气象出版社.

河南省气象局，2012. 河南省基层气象台站简史[M]. 北京：气象出版社.

河南省气象局气象科研所，2018. 河南省宁陵县酥梨精细化农业气候区划[R]. 郑州.

河南省气象局气象科研所，2018. 河南省柘城县精细化农业气候区划[R]. 郑州.

罗汉民，阎秉辉，吴诗敦，1986. 气候学[M]. 北京：气象出版社.

彭广，马力，2016. 气候影响评价[M]. 北京：气象出版社.

商丘市地方史志研究室，2010. 商丘市情概览[M]. 北京：线装书局.

商丘市地方史志研究室，2018. 商丘地区志[M]. 北京：生活·读书·新知三联书店.

商丘市地方史志研究室，2020. 2019 年商丘年鉴[M]. 郑州：中州古籍出版社.

商丘县志编纂委员会，1989. 商丘县志(清·康熙四十四年)[M]. 郑州：中州古籍出版社.

姚学祥，2011. 天气预报技术与方法[M]. 北京：气象出版社.

余卫东，陈怀亮，2010a. 河南省优质小麦精细化农业气候区划研究[J]. 中国农学通报，26(11)：381-385.

余卫东，陈怀亮，2010b. 河南省优质夏玉米精细化农业气候区划研究[J]. 气象与环境科学，33(2)：14-19.

郑景云，尹云鹤，李炳元，2010. 中国气候区划新方案[J]. 地理学报，65(1)：3-12.

郑景云，卞娟娟，葛全胜，等，2013. 1981—2010 年中国气候区划[J]. 科学通报，58(30)：3088-3099.

朱乾根，林锦瑞，寿绍文，等，2007. 天气学原理和方法[M]. 北京：气象出版社.